식물발달학

식물 발달학
(Mechanism in Plant Development)

역자

서상규
고려대학교 생명과학대학 BK21 연구교수

강승원
일본 쓰쿠바대학(筑波大學) 생명환경과학대학원 선임연구원

김　욱
고려대학교 생명과학대학 생명공학부 조교수

홍진성
서울여자대학교 자연과학연구소 연구교수

김민제
서울여자대학교 자연과학연구소 연구교수

이긍표
중앙대학교 산업과학대학 식물응용과학과 부교수

김선형
서울시립대학교 자연과학대학 환경원예학과 조교수

월드사이언스

식물발달학

인 쇄 • 2007년 11월 20일
발 행 • 2007년 11월 30일
역 자 • 김선형 서상규 강승원 김욱 홍진성 김민제 이긍표
발행인 • 박 선 진
발행처 • 도서출판 월드사이언스
주 소 • 서울특별시 동작구 사당5동 240-15
등록일자 • 1987년 12월 14일
등록번호 • 3-136
TEL • (02) 581-5811~3
FAX • (02) 521-6418
E-mail • worldscience@hanmail.net
URL • http://www.worldscience.co.kr

정가 20,000원
ISBN 978-89-5881-098-8

이 도서의 국립중앙도서관 출판시도서목록(CIP)은 e-CIP 홈페이지
(http://www.nl.go.kr/cip.php)에서 이용하실 수 있습니다.
(CIP제어번호: CIP2007003573)

목 차

서 문

발달학은 각각의 세포가 어떻게 다세포의 기관으로 발달하고 고유의 기능을 유지하는가에 대한 연구를 하는 학문분야이다. 식물에서는 발달은 연속적이고 생활주기 동안 연속적으로 발생한다. 환경과 내재요인들과 같은 복합요인들이 작용하여 세포의 분화와 식물형태의 다양성 등을 나타내게 된다.

이 책에서는 식물발달의 조절 기구와 식물의 다른 부위에서의 생활주기 동안 일어나는 모든 현상에 대해 언급하고 있다. 이 책은 학부 4학년 학생들과 대학원생들이 식물발달학을 공부하는데 초점을 맞추어 서술하였다. 또한 식물발달의 모든 부분에 대해 이해를 돕고자 하였다. 이 책을 통해 식물발달학의 기본적인 개념을 이해하는데 도움이 되었으면 한다.

1 장

현화식물의 개요
(An introduction to flowering plants)

속씨식물의 생활주기는 넓은 범위의 이배체 단계와 보다 한정적인 반수체 단계(haploid phase)를 번갈아 거친다. 이배체 단계(diploid phase)가 우리가 식물이라 인지하는 단계로 이배체 단계의 발달은 (i) 배 발생(embryo genesis), (ii) 발아(germination), (iii) 슈트와 뿌리가 신장하고 분지하는 제 1차 생장(primary development), (iv) 슈트와 뿌리가 비대해지는 제 2차 생장(secondary development)으로 구성된다. 제 1차 생장과 제 2차 생장이 중복되면서 식물은 영양생장(vegetative)을 하거나 생식생장(reproductive)을 하게 된다. 영양생장은 더 나아가 유년단계(juvenile phase)와 성년단계(adult phase)로 나뉜다.

세대 교번 (Alternation of generations)

식물 생활주기의 반수체와 이배체 단계라는 명칭은 각 단계에서 형성하는 생식세포의 형태를 나타낸다. 식물의 반수체 단계는 유사분열에 의해 웅성과 자성 배우자(gametes)를 형성하기 때문에 배우체(gametophyte)라 불린다. 웅성과 자성 배우자는 융합하여 이배체 단계인 접합자를 형성한다. 또한, 식물의 이배체 단계는 감수분열에 의해서 반수체 포자(spore)를 형성하기 때문에 포자체(sporophyte)라 불린다. 현화식물에서는 정세포를 형성하는 웅성 배우체와 난세포를 형성하는 자성 배우체로 각각 구분된다. 자성 배우체는 대포자(megaspore)로부터 발달하고 웅성 배우체는 소포자(microspore)로부터 발달한다. 두 배우체는 영양을 전적으로 포자체에 의존하는 몇 개의 세포만으로 구성된다.

배우체 발달 (Gamethophyte development)

배낭(embryo sac)이라고 불리는 자성 배우체는 심피(carpel)내에서 발달한다(그림 1.1). 심피는 전형적으로 씨방(ovary), 암술대라 불리는 꽃실(style), 암술머리라 불리는 끈적한 꽃받

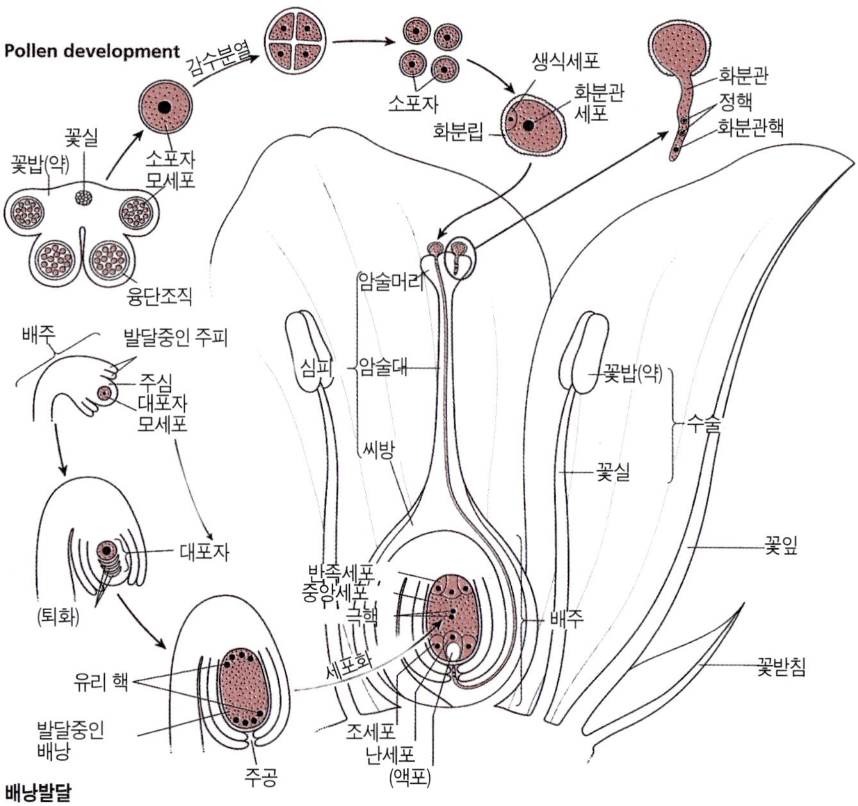

그림 1.1 속씨식물에서 배우체의 발달. 자성 배우체는 배주내에서 발달하고 배낭을 형성한다. 웅성 배우체는 꽃밥(약)내에서 발달하고 화분립을 형성한다.

기(stigma)로 구성된다. 씨방은 하나 혹은 그 이상의 배주(ovule)를 포함하며 배주에서 배낭이 발달한다. 각 배주는 주심(nucellus)이라 불리는 난형의 세포들의 덩어리와 이들을 둘러싸는 두 개의 세포층인 주피(integuments)를 포함한다. 주피는 배주의 말단부위에 주공(micropyle)이라는 작은 틈이 있어서 완전히 맞닿아 있지 않다. 자성 배우체의 발달은 주공 바로 아래의 주심에 존재하는 하나의 세포가 감수분열을 하여 4개의 반수체 대포자를 형성하는 것으로 시작된다.

대부분의 식물에서 3개의 대포자는 퇴화하고 주공으로부터 가장 멀리 떨어진 1개의 대포자가 신장하여 3회의 유사분열을 거쳐 8개의 반수체 핵이 7개의 세포에 분배되어 있는 형태를 가지는 배낭이 된다. 7개중 3개의 세포는 주공에 가까운 배낭 끝에 밀집한다. 이들 3개의 세포 중 가운데 있는 것이 난세포(egg cell)이고 양옆에 접하고 있는 두 세포를 조세포(synergids)라고 한다. 배낭의 반대편에는 3개의 반족세포(antipodal cells)가 모여 있고, 배낭의 중앙에는 두 개의 핵을 가지는 하나의 중심세포(central cell)가 위치한다. 중심세포의 두 핵은 극핵(polar nuclei)라고 한다.

웅성 배우체는 수술의 꼭대기의 꽃밥(anther)에서 발달한다. 꽃밥 내에는 전형적으로 4개의 화분낭이 있고, 각 화분낭은 양분을 공급하는 조직인 융단조직(tapetum)으로 둘러싸인 이배체 소포자모세포(microspore mother cells)를 가지고 있다.

각 모세포는 감수분열을 거쳐 4개의 반수체 소포자를 형성하고 각 소포자는 화분립으로 발달한다. 화분내에서 소포자는 유사분열을 통하여 관세포(tube cell)와 생식세포(generative cell)를 형성한다. 몇몇 종에서 생식세포는 즉시 한 쌍의 정세포(sperm cell)로 분열한다. 그러나 대부분의 현화식물은 화분이 발아 할 때 화분관내에서 한 쌍의 정세포로 분열한다.

수정이 일어나기 위해서는 화분이 친화성을 가지고 있는 암술머리에서 발아해야 한다. 화분관은 암술머리 내에서 암술대를 통해서 씨방으로 신장하고 일반적으로 주공을 통해 배주로 들어간다. 화분관이 신장할 때 화분관세포핵은 화분관의 정단 가까이에 위치하고 2개의 정세포가 뒤따라 이동한다. 화분관이 배낭에 이르렀을 때 화분관핵은 하나의 조세포를 관통하여 두 개의 정세포를 방출한다. 이것이 일어나기 전 혹은 일어날 때 조세포가 퇴화되어 정세포가 난세포와 중앙세포에 다다르게 된다. 속씨식물에서 두드러지는 특징 중 하나가 중복수정(double fertilization)이다. 하나의 정세포는 난세포와 융합하여 접합자를 형성하고 다른 정세포는 중심세포의 두 개의 극핵과 융합하여 양분을 공급하는 조직인 배유(endosperm)로 발달하는 삼배체 핵을 형성한다. 수정 후에 배낭 내에 남아있는 핵들은 퇴화한다. 일반적으로 과실로 발달하는, 씨방을 제외한 대부분의 꽃 부분은 시든다. 배가 생장함에 따라 대부분의 주심은 파괴된다. 그러나 두층의 주피는 보통 종피를 형성하기 위해 남는다.

포자체의 발달 (Development of the sporophyte)

배형성 (Embryogenesis)

대부분의 종에서 접합자는 배낭의 긴축에 수직한 평면상으로 분열하여 주공 근처의 큰 기부세포(basal cell)와 중심세포에 근접한 작은 정단세포(terminal cell)로 나눠지며, 정단세포는 삼배체의 배유로 발달한다(그림 1.2). 그 후에 일어나는 세포분열방식은 매우 다양하여 때로는 종 내에서도 다양하게 일어나지만 배의 주요한 조직과 기관의 출현은 예측 가능한 순서로 진행된다. 첫 번째 차이는 배의 주요부분을 형성하는 세포와 주공근처 모조직에 배를 연결하는, 배병(suspensor)을 형성하는 세포 간에 발생한다.

배는 통상의 형태적인 변화들을 거친다. 초기 발달기에 배의 크기가 거의 증가하지 않는 상태에서 세포분열이 일어나 구상배(globular embryo)로 불리는 공모양의 세포덩어리를 형성한다. 이 단계에서 분화된 조직들이 나타나는데, 하위조직에 있는 세포보다 크기가 작은 세포로 구성된 세포의 최외곽층은 표피(epidermis)를 형성한다. 배의 표피와 생장하고 있는 슈트와 뿌리의 미성숙한 표피를 원표피(protoderm)라고 한다.

구상배의 안쪽에서는 많은 액포를 가진 상대적으로 큰 세포와 작고 액포가 없는 세포간에 차이가 나타난다. 미성숙상태의 세포선을 전형성층(procambium)이라 하며, 전형성층은 도관조직(vascular tissue)으로 발달한다. 큰 세포는 배의 기본조직(ground tissue)을 형성하

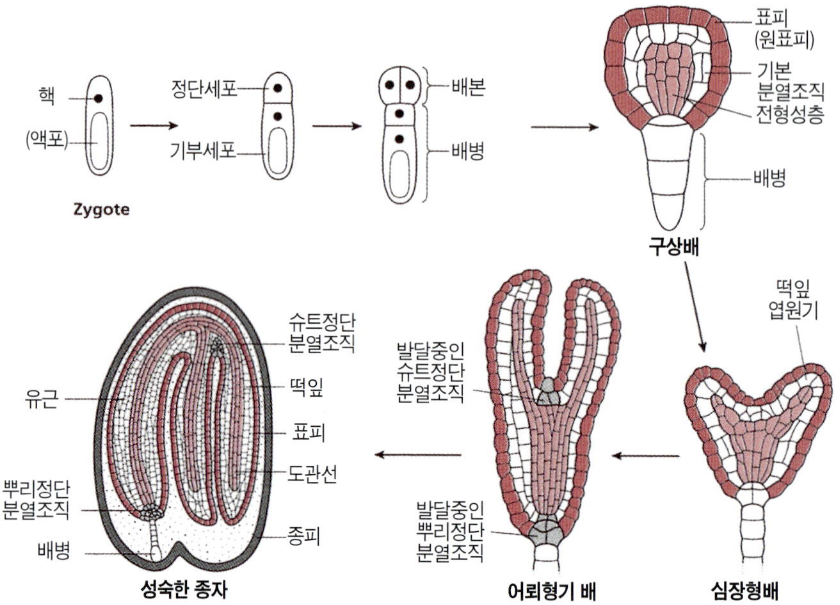

그림 1.2 애기장대 (*Arabidopsis thaliana*)의 배형성. 애기장대 배는 매우 빠르게 발달한다. 많은 속씨식물에서 배 발달의 각 단계는 길고 보다 많은 세포로 구성된 큰 배를 형성한다.

며, 미성숙상태에서는 때로 기본분열조직(ground meristem)이라 불린다. 이 단계 혹은 이후에, 뿌리와 슈트의 정단분열조직(apical meristem)의 전구체가 전형성층 선 양쪽 끝에 밀집한 세포질 세포집단 형태로 나타난다. 모든 후배세포계통은 정단분열조직에서 유래된다. 뿌리 정단분열조직은 배병에 가장 가까운 전형성층선의 말단에서 형성된다(종종 배의 본체에 가장 가까운 배병세포와 통합된다). 슈트의 정단분열조직은 전형성층의 다른 끝부분의 배병으로부터 발달되어 나온다.

하나 혹은 2개의 자엽(cotyledons)이 슈트 정단분열조직 부근에서 형성되기 시작할 때 배 발달의 구상단계는 끝난다. 쌍자엽식물(dicot)에서는 두 개의 자엽이 발달하면서, 구상배는 두 개의 불룩한 형태의 자엽을 가진 심장형배(heart-shaped embry)로 변한다. 심장형배는 조직과 기관이 같은 패턴을 유지하는 동안 신장하여 어뢰형배(torpedo-shaped embryo)를 형성한다. 단자엽식물(monocot) 하나의 자엽만을 형성하기 때문에 심장형 배단계를 거치지 않는다. 배와 종자의 상대적인 크기에 따라서 배는 신장하는 동안 접혀지기도 한다.

대부분의 속씨식물의 생장은 배형성의 끝과 발아의 시작 사이에서 멈추지만, 생장이 멈추기 전의 배 발달 정도는 종에 따라 다양하다. 발달이 극도로 제한된 배에서는 슈트와 뿌리의 정단분열조직이 형성되지만 즉시 휴면상태로 들어가게 된다. 다른 종에서는 휴면 전에 양쪽의 정단분열조직에서 약간의 생장이 일어난다. 슈트 정단분열조직은 유경(plumule)을 형성하기 시작하고 뿌리 정단분열조직은 유근(radicle)이라 불리는 뿌리의 짧은 구간의 형성을 시작한다. 목초류의 경우, 자엽초(coleoptile)라고 불리는 보호초(protective sheath)와 유근초(coleorhiza)가 각각 유경과 유근을 감싼다.

발아 (Germination)

종자가 발아하기 위해서는 수분, 온도, 및 광과 같은 외부 자극의 적당한 조합이 필요하다. 발아기의 광범위한 세포신장은 뿌리를 종피 밖으로 나오도록 하고 슈트를 위로 향하도록 한다. 유묘의 정확한 해부학적 구조는 슈트 내 세포신장의 위치에 달려있다. 여기에는 두 가지 가능성이 있고 쌍자엽식물의 유묘에서 간단하게 시각화될 수 있다(그림 1.3). 자엽과 유근사이의 배축(hypocotyl)에서 신장이 일어나면 자엽이 지상부로 들어올리고 유묘는 지상부(above the ground)를 의미하는 자엽 지상발아(epigeal)로 불린다. 자엽과 슈트정단분열

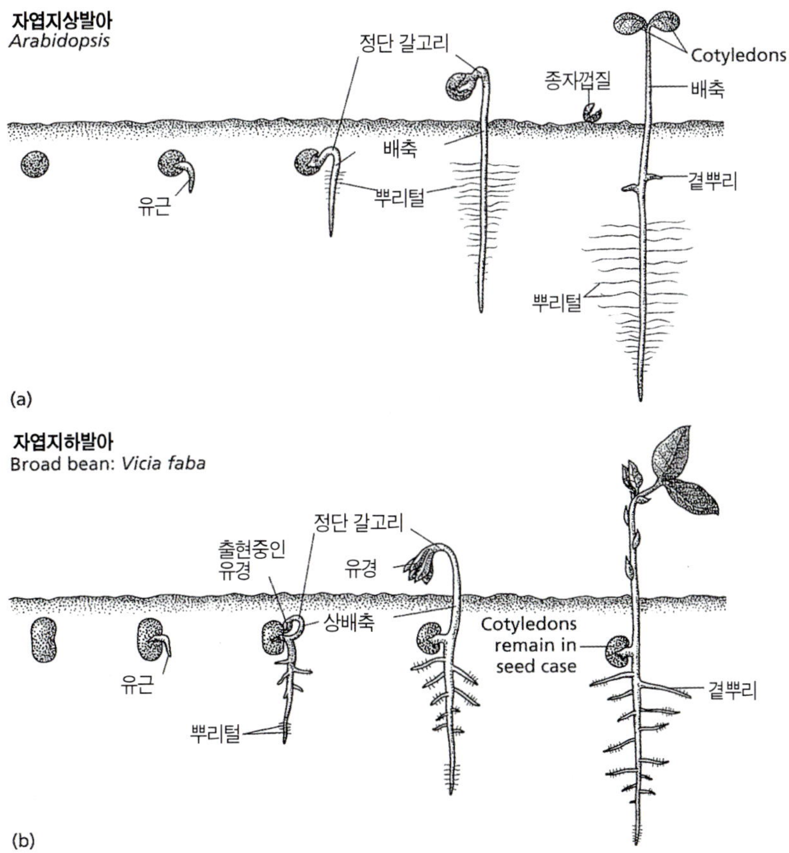

그림 1.3 애기장대와 잠두의 발아

조직 사이인, 상배축(epicotyl)에서 신장이 일어나면 자엽은 지하부에 남고 유묘는 지하부(below the ground)를 의미하는 자엽지하발아(hypogeal)로 불린다. 이러한 경우들에서 발아하는 슈트는 갈고리 형태(hook shape)로 위쪽으로 자라므로 토양 속에서 슈트는 슈트의 정단부를 밀어내기 보다는 당기게 된다. 토양 위와 광조사하에서 갈고리형태가 펴지고 자엽이나 유경의 잎은 녹색이 되고 확장한다.

1차 영양기관 발달 (Primary vegetative development)

식물의 1차 발달은 슈트와 뿌리가 신장하고 분지하는 것이다. 슈트와 뿌리는 정단분열조직 내와 바로 뒤에 있는 세포의 분열과 신장에 의해 신장 한다. 분지는 곁가지와 곁뿌리의 정단분열조직이 되는 측면에 위치한 분열조직의 발달에 의해 일어난다. 그림 1.4는 1차 발달동안에 형성되는 구조를 보여준다.

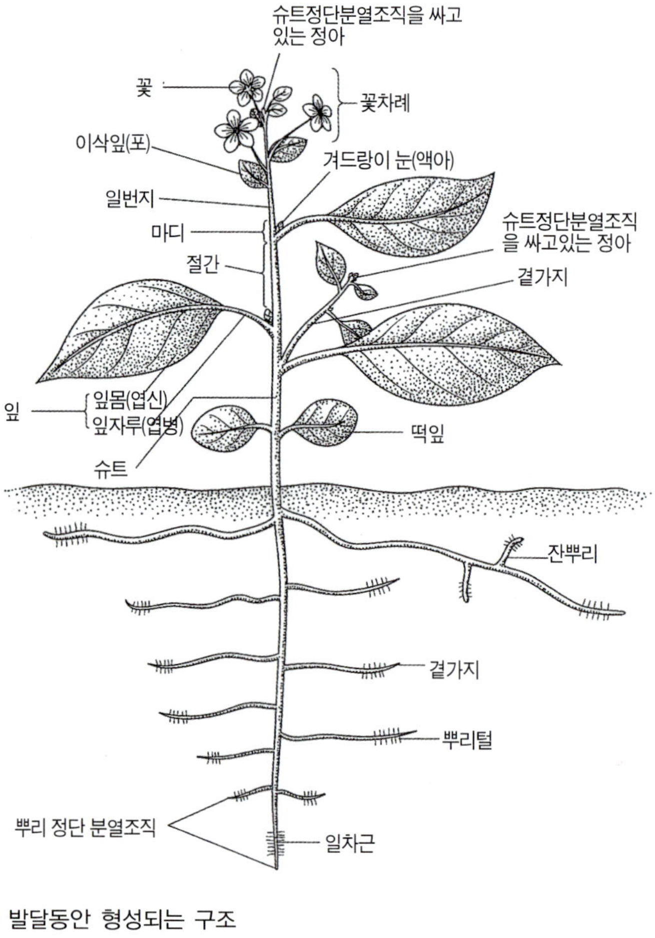

그림 1.4 1차 발달동안 형성되는 구조

뿌리의 1차 발달 (Primary development of roots)

뿌리 정단분열조직 (Root apical meristem, RAM)

뿌리정단분열조직(RAM)은 뿌리의 맨 끝에 위치하는 것이 아니라 뿌리골무(root cap)라고 불리는 보호초의 배후에 위치한다(그림 1.5). 정단분열조직의 최외각 층의 세포분열을 통해 자라고 있는 뿌리와 토양간의 마찰에 의해 닳아 없어지는 뿌리골무에 세포를 추가시킨다. 정단분열조직 안쪽의 세포분열을 통해 뿌리의 주 조직에 세포를 증가시킨다. 이들은 바깥으로부터 안쪽으로 표피(epidermis), 피층(cortex), 내피(endodermis), 내초(pericycle)와 도관조직(vascular tissue)의 중심부이다.

뿌리가 신장되기 시작할 때 정단분열조직의 모든 세포들은 보통 같은 비율로 분열한다. 그러나 많은 종에서 분열조직 중심부에 있는 세포는 시간이 경과함에 따라 비활성화 되고 휴면중심(quiscent center)을 형성한다. 휴면중심의 세포는 빠르게 분열하는 능력을 가지고 있지 않지만, 정단분열조직이 상해를 받은 후에 활성화 된다. 몇몇 식물에서 휴면중심은 계절에 따라 나타나고 사라진다.

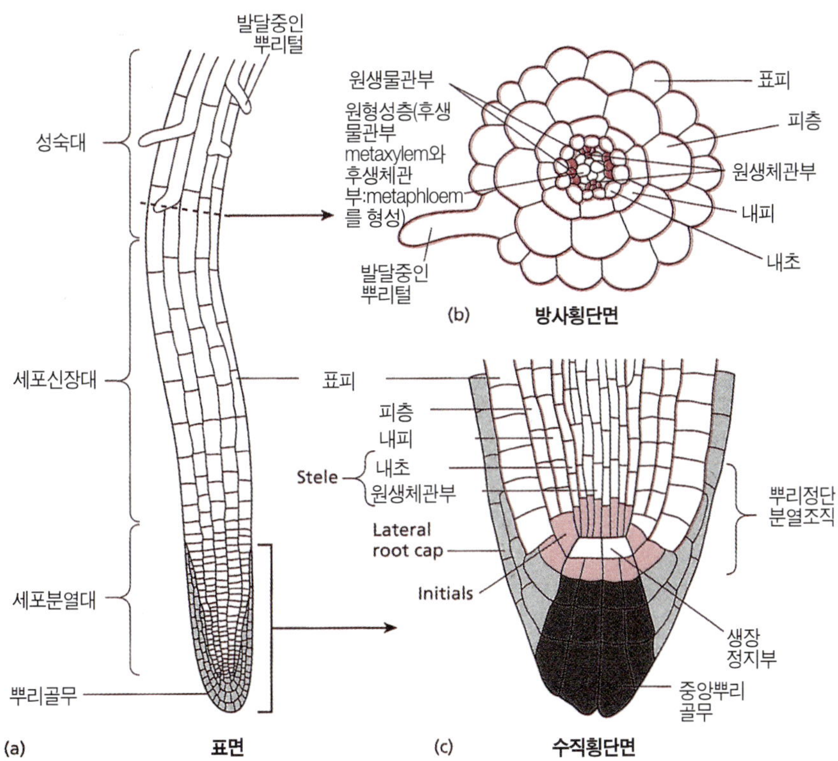

그림 1.5 애기장대의 뿌리 (a)표면: 뿌리골무의 절단면은 뿌리정단분열조직의 수준보다 표피가 듬성듬성하다. 정상적인 뿌리에서 뿌리골무는 뿌리의 말단을 둘러싼 완전한 원뿔을 형성한다. (b)성숙대의 방사횡단절단면 (c)뿌리말단의 수직 횡단면

뿌리조직의 발달 (Development of root tissues)

발달중인 뿌리는 상대적으로 구별되는 3개의 대를 가진다(그림 1.5). 정단부분에는 세포분열대(zone of cell division)이 있다. 이 부분은 정단분열조직을 포함하며 발달중인 뿌리조직에 1mm까지 확장된다. 세포분열대의 뒷부분은 분열이 거의 중지된 뚜렷하게 구별되는 세포신장대(zone of cell expansion)가 있다. 세포신장대의 뒷부분은 세포분화발생의 마지막 단계인 성숙대(maturation zone)가 있다. 이들 3가지 대의 정확한 위치는 종(species), 생장상태(growth conditions), 조직층(tissue layers)에 따라 다양하다.

표피의 발달은 상대적으로 고른 세포분열과 이후의 뿌리말단 가까이의 세포신장으로 구성된다. 이에 따라 성숙대에서 일부의 세포가 뿌리털(root hair)로 분화된다.

표피 바로 밑에서 하나 혹은 그 이상의 유조직층(parenchyma)이 피층을 형성한다(유조직은 두꺼운 세포벽을 가진 형태학적으로 분화하지 않은 세포로 구성된 조직을 설명하는 일반적인 용어다). 피층 내부에는 한층의 내피층이 있다. 내피세포(endodermal cell)에는 뿌리표면에 대해 표면 모서리로 향해있는 세포벽에 코르크 띠가 놓여 있다. 이러한 띠는 카스파리안 대(Casparian strip)라 불리며 내피세포벽을 통한 수분의 통과를 막는다. 그렇기 때문에 토양에서 흡수된 수분과 무기양분은 도관조직에 도달하기 전에 내피세포의 세포질을 통과해야만 한다. 이는 내피세포가 슈트 내부와 도관 시스템으로의 용질의 통과를 조절하도록 한다. 대부분의 속씨식물에서, 외피(exodermis)라고 불리는 피층의 최외곽층에서도 흡수를 하지 않는 오래된 뿌리에 카스파리안 대를 형성하며, 이는 수분의 손실을 줄이는 역할을 한다.

뿌리 말단의 중심에서 뿌리분열조직은 중심주라 불리는 도관조직발달의 중심인 전형성층을 형성한다. 대부분의 식물에서 물관부 다발은 중심주(stele)의 중앙에 형성된다. 물관부 다발은 중앙에 큰-관 형태의 후생물관부(metaxylem)와 그 주변에 팔처럼 뻗은 작은 관으로 된 원생물관부(protoxylem)로 구성된다. 물관부보다 먼저 분화하는 체관 다발은 원생물관부의 극 사이에 위치한다. 각 다발에서 작은 관으로 된 원생체관부(protophloem)는 중심주의 가장자리 가까이에서 발달하고 큰 관으로 된 후생체관부(metaphloem)는 중앙 물관부에 근접한 부위에서 발달한다. 물관부와 체관부를 둘러싸고 중심주는 내초(pericycle)라 불리는 1개 층의 유조직을 포함한다.

뿌리 분지 (Root branching)

곁뿌리(latera root)는 뿌리털이 분화하는 띠의 뒷부분에서 발달한다. 곁뿌리는 보통 원생물관부 극의 하나에 근접한 내초세포를 포함하는 내초에서 세포분열의 재개에 의해 시작된다. 발달중인 곁뿌리는 원뿌리의 피층과 표피를 통해서 자라나가며 토양에 도달한다. 많은 식물에서 원뿌리의 내피에 있는 세포가 분열하므로 곁뿌리는 원표피를 통해 나올 때 까지 내피에 의해 싸여있다. 몇몇 종에서는 뿌리가 부정아(adventitious shoot buds)를 형성하기도 한다. 이들은 보통 내초나 뿌리의 피층 내에서 발달하는 가지의 정단분열조직으로 부터 형성된다. 몇몇 목본류에서는 슈트 눈이 뿌리의 외곽 수피의 조직으로부터 형성된 후에 2차 비대과정을 거치기도 한다.

슈트의 1차 발달 (Primary development of shoots)

슈트정단분열조직 (Shoot apical meristem)

슈트는 잎을 형성하지 않는 절간(internode)에 의해 분리된 잎을 형성하는 마디(node)로 구성되어 있다. 슈트정단분열조직(SAM)은 슈트의 맨 끝에 있으며 보통 가장 어린 엽원기(leaf primordium) 위의 세포로 구성되어 있는 것으로 알려져 있다. 위에서 보면 대부분의 슈트정단분열조직은 대개 원형을 이루고 있다. 옆에서 보면 볼록하거나 평평하거나 오목하다.

SAM은 방사상 및 수직상 구조를 가진다(그림 1.6). 방사상 구조를 고려하면 분열조직은 전형적으로 (i) 크고 느리게 분열하는 세포로 구성된 중앙구역(central zone)과 (ii)보다 빠르게 분열하고 크기가 작은 세포로 구성된 주변구역(peripheral zone)을 포함한다. 주변구역은 잎, 곁눈(axiallary buds), 슈트의 바깥층이 된다. 수직 구조를 살펴보면 분열조직의 표

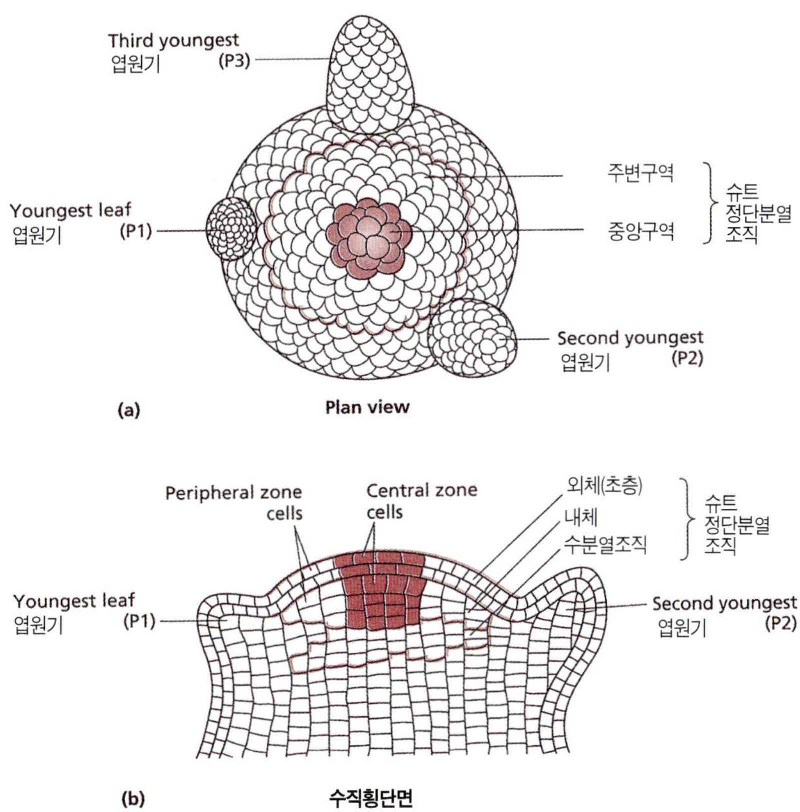

그림 1.6 쌍자엽식물 슈트 말단의 양식화한 묘사: (a)평면과 (b)수직절단면. 대부분의 쌍자엽식물에서 슈트정단분열조직과 어린 잎의 엽원기는 발달중인 이전잎에 둘러싸여 있고 정아로 발달한다.

면에는 외체(tunica)로 불리는 하나 혹은 그 이상의 특수한 세포층이 있는데 반해 분열조직 내부의 세포는 무작위로 위치하여 내체(corpus)를 형성한다. 분열조직의 방사상 및 수직상 구조는 각각의 외체와 내체의 세포를 가지고 있는 주변구역과 중앙구역이 겹쳐진 형태를 가진다.

쌍자엽식물은 중앙구역 바로 밑에 수 분열조직(pith meristem)이라고 하는 분열속도가 빠른 세포집단을 가지고 있다. 이들은 슈트의 수에서만 나타난다. 단자엽식물은 뚜렷한 형태를 띄는 중앙 수를 가지고 있지 않은데, 슈트의 중앙 조직은 정단 분열조직 바로 아래의 커다란 분열조직구역에 의해 형성된다. 이 조직을 1차 비대 분열조직(primary thickening meristem)이라고 하는데, 슈트의 직경을 가로지르고 슈트의 측면 아래 여러 방향으로 신장될 수 있으며 단자엽식물 슈트가 길이생장과 비대생장을 하도록 하는 조직을 형성한다.

마디 (internode)

마디는 곁눈(axillary bud)과 잎이 형성되는 부분이다. 얼핏 보면 거의 모든 슈트는 잎차례(phyllotaxy)라는 일정한 패턴을 통하여 정렬된 잎을 가지고 있는 것을 알 수 있다. 몇몇 식물에서는 잎이 각 마디에서 짝을 이루거나 그룹으로 자라지만 대부분의 잎차례는 나선형이며 각 마디에 한 개의 잎을 갖는다.

잎(laeves). 쌍자엽식물과 단자엽식물의 잎은 다소 다르게 발달하고 같은 그룹 내에서도 다양한 변이를 갖는다. 담배는 쌍자엽식물의 잎 발달의 기본적인 패턴에 있어 좋은 예이며(그림 1.7), 옥수수 잎의 생장은 단자엽식물의 잎 발달의 예가 된다(그림 1.8).

절대적인 잎의 생장율은 환경조건에 따라 매우 다양하기 때문에 엽간기(plastochrones)라 불리는 단위당 잎발달의 시간 경과를 설명하는 것이 전통적이다. 엽간기는 슈트상의 두 연속적인 마디의 개시 사이의 기간이다. 담배에서 잎발달의 첫 번 엽간기는 분열조직의 주변구역에 엽강(floiar butress)이라는 돌기를 형성한다. 보통, 엽강은 P1이라 표기하며, 육안으로 보이는 가장 어린 엽원기이다. 두 번째로 어린 엽원기는 P2 등으로 나타낸다. 다음 번의 두 엽강 위쪽에서 엽원기가 신장하여 못 형태(peg-shaoped)가 된다. 잎에 3-4개의 엽강이 형성되었을 때 엽원기의 윗면 즉, 정단분열조직의 중심에서 가장 가까운 면(슈트를 향한 면, 윗면)에서 측면의 두 볼록한 부분으로 잎몸(leaf blade, lamina)이 나타난다.

담배의 잎발달은 엽원기의 전반에 걸친 세포의 분열과 신장에 기인한다. 발달 패턴은 부분적이고 일시적인 증가로 잎몸의 부분마다 복잡하다. 그러나 이러한 공간적인 변화의 중복은 보다 일반적인 패턴이 있다. 잎이 성숙함에 따라, 세포분열은 잎의 끝에서 먼저 중지되고 그 후에 엽병(petiole)의 기부에 까지 이른다. 세포신장과 분화의 마지막 단계는 각 부위에서 세포 분열이 멈춘 후에 일어난다.

햇볕이 잘 드는 조건하에서, 잎몸은 명백히 층을 이룬 세포형으로 구성된다. 윗표피(upper epidermis, adaxial epidermis), 윗 층의 울타리 조직(palisade parenchyma)과 아랫 층의 해면조직(spongy parenchyma)으로 구성된 엽육(mesophyll), 및 아래표피(lower epidermis, abaxial epidermis)로 이루어져 있다. 표피는 기공(stomata)을 둘러싼 공변세포(guard cells), 상대적으로 덜 특수화된 기본조직(ground tissue)과 털(trichomes, 가시, 수포,

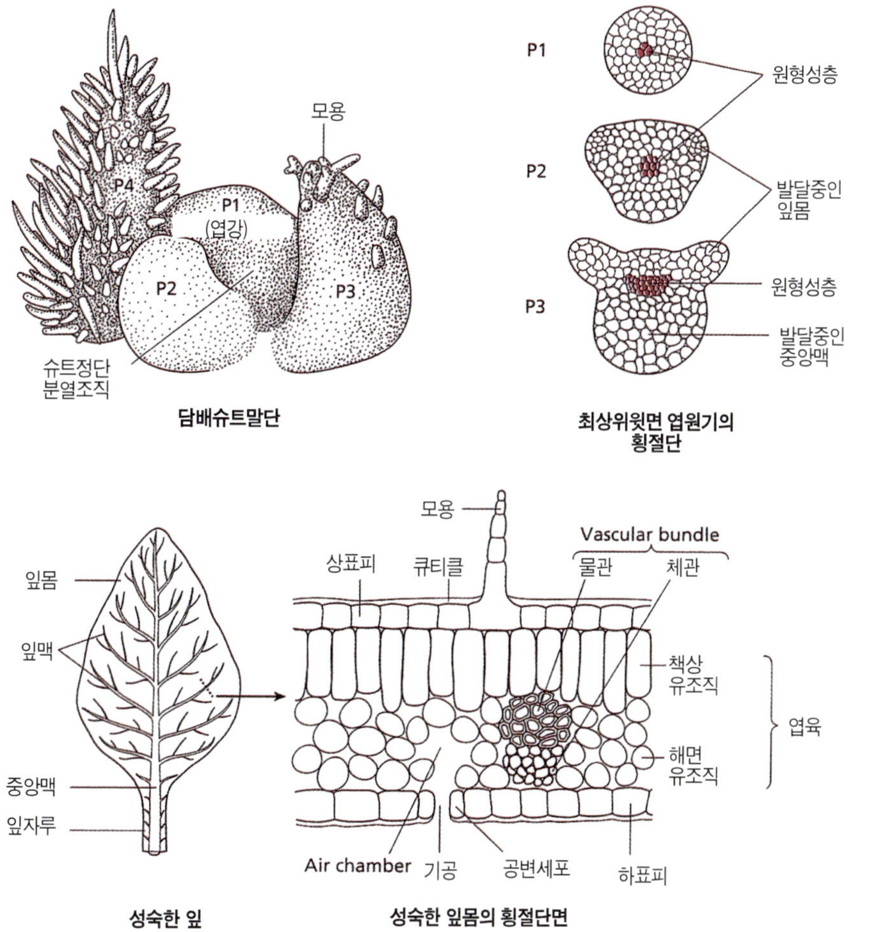

그림 1.7 담배의 잎 발달

비늘, 분비선이 포함된 표피 파생물의 변형형태에 사용되는 용어인 모용)을 포함한다. 성숙한 잎은 또한 잎몸의 주맥 내와 엽맥의 망과 같이 광대한 도관조직을 갖는다.

가장 잘 연구된 단자엽식물의 잎은 옥수수 잎이다(그림 1.8). 옥수수 잎은 두 개의 영역으로 구분할 수 있다. 잎의 말단은 잎몸(blade)을 형성하는 반면 잎의 기부는 옥수수 슈트를 감싸는 잎집(sheath)을 형성한다. 잎몸과 잎집사이의 접합점은 잎귀(auricles)라고 불리는 조직의 두 쐐기와 잎혀(ligule)라 불리는 윗면상의 갓에 의해 뚜렷이 구별된다.

옥수수잎의 발달은 정단 분열조직을 열쇠고리(key-ring) 형태로 여러 겹으로 둘러싼 엽원기의 출현과 함께 시작된다. 엽원기에 닿은 원형성층줄은 장차 주맥(midrib)이 될 곳을 나타낸다. 엽원기가 3-4개의 엽간기에 이르렀을 때, 주맥에 평행하여 뻗어가는 측맥(lateral veins)이 형성되고, 잎혀와 잎귀가 형성될 부위가 보이기 시작하며 잎혀를 형성하기 위한 세포분열이 시작된다.

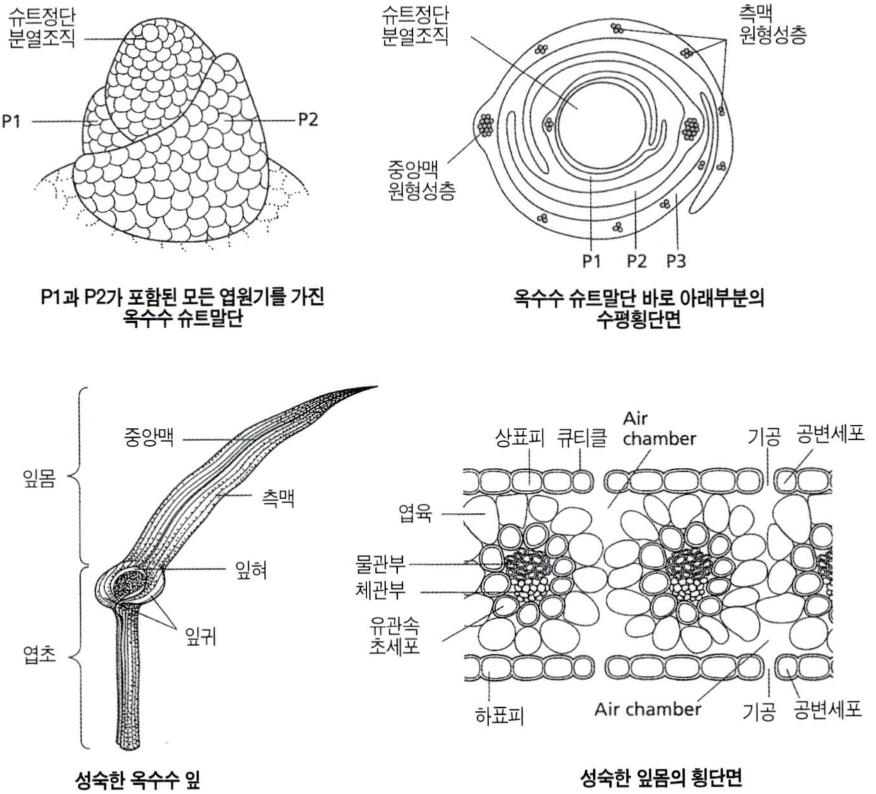

그림 1.8 옥수수의 잎 발달

옥수수잎의 발달 초기에 엽원기의 전반에 걸쳐 세포분열이 일어난다. 후에 담배잎과 같은 패턴을 따라 잎의 말단에서 시작하여 점진적으로 기부 쪽으로 이동하면서 세포분열을 종료한다. 엽원기가 약 3cm 길이일 때 잎 말단에서 세포분열이 중단되더라도 세포분화의 최종단계가 일어나기 전까지 세포확장을 통해 말단지역이 지속적으로 확대되어 간다. 잎의 아래쪽으로 세포분열이 종료 되어 가면서, 이와 유사한 세포의 확장과 분화가 뒤따르게 된다. 그 결과, 잎몸의 발달은 잎집의 발달 전에 종료된다. 잎몸이 완전히 성숙했지만 잎집의 기저에서 세포가 여전히 분열하고 있는 잎 발달 기간이 있는 패턴은 특징적이다.

옥수수잎의 표피에는 규칙적으로 정렬된 기공과 기본세포가 있고, 잎털을 형성하기도 한다. 표피조직에 있는 세포의 패턴은 잎맥아래의 위치와 관련이 있는데 예를 들어 기공의 줄은 잎몸을 따라 늘어서지만 잎맥위에 바로 위치하지는 않는다. 옥수수잎은 C_4 대사를 위해 분화한 내부구조인 크란쯔 구조(Kranz anatomy)를 가지고 있다. 크란쯔 구조에서 잎의 엽육세포는 관다발 주위에 보다 혹은 덜 집중된 층으로 발달한다. 또한 가장 깊은 하나 혹은 두 개의 엽육층은 세포들이 밀집되어 있고, 두꺼운 세포벽과 많은 수의 엽록체, 미토콘드리아와 기타 세포소기관을 가지고 있는 유관속초(bundle sheath)를 형성한다 (C_4 대사와 크란쯔 구조의 조합은 광호흡에 의한 탄소의 손실을 줄이기 위한 적응형태이다).

쌍자엽식물과 단자엽식물의 홑잎(simple leaves)의 다양한 형태와 크기는 잎 발달 후기의 세포분열과 확장 패턴의 변화에 의해 발달한다. 몇몇 잎은 천공(perforation)을 일으키는 국부적 세포사멸이 나타난다. 그러나 보다 기본적인 변화는 복엽(compound leaves)이 발달할 때 발생한다. 복엽을 가진 대부분의 식물들에서 엽원기는 그들의 가장자리를 따라서 2차 싹을 형성하여 분지한다. 복엽의 복잡성에 따라 2차 싹들은 단엽의 발달패턴과 유사한 패턴으로 더 분지 할 수도 있고 혹은 소엽(leaflet)으로 발달할 수 있다.

곁눈과 막뿌리(Axillary buds and adventitious roots). 곁눈은 몇 개의 혹은 모든 잎의 엽액(axil)에서 발생한다. 곁눈은 전형적으로 잎의 발달과 동시에 액생분열조직(axillary meristem), 즉 잎의 엽액에서 형성된 새로운 슈트정단분열조직(SAM)으로부터 발달한다. 액생분열조직의 발생시작과 그 후 발달 과정은 종에 따라 매우 다양하다. 분열조직은 몇 개의 잎을 형성하고 후에 자라서 곁가지가 되는 눈을 형성한다. 이러한 일련의 어떤 시점에서 발달이 정지하고 일반적으로 눈 단계를 종효한다. 눈의 활성을 조절하는 주요인은 정아우세(apical dominance)라 불리는 효과인 첫 번째 슈트 정단과의 거리와 활력이다. 눈은 가지말단과의 거리가 멀어지거나 가지말단이 제거되어 정아우세가 타파될 때까지 휴면상태로 남는다.

또한 마디는 일반적으로 부정근(adventitious roots)이 시작되는 곳이다. 부정근의 정단분열조직은 마디의 다른 구조와 같이 동시에 발달하거나, 발달 후기에 분열조직이 되는 오래된 조직으로부터 형성된다.

절간 (Internodes)

방사유형(Radial pattern). 마디부위의 슈트 횡단면을 통하여 기공, 분비세포, 모용을 포함하는 표피의 바깥층을 관찰할 수 있다. 슈트의 안쪽에는 도관조직(vascular tissue), 유조직(parenchyma tissue), 다양한 지지조직(supporting tissues)들이 있다.

쌍자엽식물에서 도관조직은 연속적인 원주 혹은 관다발 고리(vascular bundle)를 형성하고 중앙의 수(pith)와 슈트의 외부 피층(cortex)을 분리한다(그림 1.9). 대부분의 단자엽식물에서 관다발은 슈트 도처에 흩어진 패턴으로 발달하기 때문에 안쪽의 수와 외부 피층의 구분이 없다. 슈트의 관다발은 가장자리에 원생물관부(protoxylem)와 원생체관부(protophloem), 그리고 가운데에 후생물관부(metaxylem)와 후생체관부(metaphloem)를 갖는다. 전체적으로 관다발은 표피 가장 가까이 위치하는 체관부와 슈트의 중심에 인접한 물관부의 형태가 된다.

단자엽식물과 달리 대부분의 쌍자엽식물에서는 분열조직세포의 나머지가 체관부와 물관부사이에 남아서 유관속형성층(vascular cambium)을 형성한다.

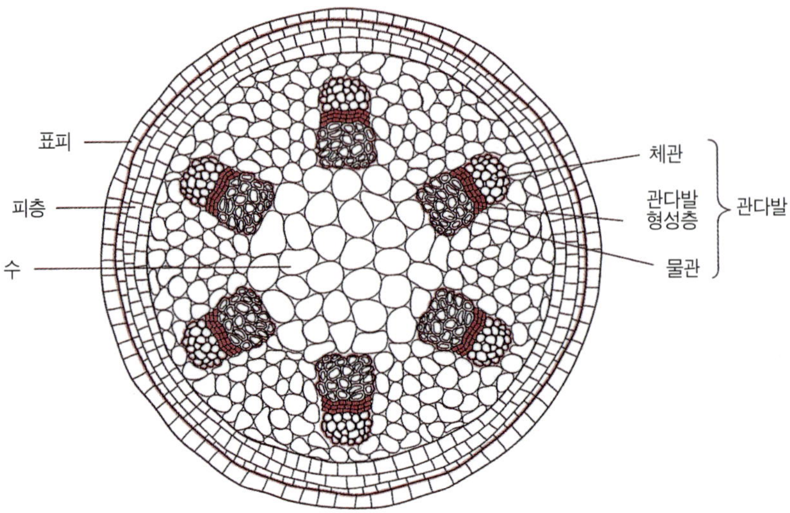

(a) **1차 발달 후의 쌍자엽식물의 절간(방사상 횡단면)**

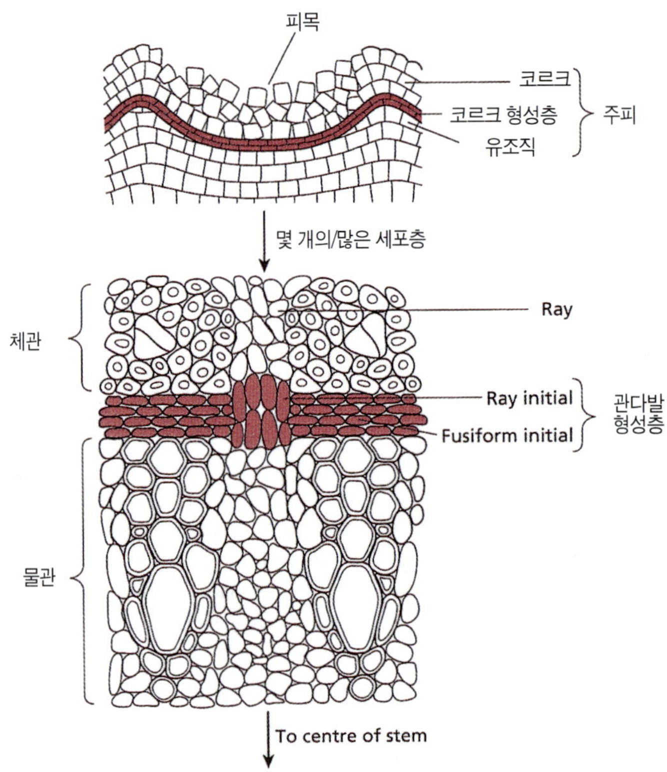

(b) **2차 발달 동안의 쌍자엽식물 마디사이의 단편 (방사상 횡단면)**

그림 1.9 쌍자엽식물 절간의 (a) 1차와 (b) 2차 발달

슈트 횡단면에 나타나는 불연속적인 관다발은 관다발이 파생되거나 융합되어 형성된 도관조직 망의 부분이다. 이러한 망의 발달은 잎과 눈의 출현과 조화를 이루어 움직인다. 엽원기와 곁눈이 나타나면, 도관조직과 연결해주는 원형성층(procambium) 가닥들이 마디사이(internode) 아래쪽에 발달한다. 또한 원형성층 가닥들이 슈트의 다른 부위에서 형성되어 잎과 눈을 우회한다. 이들 각 가닥은 슈트의 도관조직과 연결되어 마디사이의 도관조직은 슈트의 정단을 향해 연속적으로 나아가기 시작한다.

신장(elongation). 두드러진 신장을 하지 않는 가지를 단지(short shoots), 신장하는 가지를 장지(long shoots)라 불린다. 신장은 개개의 마디사이에서 다소 독립적으로 일어난다. 각 절간에서 신장은 보통 세포의 가로 분열과 수직방향의 세포팽창의 결과로 여러 개의 어린 절간이 형성된 후에 시작된다. 세포분열은 보통 첫 번째 절간의 기부와 마지막 절간의 말단에서 중지된다(비록 윗부분이 완전히 성숙한 후에도 분열조직이 남아있는 절간의 기부 조직을 가진 몇몇 목초류는 반대의 패턴을 갖는다). 일반적으로 세포팽창은 마디사이에서의 세포분열 기간과 겹치고 분열이 종료된 후에도 지속된다.

2차 영양 발생 (Secondary vegetative development)

많은 쌍자엽식물과 몇몇 단자엽식물은 2차 비대로 알려진 2차 영양 발생을 진행한다. 일부 단자엽식물의 경우, 1차 발생과 구분하기 어려운 경우가 많지만 2차 발생이 광범위하게 일어날 수 있다. 예를 들어 야자나무는 확장된 1차 비대 분열조직의 연장된 활동에 의해 둘레(girth)가 증가한다. 그러나 대부분의 단자엽식물은 2차 발생이 매우 제한적이다. 슈트나 혹은 뿌리의 유세포(parenchyma cell) 집단은 분열조직이 되어 흩어진 패턴으로 추가적인 관다발이 형성되는 도관 형성층의 무리가 된다.

쌍자엽식물에서 2차 발생은 종종 광범위하며 전형적으로 2차 관다발조직을 형성하는 관다발형성층(vascular cambium)의 안쪽 원주와 표피를 대체하는 코르크의 보호층을 생산하는 코르크 형성층(cork cambium)의 바깥쪽 원주의 분열활동에 관여한다(그림 1.9). 관다발형성층은 물관과 체관을 형성하는 수직으로 신장하는 세포(방추형 시원세포, fusiform initials)와 방사상의 유조직을 형성하면서 수평적으로 신장하는 방사시원세포(ray initials)를 갖는다. 방사는 물관부와 체관부를 관통하여 수분과 영양을 그들 사이로 이동시킨다.

코르크 형성층은 바깥쪽에 코르크를 형성하고, 보통 안쪽에 단층의 유조직층을 형성한다. 코르크(cork), 코르크형성층(cork cambium), 유조직(parenchyma)의 3개 층을 합쳐서 주피(periderm)이라고 한다. 피목(lenticel)이라는 틈은 코르크의 바깥층에 형성되고 이는 조직 안쪽의 공기이동을 가능하게 한다.

단자엽식물에는 없는 쌍자엽식물의 광범위한 2차 비대 능력은 두 집단에 의해 나타나는 서로 다른 생장특성을 설명하는데 도움이 된다. 쌍자엽식물에서 근계(root system)는 종종 비대된 많은 곁뿌리(lateral root)가 출현하는 주근(배의 유근에서 유래한)의 주위에서 발달한다. 그러나 단자엽식물에서는 주근이 전체근계를 지탱할 정도로 충분히 두꺼워지지 않는다. 수명이 짧은 대신에 근계는 배 혹은 유묘의 슈트에서 형성되는 부정근(adventitious root)으로부터 발생한다. 지상에서, 2차 생장의 결여는 단자엽식물이 가지를 지탱하는데 있어 기계적으로 어렵게 만든다. 지상부에 가지를 갖는 단자엽식물은 일반적으로 매우 가는 슈트, 지주근(prop roots)과 같은 지지구조를 가지거나, 덩굴성이다.

슈트의 유년상에서 성년상으로의 전이

(Transition from the juvenile to the adult phase of the shoot)

발아 후 슈트의 발생은 유년상(juvenile phase)과 그 이후의 성년상(adult phase)으로 구성된다. 유년상은 일년생 식물에서는 몇일 혹은 몇주 간, 몇몇 수목에서는 수년간 일어난다. 이름이 의미하는 바와 같이 자연조건하에서 슈트가 성년상일 때만 꽃을 형성할 수 있다. 그러나 유년에서 성년으로의 전이는 많은 다른 변화와 관련될 수 있다(그림 1.10). 두드러지게 나

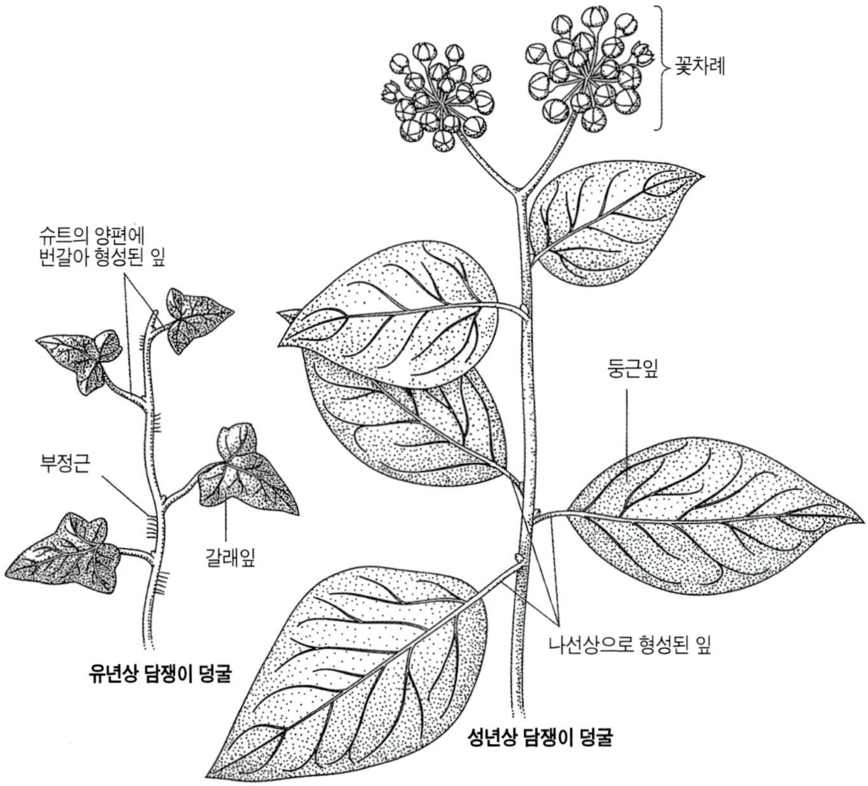

그림 1.10 담쟁이 덩굴의 명백한 유년상과 성년상. 유년상 슈트는 갈래잎, 교차하는 잎차례이고 부정근을 형성하고 기어오르는 덩굴로 자란다. 성년상 슈트는 둥근잎, 나선형 잎차례이고 부정근을 형성하지 않으며 반직립관목이다

타나는 가장 큰 차이는 슈트에 있는 잎의 형태와/또는 배열이다. 슈트의 아래 부분(즉 유년상)은 윗 부분인 성년상의 슈트보다 전형적으로 작고 단순한 잎을 가지는데 이러한 상태를 배적이형(heteroblasty)이라고 한다. 이러한 변화는 유년상보다 성년상에서 보통 더 큰 슈트 정단분열조직(SMA) 까지 확장된다.

슈트 생장에 있어서 유년상과 성년상간의 더 큰 일반적 차이는 유년상의 슈트는 성년상보다 쉽게 부정근(adventitious)를 형성한다는 것이다. 전이와 연관 다른 변화는 보다 일반적이지 않은 패턴을 가지며, 생장습성의 차이, 잎의 화학적 구성의 변화, 광합성능력의 차이, 그리고 병과 초식동물에 대한 감수성의 변화 등이 이에 해당한다.

수명이 긴 목본류는 종종 초본류보다 유년상의 슈트와 성년상의 슈트사이에 극적인 차이를 보인다. 그러나 수명이 짧은 종에서도 이러한 현상이 일반적이라는 것을 의미하는 유년상과 성년상 간에 몇몇의 명백한 차이를 보인다.

꽃의 발생(Floral development)

가장 일반적인 꽃의 형태이자, 대부분의 다른 꽃이 진화된 형태는 방사상 대칭(radial symmetric)이며, 꽃기관은 4개의 윤생(whorl)으로 이루어져 있다. 가장 바깥쪽에 꽃받침(sepal, calyx)이 위치하고 그 안쪽에 꽃잎(petal, corolla)이 형성된다. 꽃받침과 꽃잎은 화피(perianth)를 형성한다. 꽃잎 안쪽에 수술(stamen, androecium)의 윤생이 있고 하나 또는 그

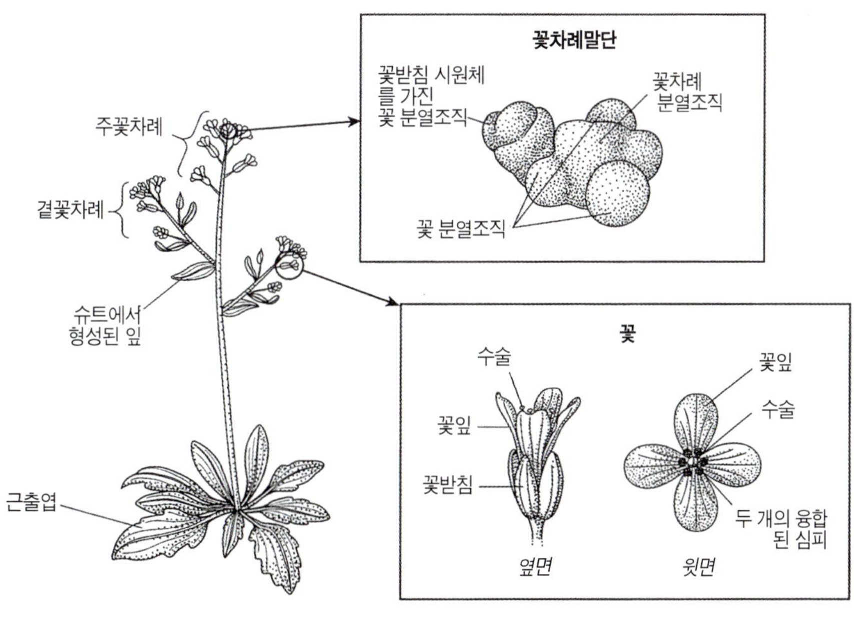

그림 1.11 애기장대의 개화. 영양생장동안 애기장대는 지면 위에 근출엽 상태(rosette)를 형성한다. 생식생장으로 변화함에 따라 긴 슈트에 꽃차례를 형성한다.

이상의 암술(carpel, gynaecium)을 포함하는 중심 윤생이 있다. 일부 원시적인 꽃은 4개의 기관이 연속적인 나선을 형성하고 꽃기관의 수가 매우 다양하게 나타나기도 한다. 그러나 대부분의 종에서 각 기관의 윤생체는 서로 간에 분리되어 있고 각 윤생을 이루는 꽃기관의 수는 변하지 않는다.

대부분의 다양한 형태를 가지는 꽃들은 이러한 기본 패턴이 변형된 것이다. 꽃기관은 윤생체 간에 혹은 윤생체 내에서 융합될 수 있다. 꽃에 수술이나 암술이 없을 수 있으며, 이러한 꽃들은 단성(unisexual)이다. 화피의 일부는 소실되거나 심하게 축소되기도 하며, 많은 꽃 들은 방사대칭보다는 좌우대칭으로 진화해 왔다.

종에 따라서 영양발생에서 생식발생으로의 전이는 슈트정단분열조직이나 액생분열조직, 혹은 두 조직 모두와 관련될 수 있다. 생식발생으로의 변화에 이어 분열조직은 하나의 꽃이나 꽃차례(inflorescence)를 형성할 수 있다. 어느 경우에나 생식생장에 이르는 전환은 보통 전체 분열조직에 걸쳐 특히 이전에 느린 세포분열이 일어났던 중앙구역에서 세포분열의 극적인 증가를 수반한다. 이것은 분열조직이 커지고 종종 분열조직의 형태가 보다 높게 부풀거나 평평해지거나 혹은 두 가지 형태변화가 같이 발생하는 변화를 야기한다.

하나의 꽃을 형성하는 식물에서 분열조직은 꽃 분열조직(flower meristem)이 되고 그것은 보통 가장자리로부터 안쪽으로 진전되는 꽃기관으로 발달하는 시원체를 형성하기 시작한다. 꽃이 화서로 발생하는 종은 분열조직이 화서분열조직(inflorescence meristem)이 된다. 화서분열조직이 생산하는 원기(primordia)는 바로 꽃으로 발달한다. 즉 원기 자체가 꽃 분열조직이다. 그러나 꽃 분열조직이나 곁 화서 분열조직이 발생하는 엽액에서 원기는 종종 잎이나 포엽(bract)으로 발달한다.

Further reading

For an excellent descriptive account of plant development, the reader is referred to:

Steeves, T.A. & Sussex, I.M. (1989) *Patterns in Plant Development*, 2nd edn. Cambridge University Press, Cambridge.

식물발생의 특징
(Characteristics of plant development)

1장에서는 현화식물의 생활주기 동안 형성되는 기관의 범위에 대해 서술하고, 생장을 조절하는 기작 전반에 대한 핵심개요를 정리하였다. 이러한 기작들을 완전히 이해한다 하더라도, 식물 발생의 다른 특징 또한 충분히 고려되어야한다. 세포 수준에서 특징적인 의미를 갖는 것은 세포벽과 세포벽을 관통하여 이웃한 세포와 연결하는 세포질 섬유인 원형질연락사(plasmodesmata)이다. 보다 일반적으로, 식물발생에 있어서의 연속적인 특징, 환경에 대한 반응성, 및 식물의 엄청난 재생능력을 고려해야 한다.

2장에서는 세포 수준에서의 식물발생과 보다 큰 수준에서의 발생에 대하여 고찰하고, 이러한 특징에 있어서, 발생기작에 대한 논의를 위한 이론적 토대를 마련하고자 한다.

식물세포(Plant cells)

세포벽(Cell walls)

세포벽은 모든 체세포성 식물세포를 둘러싸고 있다. 대부분의 세포에서, 세포벽은 세포분열기간 동안 분열판(division plate, phragmoplast)에 의해 형성된 1차 세포벽(primary cell wall)이라 불리는 단층으로 구성되어 있으며, 세포가 팽창하는 동안 새로운 벽 구성성분의 침착에 의해 유지된다(그림 2.1). 1차벽 내부의 몇몇 세포는 2차세포벽(secondary cell wall)이라고 하는 더 두껍고 견고한 층을 형성한다. 1차 및 2차 세포벽은 다른 화합물의 복합기질(complex matrix) 내에 박혀있는 미세섬유소원(cellulose microfibrils)다발로 구성되어있다.

1차와 2차세포벽의 물리적 성질은 미세섬유의 상태에 의해 결정된다. 1차 세포벽의 미세섬유는 일반적으로 신장하는 세포의 긴축에 직각으로 눕는다. 이는 세포가 긴축을 따라 더 많은 신장을 할 수 있게 하는 미세섬유의 '테두리' 배열(hoop-like)을 형성한다. 그러나 신장이 진행됨에 따라 새로운 미세섬유가 축에 수직으로 형성되는 동안 기존의 미세섬유는 세포의 긴축에 더 근접한 방향으로 당겨지게 된다. 그 결과 신장하는 세포들의 1차 세포벽

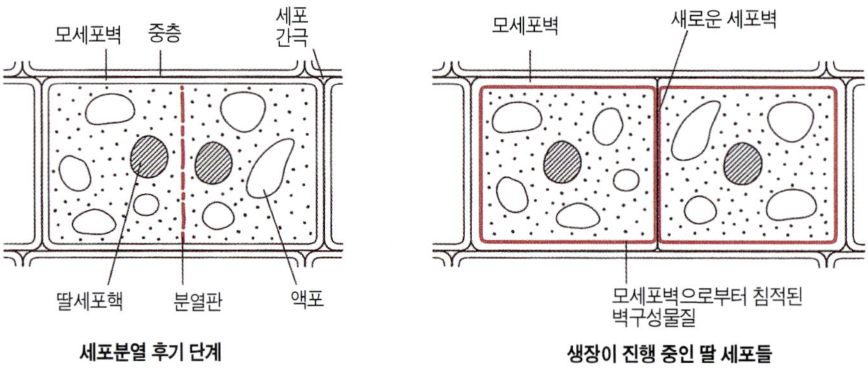

그림 2.1 1차 세포벽의 형성과 유지.

은 기존의 미세섬유 위에 새로 형성된 미세섬유가 겹치게 되는 열십자 모양(criss-cross)의 패턴을 나타낸다.

2차세포벽에서 미세섬유의 발생은 고도로 규칙적인 형태를 가지고 있다. 미세섬유는 평행한 배열을 이루고 있으며, 이 배열의 방향은 2차 세포벽의 하위층(sublayer)들 간에 다양하게 나타난다. 이는 세포벽을 견고하게 해주는 적층구조(laminated structure)를 형성한다.

1차 세포벽은 대부분 펙틴(pectin)과 헤미셀룰로오스(hemicellulose) 등과 같은 다당류로 구성되어 있다. 펙틴은 이웃한 세포의 1차 세포벽을 가르는 중층(middle lamella)의 주요 구성성분이다(그림 2.1). 1차 세포벽은 다당류와 더불어 다양한 종류의 구조단백질(structural protein)과 효소단백질(enzymatic protein)을 가지고 있다.

2차 세포벽에서는, 종종 페놀 중합체인 리그닌(lignin)이 형성부에 있는 펙틴을 대신하며, 그 결과 세포벽의 성질이 급격히 변하게 된다. 2차 세포벽이 환상(annular) 또는 나선형(spiral)의 형태로 발생하지 않으면, 목질화(lignification)가 되어 세포벽을 더욱 견고하게 만들고, 세포가 팽창하는 것을 막는다. 또한 목질화에 의해 세포벽은 친수성(hydrophilic)에서 소수성(hydrophobic)으로 변하게 되어, 물과 용질이 세포로 공급되는 것을 방해한다. 광범위한 목질화는 보통 세포사에 관여한다.

세포벽의 존재는 생장 조절에 있어 밀접한 관계를 가지고 있다. 차별적인 세포팽창이 인접한 세포를 스쳐지나가면서 세포의 구획화를 발생시킬 수 있으나, 세포벽은 이와 같은 세포의 이동을 방해한다(동물 생장의 조절에 있어 지배적이다).

1차발생이 정단분열조직(apical meristems) 주변에서 일어나기 때문에, 슈트와 뿌리는 정단부에서 신생조직과 함께 직선적인 생장을 하게 된다. 따라서 1차 발생기간 동안의 조직 연령은 정단 분열조직과의 거리와 직접적인 관계를 가지고 있다. 이러한 이유로 발생에 대한 공간적 배열에서 시간에 따른 양상을 분리하는 것이 어렵게 된다.

식물세포들의 세포벽이 서로 연결되어 아포플라스트(apoplast)를 형성하며, 아포플라스트는 세포 간 신호에 대한 방벽과 이동통로로서의 역할을 한다. 아포플라스트를 통과할 수 있는 크기는 세포유형에 따라 다르지만 보통 10~50kDa 정도로 분자량이 큰 핵산과 단백질은 이동을 할 수 없다. 대부분의 세포벽은 음전하(net negative charge)로 하전 되어 있기 때문에 양전하를 띤 분자의 통과를 방해한다. 그러나 크기가 작거나, 중성 혹은 음전하를 띤 분자들은 세포막이나 원형질에 의해 방해받지 않고, 수분이 가득 채워진 이동통로인 아포플라스트를 통해 세포 간 이동이 가능하다.

아포플라스트 채널은 목질화 또는 뿌리 내피의 카스파리안대(Casparian strip)에 존재하는 수베린(Suberin)이나 큐티클층의 큐틴(cutin) 등과 같은 왁스물질의 침적에 의해 차단될 수 있다. 이와 같은 차단에 의해 격리된 조직을 제외하면, 아포플라스트는 물관(xylem)의 세포간극(lumen)과 연결되어 있다. 따라서 세포벽으로 분비된 분자들이 물관을 거쳐 이동할 것이고, 이는 원거리의 발생신호에 대한 하나의 노선을 제공한다(체관에서도 관찰이 가능하다). 물관 내의 수송은 뿌리가 흡수한 수분이 증산흐름(transpiration stream)에 의해 뿌리에서 잎으로 이동하면서 일어나게 된다.

이론적으로 세포벽은 발생신호의 저장소와 근원지로서의 역할을 한다. 세포벽을 이동하지 못하는 분자는 세포의 운명을 결정하는 역할을 하기도 한다. 예를 들어 고정된 분자는 인접한 세포와 직접적인 상호작용을 하거나 아포플라스트를 통해 도달한 기타 생장조절물질의 활성에 영향을 줄 수 있다. 그와 반대로, 세포벽으로 분비된 효소는 발생에 관여하는 활성물질을 방출할 수도 있다. 모세포벽의 일부가 딸세포로 전달되면서(그림 2.1), 세포벽의 구성성분이 바뀌어 딸세포의 운명에 영향을 준다.

원형질연락사 (Plasmodesmata)

대부분의 원형질연락사(plasmodesmata, 단수; plasmodesma)는 세포분열이 일어나는 동안에 형성된다. 분열판(division plate)에 형성된 구멍이 벽을 관통하는 통로가 되고, 이 통로는 두 개의 딸세포를 연결하는 원형질연락사가 된다. 각각의 원형질연락사는 인접한 세포의 세포막(plasma membrane)과 연결된 막에 의해 정렬되며, 두 세포간의 소포체(endoplasmic reticulum)를 연결하는 데스모튜뷸(desmotubule)이라고 하는 관모양의 내부구조를 가지고 있다. 초기 원형질연락사는 직선상으로 존재하나 성숙한 조직의 경우 분기하고/하거나(and/or) 다른 원형질연락사와의 혼합이 일어난다.

이러한 변형은 세포벽에서 새로운 채널을 형성하는 효소를 필요로 하는데, 이 효소는 기존의 원형질연락사의 막과 데스모튜뷸군의 분지에 관여한다. 원형질연락사는 기존에 형성된 세포벽으로부터 새롭게(*de novo*) 발생할 수 있다. 발생한 세포질은 세포면 사이로 연결되고 그렇지 않다면 슈트정단분열조직(Shoot apical meristem: SAM)의 외피층처럼 서로 격리될 수 있다. 이는 세포 합성기 동안 발생할 수 있는데 페튜니아(*Petunia*)와 금어초(*Antitthinum*) 같은 통꽃의 발달에서 개화기관의 합성을 그 예로 들 수 있다.

식물전체에 걸친 세포내의 연속된 원형질은 심플라스트(symplast)를 형성하며, 세포 간 신호의 전달을 위해 아포플라스트와 더불어 다른 하나의 경로를 제공한다. 심플라스트는 체관요소의 세포질을 포함하며 물관(xylem)에 더하여 장거리신호를 위한 다른 경로를 제공한다. 체관부의 1차 생리적 기능은 성숙한 잎에서 합성된 당과 아미노산을 어린잎이나 뿌

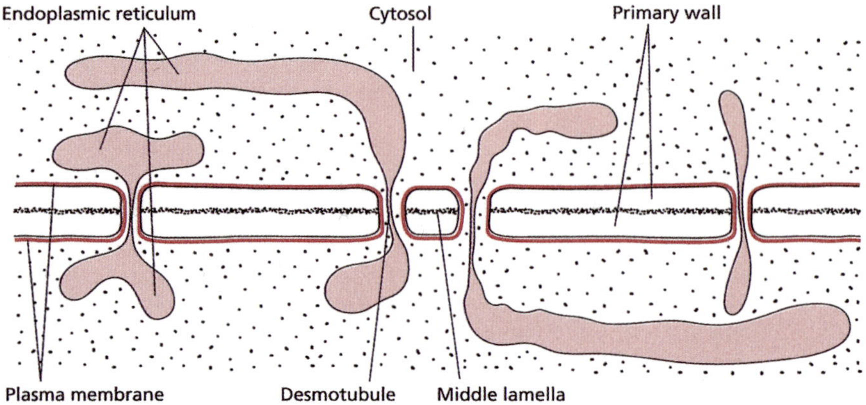

그림 2.2 1차 세포벽을 통해서 본 분화되지 않은 원형질연락사. 소포체는 복합체 형태지만주목해서 볼 필요가 있다. 각각의 세포 속엔 3차원의 망상조직이 있고 횡단면에는 작은 마디가 보인다. (adapted from Lucas et al. 1993).

리 같은 **싱크**(sink)로 이동시키는 것이다. 따라서 체관의 안에 있는 분자들은 식물의 뿌리-슈트 축(root-to-shoot axis)을 따라 위, 아래 방향으로 이동할 것이다(물관과 체관이 장거리 수송을 위하 유일한 수단을 제공하지 않는다는 사실은 주목할 만하다. 호르몬의 하나인 옥신은 어린잎에서 합성되어 관다발조직의 유조직을 통해 뿌리정단까지 이동한다. 이 과정은 심플라스트와 아포플라스트를 통한 옥신의 이동을 포함한다.)

심플라스트의 연락은 원형질연락사를 통과하는 수동확산(passive diffusion)과 분자들의 능동수송(active transport)을 모두 포함한다.

수동확산은 데스모튜불의 막끼리 압착되어 있어 중앙의 간극을 차단하기 때문에 데스모튜불의 중앙을 통해서는 일어나지 않는 것으로 보인다. 그러나 분자는 데스모튜불과 원형질연락사의 막 사이 공간을 통해 확산될 수 있다. 수동확산을 통해 이 공간을 통과할 수 있는 크기의 제한은 다른 크기를 가진 염색 분자를 주입하거나, 형광단백질을 만들어 내는 형질전환 식물을 이용하여 확인할 수 있다. 담배의 경우 발생하고 있는 잎의 원형질연락사를 통해 약 50kDa 정도의 분자까지 통과가 가능하지만, 성숙한 잎은 1kDa이나 그 이하의 크기를 갖는 분자만 통과 시킨다. 이 변화는 이는 하나(simple)의 원형질연락사가 분지(branched)하는 전환과 관련이 있으며, 잎이 성숙하는 동안 심플라스를 통과하는 신호전달 특성에 상당한 영향을 줄 것이다.

수동확산에서 급격한 크기제한의 변화는 몇몇의 세포유형들이 발생하는 동안에도 일어난다. 발생하고 있는 공변세포(guard cell)의 캘러스(callose) 침적에 의해 원형질연락사가 완전히 차단된다. 이로 인해 이웃한 인접세포와 삼투(osmotic potential) 및 전위포텐셜(electric potential)이 발생하지 않도록 격리되어 기공의 개폐와 관련된 팽압(turgor pressure)의 빠른 변화를 유도하게 된다. 다른 극단에서, 체관부의 체판(sieve plate)을 통해 연결되어 있는 세포질 채널은 원형질연락사의 지름 확장에 유래한다. 체판 채널의 지름은 마이크로(㎛, micron) 단위이지만, 보통 원형질연락사는 30-60nm의 직경을 가진다.

작은 분자들의 수동수송 외에, 몇몇 큰 핵산과 단백질은 원형질연락사를 능동적으로 운반된다. 능동수송의 기작과 보급경로는 모두 명확히 알려져 있지 않다. 능동수송의 과정에 대한 대부분의 연구는 몇몇 식물 안에서 전신적(systematic) 확장에 필요한 바이러스의 이동단백질(movement proteins)을 가지고 이루어져왔다. 이 단백질은 스스로 이동이 가능하며 바이러스의 핵산을 원형질연락사를 통해 운반시키는 기능을 가지고 있다. 단백질에 의한 수송은 이동단백질에 대해 표적이 되는 주요소(motif)를 필요로 하며, 아마도 숙수세포의 세포골격(cytoskeletion)과의 상호작용이 연루되어 있을 것이다. 성숙한 잎의 세포에 바이러스성 이동 단백질을 주입하면 원형질연락사를 통한 수동확산을 제한하는 크기가 약 1kDa에서 20kDa까지 증가하지만 이 현상이 능동수송 과정을 위해 필요한 것인지는 아직 밝혀져 있지 않다.

세포에 바이러스성 이동단백질을 주입하면, 초기 영향은 몇 분 이내에 나타나는데, 이는 이동단백질이 세포 간에 단백질과 핵산을 이동시키는 세포의 내부 시스템(endogenous system)과 연동하여 작용한다는 것을 의미한다. 원형질연락사를 통과하는 내재적인 능동수송에 대한 과정은 오늘날까지 증명되어왔다. 체관의 동반세포(companion cell)에서 체관요소(sieve element)로의 단백질과 mRNA의 수송, 슈트정단분열조직(SAM)층 사이의 단백질 수송 등을 그 예로 들 수 있다.

체관요소의 능동수송은 발육상에서의 명확한 기작이 밝혀져 있지는 않지만, 체관을 통한 mRNA와 단백질의 장거리 이동을 가능하게 한다. 또한 유전자의 전사를 조절하는 단백질인 전사요소(transcription factor)의 SAM층간 단거리 능동수송에 대한 명확한 증거가 있다. SAM의 기능에 필요한 KNOTTED1(KN1) 전사요소를 암호화 하는 유전자는 옥수수에서 SAM의 준표피층(subsurface layers)에서만 발현 한다(연구사례 5.2). 그러나 KN1 단백질은 SAM의 최외각층을 포함한 모든 층에서 발견되는데, 이는 KN1가 원형질연락사를 통해 준표피층에서 표피층으로 이동한다는 것을 의미한다. 이 이론을 뒷받침하는 해주는 근거로 잎의 엽육세포에 KN1을 주입하면 원형질연락사를 통해 인접한 세포로 이동한다.

세포 간에 원형질연락사가 존재하기 때문에 세포수준에서 식물을 연구하는 것은 매우 어려우며, 이에 따라 식물발생에 관한 연구는 주로 세포수준 이상에서 이루어져야 한다고 이야기 되어 왔다. 식물체의 여러 지역에서 심플라스트 영역(symplastic domains)을 형성한다는 증거가 이 주장을 뒷받침 해주고 있다. 감자 슈트의 정단부(apex)를 예로 들 수 있는데, 이곳에는 정단분열조직과 새로 출현하는 엽원기 간에 주입한 염색분자(dye molecules)의 이동을 차단하는 부분적인 심플라스트 장벽이 존재한다.

이러한 관측을 해석하는 하나의 방법은 세포수준이상에서 발생하는 분열조직과 원기의 심플라스트를 분리된 영역으로 간주하여 각각 관찰하는 것이다. 그러나 원형질 연락사로 연결이 되어 있어도 이웃한 세포들 간에 독자적으로 활동할 수 있다는 근거도 있다. 심플라스트 영역이 세포 수준 이상 단계의 발생에 있어 중요한 역할을 하지만, 세포 수준에서의 발생과 발생기작에 대하여 고려해 볼 필요가 있다.

더 큰 패턴들 (Lager patterns)

지속적인 발생 (Continuous development)

식물의 발생은 생활주기 전반에 걸쳐 지속된다. 배발생은 슈트-뿌리 축(shoot-root axis), 조직의 방사상패턴, 및 첫 번째 정단분열조직을 형성한다. 그러나 뿌리, 슈트, 잎과 꽃 같은 대부분의 모든 식물 기관은 대규모의 반복적인 과정을 통해 발아 후에 형성된다. 정단분열조직들은 동일하거나 유사한 발생 패턴을 반복하여, 신장하는 뿌리나 신장하는 일련의 마디와 마디사이를 생산한다. 측생분열조직(lateral meristem) 또한 정단분열조직 근처에서 발생패턴을 되풀이 한다. 연속적이고 반복적인 발생의 조합을 통하여 무성생식(vegetative reproduction)의 광범위한 출현이라는 극한의 단계까지 이르게 된다.

제약을 받지 않는 발달패턴 (Open-ended patterns of development)을 무한(indeterminate)이라 하며 그에 반하여 시간 또는 공간에 제약을 받는 패턴을 유한(determinate)이라 한다. 예를 들어, 식물의 슈트정단분열조직(SAM)의 발생은 보통 무한하지만 엽원기의 발생은 유한하다. 식물의 발생을 조절하는 기작은 무한발생과 유한발생이 조화를 이루어야 한다. 식물전체의 발생은 두 패턴 중 하나만을 따르기도 하는데 다년생 식물(perennials)은 무한생장을 하지만 많은 일년생 식물(annuals)은 유한생장을 한다.

발달 패턴은 무한에서 유한으로 전환되거나 그 반대로도 전환 될 수 있다. 영양생장을 하는 SAM이 꽃 분열조직(floral meristem)이 되면 유한이 되고, 꽃차례(inflorescence, 화서) 분열조직이 되면 식물에 따라 유한(유한화서), 혹은 무한(무한화서)이 된다. 반대로, 유한의 식물기관이 무한의 부정근(adventitious root)이나 액아(shoot buds)를 만들 수도 있다.

형성적 발생 (Plastic development)

발생은 지속적으로 일어나기 때문에, 대부분의 식물 기관은 예측할 수 없는 환경에 노출된 채 발생한다. 각 기관 및 식물전체의 발생은 주된 환경조건에 순응할 수 있는데, 이는 정착성 생물(sedentary organism)에 있어 중요한 능력이다. 예를 들어 주로 정원에서 자라는 잡초인 개밀(*Agropyrum repens*)은 인편상 잎(scale leaves)과 부정근을 낳는 긴 마디사이와 마디로 구성된 지하경(underground shoots)을 통해 퍼져 나간다. 토양표면에 다다르면, 슈트는 짧은 마디사이와 본엽을 발생시키는 뿌리가 없는 마디를 생산한다(그림 2.3). 이것은 암조건에서 광조건으로의 변화, 다시 말해 광도(light intensity)에 따른 반응이다. 식물의 발생을 조절하는 다른 환경적 자극에는 입사광의 방향과 스펙트럼(spectral quality), 명기(photoperiod)의 지속시간, 중력, 기계적 스트레스, 온도, 대기 중 이산화탄소의 농도, 습도, 유효토양수분과 유효양분의 국지적인 변이 등이 포함된다. 발생 변이(modification)는 균근곰팡이(mycorrhizal fungi)나 뿌리혹 박테리아(nodulating bacteria) 같은 다른 생물체에 반응하여 일어나기도 한다.

식물은 단일 발생 패턴을 변이시키거나, 완전히 다른 발생 프로그램 간의 전환을 통해 환경에 대해 반응할 수 있다. 이러한 구별은 다소 주관적이다. 한 예로 지향성 신호에 반응하여 식물의 일부가 구부러지는 현상인 자극생장(tropic growth)은 발생하고 있는 기관의 차

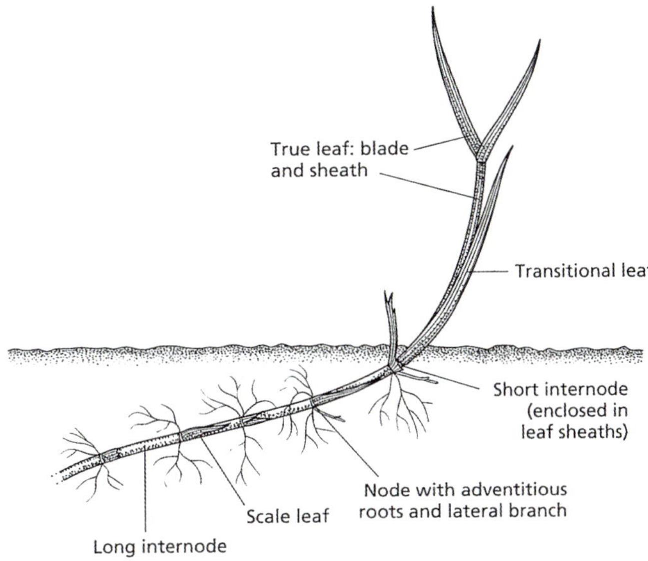

그림 2.3 개밀(*Agropyrum repens*)의 형성적, 중첩발달. 개밀은 인편상 잎(scale leaves)과 부정근(adventitious roots)을 형성시키는 긴 마디사이와 마디로 구성된 지하경(underground shoots, rhizomes)을 통해 퍼져 나간다. 광과 토양 표면에 반응하여, 줄기에서 짧은 마디사이와 잎을 발달시키는 뿌리가 없는 마디를 형성한다.

별적인 세포팽창에 기인한 것이다. 이것은 분명히 발생에 있어 대수롭지 않은 변형이다. 그와 대조적으로, 봄에 나무가 생성한 확장된 잎과 여름이나 가을에 같은 가지에서 생성된 아린(bud-scale)의 차이는 두 기관의 세포 증식과 분화에 있어 상당한 변화가 나타난다는 것을 보여준다. 아린이 잎에서 발생된다 하더라도, 이러한 변화는 전혀 다른 발생 프로그램 간의 전환으로써 가장 중요시 되고 있다.

재생 (Regeneration)

살아있는 모든 식물세포들은 전형성능(totipotent)일 것이다. 적절한 조건하에서 하나의 세포에서 완전한 식물체로 자라는 것이 가능할 수 있다. 자연환경에서 물론, 식물의 재생은 극한에 이르는 것이 아니라, 손상의 치료나 영양생식을 의미한다.

손상 후 재생은 보통 두 단계에 걸쳐 이루어진다. 첫 단계는 상처가 난 구역 근처의 유세포가 증식하여 무정형의 캘러스(callus) 조직을 만들어 낸다. 캘러스 내에서 세포는 상처의 위치에 따라 조직화 된 후에 분화하는데, 그 예로, 상처 부위에서 새로운 슈트정단분열조직이나 뿌리분열조직과/혹은 새로운 관다발띠를 생성한다. 그러나 캘러스의 생산이 재생에 있어 필수적인 과정은 아니다. 생장하는 기관에서는 손실된 조직은 때때로 고도로 조직화된 세포 증식과 분화에 의해 대체 된다. 초기 발생단계의 꽃분열조직이 잘려서 두 갈래로 갈라지면, 잘린 각 부위는 재생을 통해 거의 완벽한 꽃을 형성한다.

식물의 재생능력을 통해 식물의 세포집단이 상처부위에서 기능을 다하는 정단분열조직이나 뿌리분열조직을 생산할 수 있다는 것을 알 수 있다. 이는 정단분열조직(apical meristem)이 준자율적(quasi-autonomous)이고 자가조직적(selg-organizing)이라는 것을 의미한다. 조직배양에 있어 체세포의 배형성 현상은 배도 그와 유사한 특성을 가진다는 것을 의미한다.

발생 기작 연구를 위한 이론적 체계 (Theoretical framework for the study of developmental mechanisms)

모든 생육분석은 다세포(multicellular), 세포(cellular), 아세포(subcellular) 수준에서의 현상에 대한 설명을 해야 한다. 그러나 개별적인 세포운명의 견지에서 발달기작을 연구하는 것이 가장 현실적이다. 식물세포의 고정성을 고려하면, 식물발생은 세포분열(cell division), 세포생장(cell growth), 그리고 세포사(cell death)를 포함하는 세포분화(cell defferentiation)의 조화 패턴에 의해 좌우 된다. 각 세포의 발생상 운명(developmental fate)은 세포에서 나타나는 위 과정들의 독특한 조합을 의미한다.

생화학적 수준에서, 이러한 세포의 행동은 세포의 유전자 발현 양상에 의해 결정된다. 이는 주로 유전자의 전사(transcription) 수준에서 조절된다. 따라서, 세포운명은 대부분 전사인자의 생산이나 활성에 의해 좌우된다. 또한, 각각의 전사인자들은 독단적으로 혹은 인자들 간의 조합을 통해 특정 세포 행동을 결정하는 소수 혹은 다수의 유전자를 조절하기 때문에 전사인자들은 세포 운명의 주 조절자 역할을 수행한다. 따라서 발생에 관한 연구는 이들 주 조절자의 활성을 조절하는 기작에 초점을 두어왔다.

주조절자의 조절과 세포운명에 미치는 그들의 영향을 조사할 수 있는 많은 실험적인 방법들이 존재하고 발생생물학에서 취급되는 많은 용어들은 동물발생의 연구에 위의 실험방법을 적용하면서 정의된 것들이다. 그렇기 때문에, 일반적으로 사용되는 용어는 식물의 발생을 연구하는데 있어 적용시키기 어려운 것들이 있다. 예를 들어 동물 배발생학(embryology)에서 배에서 세포를 절단하여 조직배양을 통해 키울 때 세포의 발생운명이 일정하게 유지되면 세포는 확정적(determined)이라고 말한다. 그러나 식물을 대상으로 실험할 때 그러한 용어를 차용하는 것은 쉬운 일이 아니다. 조직배양 시, 거의 대부분의 살아있는 식물세포에서 완전한 식물체를 재생하는 캘러스를 유도할 수 있다. 엄밀한 실험적 견지에서, 식물세포에서 확정(determination)은 거의 일어나지 않는다. 그러나 식물세포의 운명이 정상적인 발생기간 동안 제한을 받지 않는다는 의미는 아니다.

동물발생학의 실험을 통해 정의된 용어를 식물발생학에 적용시키는데 있어서의 어려움을 고려하여, 이 책에서는 온전히 이론적인 개념에 기반을 둔 발생기작의 분류를 위한 체계를 이용한다.

세포-외래와 세포-내재 정보

(Cell-intrinsic and cell-extrinsic information)

이론적으로 세포운명을 조절하는 기작은 두 집단으로 분류할 수 있다. 기작은 세포 안에서 기원하는 세포-내재 정보(cell-intrinsic information)나 세포 밖에서 기원하는 세포-외래 정보(cell-extrinsic information)에 의해 좌우된다. 이 책은 세포벽에 존재하는 정보를 세포-외래 정보로 정의하여 언급하였다.

내재 정보는 세포의 개별적인 역사동안, 예를 들어 세포의 연령에 관련된 요인들의 형태로, 나타날 수 있다. 또한, 세포는 조상(모세포)으로부터 내재 정보를 이어 받거나 확률적인 세포 내부 변화를 겪을 수 있다. 세포 내에서 존재하는 정보는 세포골격의 형성, 세포의 영양상태, DNA메틸화(methylation)에 의한 세포 DNA의 후성학적 변화 등의 세포 구성의 양상과 함께 동반된다.

세포 외부적 정보는 식물 내부에서 발생하거나 환경에 의해 발생하기도 한다. 식물에서 기원하는 세포-외래 정보는 인접한 세포들 간의 근거리 신호, 멀리 떨어진 식물 부분으로부터 오는 원거리 신호, 조직 내에서 발생하는 물리적 힘의 발생 등에 연관되어 있다. 환경에서 유래한 외래 정보는 중력, 온도, 광도와 스펙트럼 등등이 해당된다.

이 이론적인 분류는 실험적인 증거를 고찰하는데 유용한 체계를 제공하지만, 세포-내재 정보와 세포-외래 정보에 기반을 둔 기작은 종종 상호 의존적으로 나타나기 때문에 결과에 대한 해석은 어려운 작업이다. 예를 들어, 환경에서 기인한 신호들은 식물 내의 신호로 전달되고 이 신호들은 각 세포들의 내부 상태에 영향을 준다. 또한, 세포의 내부상태는 외부 신호의 생산과 반응에 영향을 준다.

결 론

식물은 예측할 수 없는 환경변화나 물리적인 손상을 피하지 못하는 정착성 생물이다. 식물은 지속적인 발생패턴, 외부 신호에 반응하는 발생패턴, 손상에 대한 유연한 발생패턴 등을 발전시켜왔다. 앞으로 나올 장에서 언급될 것이지만, 이러한 속성은 근거리의 식물세포간 그리고 원거리의 식물세포간의 방대한 정보교환에 토대를 두고 있다. 세포 간의 신호전달은 세포벽끼리 상호 연결된 아포플라스트와 세포들 간의 세포질이 상호 연결된 심플라스트를 통해 일어난다.

Further reading

Cell walls

Brett, C. & Waldron, K. (1990) *Physiology and Biochemistry of Plant Cell Walls.* Unwin Hyman, London.

Cosgrove, D.J. (1997) Assembly and enlargement of the primary cell wall in plants. *Annual Review of Cell and Developmental Biology* **13**, 171–201.

Plasmodesmata

Lucas, W., Ding, B. & Van Der Schoot, C. (1993) Plasmodesmata and the supracellular nature of plants. *New Phytologist* **125**, 435–476.

Oparka, K.J., Roberts, A.G., Boevink, P. *et al.* (1999) Simple, but not branched, plasmodesmata allow the nonspecific trafficking of proteins in developing tobacco leaves. *Cell* **97**, 743–754.

Pickard, B.G. & Beachy, R.N. (1999) Intercellular connections are developmentally controlled to help move molecules through the plant. *Cell* **98**, 5–8.

Ruiz-Medrano, R., Xoconostle-Cázares, B. & Lucas, W.J. (1999) Phloem long-distance transport of CmNACP mRNA: implications for supracellular regulation in plants. *Development* **126**, 4405–4419.

Symplastic transcription factor movement in the SAM

Lucas, W.J., Bouché-Pillon, S., Jackson, D.P. *et al.* (1995) Selective trafficking of KNOTTED1 homeodomain protein and its mRNA through plasmodesmata. *Science* **270**, 1980–1983.

Perbal, M-C., Haughn, G., Saedler, H. & Schwarz-Sommer, Z. (1996) Non-cell-autonomous function of the *Antirrhinum* floral homeotic proteins DEFICIENS and GLOBOSA is exerted by their polar cell-to-cell trafficking. *Development* **122**, 3433–3441.

Sessions, A., Yanofsky, M.F. & Weigel, D. (2000) Cell–cell signaling and movement by the floral transcription factors LEAFY and APETALA1. *Science* **289**, 779–781.

Larger patterns of development

Walbot, V. (1996) Sources and consequences of phenotypic and genotypic plasticity in flowering plants. *Trends in Plant Science* **1** (1), 27–32.

3 장

세포에 내재된 정보
(Cell-intrinsic information)

식물의 세포는 이동할 수 없기 때문에, 각 세포는 이웃한 위치에 적절한 운명을 택해야 한다. 3장부터 6장까지는 이러한 기작이 형성되는 과정에 대한 내용을 다룰 것이다. 2장에서 논의한 것처럼, 세포의 운명은 아마도 세포에 내재되어 있는(intrinsic) 정보, 세포 외부로부터의(extrinsic) 정보, 또는 양쪽 모두에 의존할지 모른다. 4장, 5장 그리고 6장은 세포의 운명에 영향을 미치는 세포-외래의 위치적인 정보의 역할에 대해 언급할 것이다. 이 장에서는 세포에 내재된 정보가 세포운명에 관여하는 기작에 대하여 논할 것이다.

세포-내재 정보는 정보를 획득하는 방법에 따라 분류할 수 있다. 이 장의 앞부분은 모세포로부터 물려받은 정보의 역할에 대하여 설명할 것이다. 이 정보를 이용하여 세포의 운명은 계통(lineage)으로 연결될 수 있다. 뒷부분에서는 연령과 연관된(age-related) 정보의 역할에 대하여 얘기하고자 한다. 이 장에서는 세포내에서 일어나는 가설적인 과정들의 역할을 다루지 않는다. 그러나 세포-내재 혹은 세포-외래 정보에서 일어나는 가설적인 변화들은 몇 가지 식물 구조의 패턴을 형성하는데 중요한 요인이 될 수 있으며, 이에 대한 내용은 6장에서 설명할 것이다.

계통 (Lineage)

동물은 계통을 따라 세포 운명을 결정하는 기작에 대한 좋은 증거를 가지고 있는데, 초기배의 세포들만이 모든 세포형태로 분화할 수 있는 전형성능(totipotency)이 바로 그것이다. 배발생(embryogenesis)이 진행되면서, 세포 운명에 대한 범위가 점진적으로 감소하여 일차적으로 일부분의 운명과정으로만 한정되고, 그 후에 계통에 따른 하나의 특정한 운명과정을 따르게 된다.

이러한 계통적인 제한은 다양한 기작을 통해 일어난다. 한 예로 운명을 결정하는 요인(fate-determining factor)들은 세포가 분열하는 동안 딸세포를 비대칭적으로 분리시키기도 하며, 외래 정보에 영향을 받은 세포운명이 딸세포로 전달되기도 한다.

이와 대조적으로, 식물에서 계통의 역할은 많이 알려져 있지 않다. 식물 세포는 이동을 할 수 없기 때문에 세포의 계통과 위치를 구별하는 것이 상당히 까다로우며, 이로 인해 세포의 운명이 계통에 의한 것인지 외부 의존적인 정보에 의한 것인지 알 수가 없기 때문이다.

이 절은 세포 계통과 세포 위치의 연관성에 대한 것을 설명하고, 그 후에 식물세포의 운명이 계통에 따른 영향을 받는지 받지 않는지에 대한 내용을 다루고 있다.

세포 계통과 위치의 관계
(Relationship between cell lineage and cell position)

식물조직의 절편을 이용해 분석하는 오랜 기간의 전통적인 방법을 통하여 세포가 분열, 팽창, 및 분화하는 장소에 대해 포괄적으로 구체화 할 수 있었다. 그러나 개개의 단면은 발생과정 중의 정적인 상태만을 묘사하기 때문에 자세한 계통패턴을 추적하기에는 적절하지 못한 방법이다. 그에 따라 세포계통과 위치간의 관계는 일반적으로 클론분석(clonal analysis)이라는 기술을 사용해 연구한다(그림 3.1). 클론 분석의 기본적인 방법은 유전성을 가지면서 가시화시킬 수 있는 표지(marker)를 발생초기 단계에 있는 세포에 붙이는 것이다. 이 같은 기술을 통해 표지된 세포의 자식세포들의 분포를 발생 후기단계에서 확인할 수 있게 된다. 세포에 표지하는 가장 일반적인 방법은 엽록소나 안토시아닌 등과 같은 색소의 생합성에 관여하는 유전자에 대해 무작위적으로 형성된 체세포 돌연변이(somatic mutations)를 이용하는 것이다. 운반요소의 절개 등과 같은 이유로 체세포 돌연변이가 자연발생적으로

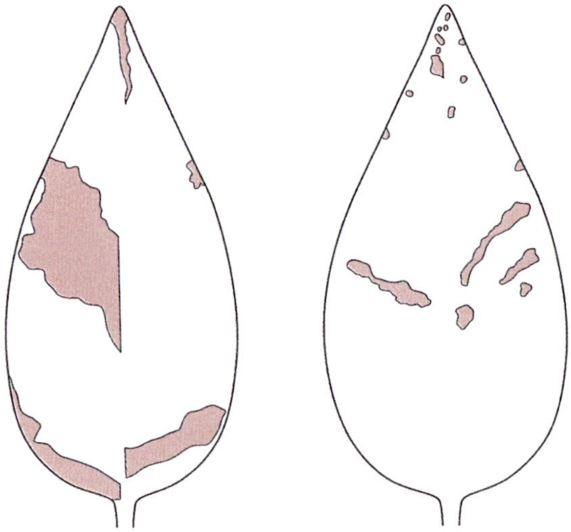

(a) **Leaf irradiated when less than 100 μm long**

(b) **Leaf irradiated when 400–700 μm long**

그림 3.1 담배 잎 발생에 대한 클론분석. X-선 조사를 통하여 비정상적으로 엽록소를 합성하는 복제세포들이 만들어 진다. 그림은 책상조직층(palisade layer, 분홍색)에 표식된 clone을 보여준다. 잎이 성숙하기 전에 더 많은 세포분열이 일어나기 때문에 발생 초기에 유도된 클론(a)은 후반에 유도된 것들(b)보다 더 크다. basipetal wave로 잎이 성숙하기 때문에 (b)에서 잎 말단 부분의 클론은 기부쪽에 가까운 클론보다 더 작다(1장). (Adapted from Poething & Sussex, 1985).

나타나기도 한다. 돌연변이 유도체인 X-선 조사와 같은 대안적인 방법으로 체세포 돌연변이를 유발할 수도 있다.

상세한 해부학적인 정보에 관한 지식을 제공해준 클론분석을 통하여 식물세포의 계통과 위치 간에 매우 밀접한 관계가 있다는 것이 밝혀졌다.

슈트정단분열조직에서 기원한 계통의 운명

(Fate of lineages derived from the shoot apical meristem)

표지된 세포와 표지되지 않은 세포들이 슈트정단분열조직에 모자이크 형태로 발생하는 식물에 대한 연구를 통하여 슈트정단분열조직에 나타나는 세포의 위치와 슈트에서 나타나는 자식세포들의 운명 간의 관계를 알 수 있다(그림 3.2). 이 같이 유전적으로 상이한 세포집단을 하나 또는 그 이상가지고 있는 식물을 키메라(chimera)라고 한다. 가장 일반적인 키메라의 형태는 부채꼴형 키메라(sectorial chimera)와 병층형 키메라(periclinal chimera) 이다. 부채꼴형 키메라는 분열조직에 다르게 표지된 세포집단이 원주상으로 나타나고(케이크 조각을 생각해라), 병층형 키메라는 슈트의 수직 층에 다르게 표지된 세포집단이 나타나는 돌연변이이다(초코파이의 빵과 머쉬멜로우를 생각해라).

부채꼴형 키메라에서 분열조직 위에 원주형으로 표지된 구역은 슈트를 따라 수직적으로 퍼져 내려가면서 표지된 세포들의 조직대를 형성한다(그림 3.2). 따라서 슈트는 원주상의 계

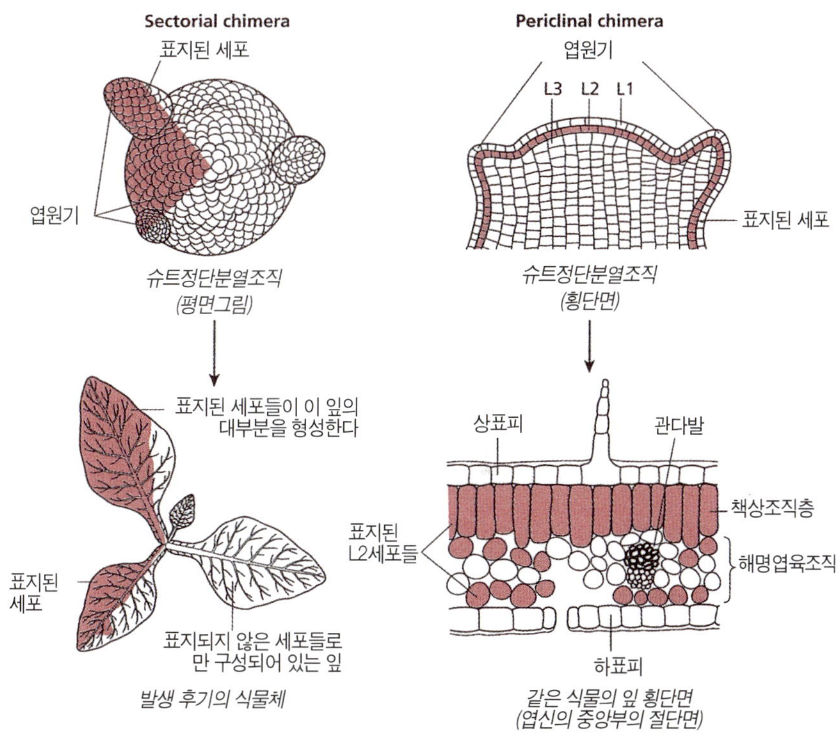

그림 3.2 담배의 부채꼴형 키메라와 병층형 키메라.

통으로 나눌 수 있고, 그 각각은 분열조직의 정부에 소수의 시원세포들로부터 유래한다. 이러한 시원세포들은 중앙지역의 전체 혹은 일부분을 나타낸다(1장 참조). 부채꼴형 키메라는 많은 마디를 위해 존재하지만 이들은 일반적으로 영구적이지 않는데, 이는 시원세포로서의 기능이 분열조직 내에 있는 세포의 위치에 의존한다는 것을 의미한다. 표지된 시원세포가 표지되지 않은 시원세포로 대체되면, 분열조직층 안에서 표지된 구역은 사라진다.

부채꼴형 키메라는 정단분열조직 내의 시원세포의 원주상 위치가 시원세포의 자식세포들의 운명을 결정짓지 않는다(그림 3.2). 부채꼴 키메라의 표지된 띠의 위치는 잎의 발생패턴에 대해 독립적이다. 따라서, 키메라형태를 갖는 단일의 슈트 상에 있는 연속적인 마디에서 표지대는 잎 전체 또는 잎의 일부를 에워싸거나, 슈트에만 제한적으로 나타날 수 있다. 표지대의 세포들은 오로지 잎 또는 슈트조직만을 생산하는 계통에 의해 제한 받지 않는다.

반면에, 병층형 키메라의 경우에는 정부 분열조직의 다른 층에서 유래한 계통이 슈트에서 특유의 조직을 발생시킨다(그림 3.2). 1장에서 언급한 바와 같이, 슈트정단 분열조직은 상대적으로 구별된 두 지역으로 구성된다-외곽 층을 형성하는 외피(tunica)와 corpus라 불리는 내부의 세포덩어리. 대부분의 쌍자엽식물은 외피에 두 개의 분리된 세포층을 가지고 있는 반면에 대다수 단자엽식물은 오직 하나의 외피층을 가진고 있다. 정단분열조직층의 형태로 나타나는 세포 계통은 표면에서부터 L1, L2, L3로 불린다. 쌍자엽식물의 경우, 두 개의 외피층이 L1과 L2이며, corpus는 L3이다. 단자엽식물에서 외피는 L1이고 corpus는 L2이다.

쌍자엽식물의 병층형 키메라에서 슈트표피는 L1에서 발생하고, L2는 표피 바로 아래쪽에 단일 세포층을 형성하여 슈트의 구역이 명확히 나뉘게 된다. 반면 L3는 더 많은 중심조직을 생산한다(그림 3.2). 옥수수의 병층형 키메라는 단자엽식물의 계통 패턴이 더 많은 유연성을 가지고 있다는 것을 보여준다. 옥수수에서, 표피는 L1으로부터 형성되지만 깊은 곳의 조직은 L1과 L2로부터 발달한다.

세포 계통과 위치 사이의 더 많은 연결고리들

(More links between cell lineage and cell position)

슈트정단분열조직에서 유래되는 세포 계통에 비해, 발생의 다른 양상에 대한 구체적인 근거는 소수의 식물 종에서만 발견된다. 배발생 및 잎과 뿌리의 발생과 관련된 계통 패턴에 대해 언급하고자 한다.

배발생에 있어서, 계보 패턴의 예측가능성은 종간에 다양하다. 예를 들어, 애기장대에서, 배발생은 세포 분열의 규칙적인 패턴으로 구성되어 있으며, 초기 구상배(globular embryo)의 각 세포의 자식세포는 성숙배(mature embryo)에서의 예측 가능한 위치를 가진다. 그러나 목화와 옥수수의 경우, 배의 분열 패턴은 불규칙적이고 초기 미성숙 세포(embryonic cell)의 자식세포들은 배발생이 끝난 시기에 예측하기 힘든 위치를 가진다.

잎 발생의 경우, 담배와 옥수수의 클론분석을 통하여 세포 분열과 확장의 전체적인 패턴은 상대적으로 예측가능하다는 것을 알 수 있다. 발생의 어느 시기에나, 생장하는 잎의 각 구역에 있는 세포들은 예측가능한 빈도와 방향으로 분열하고 팽창한다. 그러나, 세포가 잎 발생 초기에 표지 되면, 표지된 세포들이 생산하는 클론의 정확한 면적은 예측하기 어렵다. 따라서 계통을 통해 잎 세포들의 대략적인 위치만을 예측할 수 있다. 이 법칙에 대한 예외로, 몇몇 식물 종의 경우 공변세포(guard cell)와 그것을 감싸는 표피(epidermis)로 구성된 기공 복합체(stomatal complexes)와 다세포성 모용(trichomes)가 클론 집단이다. 기공 복합체나 모상체는 독특한 세포분열 패턴에 의해 모세포로부터 발생한다. 그러나 세포계통은 표피세포가 모상체나 기공의 모세포로 변화되는 것을 결정하는 것 같지는 않다.

또한 몇몇 식물 종에서 뿌리의 계통패턴에 대한 연구가 이루어졌다. 애기장대의 정단분열조직 내에 존재하는 독특한 시원세포의 집합체(distinct sets of initials)에서 뿌리의 특수한 조직을 생산할 때, 뿌리세포의 계통과 위치 간에 매우 강력한 연결고리를 형성한다(그림 1.5 참조). 애기장대의 근단분열조직은 휴면중심(quiescent center)를 둘러싸는 시원세포들로 구성된다. 근단(root tip)의 반대쪽으로 향하는 분열조직의 기부 표면(basal face)에서, 중앙의 세포집단은 관다발 조직을 형성하고, 고리형의 주변세포(peripheral ring of cells)들은 내피(endodermis) 와 외피(cortex)를 형성한다. 근단 방향으로 향하는 분열조직의 정부 표면(apical face)에서, 중앙의 세포집단은 뿌리골무(root cap)의 중앙 지역을 형성하고, 고리형의 주변세포들은 근관의 측면과 표피를 형성한다.

모든 식물 종의 근단분열조직이 그러한 규칙적인 계통패턴을 나타내는 것은 아니다. 애기장대풀은 닫힌 분열조직(closed meristem)이라 불리는 근단분열조직의 형태를 가지는데, 이는 옥수수 같은 다른 종에서도 나타난다. 그러나 대다수의 식물은 독특한 시원세포 집합체가 나타나지 않는 열린 분열조직(open meristem)을 가지고 있다. 규칙적인 세포분열 패턴이 와해된 시원세포 구역 위의 열린 분열조직에서 관찰되었지만, 열린 근단분열조직의 계통패턴은 불명확하다.

계통에 관한 연구사례 (Lineage case studies)

많은 발생 양상과 연관된 예측 가능한 계통패턴은 세포 운명에 영향을 미치는 계통 의존적(lineage-dependent) 기작과 일치한다. 이 절의 나머지 부분을 통해 그 기작에 대한 연구결과에 대하 논하고자 한다.

연구사례 3.1은 상당히 미세한 레이저 빔을 이용하여 개개의 세포들 혹은 아주 작은 세포 그룹을 죽이는 기술인 레이저 절개술(laser ablation)에 관한 것이다. 레이져 절개술은 세포 운명에 대한 계통의 영향을 연구하는데 유용하게 사용된다. 처리 후, 죽은 세포들은 붕괴되고 이웃하는 세포들은 갈라진 틈에 몰리게 된다. 침입하는 세포들의 운명이 계통에 의해 우선적으로 결정되어져 있다면, 세포들의 패턴은 실험에 의해 변하지 않아야 한다. 그러나 만약 세포운명이 외부의 위치정보(extrinsic position information)에 의존한다면, 침입하는 세포들은 새로운 위치에 맞게 운명을 적응시킬 것이다. 레이저 절개 실험은 침입하는 주변세포들이 계통보다는 새로운 위치에 따라 작용한다는 것을 보여준다. 함축적으로, 세포의 위치는 세포의 운명을 결정하는데 있어서 계통에 대해 우선할 수 있다.

레이저 절개 실험의 결과는 정상적인 발달패턴이라기 보다는 손상(albeit, minimal damage)에 대한 식물들의 반응이 나타나기 때문에 주의해서 해석해야 한다. 이 기술의 대안으로 계통과 세포운명의 관계는 세포 행동에 영향을 미치는 비정상적인 분열패턴의 효과들을 관찰하는 방법을 통해 연구되었다. 연구사례 3.2는 전형적인 분열패턴에서 나타나는 자발적인 편향(deviation)에 대하여 언급하고 있으며, 연구사례 3.3은 분열패턴의 혼란을 야기하는 돌연변이의 영향에 관해 분석한 것이다.

두 접근법 모두 비침입성 방법(non-invasive)이라는 장점을 가지고 있고, 식물의 손상 반응에 의해 불명확명해지지 않는 결과들을 제공한다. 전체적으로, 연구들은 레이저 절개 실험의 결론을 뒷받침해준다: 세포운명은 세포계통보다는 외부의 위치정보에 일차적으로 의존한다.

그러나 계통은 다소 세포운명에 영향을 미치는 것으로 알려져 있다. 특정 운명에 적응하기 위해, 세포는 운명에 적절한 유전자들의 집단(the set of genes)을 발현해야 한다. 따라서 식물의 다른 지역에 존재하는 세포들은 다른 유전자 발현패턴을 보여준다. 이러한 차이점들은 세포분열을 통해 유전되는 것 같다. 이는 세포들에 계통에 기반 한 고유성(lineage-based identity)을 제공한다. 관찰된 계통에 의존하는 세포운명 제한의 부재는 위치적 차이가 발생하게 될 경우 외부의 위치적 자극에 대해 비교 조사 되어진 유전된 정보가 우선시 된다는 것을 내포한다.

연구사례 3.1 : 애기장대 근단 세포의 레이저 절개

(Case study 3.1 : Laser ablation of cells in the *Arabidopsis* root tip)

레이저 절개술은 상당히 미세한 레이저 빔을 이용하여 발생기관의 세포를 죽인다. 레이저에 의해 죽은 세포들은 붕괴되고, 식물체의 내부압력에 의해 인접한 세포들이 새로 생긴 공간으로 밀려난다. 결과적으로, 이 기술은 세포 운명에 대한 계통과 위치의 상대적인 중요성을 연구하는데 이용된다. 빈 공간으로 세포가 침투하는 것이 그들의 계통에 따라 행동하는가, 또는 그들의 새로운 위치에 맞게 운명을 전환하는가? 애기장대의 근단에 대한 레이저 절개연구는 계통보다는 위치가 궁극적인 세포운명을 결정함을 제시한다.

애기장대의 뿌리 중심부에서, 정단분열조직은 중심부의 밖 표면부로 뿌리골무를 생산하고 안쪽 면으로는 관다발의 전구체인 전형성층 세포(procambium cells)를 만들어낸다. 두 분열조직의 지역 사이에 분열이 거의 일어나지 않거나 분열하지 않는 휴먼중심(quiescent center)가 있다. 휴먼중심을 절개하는 방법으로 세포운명에 영향을 미치는 계통의 효과가 연구되어왔다(그림 3.3). 휴먼중심의 죽은 세포들은 붕괴되고 전형성층의 세포들이 그 공간을 대체한다. 침입하는 세포들에 영향을 미치는 이러한 변화의 효과는 관다발세포, 휴먼중심세포, 또는 근관의 중축(columella)의 세포에서 특이적으로 발현하는 표지유전자(marker genes)를 가지고 있는 형질전환식물(transgenic plants)을 이용하여 관찰할 수 있다.

관다발 표지유전자가 삽입된 식물의 표지는 침입하는 전형성층 내에서 강한 초기활성을 나타내지만 실험이 진행됨에 따라 활성을 잃어버리게 된다. 그와 반대로, 휴먼중심 표지유전자나 중축표지유전자가 삽입된 식물의 표지는 침입하는 세포에서 초기에는 활성을 나타내지 않지만 실험이 진행됨에 따라 적절한 상대적 위치에서 활성을 나타내게 된다(그림 3.3). 함축적으로, 대체된 전형성층 세포들은 관다발운명에서 휴먼중심(quiescent center)운명 또는 중축(columella)운명으로 전환되는데, 이는 세포들이 관다발을 생성하는데 있어 그들의 계통이 영향을 미치지 않는다는 것을 의미하며, 그 결과, 기능적 뿌리 정단부가 재생산 된다.

추가적인 레이저 절개 실험을 통해 세포운명에 대한 유사한 유연성이 뿌리의 방사상의 축을 따라 존재한다는 것이 밝혀졌다. 애기장대의 뿌리는 매우 단순한 방사형 조직패턴을

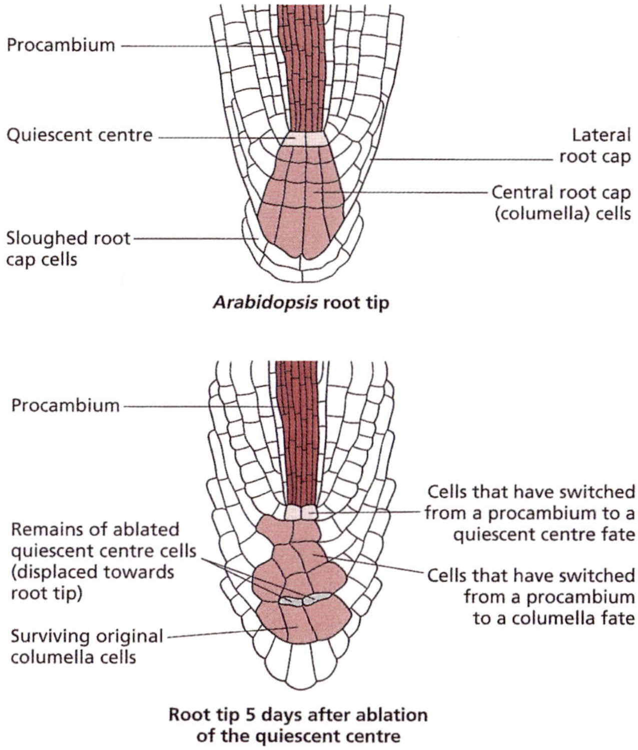

그림 3.3 애기장대 근단에서 휴먼중심(quiescent centre)의 제거 효과. 제거된 휴먼중심(quiescent centre) 세포들은 근단을 향해 밀리게 된다. 결과적으로, 전형성층 세포들은 더욱 중심에서 먼(말초의) 부위를 차지하게 되고 새로운 정지하는 중심과 중심의 근관을 생산할 운명을 개시한다.

가지고 있는데(그림 1.5 참조), 표피의 외곽 층, 단층의 수피(cortex), 단층의 내피(endodermis), 단층의 내초(pericycle)와 중앙의 관다발 조직으로 구성된다. 수피와 내피는 피층시원세포(cortical initials)라고 하는 정단분열조직 내에 존재하는 단층의 세포고리의 계통을 따른다. 분열조직에서, 이들 시원세포들의 고리는 더 작은 세포로 구성된 내초 고리의 외부에 인접하여 위치한다. 피층시원세포를 제거하면 두 개의 작은 피층세포들이 죽은 세포 공간으로 밀리나게 될 수 있다(그림 3.4).

피층세포들이 침입한 후, 이들은 뿌리 표면에 대해 병층적(periclinally)으로 분열한다. 안쪽의 딸세포들은 내초부분으로써 활동을 지속하는 반면, 바깥쪽의 딸세포들은 새로운 피층시원세포가 된다. 따라서, 계통 제한은 뿌리의 방사형 축을 따르는 세포운명에는 적용되지 않는 것으로 보인다.

전체적으로, 레이저 절개실험의 결과들을 토대로 세포계통보다는 세포위치가 세포운명을 결정한다는 것을 알 수 있다. 다시 말해, 세포운명은 세포 외부의 위치정보(cell-extrinsic positional information)에 우선적으로 의존한다. 그러나 레이저 절개에 의해 나타난 손상반응이 세포운명에 대한 일반적이 계통제한을 극복하지 못한다는 것을 나타낸다.

애기장대의 뿌리에 대한 레이저 절개 실험을 통해 위치정보의 특성에 대한 연구가 진행

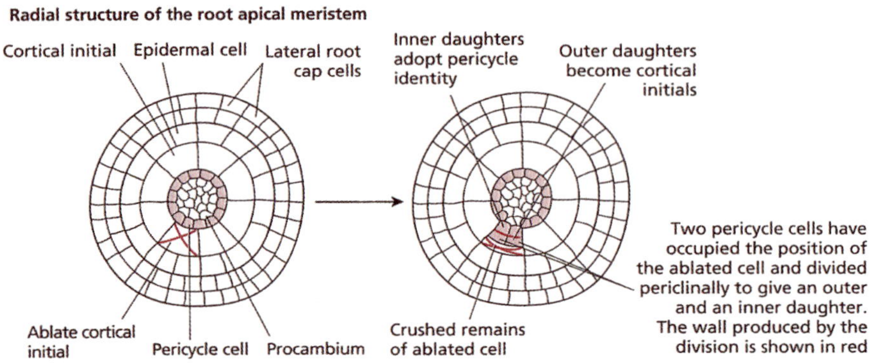

그림 3.4 애기장대 뿌리정단분열조직에서 cortical initials에 절개의 효과. single ablated cortical initial은 뿌리 주변을 향해 밀리게 된다. 내초(pericycle)로부터 두 세포들은 절개세포의 부위에 직면하게 된다. 그것들은 밖과 안쪽 딸세포들을 생산하기 위해 병층적으로(periclinally)분열한다. : 밖의 딸세포들은 cortical initials이 되고 내부의 딸세포들은 내초(pericycle) 정체성을 적응시키고 택하게된다(Adapted from van den Berg *et al.*, 1995.).

되고 있다. 이에 대한 내용은 4장에서 다룰 것이다.

연구사례 3.2 : 녹색-흰색-녹색 병층적 키메라
(Case study 3.2 : Green-white-green periclinal chimeras)

레이저 절개에 따른 손상반응이 계통제한을 제거하지 않는다는 가정은 의문시 될 수 있다. 레이저 절개 후에 침입하는 세포들의 행동은 뿌리의 국부적인 재생을 나타낸다. 그러나 캘러스가 형성되는 세포에 존재하는 계통제한을 극복하면서, 캘러스 생산에 의한 보다 큰 규모의 재생을 통해 완전한 식물체를 만들어 낼 수 있은 것으로 알려져 있다. 레이저 절개 실험을 통한 국부적인 뿌리 재생의 결과만으로 계통이 세포운명을 제한하지 않는다는 것을 증명할 수는 없다. 그러나, 여기서 언급할 비파괴적(non-destructive) 실험결과에 대한 연구사례와 다음의 연구사례는 위의 이론에 대한 증거를 뒷받침 해 준다.

세포운명에 미치는 계통의 영향에 대한 연구를 위해 파괴를 최소화할 수 있는 방법은 전형적인 계통패턴에서 자연적으로 발생하는 편향의 효과를 관찰하는 것이다. 이러한 연구사례는 자연발생적인 편향이 녹색-흰색-녹색(green-white-green, GWG) 병층적 키메라의 발생에 미치는 영향에 관한 결과이다.

GWG 키메라의 슈트정단분열조직에서 L1과 L3는 야생형(wild type)이지만 L2의 세포들은 엽록소를 합성할 수 없다. GWG 키메라는 세포운명에 미치는 L1, L2, L3 계통의 효과를 밝혀내기 위해 몇 가지 쌍자엽 종들에서 연구되었다. 비록 정상적인 계보 패턴에서의 편향은 거의 드물게 일어나지만, 세포들은 L1, L2, L3계통 보다는 그들의 새로운 위치에 따라 발생에 영향을 미친다. 예를 들어, GWG 키메라의 L2에서 기원한 세포들의 위치는 표피 바로 아래쪽에 인접한 단일의 준표피층(subepidermal layer)에 한정되지만, L2 조직은 종종 슈트 중심부의 L3 중심(L3 core)을 침입한다. L2 침입은 GWG 식물의 잎에서 명확하게 나타난

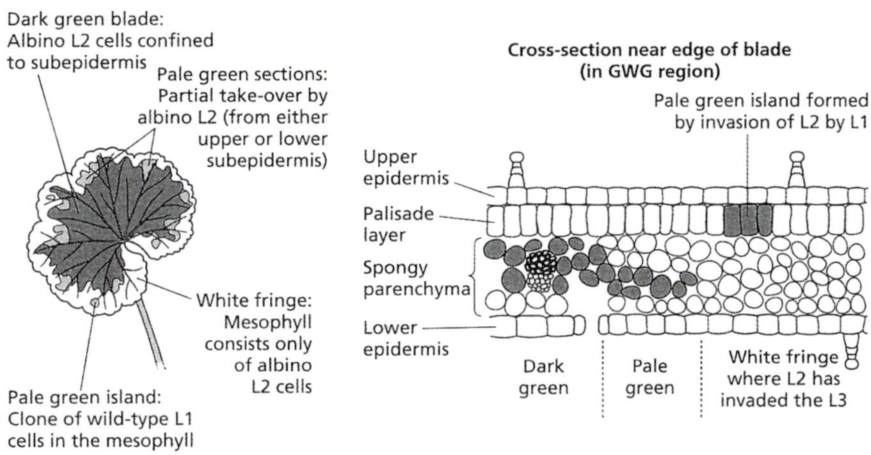

그림 3.5 GWG Pelargonium 잎. 가로 단면은 하얀 가장자리(white fringe)를 생산하는 알비노(albino) L2에 의한 엽육의 인계를 보여준다. 색이 옅은 녹색부분은 병층분열에 의한 울타리 층에 위치한 green L1 유래 세포들로 구성되어 있다(Adapted from Stewart, 1978).

다(그림 3.5).

전형적인 쌍자엽 식물의 L1은 대부분의 잎에 걸쳐 엽신(leaf blade)의 상표피(upper epidermis)와 하표피(lower epidermis)를 형성하는데, L2는 준표피층에 한정되고 L3는 엽육(mesophyll)의 중심부를 형성한다. 공변세포를 제외한 표피세포들은 엽록소를 생산하지 않는다. 따라서 GWG 키메라의 잎색은 하부 조직에 존재하는 L2와 L3의 상대적인 분포에 의존한다. L2와 L3세포가 함께 존재할 때, 녹색의 L3세포들이 알비노(albino)의 L2 세포 아래쪽에 보이기 때문에 잎은 녹색이다. 그러나, L2세포가 더 깊이 있는 조직들로 침입하고 L3에 비해 우세해지면, 엽신은 백색이 된다.

GWG 키메라는 L2 세포들은 대부분의 잎에서 준표피층에 남아있지만, 잎 가장자리 근처에서의 병층적 분열은 L2 세포들을 L3 세포들에게서 특이하게 나타나는 운명에 적응을 하는 더 깊은 조직으로 이동시킨다. 그에 보상하여 L3에서 세포분열의 감소가 일어나게 되기 때문에 잎의 세포층 수는 일정하게 유지된다. 그 결과, L3세포가 존재하는 것을 의미하는 녹색의 중심부분과 L2에서 유래된 세포에 의한 엽육세포의 대체를 의미하는 흰색위 주변부를 가지는 반엽(variegated blade)이 발생한다.

이러한 패턴은 종종 정원식물인 아이비(ivy), 쥐똥나무(privet), 제라늄(*Pelargonium*) 등의 변종에서 발견된다. L2 주변부의 크기는 잎들 간에 광범히 하게 차이가 날 수 있으며, 하나의 잎에서도 구역에 따라 큰 차이가 나타나기도 한다.

이와 유사한 L2 침입에 의해 GWG 슈트의 다른 부위에서도 알비노현상이 나타난다. 그러나 이러한 침입은 슈트의 최종적인 해부적구조에 영향을 주지 않는다. 계통은 L2의 운명을 준표피의 운명에 제한하지 않는다. 그 대신 침입하는 L2 세포들은 새로운 위치에 맞는 운명을 적응시켰는데, 중심부의 엽육에서 관다발조직을 생산하는 것을 예로 들 수 있다.

쌍자엽식물의 L1은 슈트표피 안쪽의 더 깊은 곳으로 거의 뻗지 않는다. 그러나 GWG 키메라에서 그와 같은 침입이 일어나게 되면 L1 세포 역시 계통보다는 그들의 위치에 따라 발생한다. 엽신이 발생하는 동안, 발생과정에 있는 표피에서 드물게 일어나는 병층형 분열에 의해 엽육세포가 L1의 클론으로 대체된다. 이와 같은 현상이 GWG 잎의 흰색 주변부에서 일어나면 침입하는 L1세포는 격리된 옅은 녹색의 반점을 형성한다(그림 3.5). L1계통에도 불구하고, 이러한 녹색 반점(green island)의 세포들은 표피세포가 아닌 엽육세포로 분화한다. 예를 들어, 병층형분열이 상표피에서 일어난다면, 엽육에서 있는 L1 클론은 전형적으로 신장한 녹색의 책상세포들 구성될 것이다.

마지막 예는 희귀함이다: 정단분열조직 자체 안에 존재하는 이례적인 방향의 분열. 반엽종 원예식물에서 나타나는 지속적인 반엽상태에 의해 인정된 병층형 키메라의 안정성은 정단분열조직의 층간에 세포들의 클론을 전달하는 분열이 거의 일어나지 않는다는 것을 의미한다. 그러나 때때로 L1과 L2 사이에서 병층형분열이 일어나 GWG키메라의 정단분열조직 구역을 WWG, GWW, 또는 GGG로 전환시키기도 한다. 예를 들면, 다른 GWG 분열조직의 GWW구역은 슈트를 따라 내려가는 알비노대(albino band)를 만들어 낸다. 그와 반대로, 슈트의 GGG 구역 안에 있는 잎의 그러한 부위는 반엽 보다는 짙은 녹색을 형성한다. 모든 경우에서, 슈트의 해부학적 구조에는 영향을 미치지 않는데, 이는 침투하는 세포들이 새로운 위치에 따라 활동한다는 것을 의미한다. 그러므로, 슈트정단분열조직에서 발생하는 세포분열의 층화된 구조와 균형적인 수평면에 의해 생성되는 계통패턴은 세포운명에 대한 계통제한에 상응하지 않는다.

슈트의 층간에서 일어나는 생장의 조화

(Coordination of growth between layers of the shoot)

앞서 언급한 바와 같이, 준표피층의 L2 세포들엽육의 중심부를 침입할 때 그에 따른 L3 세포분열의 보상적인 감소가 일어나게 되어 잎의 형태는 정상적으로 나타나게 된다. 이와 유사하게, L1세포가 준표피층을 침입하면, L2에서의 생장은 상대적으로 감소한다. 이는 조직층 간의 신호가 각 층의 총 세포증식을 조정한다는 것을 의미한다. 배수체/반수체(polyploid/diploid)키메라에서 관찰된 것과 마찬가지로, 층 간의 상대생장률(relative growth rate)은 서로 간에 정밀하게 조정된다.

진핵생물에서, 세포 크기는 배수성에 거의 비례 한다; 예를 들어, 이배체(2n) 세포들은 같은 세포형태의 8배체(8n)보다 부피가 4배 더 작다. 1930년대 후반, Satina, Blakeslee, Avery는 흰 독말풀(thorn apple, *Datura*)을 이용하여 다양한 배수체 키메라를 만들어 냈다(그림 3.6). 이 종류엔 8*n*(8배체)-2*n*(2배체)-2*n*(L1-L2-L3), 2*n*-8*n*-2*n*, 및 2*n*-2*n*-8*n*의 병층형 키메라가 있다. 위의 실험을 통해서 L1, L2, L3계통을 형성하는 슈트의 분열이 발견되었다.

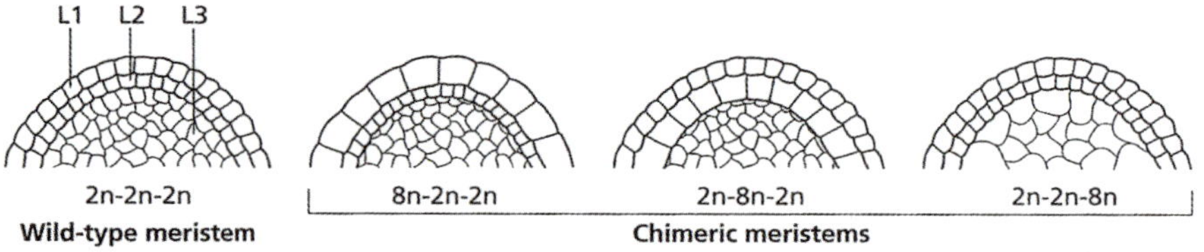

그림 3.6 흰독말풀(thorn apple, Datura)의 8배체/2배체 키메라. (Adapted from Satina et al., 1940.)

배수체/2배체 키메라들 간에 세포의 크기에 큰 차이가 있음에도 불구하고, 슈트의 전체적인 형태는 정상이다. 예를 들어, *8n-2n-2n* 키메라의 L1 세포들은 L2와 L3 세포들보다 약 4배가량 더 큰지만, L1 세포들의 수가 상대적으로 감소하기 때문에 표피의 표면적은 거의 정상이다. 이는 표피의 생장이 안쪽에 있는 조직으로부터 발생한 신호들에 의해 조절된다는 것을 의미한다. 이와 마찬가지로, *2n-8n-2n* 및 *2n-2n-8n* 키메라의 L2와 L3에서 각각 파생된 조직들의 생장은 세포 수의 보상적인 감소에 의해 세포의 크기가 크더라도 정상적을 일어난다.

연구사례 3.3 : 분열패턴에 영향을 미치는 돌연변이
(Case study 3.3 : Mutation affecting division patterns)

전형적인 분열패턴에서 자연발생적으로 일어나난 편향에 의해 설명된 세포운명의 유연성주목 할 만하다. 계통의 영향에 대한 보다 넓은 범위의 실험과 관련한 연구는 정상적인 계통패턴에 더욱 극적인 붕괴를 일으키는 돌연변이를 대상으로 한다. *TANGLED1* 유전자(유전학 용어 42쪽 참조)에서 돌연변이를 일으키는 옥수수는 발생에 걸쳐 방향성이 없는 무작위적인 세포분열을 한다. 이와 마찬가지로, 애기장대에 있는 *FASS* 유전자의 돌연변이는 대부분의 세포분열 방향을 무작위적으로 유도한다. 돌연변이식물의 발생은 조직과 기관의 일반적인 패턴이 상당히 비정상적인 세포계통을 동반할 수 있음을 보여주는데, 이는 계통이 발생을 진행하는 구역에서 세포를 특정 세포운명으로 제한하는 것 같지 않다는 것을 의미한다.

옥수수의 *tangled 1* 돌연변이 (*tangled1* mutation of maize)

옥수수의 *TANGLED1(TAN1)* 유전자 돌연변이는 세포분열동안 형성된 새로운 세포벽의 순서를 혼란스럽게 만들어 전방위적인 분열 패턴을 형성한다. *tan1* 식물들은 야생형보다 크기가 작고 심하게 변형된 세포 형태를 가지고 있다. 세포분열 패턴의 변화 때문에, 돌연변이는 비정상적인 계통 패턴을 가진다고 추측할 수 있다. 그럼에도 불구하고, *tan1* 식물들의 전체적인 형태는 정상적으로 나타나는데, 이는 예측 가능한 계통패턴이 식물기관이 정상적인 배열과 형태로 발생하는데 필요하지 않다는 것을 의미한다. 따라서 세포들은 계통보다는 식물체 내에서 그들의 위치에 맞게 운명을 적응시켜야 한다.

tan1 돌연변이의 효과는 주로 엽신에서 구체적으로 연구되었다(그림 3.7). 야생형 옥수수에서, 발생하는 잎은 엽맥을 따라 수직적 혹은 수평적으로 분열하는 대부분의 세포들로 규칙적인 세포분열 패턴을 보인다. 세포들은 세포 자신의 긴축을 엽신의 긴 축에 평행하게 정렬하기 때문에 수직적 분열은 엽신을 가로질러 세포 수를 증가시키고, 수평적 분열은 잎의 길이에 따라 더 많은 세포를 유도한다. 옥수수 엽신의 길고, 두꺼운 형태는 모든 잎의 발생단계에서 수평적 방향의 분열이 세로방향의 분열보다 수가 많다는 것을 반영한다.

tan1 돌연변이는 분열면(division plate)의 방향성을 파괴한다. 수직, 수평분열에 더해, 발생이 진행되는 잎의 많은 세포들은 비틀어지거나 휘어진 상태의 분열면에서 비정상적인 분열을 한다. 그 결과 세포형태, 세포계보와 위치간의 관계가 모두 변화된다. 그러나 엽신의 전체적인 형태는 야생형 식물의 엽신과 구별되지 않는다. 돌연변이는 이와 유사한 방법으

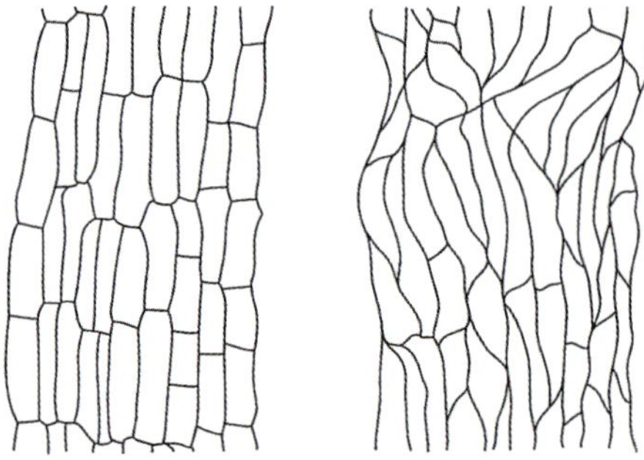

그림 3.7 야생형과 *tangled1* 옥수수 엽원기(leaf primordia)의 표피. 불규칙적인 세포배열에도 불구하고, *tangled1* 원기는 정상적인 형태의 잎으로 발생한다.(Adapted from Cleary&Smith, 1998.)

로 뿌리, 슈트 및 꽃 기관의 발생에도 영향을 미치지만 돌연변이 식물의 총체적인 모습은 정상이다. 따라서 식물의 형태는 적어도 부분적으로는 세포위치와 계통간의 일반적인 연결고리에 비의존적이다. *tan1* 식물의 발생은 계통기작이 기관의 배열과 형태를 결정하는데 있어서 가장 작은 역할을 한다는 것을 함축한다.

tan1 돌연변이는 식물 기관의 미세한 구조를 붕괴시킨다. 예를 들면, 성숙한 옥수수 잎의 상표피 표면은 모상체와 기공이 규칙적으로 배열하고 있는 기본세포(ground cells)들이 거친 평행의 열로 구성되어있다. 그와 반대로, 돌연변이의 잎표피는 불규칙적인 형태를 가진 세포들이 누더기 형태(쪽매붙임, patchwork)로 배열되 있고, 모용(trichome)과 기공이 무질서하게 배열되 있다. 내부 조직패턴 또한 불규칙적인데, 'tangled'라는 이름은 돌연변이 식물이 나타내는 엽맥(leaf veins)의 혼란스러운 배열을 의미한다. 이러한 붕괴는 변형된 계보패턴의 효과라기보다는 불규칙인 형태를 갖는 세포를 이용한 유기체화에 어려움을 겪기 때문이라 할 볼 수 있다.

세포분열과 팽창의 상호조절

(Coordinated control of cell division and cell expansion)

계통기작의 연구에 있어서의 중요성 이외에, *tan1* 돌연변이는 또한 세포확장과 세포분열의 조절이 얼마나 밀접한 관계를 갖는지 설명해준다. *tan1* 식물에서 세포분열의 방향이 무너졌기 때문에, 세포팽창의 패턴은 야생형 형태와 동일한 기관을 발생시키기 위한 보상이 일어나야 한다.

세포분열의 변화에 대한 보상에 따른 세포팽창의 변화 능력은 다른 맥락으로 관찰된다. 예를 들면, 감마선을 조사하여 밀 배의 세포분열을 차단하면, 잎 유도는 세포팽창을 통해서만 일어날 수 있다(그림 3.8). 발아에 앞서, 대부분의 밀 배는 세 개의 진정 엽원기(true-leaf primordia)를 갖는다. 방사선을 조사하지 않은 종자가 발아하는 동안, 네 번째 원기는 정단분열조직에서 세포 분열과 세포 팽창에 동반하여 출현한다. 놀랍게도, 밀 종자(grain)에 배

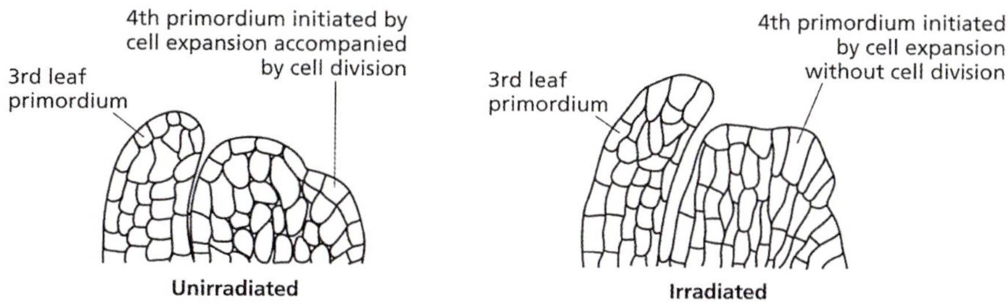

그림 3.8 감마선의 조사가 밀 배의 잎 개시 미치는 효과. (Adapted from Foard, 1971.)

(embryo)를 죽이지 않을 정도의, 세포분열만을 저지하는 양 만큼의 감마선을 조사하면, 네 번째 원기는 여전히 정확한 위치에서 발생하지만 이 경우에는 세포팽창에만 의존해 발생한다. 세포분열 과정이 결여되었기 때문에, 잎의 발생은 다음 단계로 나아가지 못한다.

반대의 경우, 배수체/이배체의 병층형 키메라에서 나타나는 크기가 큰 배수체 세포들은 세포 분열의 감소를 통해 보상된다(연구사례 3.2 참조). 세포 생장과 분열의 관계의 다른 예는 잎 크기의 조절과 관련된 것으로 연구사례 5.3에서 언급하고 있다.

애기장대의 *fass* 돌연변이 (*fass* mutation in Arabidopsis)

옥수수의 *tan1* 돌연변이의 정상적인 형태와는 대조적으로, 애기장대의 *FASS* 유전자 돌연변이는 극단적으로 짧고 비정상적으로 두꺼운 식물들을 만들어낸다; 유전자의 이름은 통(barrel)을 의미하는 독일어에서 유래한다(그림 3.9).

fass 식물들에서, 세포는 발생의 거의 모든 단계에서 겉보기에는 무작위적 방향으로 분열

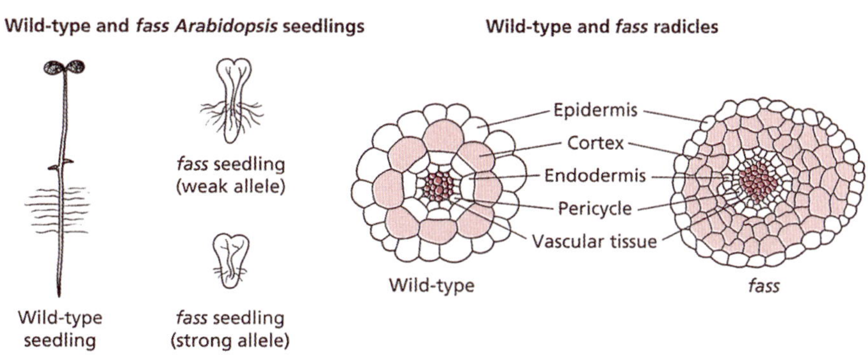

그림 3.9 애기장대에서 *fass* 돌연변이의 효과. *fass* 돌연변이는 세포분열이 무작위적인 상태이고 세포 생장은 더 짧게 만들었고 야생형에 비해 더 넓다. 그럼에도 불구하고, 돌연변이는 조직과 기관의 정확하게 세로형과 방사형 패턴을 발달시킨다. (Adapted from Torrez-Ruiz & Jurgens, 1994;Scheres *et al.*, 1995.)

하고 팽창하는데, 아마도 세포 계통과 세포위치 간의 많은 정상적인 연결고리들이 파괴되면서 일어나는 현상일 것이다. 연결고리 간의 파괴와 식물의 비정상적인 형태에도 불구하고, 조직과 기관의 방사상패턴과 수직적 패턴은 유지된다.

유근(radicle) 발생은 좋은 예가 될 수 있다. 애기장대의 유근은 배의 기부 부위에서 예측가능한 세포분열패턴을 통해 형성된다. 유근은 후기 발생과정에서 생산된 뿌리에 나타나는 단순한 방사상패턴을 가지고 있다. 표피세포의 외곽 층, 단층의 피층(cortex), 단층의 내피(endodermis), 단층의 내초세포들과 중앙의 관다발 조직으로 구성되어 있는 중심주(stele)들이 이에 해당한다.

fass 돌연변이의 배에서 일어나는 대부분의 세포분열은 비정상적인 방향으로 발생한다. 돌연변이 배는 여러 겹으로 된 세포층을 갖는 매우 두꺼운 유근을 가지고 있지만, 여전히 정상적인 방사상패턴 조직도 가지고 있다. 표피세포의 외곽층, 피층세포로 구성된 몇 겹의 층, 단층의 내피, 단층의 내초와 두꺼워진 관다발 조직이 이에 해당한다.

비슷한 현상이 *fass* 식물의 다른 모든 부분의 발생과정에서 일어난다. 돌연변이는 두껍고, 뒤틀린 뿌리, 슈트, 잎 그리고 꽃을 가지고 있지만, 모두 거의 정상적인 패턴하에서 발생한다. 더욱이, 그들의 조직은 다른 조직에 대하여 비교적 올바른 위치에 놓여 있다. 세포분열과 세포생장에 대한 방향성의 상실은 세포계통과 세포위치 간의 많은 연결고리들을 파괴해야한다. 그렇기 때문에, 계통 기작은 조직과 기관의 기본적인 방사상, 수직상의 배열을 생성하기 위해 필요로 하는 요인은 아닐 것이다.

Box 3.1: Genetic nomenclature

유전적 용어에 대한 공식적인 체계는 아직 존재하지 않는다. 다른 종을 연구하는 유전학자들은 야생형과 돌연변이의 대립유전자의 이름을 작성하거나 한 유전자에 의해 암호화되는 단백질을 표현하는데 있어 서로 다른 관행을 가지고 있다. 명료한 설명을 위하여, 이 책에서는 모든 유전적 연구를 위한 애기장대의 관행을 사용한다. 그 예로 *LEAFY* 유전자에 대해 살펴보자.

야생형의 대립유전자 이름은 대문자 이탤릭체로 표기한다.- *LEAFY*(*LFY*). 돌연변이 대립유전자는 소문자 이탤릭체로 표기한다.- *leafy*(*lfy*). 소문자 이탤릭체는 또한 돌연변이 대립유전자를 설명하는 돌연변이를 설명하고(*lfy* 돌연변이), 돌연변이의 표현형을 나타내는 식물의 설명을 위해(*lfy* 돌연변이 또는 *lfy* 식물) 사용되기도 한다.

유전자 그리고 단백질은 보통 같은 이름을 암호화한다. 야생형의 단백질의 이름은 대문자 평체로 쓰여진다 - LEAFY(LFY). 돌연변이 단백질은 소문자 평체로 표기한다.- leafy(lfy).

대부분의 유전자들의 이름이 표현형에 대한 기능상실로 명명된다는 사실은 주목할만 하다. 이는 유전자의 이름이 종종 유전자의 기능과 반대가 됨을 의미한다. 예를 들면, *leafy* 돌연변이에서, 꽃은 잎 같은 슈트로 대체된다. 그러므로 *LEAFY* 유전자는 꽃의 발생에 필요하다(연구사례 9.3 참조). 이 관행에서 다른 한가지 독특한 점은 유사한 돌연변이 표현형을 가지는 유전자들은 비슷한 이름을 가지고 있기 때문에 번호를 부여하여 구분한다는 것이다. 예를 들면, *apetala1*(*ap1*), *apetala2*(*ap2*), *apetala3*(*ap3*) 돌연변이들은 모두 꽃에서 꽃잎을 상실하기 때문에 명명된 것이고(연구사례 5.4 참조) 세 개의 분리된 유전자들을 정의 한다: *AP1*, *AP2* 그리고 *AP3*. 동일한 유전자의 돌연변이 대립유전자는 연자부호(-)에 숫자를 덧붙여 표현하는데, *ap2-2*와 *ap2-4*는 모두 *AP2*의 대립유전자이다.

연령과 위치간의 연관성
(Relationship between age and position)

식물 세포는 움직일 수 없고 세포분열은 국지적으로 일어나기 때문에 세포와 기관들의 위치는 그들의 연령과 연관되어 있다. 예를 들어, 슈트와 뿌리에서 세포의 평균 연령은 정단부에서 멀어질수록 증가한다. 마찬가지로, 발생중인 잎 정단부의 세포분열은 기부보다 더 일찍 정지한다(1장 참조); 따라서 발생을 마친 잎에서 가장 오래된 세포들은 잎 끝에 있다.

세포연령과 위치 간의 연결고리는 세포운명을 결정하는데 있어서 연령기작(age-dependent)에 따른 것인지 위치에 따른 기작(position-dependent)인지를 구별하는 것을 어렵게 만든다. 예를 들어, 연령 또는 위치 의존적 기작은 향기적(proximodistal, tip-to-base) 축(axis)을 따라 그들의 위치에 대해 잎세포에 적절한 운명을 부여할 것이다. 식물구조를 비정상적인 부위에서 발생하도록 유도하는 돌연변이를 해석하는 것은 상당히 어려운 과정으로, 이로 인해 연령의존적 기작과 위치의존적 기작을 구별하는데 있어서의 문제점을 알 수 있다. 세포운명의 획득위치가 다양한 돌연변이를 호메오돌연변이(homeotic)라 하고, 세포운명의 획득시간이 다양한 돌연변이를 헤테로돌연변이(heterochronic)라 한다.

동물의 경우 발생은 생활주기의 특정단계에서만 일어나기 때문에, 동물에서 나타나는 두 돌연변이를 분리하는 것은 어렵지 않다. 초파리(fruit fly) 더듬이의 위치에 다리를 발생시키면, 발생시기는 변하지 않기 때문에 호메오 돌연변이이다. 그러나, 꽃잎이 꽃받침 조각의 위치에서 발생하면, 그 돌연변이는 호메오돌연변이와 헤테로돌연변이 모두를 포함하게 된다. 꽃잎은 비정상적으로 위치하게 되지만 그것들은 또한 비정상적인(이른) 시간에 발생한다.

세포를 그들의 위치에 적절한 운명으로 이끄는 연령의존적 기작에 대한 가능성과 더불어, 그런 기작들은 전반적인 식물 발생에 영향을 미칠 수 있다. 예를 들어, 연령의존적 기작은 식물을 유년상(juvenile)에서 성년상(adult)으로, 영양발생(vegetative development)을 생식발생(reproductive development)으로의 전환을 조절하는 요인 중의 하나가 될 수 있다. 이와 같은 전환기가 식물의 생장률에 따라 크게 변하는 것을 감안할 때 그러한 전환들은 절대연령보다는 발육상의 연령에 영향을 받는다고 할 수 있다. 식물의 크기가 전환에 영향을 준다는 것이 명백한 대안이 될 수 있다.

세포나 식물연령을 관찰하기 위한 기작은 세포 내부적인 인자, 세포 외부적 인자, 또는 두 가지의 조합을 토대로 할 수 있다. 그것들은 이번 장에서 다루어졌는데 예측할 수 있는 가장 단순한 기작은 특정 분자의 끊임없는 축적이나 감퇴를 관찰하는 세포 내재의 타이머에 기초하고 있기 때문이다(24시간 주기에 혼동을 피하기 위해 더 분명한 'clock'보다는 'timer'라는 단어를 차용하였고, 이는 7장을 참조하기 바란다). 가장 단순한 경우에, 세포에 내재한 타이머는 세포의 개별적인 운명에 영향을 미칠 수 있다. 그러나 timer는 세포가 생산한 신호들을 변화시킬 수 있기 때문에 더 큰 규모의 발생에 영향을 미친다. 또한, timer를 각각의 세포연령을 측정하는 것으로만 한정할 필요는 없다; 예를 들어, 세포연령은 발아나 기관형성의 개시 같은 발달상의 어느 한 시점부터 경과한 기간일 수도 있다.

현재는, 식물에서 나타나는 연령 의존적 기작은 가설적인 측면이 강하다. 이 절에서 언급하는 단일 연구사례(연구사례 3.4)는 식물발생에 있어서 그러한 기작을 분명하게 밝혀주는 증거에 대하여 묘사하고 있다: 애기장대풀에서 잎 개시율을 변화시키는 돌연변이의 효과.

연구사례 3.4 : 애기장대에서 잎 개시율을 변화시키는 돌연변이의 효과

(Case study 3.4 : Mutations affecting the rate of leaf initiation in *Arabidopsis*)

다른 많은 식물들과 마찬가지로, 애기장대의 잎 형태 변화는 발아에서 개화까지 이르는 과정에 걸쳐 계속적으로 일어난다. 이러한 변화들은 슈트의 성숙에 영향을 미치는 요인들을 연구하는데 이용되었는데, 특히 영양 발생에서의 변화가 증가하는 슈트의 연령인지 아니면 증가하는 슈트의 크기인지의 여부를 밝히기 위한 연구에 이용되었다.

잎 형태와 잎 표면에 발생하는 모용(trichomes)의 분포는 애기장대의 슈트가 성숙하는 동안 예측 가능한 방식으로 변화 한다. 특히, 잎의 하위 부분(abaxial side)에 모용이 없는 잎의 생산에서부터, 적어도 아래쪽에 몇 개의 모용을 생산하는 기간 사이에 쉽게 인지할 수 있는 전환과정이 있다(그림 3.10). 아래쪽에 모용이 나타나는 발생 단계는 환경조건들에 좌우되지만 어느 하나의 조건 하에서도 아래쪽에 모용은 비교적 일정한 간격으로 나타난다. 예를 들어, 일반적으로 이용되는 애기장대의 변종인 Landsberg *erecta* 가 연속광하에서 자라

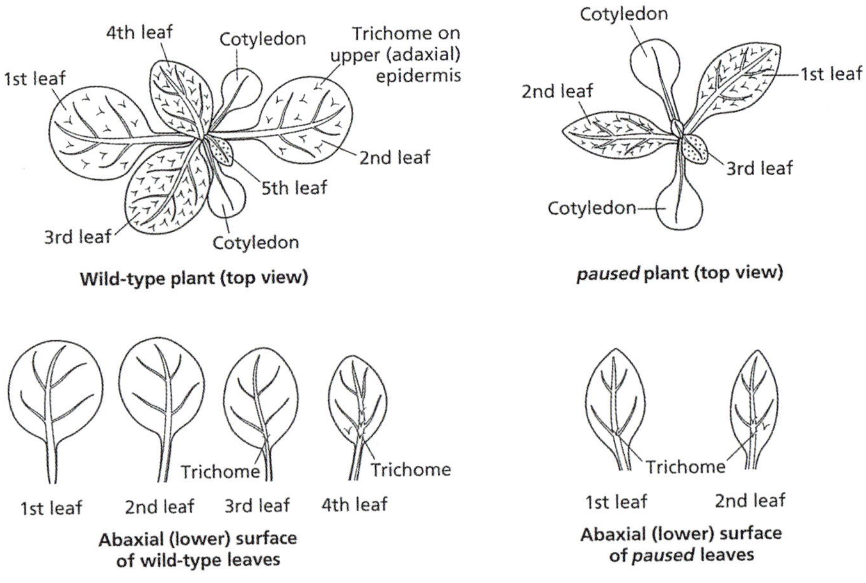

그림 3.10 같은 연령의 야생형과 *paused* 애기장대 돌연변이체. *paused* 유묘의 첫 번째와 두 번째 잎은 야생형 유묘의 세 번째와 네 번째 잎과 마찬가지로 거의 같은 연령(발아에서부터)에서 생산되고 거의 같은 형태를 가지며 야생형의 세 번째와 네 번째 잎과 마찬가지로 trichome 분포를 가지고 있다.(Adapted in part from Telfer *et al*., 1997.)

면, 아래쪽의 모용은 일반적으로 세 번째 또는 네 번째 본엽에서 나타난다.

아래쪽 모용이 나타나는 간격은 연령, 크기, 또는 위치에 기반한 정보에 의해 좌우될 수 있다. 세 번째 잎은 슈트가 특정 연령, 크기에 이르렀을 때 발생하지만, 슈트에서 뿌리로 향하는 축을 따르는 특정 위치에 존재한다. *paused(psd)* 와 *altered meristem programming1(amp1)* 돌연변이 효과는 이러한 가능성들을 구별하는데 도움을 준다: 두 돌연변이를 통해 크기나 위치보다는 연령이 중요한 크기 또는 위치가 아니라 연령이 수단이라는 것을 알 수 있다.

야생형 식물의 한쌍의 본엽은 발아하자마자 발생한다. 그와 반대로, 대부분의 *psd* 돌연변이는 수 일이 지나도 진정 엽원기(true leaf primordia)를 발생시키지 못한다. 이는 돌연변이 유묘의 슈트정단분열조직 중심부의 세포가 죽기 때문이며, 그에 따른 분열조직의 재생에 의한 발생의 지연을 동반하기 때문이다. 돌연변이 분열조직에서 세포사의 원인은 아직 밝혀지지 않았다.

이번 논의의 목적으로서, *psd* 돌연변이들은 매우 흥미로운데 궁극적으로 발생하여 자라는 본엽들이 야생형 식물의 첫 번째 본엽을 닮지 않기 때문이다. 대신에, 대부분의 *psd* 돌연변이에 의해 생산된 첫 번째 잎들은 야생형 슈트의 발생 후기에 생산되는 잎을 닮았다(그림 3.10). 특히, *psd* 돌연변이의 첫 번째 또는 두 번째 본엽은 종종 하배축에 모용을 가지고 있다. 그 결과 대부분의 *psd* 돌연변이들은 야생형의 식물과 동일한 연령에서 하배축에 모용을 가진 잎을 생산한다. 야생형과 *psd* 식물 모두에서, 하배축에 모용을 가지는 잎들은 파종 (연속광하에서 자란 유묘들) 7일 후 즈음에 나타난다. 따라서 애기장대의 잎 형태는 슈트에 있는 잎의 위치나 식물체의 크기가 아니라 발아 후 경과한 시간에 의해 영향을 받는다는 것을 *psd* 돌연변이를 통해 알 수 있다.

amp1 돌연변이는 연령 의존적 기작이 잎 형태에 영향을 미친다는 결론을 뒷받침 한다. 돌연변이는 야생형이 잎을 개시하는 속도보다 두 배 이상 빠른 속도로 잎을 개시한다. 잎의 형태가 슈트 상에서의 위치에 의존한다면, 하배축의 모용은 야생형의 식물에서보다 *amp1* 돌연변이에서 더 일찍 나타나야 하지만 이런 현상을 일어나지 않는다. 이는 돌연변이 모용이 없는 잎을 야생형 보다 두 배 이상 많이 생산한다는 것을 의미하지만, *amp1* 돌연변이는 발아 후 야생형 식물과 비슷한 시기에 하배축에 모용을 가지는 잎을 발생한다.

*psd*와 *amp1*의 효과는 애기장대의 슈트가 식물의 연령에 따라 영양적 특징들에 영향을 주는 시간기작을 가지고 있다는 것을 함축한다. 또한 슈트의 크기와 같은 영양 발생의 정도가 시간기작과 연결되어 있지 않다는 것을 돌연변이로부터 알 수 있다.

*amp1*의 효과는 timer가 정단분열조직의 세포분열 횟수에 따라 작동하지 않음을 보여준다. *amp1* 식물의 분열조직에 있는 세포들은 하배축에 모용을 가진 잎이 처음으로 나타났을 때 정상적인 식물보다 훨씬 더 많이 분열했을 것이다. 식물세포들이 내재적인 timer를 가지고 있다면, timer는 여전히 똑딱똑딱(ticking)거리며, 지속적인 세포분열을 할 것이다. 동물의 배발생과정에는 그와 같은 시간기작에 대한 증거가 존재한다.

애기장대 슈트의 연령의존적 기작에 대한 분자적 특성은 알려져 있지 않지만, 그 기작의 효과는 지베렐린 생합성 또는 반응과 관련되어 있을지도 모른다. 식물 호르몬인 지베렐린은 발생단계 간의 전환을 촉진한다. 9장에서 다룰 것이지만, 지베렐린은 발아기(embryonic)에서 후배기(post-embryonic)로의 발생, 유년상에서 성년상으로의 발생과 영양 발생에서 생식발생으로의 전환을 촉진한다.

애기장대 잎의 하배축 모용의 생산은 성숙한 잎의 특성이다. 외생의 지베렐린을 야생형 잎에 처리하면 야생형의 첫 번째 두 잎에는 효과가 없어도, 하배축에 모용형성을 촉진한다. 또한, 지베렐린을 합성하지 못하거나 지베렐린에 반응하지 않는 돌연변이는 하배축에 모용을 가지는 잎의 발생 시기가 지연된다. 대부분의 심각한 지베렐린 결핍성 돌연변이들은 인위적으로 지베렐린을 공급해야만 잎의 하배축에 모용을 생산하게 된다.

결 론

이 장에서는 발생과정 동안 세포내재 정보의 역할에 대해 다루었다. 확실한 것은 내부정보는 세포의 정확한 운명을 거의 결정하지 않는다는 것이다. 형태학적, 생화학적, 그리고 유전학적 연구들을 통해 모든 발생양상 동안 점진적인 세포의 내부적 변화들을 알 수 있다. 그러나 이런 변화는 세포운명을 결정하는 것이 아니라 세포운명을 반영하는 것처럼 보인다. 유전된 유전자의 발현 특성이나 내부의 timer 같은 내재적인 정보는 세포 운명에 영향을 미칠 수 있는 것 같다. 그러나 그런 내재적 정보는 외부적 신호에 의해서 완전하게 무효화될 수 있다.

식물의 발생이 진행되는 구역 내 세포들의 정밀한 행동은 외부적 정보에 의해 우선적으로 결정되는 것으로 보인다. 4장, 5장, 및 6장에서는 세포 외부의 위치정보에 대하여 다룰 것이고, 그 이후에 7장과 8장에서 환경 자극에 대한 식물들의 반응을 다룰 것이다.

Further reading

General

Lineage

Poethig, R.S. (1987) Clonal analysis of cell lineage patterns in plant development. *American Journal of Botany* **74**, 581–594.

Relationship between age and position

Lawson, E.J.R. & Poethig, R.S. (1995) Shoot development in plants: time for a change. *Trends in Genetics* **11**, 263–268.

Poethig, R.S. (1990) Phase change and the regulation of shoot morphogenesis in plants. *Science* **250**, 923–930.

Case study 3.1: Laser ablation of cells in the *Arabidopsis* root tip

Sabatini, S., Beis, D., Wolkenfelt, H. *et al.* (1999) An auxin-dependent distal organizer of pattern and polarity in the *Arabidopsis* root. *Cell* **99**, 463–472.

Van den Berg, C., Willemsen, V., Hage, W., Weisbeek, P. & Scheres, B. (1995) Cell fate in the *Arabidopsis* root meristem determined by directional signalling. *Nature* **378**, 62–65.

Case study 3.2: Green–white–green periclinal chimeras

Stewart, R.N. (1978) Ontogeny of the primary body in chimeral forms of higher plants. In: *The Clonal Basis of Development* (ed. S. Subtelny & I.M. Sussex), pp. 131–160. Academic Press, New York.

Stewart, R.N. & Dermen, H. (1975) Flexibility in ontogeny as shown by the contribution of the shoot apical layers to leaves of periclinal chimeras. *American Journal of Botany* **62**, 935–947.

Szymkowiak, E.J. & Sussex, I.M. (1996) What chimeras can tell us about plant development. *Annual Review of Plant Physiology and Plant Molecular Biology* **47**, 351–376.

Tilney-Bassett, R.A.E. (1986) *Plant Chimeras*. Arnold, London.

Diploid/polyploid chimeras

Satina, S. & Blakeslee, A.F. (1941) Periclinal chimeras in *Datura stramonium* in relation to the development of the leaf and flower. *American Journal of Botany* **28**, 862–871.

Satina, S., Blakeslee, A.F. & Avery, A.G. (1940) Demonstration of the three germ layers in the shoot apex of *Datura* by means of induced polyploidy in periclinal chimeras. *American Journal of Botany* **27**, 895–905.

Case study 3.3: Mutations affecting division patterns

tangled1

Cleary, A.L. & Smith, L.G. (1998) The *Tangled1* gene is required for spatial control of cytoskeletal arrays associated with cell division during maize leaf development. *Plant Cell* **10**, 1875–1888.

Smith, L.G., Hake, S. & Sylvester, A.W. (1996) The *tangled-1* mutation alters cell division orientations throughout maize leaf development without altering leaf shape. *Development* **122**, 481–489.

Gamma-irradiated wheat embryos

Foard, D.E. (1971) The initial protrusion of a leaf primordium can form without concurrent periclinal cell divisions. *Canadian Journal of Botany* **49**, 1601–1603.

fass

Torres-Ruiz, R.A. & Jürgens, G. (1994) Mutations in the *FASS* gene uncouple pattern formation and morphogenesis in *Arabidopsis* development. *Development* **120**, 2967–2978.

Case study 3.4: Mutations affecting the rate of leaf initiation in *Arabidopsis*

Telfer, A., Bollman, K.M. & Poethig, R.S. (1997) Phase change and the regulation of trichome distribution in *Arabidopsis thaliana*. *Development* **124**, 645–654.

4 장

일차축의 발생
(Primary axis development)

3장에서 언급한 실험들을 통하여 발생 구역의 세포운명은 유연성을 가지고 세포-외부의 위치정보에 의해 주로 결정된다는 것을 알 수 있다. 4장, 5장, 6장에서는 식물 체내에서 세포의 위치를 결정하는 요인들에 대하여 다룰 것이다.

세포위치의 정의를 위한 상세한 모델이 동물의 발생을 연구하면서 발견되었다. 세포 위치는 특정 세포, 조직, 기관 등과 같은 특정 지점과 관련하여 정의할 수 있다. 또한, 위치는 생물의 수직과 수평을 가로지르는 축을 기준으로 정의할 수도 있다. 때론 이러한 모델들은 한 지점에서 방사상으로 퍼지거나 축을 따라 분포하는 모르포겐(morphogen)이라는 운명결정 물질의 구배에 좌우된다. 이 모델들의 세포운명은 국지적인 모르포겐의 농도에 의해 조절된다. 모르포겐에 의해 발생이 조절될 것이라는 가설이 동물에서 확인된 바 있다(10장). 그러나 세포운명이 모르포겐 구배에 노출된 세포들의 영역에서 포괄적이고 국부적인 상호작용에 의해서도 조절된다는 것은 위의 연구들을 바탕으로 확실하다고 할 수 있다.

이 장에서는 식물의 1차 수직축과 방사상 축상에서의 발달에 대해 언급하고 있다. 5장에서는 잎과 꽃에 나타나는 축들(axes, 단수; axis), 그리고 6장에서는 세포운명을 특정 세포, 조직, 또는 기관의 근접성(proximity)에 연관시키는 기작에 대하여 에 대하여 논의 될 것이다.

배축 (Embryonic axes)

식물의 배는 슈트에서 뿌리로 향하는 수직축(longitudinal axis)과 중심에서 주변으로 퍼져나가는 방사상 축(radial axis)의 두 개의 주축으로 구성되어 있다. 이 장에서는 배형성(embryogenesis)기간 동안 이들 축들이 성립되고(established), 속행되며(maintained), 동화되는(elaborated) 기작을 다루고 있다. 또한 배의 축들과 후배기(post-embryonic)의 슈트 및 뿌리의 방사상, 수직상 축들의 발생간의 관계에 대해 설명할 것이다.

배의 축들과 후배기 슈트와 뿌리의 축들은 한쪽 끝 축의 성질이 반대편 축과 다른 극성(polar)을 가지고 있다. 또한 극성은 축을 따라 위치하는 세포들에 의해 개별적으로 발현된다. 예를 들어, 뿌리털 세포(trichoblasts)들은 외부표면으로 뿌리털을 발생시키는데, 이는 세포의 극성이 뿌리의 방사상 축을 따라 존재한다는 것을 의미한다. 더욱이, 애기장대의 뿌리털은 근단에 상당히 가까운 뿌리털 세포로부터 발생하는데, 이는 수직척 축을 따라 세포극성이 나타난다는 것을 보여주는 예이다(그림 1.5 참조).

세포극성은 성숙한 기관들에 제약을 주지 않으며 또한 그것은 발생하는 축들에 존재하는 세포들의 특성이다. 극성을 가진 세포가 분열하여 각기 다른 세포운명을 받아들이게 될 크기가 다른 두 개의 딸세포를 낳는 비대칭적(비상칭적) 세포분열이 그 예가 될 수 있다. 이 양상은 하나의 큰 기부세포와 나머지 작은 말단세포로 분열하는 애기장대 접합자(zygote)의 첫 분열에서도 발견된다(그림 1.2와 연구사례 4.2 참조). 따라서 축들의 형성, 속행, 동화는 세포수준과 세포이상 수준 모두에서 일어난다.

극성획득에 관한연구는 해조류인 푸쿠스(*Fucus*)에서 광범위하게 연구되어 왔다. 푸쿠스의 난(egg)은 구형으로 접합자는 환경자극에 따라 수직적 극성을 획득한다. 접합자의 극성은 배의 수직적 축으로 정밀하게 동화된다. 연구사례 4.1은 푸쿠스의 배형성기간 동안에 형성되는 수직적 극성의 정의, 속행, 동화에 대해서 설명할 것이다. 그 후에 연구사례 4.2.와 4.3에서 애기장대의 수직적 축과 방사상 축의 발생을 예로 들어 현화식물의 배형성(embryogenesis)에 관해 검토할 것이다.

연구사례 4.1: 푸쿠스 배의 수직적 축

(Case study 4.1: Longitudinal axis of the *Fucus* embryo)

푸쿠스(*Fucus*)는 조간대의 바위 위에 서식하는 갈조류(brown alga)로, 이동성을 가진 정자(sperm)에 의해 수정되는 자유롭게 떠다니는 난(egg)을 생산한다. 수정 후 배우자는 스스로 바위에 부착하여 배형성을 개시한다. 푸쿠스의 난은 구형으로 비극성(apolar)을 띄고 있다. 접합자는 주로 환경 자극을 받아 수직적 극성을 획득한다. 그 후 접합자의 극성은 배의 수직축으로 전환되어 정단의 배형엽상체(embryonic frond)인 엽상체(thallus, 기관으로 분화되지 않은 식물체), 기부의 배형부착기(embryonic holfast)인 가근(rhizoid)으로 특화된다(그림 4.1). 수정 후 엽상체극(thallus pole)이 형성될 부위에 엽록체(chloroplast)와 모체에서 받은 mRNA가 모이고, 가근극(rhizoid pole)이 형성될 부위에는 미토콘드리아(mitochondria), 액틴필라멘트(actin-filament), 미세소관(microtubule), 골지체가 모이면서 접합자 내에서 비대칭성이 급격하게 발생한다.

푸쿠스의 접합자와 배에 대한 접근이 용이한 덕분에 배형성에 관한 연구가 광범위하게 이루어졌다. 푸크스 및 가까운 친척인 펠베티아(*Pelvetia*)에 관한 연구를 통해 접합자의 첫 극성화(polarization)에 액틴필라멘트(F-actin)의 재분포, 세포 내 칼슘 및 pH 구배의 형성이 관여한다는 것이 알려졌다. 그 후, 접합자의 극성은 접합자의 세포벽 및 딸세포 간의 세포벽에서 비대칭으로 전환된다.

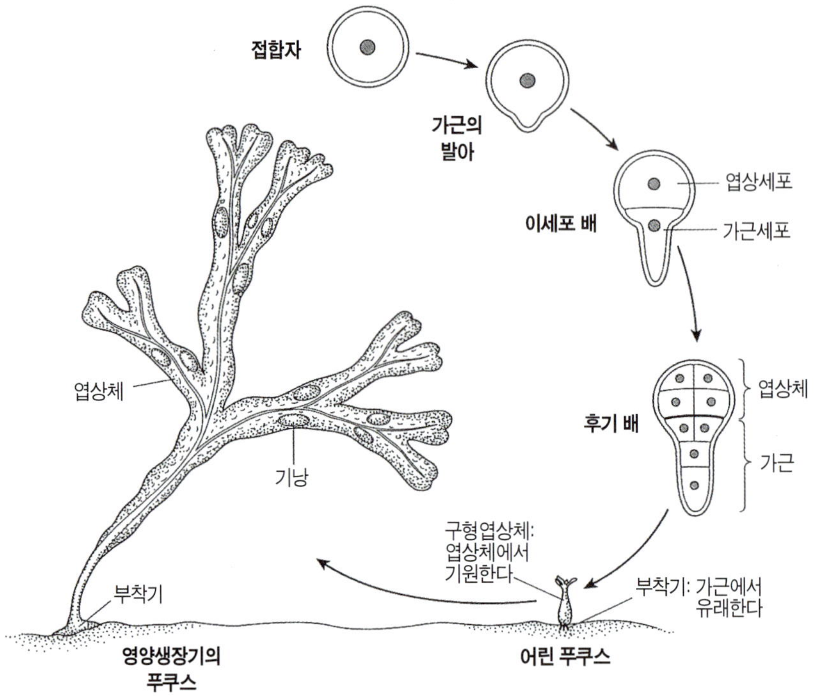

그림 4.1 푸쿠스(*Fucus*)의 발생. (Kropf *et al*., 1999).

접합자내에서의 극성 성립 (Establishing polarity in the zygote)

푸쿠스의 난(egg)은 세포벽이 없고 균일하게 분포하는 세포질에 의해 둘러싸여 있는 중앙핵을 가지고 있다. 접합자 내 극성에 대한 첫 번째 징조는 수정 후 정자가 들어간 부분에 F-actin 단편들이 집적되면서 몇 분 이내에 발생한다(그림 4.2). 극성화된 환경자극이 없으면,

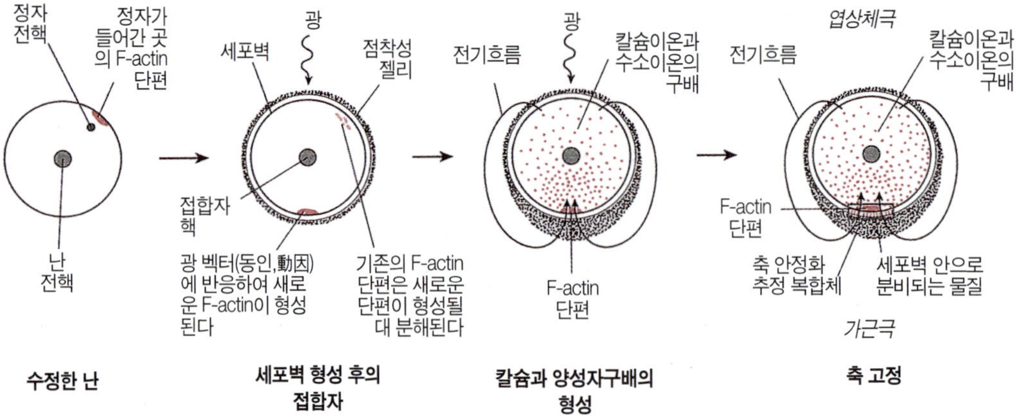

그림 4.2 푸쿠스의 수직축의 형성과 속행. (Kropf *et al*., 1999).

이 부분은 접합자의 가근극(rhizoid pole)이 된다. 정상적인 조건일 경우 수직축이 외부정보에 따라 발생한다.

수정 후, 접합자 벽이 급속히 형성되고 접합자는 저질(底質, substratum; 생물이 생존하는 기반이 되는 흙이나 암석)에 부착하기 위한 점착성 젤리(sticky jelly)를 분비한다. 이 시점에서 수직적축 환경자극, 특히 광에 민감하게 된다. 접합자의 광을 받은 면은 엽상체극(thallus pole)이 되고, 반대쪽의 그늘진 면에는 가근극(rhizoid pole)이 형성된다. 광과 더불어, 접합자의 극성은 중력, 물의 흐름, 온도차등에 의해서도 영향을 받는다

접합자가 환경 신호를 내부극성으로 변환시키는 기작은 아직 알려져 있지 않다. 환경신호를 받은 축이 정자가 들어간 구역에 의해 규정된 축과 다른 위치에 발생하면, 정자가 들어간 구역을 표시하는 F-actin 단편은 분해되고 새호운 F-actin 단변이 새로운 가근극에 집적된다. 그에 따라 엽상체극이 발생할 구역 밖으로 흘러나가 가근극이 형성될 구역안으로 다시 들어오는 전기흐름(electric current)을 탐지할 수 있게 된다(그림 4.2)된다. 전기흐름에 대한 특성은 밝혀지지 않았지만 접합자의 원형질막(plasma membrane)에 비대칭적으로 분포한 펌프와 채널을 통과하는 칼슘과/혹은 수소이온의 이동에 의한 것으로 추측하고 있다. 두 이온의 세포 내 농도구배는 가근극이 발생할 구역에서 가장 높은 이온 농도를 가지고서 측정할 수 있다. 이온 펌프와 채널의 비대칭적 분포는 F-actin의 극성분포에 의해 결정되는 것처럼 보인다. 세포의 극성을 성립하고 속행하는 세포골격의 중추적인 역할은 많은 생물체 내에서 일반적으로 나타나는 특징이다.

수직축을 속행하는 세포벽의 역할

(Role of the cell wall in maintaining the longitudinal axis)

푸쿠스 접합자의 초기 극성은 유연성을 가지고 있기 때문에 광을 받는 부분을 변경하여 극성의 위치를 재설정할 수 있다. 변경 후에, 새로운 F-actin 단편이 새로운 가근극이 형설 될 위치에 생겨나면서 그 이전에 생긴 단편은 사라지고, 칼슘 및 pH 구배가 재설정된다. 그렇지만, 수정 후 몇 시간이 지나면 수직축은 고정되고 가근과 엽상체가 형성될 위치는 외부자극에 의해서 변하기 않게 된다. 이와 같은 과정을 축고정(axis fixation)이라 하고 세포질(cytoplasm)과 세포벽간의 상호작용이 관계가 있는 것으로 보인다. 세포벽이 제거된 형태인 접합자의 원형질체(protoplast)는 빠른 속도로 극성을 획득하지만 새로운 세포벽이 형성될 때까지 극성은 유연성을 가지고 있다.

축고정 기간 동안 가근극 부위에 있는 액틴 필라멘트 단편은 F-미립(F-granule)이라는 골지체에서 유도된 낭(Golgi-derived vesicles)을 자신의 위치로 유인하고, 이동한 낭은 많은 단백질과 다당류들을 세포벽으로 분비한다. 또한 점착성물질이 가근극 쪽에 집중된다. 세포벽으로 분비된 몇몇 물질과 액틴필라멘트 간에 막간 연관관계(transmembrane link)가 형성되는 것으로 믿어지고 있다. 액틴 필라멘트와 세포벽의 물질들은 가근극에 축안정복합체(axis-stabilizing complex)를 형성하는 것으로 보인다(그림 4.2). 이 가설은 골지체의 활성을 억제하여 결국 F-미립 분비에 영향을 미치는 화합물인 brefeldin A라는 물질을 이용한 실험을 통해 뒷받침 되고 있다. 세포벽에 F-미립이 분비되지 않아도 축형성은 정상적으로 일어나지만, 접합자의 극성은 고정되지 않고 유연성을 계속 가지고 있게 된다. 현재로서는 축고

정을 위해 어떤 물질이 세포벽으로 분비되어야 하는지 알지 못한다. 복합체가 세포골격 요소들을 새롭게 형성된 축을 따라 정착시키는 것으로 가정하고 있다.

수직축을 동화시키는데 있어서의 세포벽의 역할
(Role of the cell wall in elaborating the longitudinal axis)

축고정이 일어나는 동안, 접합자는 내부적으로 극성화 되지만 구형의 형태를 유지한다. 그 후 몇 시간이 지나면 축동화의 첫 번째 징후가 나타난다. 발아로 정의된 과정에서 가근극이 자라나 관형태의 가근(tubular rhizoid)이 생성된다(그림 4.1). 가근이 출현한 후, 접합자는 수직축에 직각으로 비대칭분열을 한다. 이 결과로 엽상체가 발생하는 쪽에 큰 끝세포가 생성되고, 가근을 계속적으로 형성하는 작은 기부세포가 생성된다. 배형성기간 동안 엽상체는 조직군으로 발생하지만, 가근에 있는 세포들은 주로 가로분열을 하여 신장띠를 생성한다. 우연의 일치일지는 모르겠지만 이 패턴은 많은 속씨식물에서 나타나는 배본(embryo proper)과 배병(suspensor)의 발달과 상당이 유사하다(그림 1.2)

접합자의 극성이 고정되는 것에 대한 설명은 단순한 축안정 복합체만으로 충분하지만, 엽상체-가근 축의 동화에 관한 연구에 따르면 더 많은 복잡한 위치정보가 세포벽으로 분비되는 것으로 나타난다.

2세포배(two-cell embryo)에 관한 연구를 통하여 정상적인 발육을 하기 위해선 엽상체세포벽과 가근세포벽 모두 필요하다는 것이 밝혀졌다(그림 4.3). 예를 들어, 가근벽에 레이저를 이용해 작은 구멍을 만들면, 엽상체의 원형질체가 배지로 흘러나온다. 엽상체 안에서 원형질체는 재생되지 않고 그 대신 새로운 수직축이 형성되어 완전한 배를 다시 형성한다. 가근세포의 원형질체도 이와 유사한 방식을 따를 것이다. 그러나, 엽상체세포는 건드리지 않고 레이저로 가근세포와 가근세포벽을 동시에 제거하면, 엽상체 발생은 정상적으로 지속된다. 마찬가지로, 격리된 가근세포 역시 가근발생을 지속할 것이다.

추가적인 레이저 절개 실험을 통하여 엽상체세포벽과 가근세포벽들이 세포운명을 결정할뿐만 아니라 지속시킨다는 것이 밝혀졌다(그림 4.3). 예를 들어, 2세포 배에서 엽상체세포에 가근세포벽의 단편을 붙인 채 가근의 원ㅊ질체만 제거하면 엽상체의 초기분열은 정상적으로 일어날 것이다. 그러나 엽상체의 생장에 의해 일부 세포들이 가근벽 조각 쪽으로 몰리게 되면, 그 세포들은 가근을 발생하는 패턴으로 전환되고, 엽록체를 상실하게 되며, 세포분열의 방향이 바뀌어 신장하는 가근을 생성하게 된다. 따라서 가근세포벽과의 접촉은 엽상체세포를 가근세포로 전환시킨다.

반대의 실험에서는 엽상체 세포벽을 가근세포에 붙인 채 엽상체 세포를 절개한다. 이 경우 초기 가근발생은 정상적으로 일어나지만 엽상체세포벽에 인접한 세포들은 엽상체운명으로 전환될 것이다. 따라서, 2세포 배의 엽상체 세포벽과 가근세포벽은 반대 형태의 세포들의 운명의 전환을 야기할 수 있다. 절개 한 후 운명이 전환되기 까지 며칠이 걸리기 때문에 전환에 관련된 벽 구성성분들의 수명은 길어야만 한다. 또한 벽구성성분들은 영향을 주는 세포의 세포벽을 통과하여 활동할 수 있는 능력을 가지고 있어야 한다.

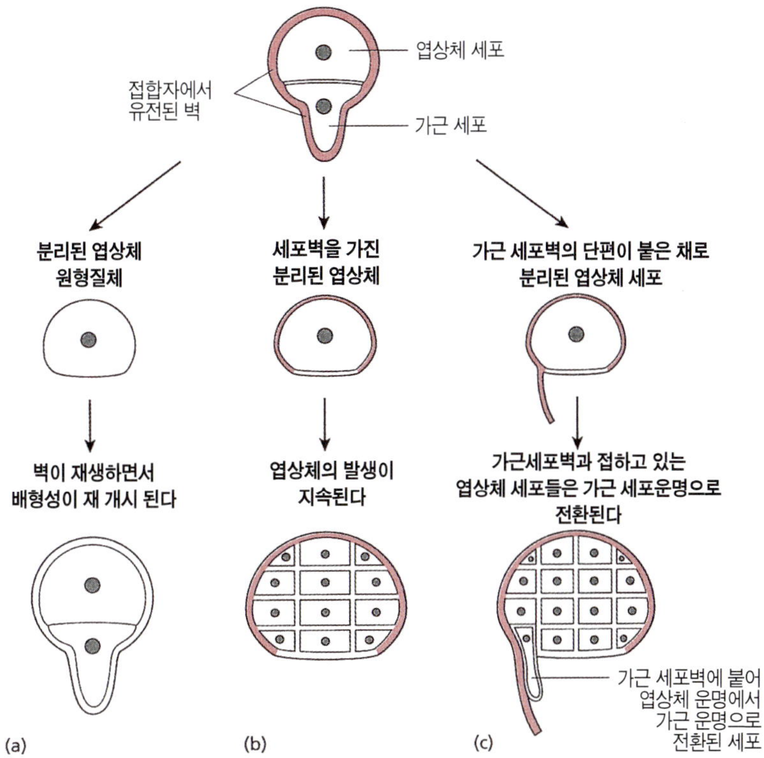

그림 4.3 푸쿠스에서 세포운명은 세포벽에 의해 전환될 수 있다. 푸크스의 2세포 배에서 분리한 엽상체 세포에 관한 실험을 통해 세포운명은 세포벽에 의해 조절된다는 것이 밝혀졌다. (a) 분리한 엽상체 세포로부터 원형질체를 생산하기 위해 세포벽을 제거하면, 원형질체는 세포벽을 재생하고 배형성을 재 개시 한다. (b) 세포벽을 가지고 있는 채로 분리된 엽상체세포는 엽상체 발생을 지속한다. (c) 가근 세포벽의 단편이 분리된 엽상체 세포에 남아있게 되면, 가근 세포벽에 접촉한 엽상체 세포들은 가근세포 운명으로 전환될 것이다. (Berger *et al.*, 1994.)

엽상체운명과 가근운명을 결정하는 벽 구성성분들이 언제 또는 어떻게 나타나는지는 아직 알지 못한다. 하지만 2세포 배의 가근세포벽과 엽상체세포벽은 접합자로부터 유전된 것이기 때문에 운명 결정요인(fate-determining factors)은 첫 번째 세포분열 전에 접합자로 분비되는 것이라고 추측할 수 있다.

푸크스를 통한 현화식물의 추정

(Extrapolating from Fucus to flowering plants)

푸쿠스는 갈조류로 녹조류(green algae)에서 진화한 고등식물과 밀접한 연관성을 가지고 있지는 않다. 그렇기 때문에 현화식물의 발생을 이해하기 위한 푸쿠스의 연구에 관한 타당성은 명확하지 않다.

푸쿠스에서 접합자가 획득한 극성은 배의 수직축의 기반을 형성한다. 현화식물의 경우, 축 형성을 위해 단일 세포에 의한 극성의 체 내(*de novo*) 획득이 필요하지 않다. 대부분의 속씨식물의 접합자들은 배낭(embryo sac)과 배주(ovule)의 극성환경에서 발생한 난세포로부터 극성을 물려받는다(그림 1.1).

세포 내 칼슘과 pH 구배가 발생한 후 F-actin 단편의 형성은 푸쿠스 접합자가 극성을 획득하는데 중요한 단계인 것처럼 보인다. 그런 요인들이 현화식물의 발생단계에서 축형성에 중요한 역할을 하는지는 분명하지 않지만 속씨식물 세포형태의 극성 생장에 있어서 중요하다. 예를 들어, F-actin 단편은 화분이 발아하는 구역에 표지되고, 신장하는 화분관의 끝 쪽에 칼슘이온의 구배가 형성된다.

또한 푸쿠스의 연구를 통해서 세포운명을 결정하는데 있어서의 세포벽 구성성분의 중요성에 대하여 알 수 있다. 현화식물에서도 세포벽 구성성분이 세포운명을 결정한다는 몇몇 근거가 있다. 예를 들어, 질소고정박테리아는 숙주식물이 뿌리혹을 형성하도록 하기 위해 지방-올리고당(lipo-oligosaccharide)을 방출한다. 다양한 집단이 존재함에도 모든 뿌리혹박테리아는 유사한 지방-올리고당을 생산한다. 박테리아로부터 나온 화합물은 식물체의 지방-올리고당과 흡사할 가능성이 높다. 지방-올리고당의 발생적 역할은 당근의 온도 민감성 돌연변이인 *ts11* 돌연변이의 실험에 의해 뒷받침 되고 있다. 조직배양에서 체세포성 *ts11* 세포는 고온이 아닌 저온에서 성숙한 배를 만들어 낼 것이다. 고온에서 배는 구형 단계 진행을 막는다. 그러나 그런 발생저지는 뿌리혹박테리아인 *Rhizobium*에 의해 생산되는 지방-올리고당 혹 형성 인자를 첨가함으로써 타파할 수 있다. 또한 야생형 배에서 분비되는 키티네이즈(chitinase)를 공급하면 *ts11* 체세포 배는 고온에서도 발생을 지속하게 된다. 키티네이즈는 식물의 세포벽으로부터 지방-올리고당을 방출시키는 것으로 알려져 있다. 보다 흥미를 끄는 관찰은 단세포성 항체(monoclonal antibodies)가 속씨식물 세포벽의 다당류에 대하여 증가된다는 연구이다.

연구사례 4.2: 애기장대 배의 수직축

(Case study 4.2: Lingitudinal acis of the *Arabidopsis* embryo)

현화식물의 배는 몇겹의 조직층 아래에서 발생하는데, 이로 인해 물리적 혹은 화학적 실험을 위한 접근을 어렵게 만든다. 조직배양을 통해 키운 배는 위와 같은 문제를 해결할 수 있지만 접합자 배와같은 발생기작을 따르지 않는다. 따라서 대부분의 현화식물의 배형성 기작에 관한 우리의 이해는 돌연변이 배를 분석하여 이루어진다.

이 연구사례는 애기장대 난(embryo)의 극성이 형성되어 접합자의 극성으로 이어져 배의 수직축으로 전환되는 과정과 그 축이 지속되고 동화되는 과정에 대하여 설명하고 있다.

접합자의 극성으로부터 배의 수직축으로의 전환
(Converting the polarity of the zygote into the longitudinal axis of the embryo)

많은 속씨식물에서 일반적으로 나타나듯이, 애기장대의 난세포는 극성을 가지고 있다. 핵과 대부분의 세포질은 배낭의 중앙에 가까운 끝 쪽에 놓여있고, 주공 근처의 난의 구역은 상당히 액포화 되어있다(배주와 배낭의 구조를 보려면 그림 1.1 참조하라).

수정 후, 애기장대의 접합자는 세배 이상 신장하고 가로분열을 통해 2세포 전배(two-cell proembryo)를 형성한다(그림 4.4). 분열은 접합자의 극성을 전배의 수직축으로 전환시킨다. 이 첫 번째 분열은 비대칭적으로 일어나 주공 근처에 크기가 큰 기부세포와 배낭의 중심근처에 작은 종단세포(terminal cell)를 낳는다(그림 4.4). 기부세포의 유도체는 배병(suspensor)과 근단분열조직(root apical meristem)의 기부구역(basal section)을 형성하고, 종단세포의 유도체는 배본을 형성한다.

유전적 연구를 통하여 접합자의 비대칭분열이 배본의 수직축을 성립하는데 반드시 필요한 것은 아니라는 것이 밝혀졌다. *GNOM* 유전자의 돌연변이는 접합자가 신장하지 않은 채 팽창만 하고 대칭적으로 분열하여, 비슷한 크기의 딸세포만을 생산한다(그림 4.4). 기부세포는 상대적으로 정상적이고 짧아진 배병으로 발생하지만 종단세포는 비정상적인 형태의 배본으로 발생한다. 세포분열은 비정상적인 위치에서 일어나고 대부분의 *gnom* 배는 뿌리가 없는 배축으로 점진적으로 줄어드는 비정상적인 형태의 융합한 자엽(cotyledon)을 가진 원뿔형태로 발생한다. 이와 같은 변태(abnormality)에도 불구하고 원뿔형 *gnom* 배의 수직축은 정상적인 위치에 존재한다.

몇몇의 *gnom* 배는 수직축에 대한 명확한 징후가 나타나지 않는 완전한 구형의 모양을 하고 있다. 그러나 구형의 *gnom* 배는 일반적으로 유전자 발현수준의 극성패턴 형태로 탐지가 가능한 수직축을 가지고 있다(그림 4.4). 야생형의 구형 배의 경우, 원표피(protoderm)의 세포들은 큐티클 형성에 관여되는 것으로 생각되는 지방 전달 단백질(lipid transfer protein)을 암호화하는 유전자인 *AtLTP1*을 발현한다. 초기에 *AtLTP1*은 모든 원표피 세포에서 발현하지만 시간이 지남에 따라 발현은 배축과 자엽이 발생하는 정단구역으로만 한정된다. 이는 큐티클 형성은 뿌리가 아닌 슈트에서만 형성된다는 것을 의미하는 것이다. 따라서 *AtLTP1*은 배의 극성에 대한 지표를 제공한다. 원뿔형의 *gnom* 배도 야생형과 비슷한 *AtLTP1* 발현패턴을 가지고 있다. 그러나 구형의 *gnom* 배의 경우, *AtLTP1*발현은 증폭되지 않은 채 일정하게 유지되는데 이는 축을 발생시키지 못한다는 것을 의미 한다. 그보다 더 종종, 발현은 적상적인 극성을 가진 축의 형성을 의미하는 정단구역에만 제한되거나 극성의 역전을 의미하는 배의 기부구역으로만 제한된다.

GNOM 유전자는 분비에 관여하는 효모(yeast) 단백질과 유사한 단백질을 암호화한다. *gnom* 표현형에 대한 이론적인 가설 중 하나는 세포벽 물질을 세포벽이 침적되는 구역으로 이동시키는데 GNOM 단백질이 필요하다는 것이다. 세포분열이 일어나는 동안 벽 구성물질이 정확한 장소로 이동하지 않는다면 이것은 *gnom* 배에 비정상적인 분열방향을 설명해 줄 수 있을 것이다. 비정상적인 세포분열면의 형성에도 불구하고 배의 극성이 발현될 수 있

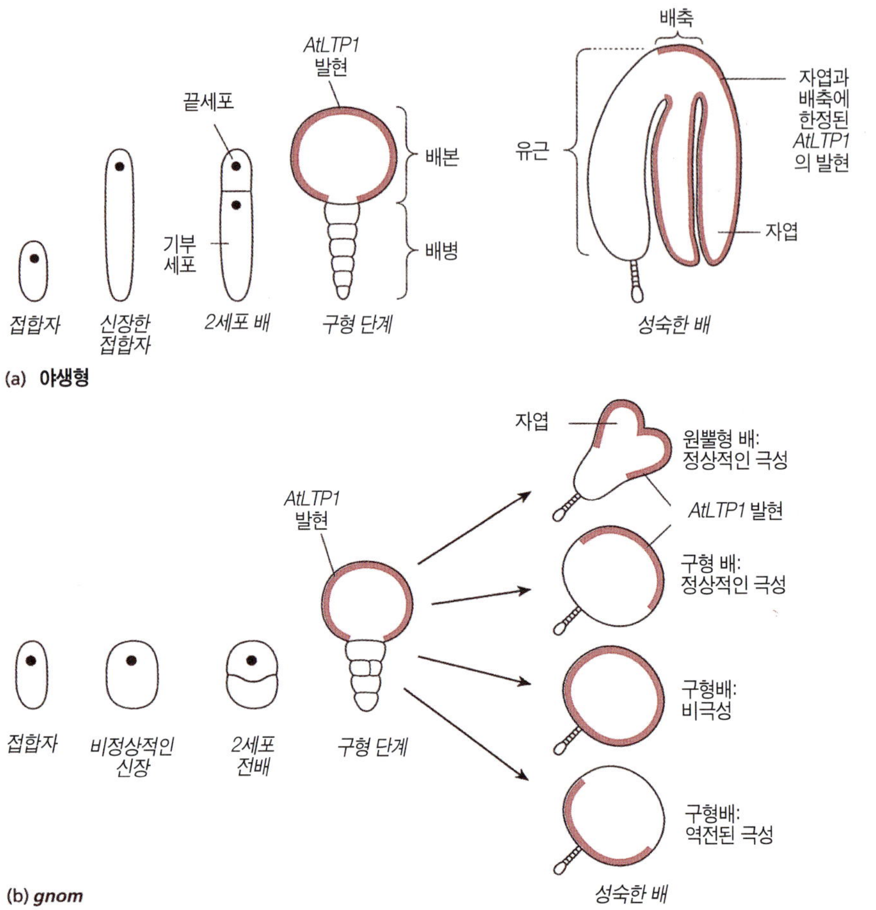

그림 4.4 애기장대 야생형과 *gnom* 배의 수직축 발생. 야생형 배의 경우(a), *AtLTP1* 은 정단 표피에서만 발현한다 (붉은색). 따라서 *AtLTP1* 발현의 분포는 *gnom* 배의 극성을 나타낸다(b). 원뿔형의 *gnom* 배는 정상적인 극성을 가지고 있는 반면에 구형의 *gnom* 배는 정상적인 극성을 가질 수 있거나, 극성을 가지지 못하거나 역전된 극성을 가지기도 한다(Mayer et al., 1993; Vroemen *et al.*, 1996)

다는 관찰은 정단-기부 축을 결정하는, 배의 세포 구조에 독립적인 하나의 신호 또는 구배가 존재한다는 것을 의미한다. 아마도 신호나 구배의 위치는 난세포로부터 물려받은-세포분열에도 불구하고 지속적으로 존재하는-극성에 의존하는 것 같다. 수직축을 가지고 있지 않은 그런 구형의 *gnom* 배의 경우 배의 극성을 지속하지 못한다. 일부 구형 배에서 역전된 수직축이 관찰되는데 이는 초기 배 극성을 잃어버린 후에 수직축이 새롭게(*de novo*) 발생한다는 것을 의미한다.

배에서 나타나는 옥신의 극성수송의 역할
(Role of polar auxin transport in the embryo)

옥신(auxin)의 극성수송은 슈트-뿌리 축에서 나타나는 두드러진 특성이다(그림 4.5). 후배기의 식물에서, 옥신은 슈트 정단부(shoot apex)에서 생산되는데 특히 어린 잎에서 주로 만들어진다. 옥신은 도관 유조직 세포들의 원형질막 기부에 위치하고 있는 옥신 배출 운반체(efflux carriers)의 작용에 의해 향기적(basipetally)으로 수송 된다. 뿌리에서는 두 종류의 옥신 흐름이 존재한다. 슈트-뿌리 흐름은 중심주(stele)에서 계속되지만, 또한 옥신은 근단(root tip)에서 방사상으로 운송되고 이는 주변조직을 통해 뿌리 위쪽으로 올라간다-물이 올라오는 분수를 거꾸로 보는 것과 같은 패턴(그림 4.5). 뒷 장에서도 언급되겠지만, 옥신의 극성 흐름은 위치 및 생리정보를 제공하며 후배기 발생의 조절에 많은 역할을 한다.

수직축을 따라 내려가는 옥신의 수송은 고등식물의 배에서 나타나는 보편적인 특징이다. 구형단계에서부터, 슈트-뿌리 방향으로의 옥신 수송이 확인 가능하다. 애기장대의 배에서, 이 과정은 옥신 배출 운반체의 구성성분인 PIN-FORMED1(PIN1) 단백질의 분포에 대한 점진적인 극성화와 상관관계를 가진다(그림 4.6). 초기 배에서, PIN1은 수직축에 대하여 비극성 분포를 이루고 있다. 그러나 중기-구형단계(mid-globular stage)의 시작단계부터, PIN1

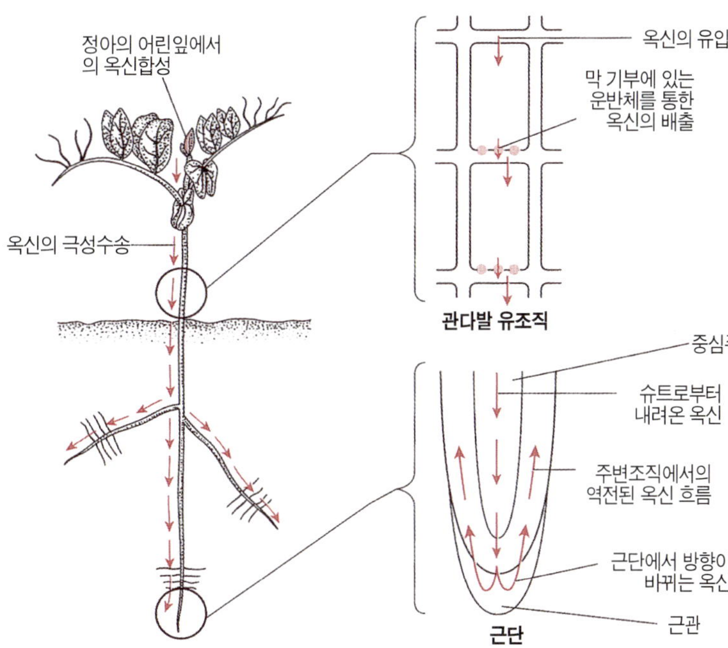

그림 4.5 완두콩 유모에서 옥신의 극성수송. 옥신은 슈트에서 뿌리 근단까지 관다발유조직 세포를 통해 수송된다. 근단에서, 옥신은 재분포되어 주변조직을 통해 다시 뿌리 위쪽으로 올라간다. 이런 수송패턴은 현화식물에서 광범위하게 나타난다.

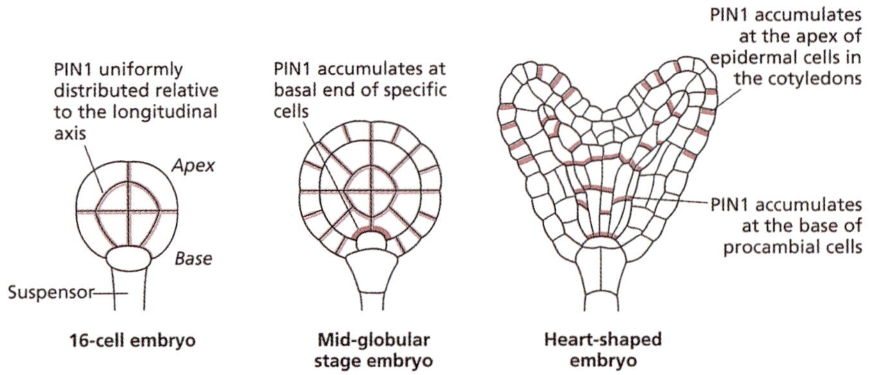

그림 4.6 애기장대 배에서 PIN1분포에 대한 극성화. PIN1단백질의 위치는 붉은색으로 표기되어 있다(Steinmann *et al.*, 1999).

은 전형성층 세포들이 발생할 기부 막(basal membrane)으로 제한된다-이는 전반적인 향기적 옥신 흐름과 일치한다. 흥미롭게도, 또한 PIN1은 자엽의 표피세포의 정단막(apical membrane)에도 위치하게 된다; 이 이야기는 후에 다룰 것이다.

배형성 시의 축(embryonic axis)발생에 대한 옥신의 극성수송의 역할은 잘 알지 못한다. 그러나 그 역할의 중요성을 뒷받침 해주는 많은 증거들을 가지고 있다. 우선 수직 축에 대한 PIN1의 분포는 *gnom* 배에서 무작위로 존재하며 이는 *GNOM* 이 PIN1의 극성화에 필요하고, 또한 *gnom* 배는 감소된 옥신운반 능력을 가지고 있다는 것을 의미한다. 그러나 감소된 옥신수송이 *gnom*의 표현형에 어떤 영향을 미치는지는 밝혀지지 않았다. 확실히 *gnom*의 표현형은 PIN1의 국지화의 결핍 전에 나타난다.

옥신과 수직축 사이의 보다 직접적인 관계가 애기장대의 *MONOPTERROS(MP)*에 대한 돌연변이의 효과에서 제시되고 있다. *mp* 배의 발생은 2세포 배 단계 초기때부터 비정상적으로 나타난다(그림 4.7). 앞서 언급한 대로 애기장대 접합자는 작은 끝세포와 큰 기부세포로 가로분열을 한다. 야생형 배에서 끝세포는 수직으로 분열한다. 이는 분열판이 수직축과 평행하다는 것을 의미한다. 그러나 *mp*배의 경우 끝세포는 가로분열을 하며 이는 분열판이 수직축에 직각으로 형성된다는 것을 의미한다. 그 후의 *mp*배 발생은 구형단계가 될 때까지 durgid을 받지 않는다. 이 때 야생형 배의 중앙과 아래 구역에 있는 세포들은 정-기부 축을 따라 견고히 신장하여 배축과 유근을 형성한다. *mp*배의 경우 이 세포들은 조금만 신장하기 때문에 배축과 유근의 발생이 일어나지 않는다. 따라서 *mp* 유묘는 유근이 없고, 배축이 없거나 일부만을 가지고 있다.

비록 *mp*유묘가 배축과 유근을 가지고 있지 않다 하더라도 자엽 조직을 배양하여 완전한 돌연변이 식물체를 생산할 수 있다. 그 식물체들은 겉보기에는 정상적으로 보이지만 옥신수송의 비율은 야생형에 훨씬 못 미친다. 다시 말해 옥신의 극성수송의 감소는 *mp*배의 일부 수직축의 결핍을 발생시키는 것 같다. PIN1 분포의 극성은 *mp*배에서 정상적으로 일어난다. 따라서, *mp* 돌연변이에서 옥신수송이 감소하더라도 극성은 정확한 방향으로 일어나는 것

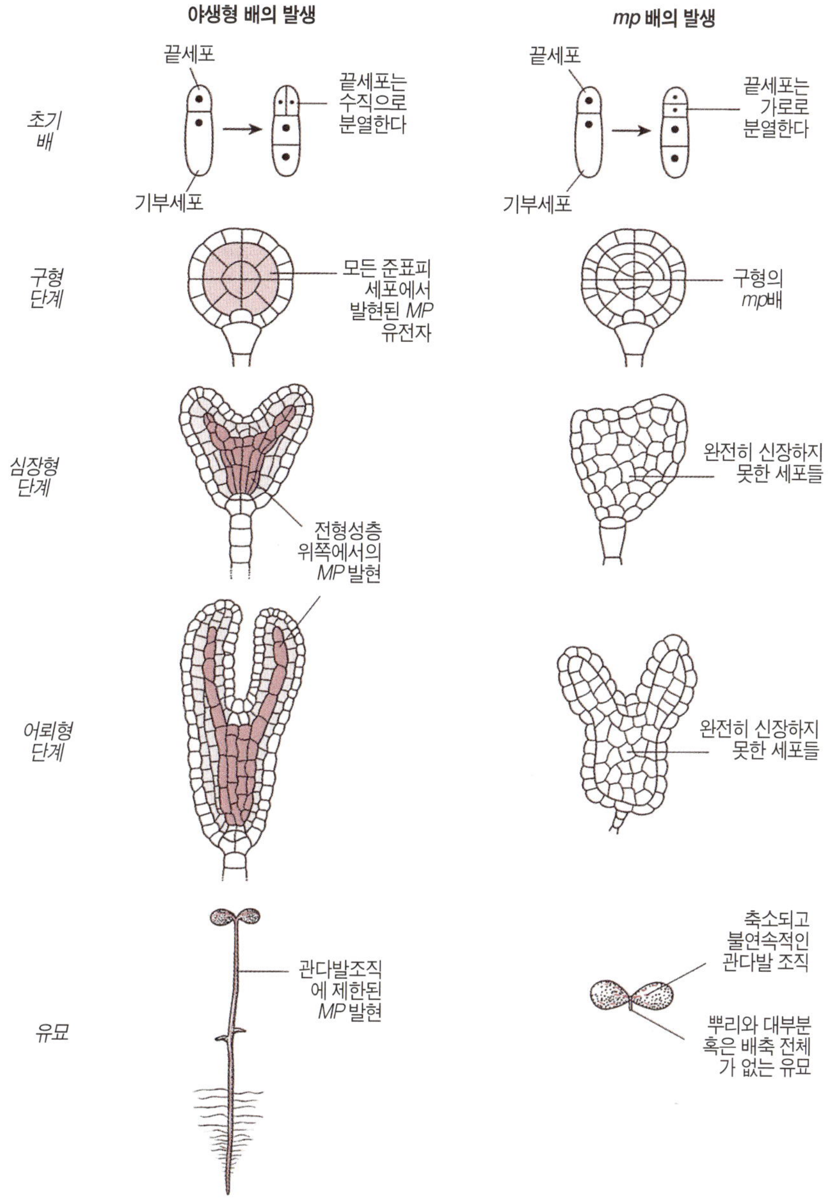

그림 4.7 애기장대 배에서 *MP*의 발현과 *mp* 돌연변이의 효과. 야생형 배의 발생에서 *MP*가 발현하는 구역은 붉은색으로 칠해진 부분이다(구형단계 초기개시를 이해 나타내었다). (Przemeck *et al.*, 1996; Hardtke & Berleth, 1998).

을 추측된다.

*MP*와 옥신의 관계는 *MP* 유전자의 클로닝을 통해 뒷받침 되고 있다. *MP*는 옥신반응 인자(ARF, Auxin Rsponse Factor)를 암호화한다. ARF는 옥신유도 유전자(auxin-inducible genes)의 프로모터에 부착하여 전사(transcription)를 조절한다. 따라서 *mp* 세포들은 옥신신호전달에 결함을 가지고 있는 것으로 생각된다. 판을 관통하는 옥신이동의 물리적 경로는 세포를 통과하는 옥신과 옥신을 수송하는 그 세포의 능력간의 양성 제어(positive feedback)에 의해 생겨나는 것으로 추측하고 있다(운하설, canalization hypothesis, 6장 참조). *mp* 식물체에서의 옥신수송의 감소는 *mp* 세포들의 옥신에 대한 반응의 감소에 따른 제어(feedback)를 못하기 때문에 발생하는 것일 수 있다.

*MP*에 의해 암호화되는 ARF는 구형단계의 배 전반에 걸쳐 발현되지만 발생하는 관다발 조직으로 점진적으로 제한된다(그림 4.7). 6장에서 언급하겠지만, 극성화된 옥신의 흐름과 관다발의 발생 간에 강한 연관성이 존재한다. 관다발 조직(vascular tissue)은 옥신 수송의 중요한 구역일 뿐만 아니라(앞 서 설명한 내용을 참조), 옥신 흐름은 관다발 조직의 형성을 촉진하는 것으로 보인다. 이 과정의 일부분은 옥신의 이동 방향을 따르는 전관다발세포(prevascular cells)의 신장이다. 따라서 옥신 신호와 수송의 결핍은 *mp* 배의 세포들이 슈트-뿌리 축을 따라 완전히 신장하지 못하는 이유를 설명해줄 수 있다.

배형성에서의 옥신의 역할은 옥신 수송에 방사상 대칭에서 양측성(bilateral) 대칭으로의 전환이라는 과정이 포함되기 때문에 복잡한 양상으로 나타난다. 야생형의 배에서 두 자엽의 개시는 방사상으로 대칭인 구형 배를 양측성으로 대칭을 이루는 심장형 배(hear-shaped embryo)로 전환하도록 한다. 배양 중인 겨자(Indian mustard, *Brassica juncea*)의 배에 옥신수송 억제제를 처리하면 핀모양(pin-shaped)의 방사상 대칭인 배를 만들어 내는 양측성으로 대칭인 칼라형(collar-like)의 자엽을 발생시킨다(그림 4.8). 이 표현형은 원뿔형의 gnom배와(앞의 내용과 그림 4.4 참조) *pin1* 돌연변이의 배 모두를 연상시킨다. 야생형 배에서의 PIN1 단백질의 분포는 발생하는 자엽의 전형성층(procambium)에서 향기적(basipetally)으로 수송되지만 표피에서는 향정적(acropetally, 뿌리에서 슈트 쪽으로 올라가는 방향)으로 수송된다는 것을 나타낸다(그림 4.6). 따라서 자엽원기(cotyledon primordia)의 개시는 옥신흐름의 복잡한 변화가 관계를 한다.

정단분열조직의 형성 (Apical meristem formation)

성숙배의 수직축의 측성을 정의하는 것에는 슈트정단분열조직과 뿌리정단분열조직, 그리고 그들 간에 관다발을 통한 연결을 포함한다. 이 절에서는 수직층 상에 정단분열조직이 위

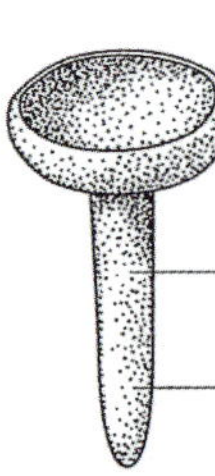

그림 4.8 조직 배양 시 옥신의 극속수송 억제물질을 처리한 겨자(Indian mustard)의 배. 칼라형 자엽은 배를 방사상 대칭형으로 만든다(Hadfi *et al.*, 1998).

치하는 기작에 대하여 다루고 있다.

뿌리정단분열조직의 배치 (Positioning the root apical meristem)

배의 뿌리정단 분열조직((RAM, Root apical meristem)의 배치 또한 옥신의 영향을 받는다. 옥신:사이토키닌(cytokinin, 옥신의 역할과 반대 기능을 가지는 호르몬)을 조합하여 처리한 조직배양 실험을 통해 상대적으로 높은 농도의 옥신을 처리하면 뿌리의 발생을 촉진하지만, 저농도로 처리하면 슈트의 발생을 촉진한다. 배에서 옥신의 정-기적(apical-basal) 흐름은 뿌리가 형성될 지역에서 높은 농도로, 슈트가 형성될 지역에서 저농도로 존재하는 옥신의 농도구배에 의한 것으로 생각할 수 있다. 이러한 농도구배가 RAM을 유도하거나 조절한다는 것을 암시하는 증거가 있다.

옥신에 의해 유도되는 리포터 유전자에 대해 형질전환된 애기장대 유묘의 실험에서 RAM은 고농도의 옥신이 집중되거나 그에 반응하는 구역이라는 것을 알려준다(그림 4.9). 유묘의 뿌리에서 리포터 유전자의 발현은 RAM의 정지중심(quiescent center)과 근관의 중축(columella)에서 강하게 나타나며 특히 중축 시원세포에서 가장 강한 발현이 일어난다. 더욱이, RMA의 위치가 변하게 되면 옥신 극한(auxin maximum)도 변하게 된다. 연구사례 3.1에서 언급한 대로, 분열조직의 정지중심이 절개되면 새로운 정지중심과 중축이 이전에 형성된 전형성층 세포로부터 재생 된다. 옥신에 의해 유도되는 리포터 유전자를 가지고 있는 식물에 대한 실험을 통해 기능적인 RAM이 재형성되면 새로운 옥신극한(auxin maximum)이 재생 구역에서 발생한다는 것을 알 수 있다.

RAM의 발생을 위해 옥신극한이 필요하다는 것을 증명해주는 몇몇 근거가 있다. 예를 들어, 배의 기부에 옥신의 집적을 방해하여 RAM의 형성을 저해하는 정-기적 옥신 흐름의 감소로 인해 *mp* 배에 RAM의 결핍이 일어날 수 있다. RAM 발생에 대한 옥신의 역할을 완벽히 결정하기 위해서는 분열조직 형성에 필요한 유전자들을 연구할 필요가 있다. 몇몇의 애기장대 돌연변이는 기능적 RAM을 가지고 있지 않으며 조직배양을 통해서도 RAM을 만들어낼 수 없다. 이에 대한 대표적인 예는 *hobbit(hbt)* 이다.

HBT 돌연변이는 배형성 구형단계 초기의 RAM 발생에 영향을 준다. 야생형 배의 경우 정지중심과 근관(root cap)의 중앙구역은 배병의 바로 위쪽에 있는 원근층(hypophysis)에서 유래한다. *hbt* 돌연변이의 hypophysis의 세포분열과 그에 따른 유도체들은 비정상적으로 나타나 분열조직의 정지중심과 중축구역 세포들의 불규칙적인 패턴을 야기한다. 강한 *hbt* 돌연변이들은 RAM의 활성을 전혀 가지지 못한다. 옥신이 *HBT*같은 유전자들의 발현을 어떻게 조절하는지 혹은 조절에 관여하는지가 밝혀져야 배의 RAM의 배치에 대한 옥신의 역할을 알 수 있을 것이다.

또한 옥신에 유도된 리포터 유전자를 가지고 있는 식물들에 대한 실험들은 옥신 구배와 뿌리의 극성을 연관지어 설명한다. 리포터 유전자를 가지는 식물에 옥신 수송 억제물질을 처리하면 리포터유전자의 발현은 근단의 광범위한 영역에 걸쳐 일어난다. 이는 근단의 넓은 지역에 걸쳐 옥신이 집적되고 있다는 것을 의미한다. 수송 억제물질은 슈트에서 유도된 옥신이 뿌리에 닿지 못하도록 방해하지만 이미 형성된 RAM에 의해 옥신이 합성되는 것처럼 보인다. 억제물질을 처리한 식물들에서는 뿌리에서 합성된 옥신은 근단에만 머물게 되

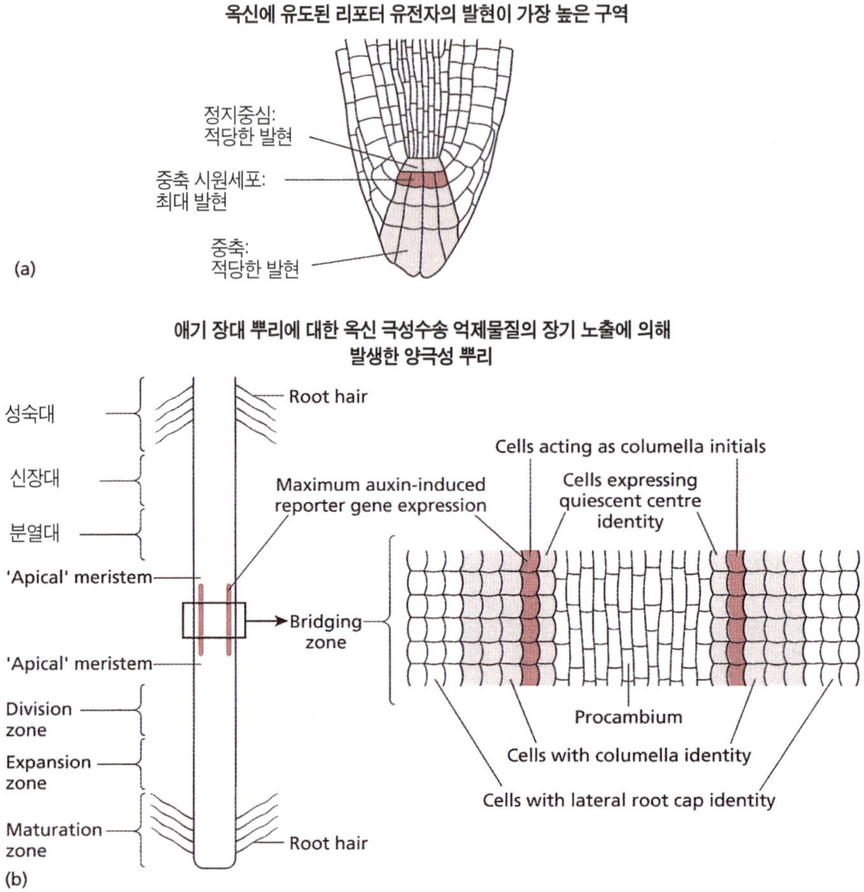

그림 4.9 애기장대 뿌리에서의 옥신 극한과 옥신 극성수송 억제물질 처리 효과. 붉은색으로 표시된 세포들은 옥신에 유도된 리포터 유전자들의 발현이 높게 나타나는 곳이다.
(a) 리포터 유전자의 발현은 근단분열조직에서 옥신 농도가 최고로 올라가고/거나(and/ or) 반응한다는 것을 의미한다. (b) 옥신 극송수송 억제물질에 뿌리가 장기적으로 노출되었을 때 형성되는 애기장대의 양극성 뿌리. 위와 같은 패턴을 야기하는 억제물질의 능력을 통해 옥신이 근단에서 패턴을 조절하는 역할을 한다는 것을 알 수 있다(Sabatini *et al.*, 1999)

어, 리포터 유전자의 발현의 광범위한 패턴을 이끌어 낸다.

억제물질에 대한 장기적인 노출에 의해 RAM은 양극(bipolar)성 구조로 전환된다(그림 4.9). 양극성 분열조직은 기존의 위치에서 뿌리조직의 형성을 지속하지만 기존의 근관 방향으로 새로운 뿌리를 형성한다. 이 두 번째 뿌리는 세포분열대, 세포신장대, 세포 성숙대, 그리고 뿌리털의 위치에서 나타난 바와 같이, 역전된 극성을 가지고 있다. 두 뿌리들은 관다발조직, 정지중심의 고유성을 가지는 세포들 및 근관의 고유성을 가지는 세포들을 포함하는 구역에 의해 연결되어 있다(그림 4.9). 리포터 유전자의 발현은 가교구역(bridging region)이 옥신이 고농도로 축적되거나 반응하는 구역이라는 것을 나타내며 이는 양극성 뿌리가 양극성 옥신구배를 가진다는 것을 암시한다.

슈트정단분열조직의 배치 (Positioning the shoot apical meristem)

9장에서 논의되겠지만 슈트정단분열조직(SAM, shoor apical meristem)의 기능에 필요한 몇몇 유전자들이 SAM의 활성과/혹은 구조를 방해하는 돌연변이를 통해 동정되었다. 이들 중에서 눈에 띄는 유전자는 *SHOOTMERISTEMLESS(STM), WUSCHEL(WUS) CLAVATA1(CLV1), CLAVATA3(CLV3)* 이다. 이 유전자들은 배형성 기간 동안 점진적으로 발생하는 SAM에서 특이적인 발현패턴을 나타낸다. SAM 발생의 첫 번째 징후는 이른 구형성 단계인 16-세포 배(16-cell embryo)의 정단부에 있는 세포에서 *WUS*가 발현되는 것이다. 그 후에 STM이 후기 구형배 단계의 정단부에서 발현되고, *CLV1*과 *CLV3*이 초기 심장형 배에서 SAM이 형성될 지역에서 발현된다. SAM이 어뢰형 단계에서 구조적으로 관찰이 가능해지는 시점까지 배형성이 진행되면, 위의 4개의 각 유전자들의 발현은 점진적으로 분열조직의 특정 구역으로 제한된다. SAM에서의 유전자 발현패턴은 연구사례 9.1에 자세히 묘사되어 있다.

돌연변이체에 관한 분석을 통해 배형성 후 *STM, WUS, CLV1, CLV3*의 발현은 상호의존적이라는 것이 알려졌다(연구사례 9.1 참조). 예를 들어, 완전한 기능을 상실한 *stm* 돌연변이는 SAM을 가지지 않은 채 발아하고, 발아한 돌연변이 유묘는 슈트 정단부에서 *WUS, CLV1, CLV3*가 발현하지 않는다. 그와 대조적으로 배에서 4개 유전자들의 각각의 발현은 다른 세 개의 유전자들에 대해 독립적인 것으로 나타난다. 그 유전자 집단 중 어느 한 유전자의 기능 상실은 배에서 다른 유전자들의 발현을 방해하지 않는다. 이는 배형성 기간 동안의 SAM 개시 기작이 후배기 발생(post-embryonic development) 동안의 SAM 지속 기작과는 분명한 차이가 존재한다는 것을 의미한다.

아마도 기능적 SAM에 필요한 유전자들은 배 안에 존재하는 위치정보에 반응하여 활성화되는 것으로 추측된다. 이 정보의 특성은 알려지지 않았지만 *cup-shaped cotyledon1 (cuc1)* 과 *cup-shaped cotyledon2 (cuc2)* 돌연변이의 효과를 통해 SAM 형성과 자엽 발생 간에 연관성이 존재한다는 것을 알 수 있다. 단일의 *suc1* 또는 *suc2* 돌연변이들은 야생형의 표현형과 거의 유사하다. 그러나 *cuc1 cuc2* 이중 돌연변이들은 컵모양을 형성하는 혼합된 자엽과 함께 발아하며 SAM을 가지고 있지 않다. 그 유묘들로부터 재생된 식물체들은 거의 정상적으로 발생하는데 이는 *CUC1*과 *CUC2*는 배에서 주로 자엽의 분리와 SAM의 형성에 필요하지만, 영양생장 동안의 SAM 지속에는 필요하지 않는다는 것을 의미한다. *CUC1*과 *CUC2*는 전사인자들로 추정되는 NAC-도메인군(NAC-domain family)에 속하는 단백질과 상당히 밀접한 단백질을 암호화하고, 자엽의 분리와 SAM형성 모두에 요구되는 페튜니아(Petunia)의 *NO APICAL MERISTEM(NAM)* 유전자와 상동성을 가지고 있다.

두 유전자의 기능과 더불어 *CUC* 유전자들은 배형성 기간 동안에 유사한 발현패턴을 가지고 있다. *CUC2*가 자엽들이 발생하는 구역 사이인 구형 배의 정단부를 가로 지르는 세포띠에서 첫 번째로 발현된다. 흥미롭게도 이 현상은 구형 단계 직후에 일어나는 STM 발현의 초기패턴과 매우 흡사하다(그림 4.10). 배형성이 진행되면서 *CUC2*와 STM의 발현은 상호보완적인 패턴이 된다. STM의 발현은 SAM이 발생할 구역의 정단부 중심으로 제한되는 반면

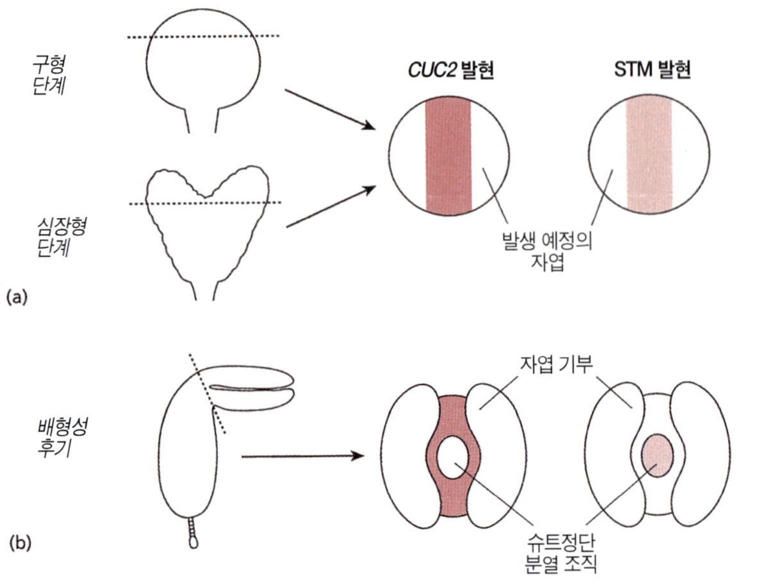

그림 4.10 배형성 기간 동안 *CUC2*와 *STM*의 발현. (a) 구형 및 심장형 단계동안 *CUC2*(적색)와 *STM*(분홍색)은 배의 정단부에서 자엽이 발생할 구역 사이에 줄무늬 형태로 둘 다 발현된다. (b) 배형성 후기에 *CUC2*와 *STM*의 발현은 상호보완적인 패턴으로 전환된다. *CUC2*는 자엽 기부사이, 슈트정단분열조직과 자엽사이에서 발현되고, *STM*은 슈트정단분열조직에서 발현된다(Adia *et al*., 1999).

에, *CUC2*의 발현은 자엽원기들(cotyledon primordia) 사이, 그리고 SAM의 끝자락과 자엽의 기부 사이로 제한된다.

STM은 *suc1 suc2* 이중 돌연변이 배에서는 발현되지 않는데 이는 *CUC1*과 *CUC2*가 배의 정단부에서 STM의 전사를 촉진한다는 것을 의미한다. *stm*돌연변이의 배에서 *CUC* 유전자의 초기발현은 정상적으로 일어나지만 배형성 후기에는 변이가 일어나게 되는데, 이는 SAM형성과 *CUC* 유전자의 활성 사이에 상호제어가 존재한다는 것을 암시한다. 이에 일치하여, 강한 *stm*돌연변이는 SAM을 형성하지 못할뿐더러 부분적으로 혼합된 자엽을 가지고 있다.

연구사례 4.3: 애기장대 배의 방사상 축
(Case study 4.3: Radial axis of the *Arabidopsis* embryo)

극성을 띤 애기장대의 난세포에 이미 존재하는 수직축과는 달리, 방사상 축(radial axis)은 몇 번의 세포분열이 일어난 후에 나타나게 된다. 2세포 배상태에서 끝세포의 초기 세 번의 분열은 발생하고 있는 배병 위쪽에 여덟 개의 세포구를 형성한다. 여덟 개의 세포들은 4개씩 2층으로 배열되는데, 배의 방사상 축은 다음 단계의 세포분열과 함께 나타나게 된다. 각각의 세포는 배의 표면에 평행하게 비대칭적으로 분열하여 크기가 작은 외부 원표피세포(protodermal cell)와 큰 내부세포를 생성한다. 그 후 내부세포 집단은 관다발 조직의 중심과 기본조직을 감싸는 구역으로 분화한다(그림 1.2 참조).

배발생과 후배기발생 전반에 걸쳐 식물의 모든 부분에서 방사상 축은 유사한 역할을 한다는 것이 밝혀졌다. 예를 들어, 몇몇 유전자들의 돌연변이는 유근, 배축, 뿌리, 그리고 슈트의 방사상 축의 발생에 유사한 영향을 미친다. 이 연구사례는 방사상패턴의 돌연변이 표현형으로서 연구가 잘 이루어진 유근과 뿌리에 초점을 둘 것이다. 또한 연구사례를 통해 방사상 축의 형성에 대해 논의할 것이며, 방사상 축에 따른 위치정보와 배의 수직축과 방사상 축 간의 관계에 대해 추가적으로 언급할 것이다.

방사상 축의 형성 (Radial axis formation)

유근이 발생하는 동안, 관다발 조직의 수평적 분열은 내초(pericycle)와 물관과 체관의 내부 중심을 생성한다. 그 후에 단일 층의 기본 분열조직 세포들이 분열하여 단일의 피층과 내피를 형성한다(그림 4.11). 유근의 방사상 패턴은 후배기 뿌리의 방사상 패턴에 필적한다. 뿌리에는 단일 외층의 표피, 단층의 피질(cortex), 내피, 내초로 구성되고 최종적으로 전도 조직(conductive tissue)의 중앙중심을 가지게 된다(그림 1.5 참조).

몇몇 유전자에 대한 돌연변이는 유근의 방사상 패턴을 저해한다. *WOODEN LEG (WOL)*과 *GOLLUM (GLM)*유전자의 기능 모두를 상실한 돌연변이는 비정상적인 관다발 조직패턴을 만들어 낸다. 흥미롭게도, *WOL*은 사이토키닌 수용체를 암호화 하는데 이는 방사상 패턴에 대한 사이토키닌의 역할을 나타낸다. 그와 대조적으로 *SHORT-ROOT (SHR)*와 *SCAREROW (SCR)* 유전자의 돌연변이들은 기본조직의 방사상 패턴을 방해한다. 유근의 구조에 영향을 미치는 *wol, glm, shr,* 및 *scr* 돌연변이의 효과는 주근(primary root), 측근(lateral root) 및 캘러스로부터 재생된 뿌리에서도 반복된다. 이 표현형들은 식물의 생활주기에 걸쳐 일어나는 방사상 패턴의 형성과 지속에 대한 연속성을 제시해 준다. 유근 발생의 방사상 패턴이 배의 기부구역을 따라 동시에 일어나는 특이적 세포분열에 의해 발생하는 반면, 후배기 뿌리의 방사상 패턴은 뿌리분열조직(RAM)에 있는 단일 시원세포 집단에서 일어나는 분열을 반영하기 때문에 위의 결론은 상당히 주목할 만한 사실이다.

*SCR*의 역할에 대한 연구는 자세히 이루어져왔다. *scr* 돌연변이에서 중요한 비대칭적 분열의 결핍으로 인해 단층의 기본조직이 뿌리에서 발생하지 않는다(그림 4.11). 유근의 경우, 어뢰형 단계에 있는 배의 유근(과 배축)을 따라 존재하는 기본 분열조직 세포들이 크기가 큰 외층의 피층세포(cortical cell)와 크기가 작은 내부의 내피 세포(endodermal cell)를 형성하기 위한 비대칭 분열을 하지 못하기 때문에 *scr* 표현형이 나타나게 된다. 후배기 *scr* 뿌리에서의 장애는 정단분열조직에서 특이적인 비대칭 분열의 상실을 반영한다. 후배기 뿌리의 내피와 외피 모두 단일 고리형태의 피층시원세포(cortical initials)에서 유래한다(그림 4.11과 그림 3.4 참조). 각각의 피층시원세포는 가로분열면을 통해 분열하여 새로운 피층시원세포와 딸세포를 생산한다. 딸 세포는 다시 뿌리표면과 평행한 세로분열면으로 비대칭적분열을 하여 바깥쪽의 피층세포와 안족의 내피세포를 생산한다. 그러나 *scr*돌연변이의 경우 딸세포는 수직분열이 아닌 가로분열을 하여 단일층의 기본조직을 가지는 뿌리를 생산하게 된다.

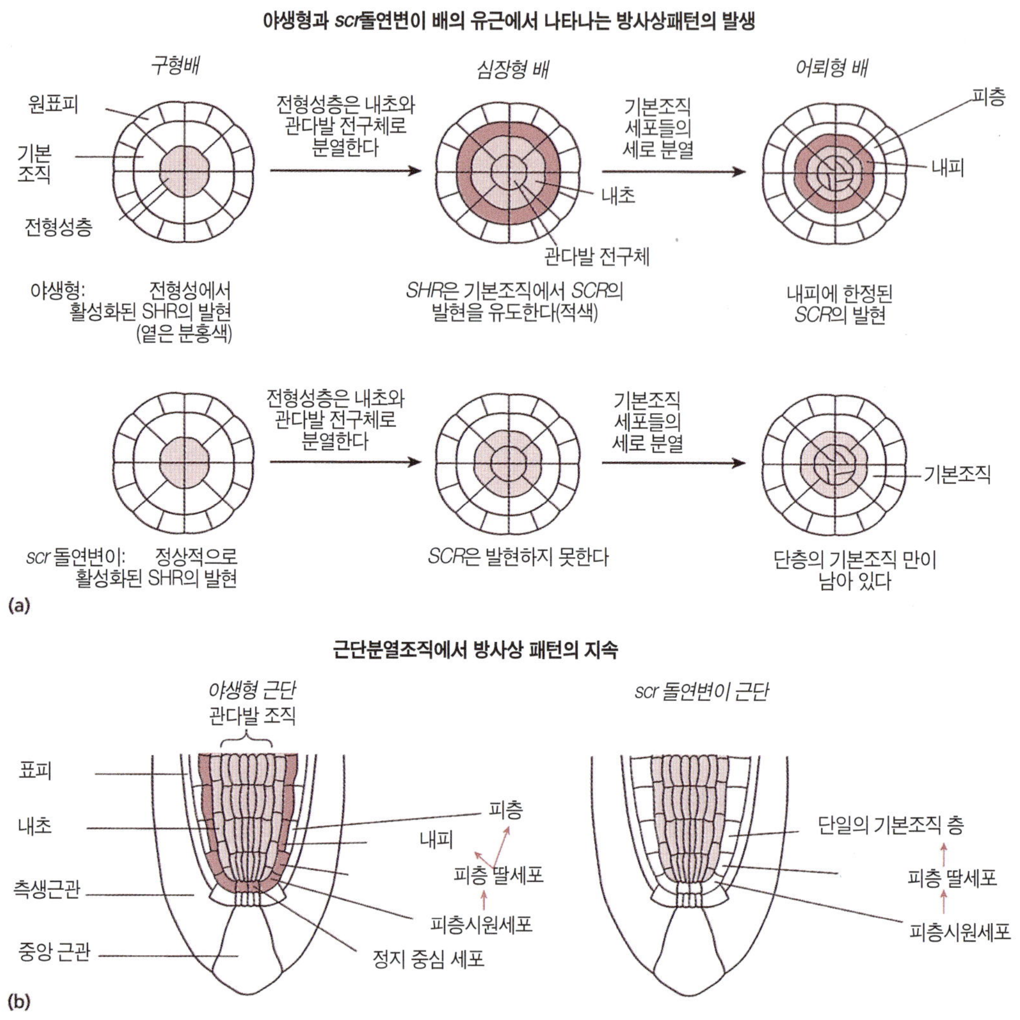

그림 4.11 애기장대 야생형과 *scr* 돌연변이체 뿌리의 방사상패턴의 발생. *SHR*을 발현하는 세포들은 분홍색, *SCR*을 발현하는 세포들은 붉은색으로 표시되어 있다.(a) 야생형과 *scr* 배에서 발생하는 유근의 횡단면. *SHR*의 발현은 구형배의 전형성층에서 활성화되고, *SCR*의 발현은 심장형 배의 기본조직에서 활성화 된다. *SCR*의 발현은 기본조직이 세로분열을 통해 피층과 내피를 생성하는데 필요하다. *scr* 배에서 기본조직은 단일층으로 남아 있는다. (b) 야생형과 *scr*돌연변이 근단의 중앙 종단면. 야생형 뿌리의 근단에서 내초와 관다발 조직에서의 *SHR*발현은 주변을 둘러싸고 있는 세포층에서 *SCR*발현을 유도한다. *SCR*은 피층과 내피를 생성하는 피층의 딸세포의 수직분열에 필요하다. *scr*돌연변이의 근단에서 피층의 딸세포는 수직분열을 하지 않기 때문에 단일 층의 기본조직만이 존재한다(Scheres *et al.*, 1995; Di Laurenzio et al., 1996; Helariutta *et al.*, 2000).

*scr*돌연변이 뿌리의 단층의 기본조직은 피층과 내피의 특성을 모두 나타낸다. 이 층은 내피의 특성인 카스파리안 대(Casparian strip)를 가지고 있을 뿐만 아니라, 층의 세포들은 내피세포에는 붙지 않고 피층(과 표피) 세포에만 결합하는 항체에 의해 인지될 수 있다. 따라

서 *scr*돌연변이는 감소된 뿌리세포층을 가지고 있지만 방사상 축을 따라 존재하는 위치정보를 방해하는 것으로는 보이지 않는다. 그 대신 방사상축을 따라 존재하는 세포들의 다른 형태를 만들어내는 위치정보는 조합을 통해 이형형태(heterogeneouse type)의 세포들을 낳게 된다.

scr fass 이중 돌연변이의 표현형을 통해 *scr* 돌연변이가 위치정보를 제거하지 않는다는 것을 알 수 있다. 연구사례 3.3에서 언급한대로, *fass* 돌연변이는 무작위적인 방향으로 세포분열을 하여 비정상적으로 두꺼운 뿌리를 형성한다(그림 3.9 참조). 마찬가지로 *scr fass* 이중 돌연변이도 비정상적으로 두꺼운 뿌리를 생성하는데, 이는 *fass* 돌연변이가 *scr* 돌연변이에 의해 야기되는 세포층의 감소현상을 극복한다는 것을 의미한다. *scr fass* 이중 돌연변이의 뿌리는 피층과 내피를 모두 가지고 있으며 *fass* 단일 돌연변이와 흡사한 뿌리를 가지고 있다.

SCR 유전자가 분리되었으며, 서열 분석을 통해 전사인자를 암호화한다는 것이 밝혀졌다. *SCR*은 피층과 내피를 형성하는 비대칭적 분열이 일어나기 전에 배의 기본조직에서 발현된다(그림 4.11). 분열 후, 발현은 내피로 제한된다. 후배기의 뿌리에서 *SCR*은 피층시원세포-딸세포 짝과 *scr* 뿌리에서 종종 붕괴되는 정단분열조직의 정지중심에서 발현된다. 오래된 조직들의 경우 *SCR*의 발현은 내피에 제한된다. 배의 내피와 후배기의 내피 모두에서 나타나는 *SCR*의 발현은 후배기 뿌리의 패턴형성이 RAM 자체에 존재하는 정보가 아니라 뿌리 위쪽에 존재하는 오래된 조직의 정보에 의해 조절된다는 근거로 인해 상당히 흥미로운 현상이라 할 수 있다. 유근에서 성립된 패턴이 후배기 뿌리의 분화를 통제한다면, 단일 유전자에 대한 돌연변이가 두 과정에 영향을 미치는 이유에 대한 설명이 가능할 것이다.

방사상 축을 따른 위치정보의 특징

(Characteristics of positional information along the radial axis)

유전적 실험 및 레이저 절개 실험과의 조합을 통하여 뿌리의 방사상 축에 따른 발생은 방사상 신호와 수직상 신호 모두를 필요로 한다는 것이 밝혀졌다. 이들에 관해 순서대로 언급할 것이다.

방사상 신호 (Radial signalling)

*SHR*과 *SCR*유전자들 간의 상호작용은 뿌리에서 기본조직의 패턴화에 중심주로부터의 신호를 필요로 한다는 것을 의미한다. *SHR*은 *SCR*에 의해 암호화되는 전사인자와 유사한 서열상으로 유사한 전사인자로 추측되는 단백질을 암호화 한다. 또한 *scr*돌연변이와 마찬가지로 *shr*돌연변이의 뿌리는 기본조직층을 가지고 있지 않다. 그러나 *scri* 뿌리들이 피층과 내피 모두를 갖는 단층의 기본조직을 가지고 있는데 반해, *shr*의 뿌리는 단순히 내피가 결여되어 있다. 또한 *SCR*과 *SHR*은 다른발현 패턴을 가지고 있다: *SCR*은 기부조직에서 발현되지만 *SHR*은 중심주에서 발현된다(그림 4.11). *scr*돌연변이들은 정상적인 *SHR*발현을 가지고 있지만(그림 4.11) *shr* 돌연변이들은 심하게 감소된 *SCR*발현을 가지고 있다(그림 4.11에 표시되지 않았음). 따라서 *SHR*은 *SCR*의 발현에 필요하지만, *SHR*이 발현하는데 *SCR*이 필요한 것은 아니다.

이 자료들은 중심주에서의 *SHR*발현이 신호의 생산 혹은 수송을 *SCR*의 발현, 두 개 기부층으로의 분열, 내피 발생 등이 일어나게 하는 기본조직으로 중개한다는 것을 암시한다. 이 신호는 *SHR* 단백질 자신인 것처럼 보인다. *SHR*유전자가 중심주에서만 발현되지만 단백질은 인접한 기부조직층에서도 발견된다. 아마도 이 단백질이 원형질연락사를 통과하여 수송되는 것으로 추축된다.

흥미롭게도, *scr*돌연변이와 *shr* 돌연변이의 슈트에는 기본조직층(슈트 내피)이 결여되어 있다. 이 사실은 뿌리와 슈트의 방사상패턴을 조절하는 기작이 유사하다는 것을 나타내고 있다.

수직상 신호 (Longitudinal signalling)

방사상축을 따르는 위치정보에 대한 중요한 몇 가지 특성들이 애기장대 RAM에 대한 레이저 절개 실험을 통하여 드러났다(그림 4.12). 우선, 그런 실험들은 방사상 위치에 관한 정보가 오래된 조직들로부터 근단으로 전달된다는 것을 알려준다. 피층시원세포-딸세포 짝에서 나온 딸세포가 절개되어도 뿌리의 발생에는 큰 영향을 주지 않는다. 절개된 딸세포 아래의 피층시원세포가 내피와 피층을 생산하는 것과 같은 일반적인 방법으로 비대칭적으로 분열하여 새로운 딸세포를 생산한다. 피층시원세포-딸세포 짝에 인접한 세 개의 딸세포가 절개되면 세 개중 중앙에 있는 딸세포의 아래쪽에 있는 피층시원세포가 비대칭적으로 분열되지 않아 내피와 피층이 되지 못하는 딸세포를 만든다.

이 결과는 *scr*돌연변이의 결과와 부분적으로 유사하다. 중앙의 피층시원세포 위쪽의 뿌리 조직은 오직 하나의 기본조직의 주(column)로 발생하는데, 이는 절개가 내피와 피층이 되기 위한 비대칭 분열에 요구되는 정단분열조직의 위치정보 구역을 박탈한다는 것을 암시한다(그림 4.12). 절개된 세포들은 분열조직을 오래된 조직들과 분리하고, 따라서 분열조직에 의해 생성되는 방사상 패턴을 결정하는 몇몇 정보는 뿌리의 오래된 구역에서 유래하는 것으로 보인다. 방사상 위치에 관한 정보들은 심플라스트를 통해 이동할 가능성이 높기 때문에 정보의 전달을 위해 살아있는 세포들을 필요로 한다.

뿌리에 가로질러 인접하고 있는 세 개의 세포에 대한 절개 효과는 다르게 나타난다. 피층시원세포-딸세포 짝으로부터 나온 딸세포가 안쪽에 인접한 내초세포와, 바깥쪽에 인접한 표피세포와 함께 절개 되면 뿌리의 발생에 영향을 미치지 않는다(그림 4.12). 절개된 딸세포 아래에 있는 피층시원세포로부터 정상적인 방법에 의해 비대칭적으로 분열하여 새로운 딸세포가 형성된다. 이 결과는 세 개의 인접한 딸세포를 절단(위의 글)하면서 발생된 뿌리발생의 붕괴는 뿌리 손상에 대한 일반적인 반응을 대표하지 못한다는 것을 의미하며, 그것은 단지 단일 조직층 내의 절개에 따른 특수한 결과가 된다.

동일한 기작을 따라 유근과 후배기 뿌리의 방사상 축발생이 일어난다는 결과를 보여주는 유전학적인 자료들의 결과는 방사상 위치에 관한 정보의 흐름이 오래된 조직들로부터 근단으로 흐른다는 결과에 부합한다. 1차근이 유근으로부터 발생한다는 것을 고려하면, 배에서 성립된 방사상 패턴은 일차 RAM의 활성을 통제할 것이다. 이와 유사하게, 새롭게 나타나는 측근의 세포분열은 완전한 뿌리분열조직이 성립되기 전에 뿌리의 길이를 따라 발생한다. 측근의 개시에 대한 면밀한 관찰을 통하여 측면 기부에 있는 조직들의 방사상 패턴이

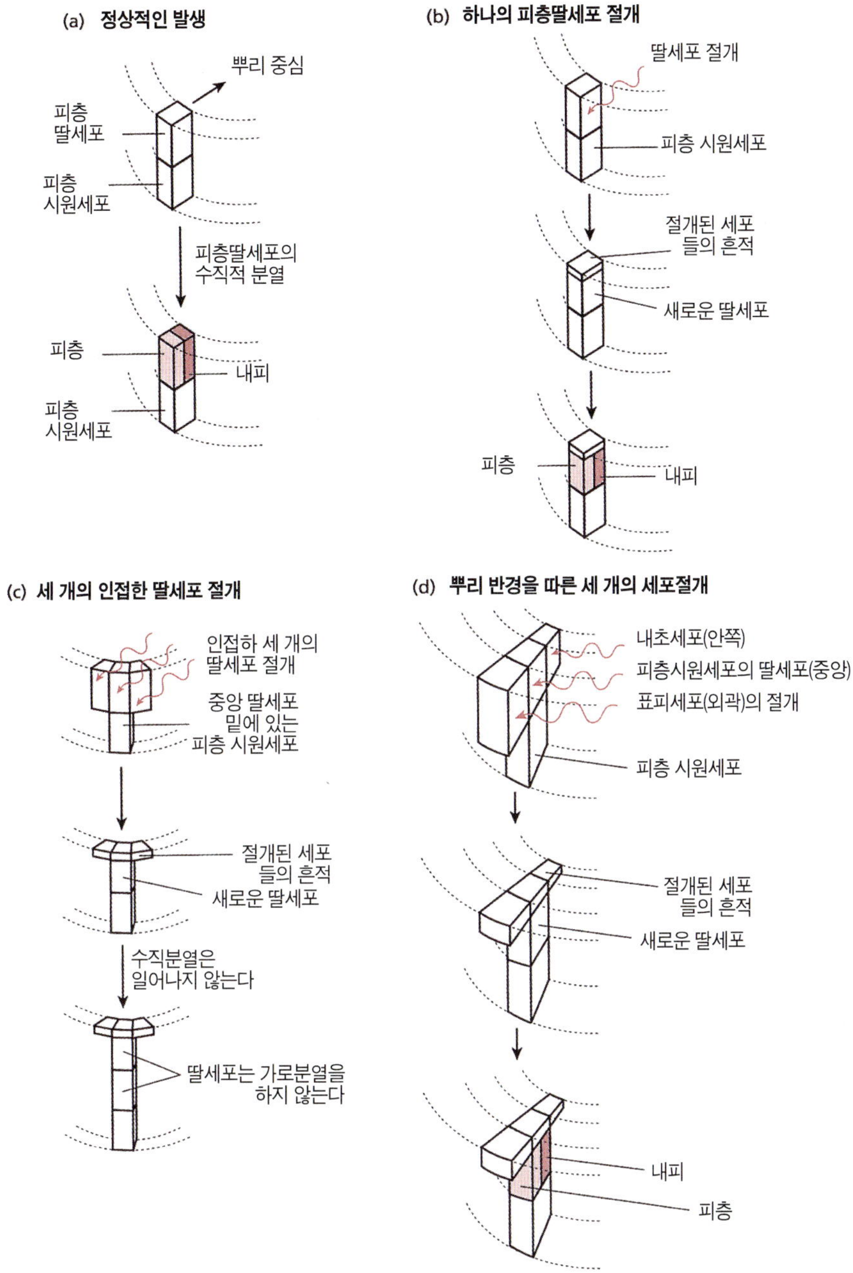

그림 4.12 애기장대의 레이저 절개실험을 통해 성숙한 뿌리로부터 나온 신호들에 의해 근단의 패턴화가 중개된다는 것을 알 수 있다. 그림은 다양한 레이저 절개방법에 따른 피층시원세포와 피층딸세포에 대한 3차원적인 개요를 보여주고 있다. (a) 정상적인 발생 동안 피층 시원세포는 가로분열(그림에는 없음)을 하여 피층 딸세포를 낳는다. 피층딸세포는 다시 수직상으로 분열하여 피층세포와 내피세포를 형성한다. (b) 단일의 피층 딸세포가 절개되면, 다음 피층딸세포가 정상적인 발생패턴을 따라 생겨난다. (c)일련의 3개의 딸세포가 절개되면 중앙 아래에 새롭게 생긴 피층 딸세포는 수직분열을 하지 못하게 된다. 이 결과는 피층딸세포의 수직분열이 뿌리 위쪽의 세포로부터 나온 신호에 좌우된다는 것을 암시한다. (d) 뿌리 반경을 따라 위치하는 피층세포와 인접한 두 개의 세포가 절개되면, 그 다음 피층 딸세포는 정상적으로 발생한다. (c)에서 나타난 결과와 더불어, 이 결과는 피층딸세포를 수직상으로 분열되도록 유도한 신호가 기본조직을 통과해 이동한다는 것을 보여준다(van den Berg *et al.*, 1995).

정단분열조직이 활성을 가지기 전에 발생한다는 것을 알 수 있다. 다라서 측근의 기부에 기원하는 정보는 정단분열조직의 활성을 통제할 수 것이다.

배의 수직축과 방사상축 간의 관계

(Relationship between the longitudinal and radial axis in the embryo)

방사상 축을 따른 위치에 관한 정보가 뿌리를 따라 내려가 RAM의 활성을 통제한다면, 방사상 축의 지속은 뿌리의 수직적 극성에 의해 좌우된다. 그러나 배형성 초기단계에서 방사상축의 발생은 수직축의 발생과 짝을 이루지 않을 수 있다. *RASPBERRY1*과 *RASPBERRY2* 돌연변이는 구형단계에서 심장현 단계로의 전환을 차단하여 확대된 구형의 배를 가지게 된다(그림 4.13). 그러나 *raspberry* 배 안의 유전자활성에 대한 방사상 패턴은 정상적으로 나타난다. 야생형과 *raspberry*배 모두 원표피에서 지방 전달 단백질 유전자인 *AtLTP1*과 기부조직에서 2S2알부민(2S2 albumin, 저장단백질)유전자를 발현 한다.

흥미롭게도, *raspberry*돌연변이의 배본(embryo proper)의 발생이 차단되면, 배병은 발생패턴을 변화시켜 두 번째 배본을 생성 하지만, 이 배본은 후기 구형단계로 진행되지 못한다(그림 4.13). 이는 제대로 된 배본의 발생이 정상적인 배병발생을 위해 필요하다는 것을 의미한다. 일반적인 가설은 배본이 배병에서의 배형성을 막는 억제물질을 생산한다는 것이다. 이 가설은 배본의 절개로 인해 배본으로부터 배본발생을 야기한다는 것을 보여주는 전형적인 실험들에 의해 뒷받침 되고 있다.

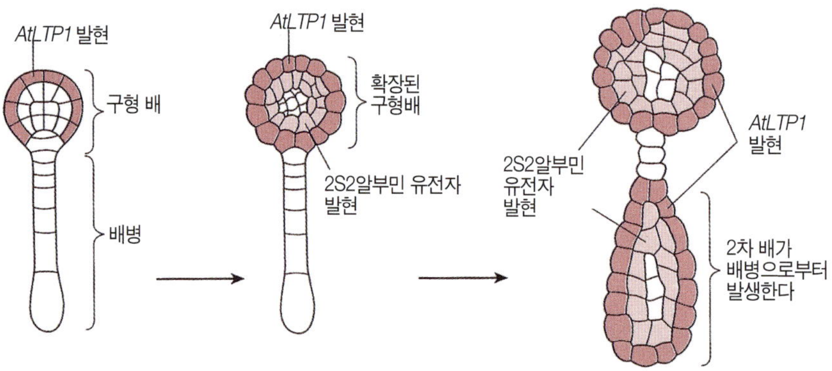

그림 4.13 *raspberry* 애기장대 배의 발생. *AtLTP1*과 2S2 알부민 각 돌연변이의 확장된 구형 배에서 나타나고, 돌연변이의 배병으로부터 발생된 2차 배에서 나타나는 *AtLTP1*(적색)과 2S2 알부민 유전자(분홍색)의 방사상 발현패턴은 야생형 배의 패턴에 부합한다(Yadegari *et al.*, 1994).

결 론

배의 방사상축과 수직축은 축을 따라 세포들은 극성 배열을 하고 각각의 세포들은 내부 극성을 가지고 있다. 각 세포들의 극성은 세포골격에 크게 영향을 받고 비대칭 분열을 통해 종종 다세포성 축으로 전환된다. 극성을 띤 세포는 발생하는 축에 대해 직각으로 분열하여 다른 운명에 적응하는 다른 크기의 딸세포를 생산한다. 예를 들어 애기장대의 접합자는 비대칭으로 분열하여 대부분의 배본이 발생하는 작은 끝세포와, 배병과 근단분열조직이 발생하는 큰 기부세포로 나뉘게 된다. 3장의 결론에 부합하여, 식물의 비대칭 분열은 세포운명에 계층제한의 결과를 야기하지 않는다. 예를 들어 배병세포들은 *raspberry* 돌연변이, 혹은 배본의 절개 후에 배병 운명으로 전환된다.

속씨식물의 배형성 초기에 수직축과 방사상 축은 독립적으로 발달하는 것으로 나타난다. 애기장대의 수직축은 방사상 축의 발생이 일어나기 전인 2세포 단계에서 명확하게 나타난다. 이와 유사하게 *raspberry* 돌연변이는 수직축 형성을 하지 못하지만 정상적인 방사상 축을 만들어 낸다. 발생 후기에 2개의 축은 독립적이지 않게 될 수도 있다: 방사상 축은 수직축을 따라 아래로 흐르는 정보의 극성 흐름에 의해 부분적으로 패턴화되는 것으로 보인다.

Further reading

General

Brownlee, C. & Berger, F. (1995) Extracellular matrix and pattern in plant embryos: on the lookout for developmental information. *Trends in Genetics* **11**, 344–348.

Goldberg, R.B., de Paiva, G. &Yadegari, R. (1994) Plant embryogenesis: zygote to seed. *Science* **266**, 605–614.

Laux, T. & Jürgens, G. (1997) Embryogenesis: a new start in life. *Plant Cell* **9**, 989–1000.

Case study 4.1: Longitudinal axis of the *Fucus* embryo

Establishing and maintaining the longitudinal axis

Alessa, L. & Kropf, D.L. (1999) F-actin marks the rhizoid pole in living *Pelvetia compressa* zygotes. *Development* **126**, 201–209.

Kropf, D.L., Bisgrove, S.R. & Hable, W.E. (1999) Establishing a growth axis in fucoid algae. *Trends in Plant Science* **4**, 490–494.

Kropf, D.L., Kloareg, B. & Quatrano, R.S. (1988) Cell wall is required for fixation of the embryonic axis in *Fucus* zygotes. *Science* **239**, 187–190.

Quatrano, R.S. & Shaw, S.L. (1997) Role of the cell wall in the determination of cell polarity and the plane of cell division in *Fucus* embryos. *Trends in Plant Science* **2**, 15–21.

Shaw, S.L. & Quatrano, R.S. (1996) The role of targeted secretion in the establishment of cell polarity and the orientation of the division plane in *Fucus* zygotes. *Development* **122**, 2623–2630.

Role of the cell wall in elaborating the axis

Berger, F., Taylor, A. & Brownlee, C. (1994) Cell fate determination by the cell wall in early *Fucus* development. *Science* **263**, 1421–1423.

Cell wall components in flowering plants

Dénarié, J. & Cullimore, J. (1993) Lipo-oligosaccharide nodulation factors: a new class of signalling molecules mediating recognition and morphogenesis. *Cell* **74**, 951–954.

John, M., Röhrig, H., Schmidt, J., Walden, R. & Schell, J. (1997) Cell signalling by oligosaccharides. *Trends in Plant Science* **2**, 111–115.

Majewska-Sawka, A. & Nothnagel, E.A. (2000) The multiple roles of arabinogalactan proteins in plant development. *Plant Physiology* **122**, 3–9.

Case study 4.2: Longitudinal axis of the *Arabidopsis* embryo

GNOM

Mayer, U., Büttner, G. & Jürgens, G. (1993) Apical–basal pattern formation in the *Arabidopsis* embryo: studies on the role of the *gnom* gene. *Development* **117**, 149–162.

Steinmann, T., Geldner, N., Grebe, M. *et al.* (1999) Coordinated polar localization of auxin efflux carrier PIN1 by GNOM ARF GEF. *Science* **286**, 316–318.

Vroemen, C.W., Langeveld, S., Mayer, U. *et al.* (1996) Pattern formation in the *Arabidopsis* embryo revealed by position-specific lipid transfer gene expression. *Plant Cell* **8**, 783–791.

Polar auxin transport

Cooke, T.J. & Cohen, J.D. (1993) The role of auxin in plant embryogenesis. *Plant Cell* **5**, 1494–1495.

Hadfi, K., Speth, V. & Neuhaus, G. (1998) Auxin-induced developmental patterns in *Brassica juncea* embryos. *Development* **125**, 879–887.

Liu, C-M., Xu, Z-H. & Chua, N-H. (1993) Auxin polar transport is essential for the establishment of bilateral symmetry during early plant embryogenesis. *Plant Cell* **5**, 621–630.

Sabatini, S., Beis, D., Wolkenfelt, H. *et al.* (1999) An auxin-dependent distal organizer of pattern and polarity in the *Arabidopsis* root. *Cell* **99**, 463–472.

MONOPTEROS

Hardtke, C.S. & Berleth, T. (1998) The *Arabidopsis* gene *MONOPTEROS* encodes a transcription factor mediating embryo axis formation and vascular development. *EMBO Journal* **17**, 1405–1411.

Przemeck, G.K.H., Mattsson, J., Hardtke, C.S., Sung, Z.R. & Berleth, T. (1996) Studies on the role of the *Arabidopsis* gene *MONOPTEROS* in vascular development and plant axialization. *Planta* **200**, 229–237.

HOBBIT

Willemsen, V., Wolkenfelt, H., de Vrieze, G., Weisbeek, P. & Scheres, B. (1998) The *HOBBIT* gene is required for formation of the root meristem in the *Arabidopsis* embryo. *Development* **125**, 521–531.

Shoot apical meristem development

Aida, M., Ishida, T. & Tasaka, M. (1999) Shoot apical meristem and cotyledon formation during *Arabidopsis* embryogenesis: interaction among the *CUP-SHAPED COTYLEDON* and *SHOOT MERISTEMLESS* genes. *Development* **126**, 1563–1570.

Bowman, J.L. & Eshed, Y. (2000) Formation and maintenance of the shoot apical meristem. *Trends in Plant Science* **5**, 110–115.

Takada, S., Hibara, K., Ishida, T. & Tasaka, M. (2001) The *CUP-SHAPED COTYLEDON1* gene of *Arabidopsis* regulates shoot apical meristem formation. *Development* **128**, 1127–1135.

Further references concerning shoot apical meristem development are listed in Chapter 9.

Case study 4.3: Radial axis of the *Arabidopsis* embryo

SCARECROW (and other genes implicated in radial pattern)

Di Laurenzio, L., Wysocka-Diller, J., Malamy, J.E. *et al.* (1996) The *SCARECROW* gene regulates an asymmetric cell division that is essential for generating the radial organization of the *Arabidopsis* root. *Cell* **86**, 423–433.

Helariutta, Y., Fukaki, H., Wysocka-Diller, J. *et al.* (2000) The *SHORT-ROOT* gene controls radial patterning of the *Arabidopsis* root through radial signaling. *Cell* **101**, 555–567.

Nakajima, K., Sena, G., Nawy, T. & Benfey, P.N. (2001) Intercellular movement of the putative transcription factor SHR in root patterning. *Nature* **413**, 307–311.

Scheres, B., Di Laurenzio, L., Willemsen, V. *et al.* (1995) Mutations affecting the radial organisation of the *Arabidopsis* root display specific defects thoughout the embryonic axis. *Development* **121**, 53–62.

Wysocka-Diller, J.W., Helariutta, Y., Fukaki, H., Malamy, J.E. & Benfey, P.N. (2000) Molecular analysis of SCARECROW function reveals a radial patterning mechanism common to root and shoot. *Development* **127**, 595–603.

Laser ablation

Van den Berg, C., Willemsen, V., Hage, W., Weisbeek, P. & Scheres, B. (1995) Cell fate in the *Arabidopsis* root meristem determined by directional signalling. *Nature* **378**, 62–65.

RASPBERRY1 and RASPBERRY2

Yadegari, R., de Paiva, G.R., Laux, T. *et al.* (1994) Cell differentiation and morphogenesis are uncoupled in *Arabidopsis raspberry* embryos. *Plant Cell* **6**, 1713–1729.

5 장

잎과 꽃에서의 축 발생
(Axis development in the leaf and flower)

이 장은 잎과 꽃의 축을 다루고 있다. 잎, 자엽, 포엽, 꽃기관-꽃잎, 꽃받침, 수술, 암술-은 측생기관(lateral organ) 이다. 모든 측생기관들은 잎에서 파생되기 때문에 유사한 기작에 따라 각 기관에서 축(axis) 정보를 생성한다. 꽃 전체는 잎 대신에 꽃 기관을 생산하고 발육의 일정한 패턴을 따르는 변형된 슈트이다.

4장에서 식물의 1차 방사상 축과 수직축을 다루었다. 잎의 축은 궁극적으로 이들 1차 축에서 파생된다. 일반적인 발생 동안, 잎들은 슈트에 대해 일정한 방향과 극성을 유지한다. 이는 잎에 존재하는 축 정보가 새롭게(*de novo*) 형성되는 것이 아니라 기존의 축 정보에 좌우된다는 것을 의미한다. 마찬가지로, 꽃은 변형된 슈트이기 때문에 꽃 분열조직의 축 정보를 생성하는 기작은 영양생장을 하는 슈정단분열조직의 축 정보를 조절하는 기작과 유사할 것이다.

잎 (leaves)

속씨식물 잎은 거의 대부분 유한(determinative) 기관이고, 일반적으로 슈트 밖으로 돌출된다. 단엽(simple leaf) 전형적으로 세 개의 비대칭 축을 가지고 있다(그림 5.1): 잎의 기부에서 끝 쪽으로 향하는 향정축(proximodistal axis); 상표피에서 하표피로 향하는 향배축(adaxial-abaxial axis); 주맥(midrib)에서 잎 가장자리(margin)로 향하는 중측축(centrolateral axis). 향배축의 획득과 동화, 그리고 이들과 중측축과의 관계는 상당히 자세히 연구되어 왔다. 이들 실험은 연구사례 5.1에 언급하고 있다. 연구사례 5.2에서 다룰 향정적축의 발생은 보다 적게 알려져 있다. 이 절의 마지막 연구사례 5.3에서는 잎 발생과 잎 크기 조절에 대한 유한적 특성을 고찰한다.

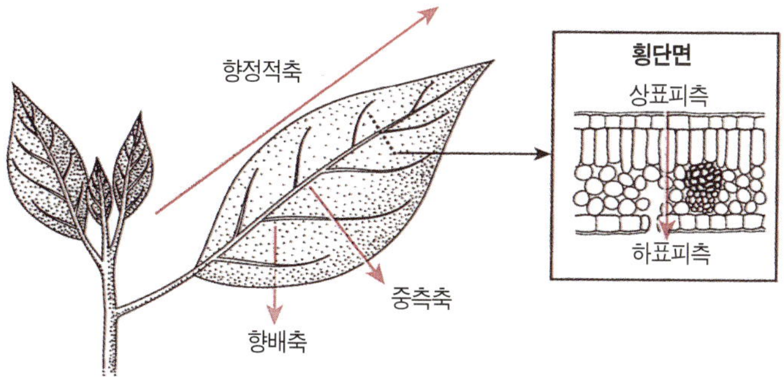

그림 5.1 잎의 3개 축.

1장에서 언급되었지만, 잎 발생을 묘사하기 위한 용어는 잎의 실제 연령보다 발생상의 연령에 더 관련되어 있다. 가시적인 가장 어린 엽원기(leaf primordium)은 P1, 그 다음이 P2, 등등이다. 후에 엽원기가 될 부분은 발단(incipient)이라 하며 I1, I2, 등등의 순서로 명명된다-I1이 가장 먼저 나타나게 되는 부분이 된다. 따라서 I1은 다음 엽원기가 슈트정단분열조직이 나타날 구역이 된다. 잇따라 개시되는 마디들 간의 시간 차이는 엽간기(plastochron)라 한다.

연구사례 5.1: 잎의 향배축
(Case study 5.1: Adaxial-abaxial axis of the leaf)

대부분의 종에서, 성숙한 잎들은 슈트로부터 나오기 때문에 상위 표면과 하위 표면을 가지고 있다. 엽원기가 슈트정단분열조직에서 출현할 때, 상표피가 될 표면은 방향이 분열조직의 중앙으로 향하게 되어 향축(adaxial)이라 하고, 하표피가 될 표면은 분열조직 중앙으로부터 멀어지게 되어 배축(abaxial)이라 한다. 따라서, 성숙한 잎의 상표피에서 하표피까지 이어지는 축을 향배축(adaxial-abaxial axis)이라 한다.

잎의 상하표피의(때로는 배복성-dorsoventral-이라 불린다) 비대칭성은 향배축을 따르는 세포양상의 패턴과, 엽원기를 이등분 한 향축과 축외 간의 차별적인 생장에서 뚜렷하게 나타난다. 예를 들어, 상표피와 하표피는 모양이 다른 세포들을 가지고, 다른 패턴과/혹은 기공(stomata)이나 모용(trichome)과 같은 특수한 구조 형태를 가지고 있다. 또한 상하표피의 비대칭성은 잎 관다발에도 존재하는데, 물관부는 향축(adaxial)에 체관부는 배축(abaxial)에 위치한다. 원기(primordium)의 향축절반(adaxial half)의 생장이 배축절반(abaxial half)의 생장을 앞서기 때문에 잎이 슈트로부터 나오게 된다.

이 연구사례는 엽원기에 의한 향배축의-외과적(surgical)실험과 유전적 실험을 동시에 사용할 때 발생하는 문제점으로 나타나는-비대칭성의 획득에 대해 언급하고 있다. 그 다음, 잎 발생 동안에 걸친 향배축의 유지에 대해 논의하고, 끝으로 향배축과 중측축 사이의 관계, 그리고 상위 잎조직의 발생과 슈트정단분열조직 간의 관계에 대해 서술할 것이다.

향축 비대칭의 획득 (Acquisition of adaxial asymmetry)

시기 (Timing)

담배와 애기장대의 잎 발생에 대한 관찰은 쌍자엽 식물의 엽원기가 상하표피의 비대칭성을 급속히 획득하는 방사상 대칭형의 부산물로써 시작된다는 것을 보여준다. 담배의 P1 원기는 원통형인 반면에, P2 원기는 평평한 상위 표면을 가지고 있다(그림 1.7). 아래에 언급하겠지만, 유전자 발현 패턴에서의 상하표피의 비대칭성은 애기장대 엽원기의 P1 만큼 빠르게 발생하는데 이는 잎이 개시된 후 바로 극성을 획득 한다는 것을 의미한다. 옥수수에서는 엽설이 형성되는 구역(ligule-forming region)이 잎의 상위표면에서 보일 때 가장 이른 표지 중의 하나가 P3에서 나타나는데, 이는 극성이 이 단계 전에 발생해야한다는 것을 의미한다(그림 1.8은 옥수수의 잎 발생을 묘사하고 있다).

향배축 비대칭성의 원리 (Basis of adaxial-abaxial asymmetry)

몇몇 쌍자엽식물 종에서 수행된 외과적(surgical) 실험들을 통해 잎에서 나타나는 향배축의 극성은 슈트정단분열조직의 방사상축에 의해 좌우된다는 것을 알 수 있다(그림 5.2). I1을 분열조직의 중앙에서 분리하는 결각상(incision)은 균일한 고리형태의 유조직을 둘러싸는 배축형태(abaxial-type)의 표피 바깥층과 관다발 조직의 중앙 핵심부로 구성된 방사상으로 대칭하는 잎의 부산물을 생성한다. 가장 그럴듯한 해석은 분열조직의 중앙지역이 향축성 잎의 운명을 촉진하고 향배축의 방향을 결정하는 화학신호를 생산한다는 것이다. 결각상은 원기가 신호를 받는 것을 방해하여 축외성 운명을 갖는 방사상 잎만을 생성하게 한다.

또한 향배축의 비대칭성 획득에 대한 유전학적인 연구도 진행되어 왔다. 금어초(*Antirrhinum*)의 *PHANTASTICA* 유전자와, 애기장대의 *PINHEAD*(*ZWILLE*이라고도 불린다), *ARGONAUTE1*, *PHABULOSA*, 및 *YABBY* 유전자 군들 모두가 그 과정에 연관되어 있다.

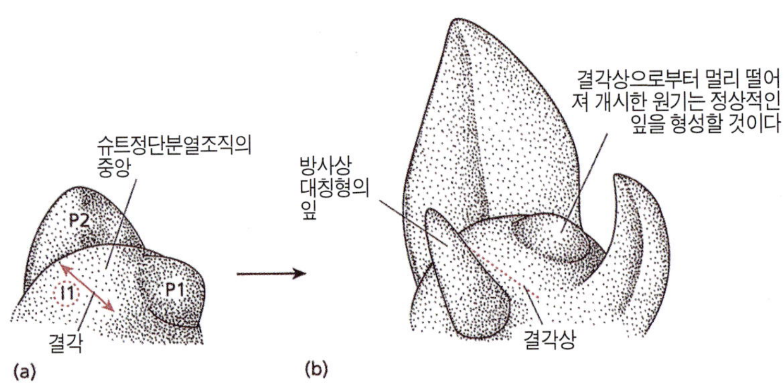

그림 5.2 분열조직의 중앙에서 엽원기를 분리하면 방사상 대칭을 유도한다. 결각상이 I1과 줄지정단분열조직의 중앙 사이에 형성되면 (a), 방사상으로 대칭인 잎이 발생한다 (b). (Steeves & Sussex, 1989)

PHANTASTICA

금어초(*Antirrhinum*)의 *PHANTASTICA(PHAN)* 유전자는 잎이 향배축을 획득하는데 필요하다. 기능을 상실한 *phan* 돌연변이들은 잎의 향축 세포들이 배축세포들로 대체 되면서 향배축 비대칭성을 상실하게 된다. 가장 심하게 영향을 받은 잎들은 향배축 극성(adaxial-abaxial polarity)을 완전지 상실하기 때문에 엽신(lamina)을 발생시키지 못하게 된다: 잎은 방사상 대칭이 되고 바늘모양(needlelike)이 된다(그림 5.3).

PHAN 은 MYB-형 전사인자를 암호화하며, 잎이-화서 상에서 포엽(bract)발생 시 전개되는 I4 만큼 빠르게) 전개되는 구역인 정단분열조직과, P3 단계까지 엽원기에서 발현된다. 이 기간에 걸쳐, *PHAN*의 발현은 향배축을 따라서 균일하게 일어난다. 이것은 *PHAN* 유전자 자체가 향배축 정보를 제공하지 못한다는 것을 의미한다. 한가지 모델은 원기가 정단분열조직에 의해 생산된 극성화 신호(polarizing signal)에 반응할 수 있기 위해 *PHAN*의 발현이 필요하다는 것이다. 이 결과는 *phan* 돌연변이 잎들이 절개에 의해 I1이 분열조직 중앙에서 고립될 때 생산되는 대칭형 잎과 비슷하게 배축화(abaxialized)되는 이유를 설명해준다.

PINHEAD and *ARGONAUTEI*

애기장대의 *PINHEAD(PNH)*과 *ARGONAUTE1(AGO1)* 유전자는 향축 잎 조직의 발생에 필수적이다. *PNH*는 발육부진의 슈트정단분열조직을 가진 돌연변이의 분석에 의해 확인되었다. *pnh* 단일 돌연변이들은 보통의 잎을 가졌고 *ago1* 단일 돌연변이들은 부분적으로 배축화된 측생기관을 가지고 있다. 그러나 *ago1* 에는 동형이면서 *pnh*에는 이형인, *ago1/ago1 pnh/+*유전형을 가진 식물은 향축적 특성이 심하게 감소된 섬유상 잎을 가지고 있다. 그러므로 일부 *PNH*기능의 감소는 *ago1*의 표현형을 더 심각하게 변형시키는데 이는 *PNH*와 *AGO1* 의 활성이 향축 조직이 발생하도록 하거나 유도한다는 것을 암시한다. 두 유전자들 모두 진핵성 번역 개시인자(eukaryotic translation initiation factors)와 유사한 단백질들을 암호화하지만, PNH와 AGO1 단백질들의 생화학적 기작은 알려져 있지 않다.

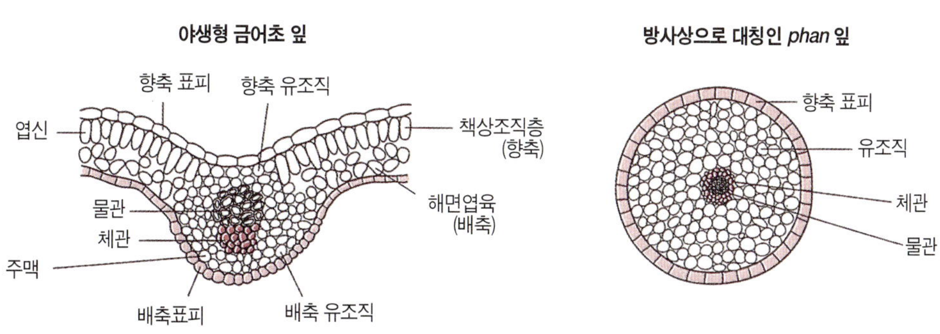

그림 5.3 야생형 금어초(*Antirrhinum*) 잎과 방사상으로 대칭인 *phan* 잎의 횡단면(Waites & Hudson, 1995).

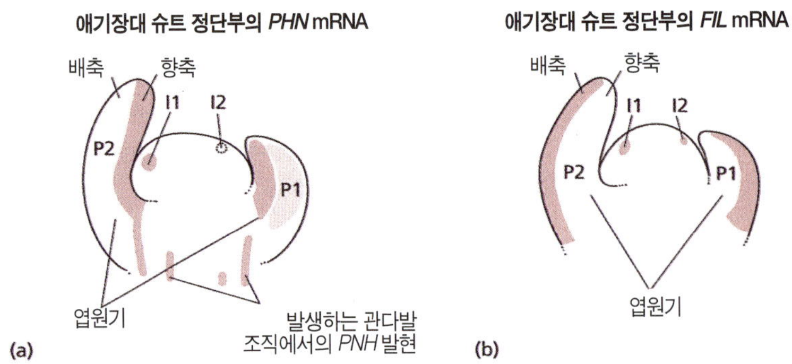

그림 5.4 잎 전개 시 *PNH*와 *FIL*의 발현. 각각의 *PNH*와 *FIL*의 mRNA의 분포는 붉은색으로 표시하였다. (a) *PNH*는 I1 구역을 가로질러 균일하게 발현되어 P2 단계까지 향축의 잎 조직 쪽으로 제한되어 진다. (b) *FIL*은 I2와 I1 구역을 가로질러 발현되고, P1단계까지 배축의 잎조직으로 제한되어 진다. 실제 애기장대의 정단부에서는 엽원기가 나선형태로 형성되기 때문에 I2, I1, P1 및 P2는 단일 횡단면 모두에서 관찰할 수가 없다는 것을 주의하기 바란다.

*AGI1*과 *PNH* 사이에 명백한 중복성이 존재함에도 불구하고, 유전자들은 다른 발현 패턴을 가진다. *AGO1*은 식물 도처에서 발현되는 반면에, *PNH*의 발현은 잎의 향배축 획득과 관계가 있다(그림 5.4a). *PNH*는 I1 구역을 가로질러 균등하게 발현한다. P1에서, *PNH* 발현은 원기의 향축절반에서 더 많이 발현되고, *PNH*는 P2단계까지 오로지 향축지역에서만 발현된다. *PNH* 발현의 변화는 분열조직의 중앙으로부터 오는 극성화 신호에 대한 반응인 것으로 추측된다. 또한 *PNH*는 슈트의 관다발 조직에서도 발현된다(그림 5.4a). 그곳에서의 기작은 알려져 있지 않다.

흥미롭게도 *AGO1*의 발육에 대한 역할과 더불어, *AGO1*은–몇몇 바이러스성 유전자와 이식유전자(transgene)의 발현이 그들 자신의 mRNA의 절단(degradation)에 의해 차단되는–전사 후 유전자 이어 맞추기(post-transcription gene silencing) 현상에 요구된다. *ago1* 돌연변이 잎의 표현형은 유전자 이어 맞추기(gene silencing)에 따른 변칙성에 의해 야기되는 것으로 추측되지만, 그러나 약화된 유전자 이어 맞추기(impaired gene silencing)을 가는 다를 애기장대 돌연변이들은 정상적으로 발생한다.

PHABULOSA

*PHABULOSA(PHAB)*유전자 또한 향축성 잎 운명을 촉진하는 것으로 추측하고 있다. 반우성 *phab* 돌연변이 엽신이 없는 방사상 대칭인 잎을 만들어 낸다. 가장 심하게 영향을 받은 *phab* 잎들은 향축형 표피를 가진 막대 모양(rod-shaped)이 된다. 영향을 작게 받은 잎들은 잎 바깥쪽 표면에 향축의 표피와 안쪽면에 배축 표피를 가진 나팔 모양(trumpet-shaped)의 형태가 된다. 돌연변이 잎들은 배축면에 전위(ectopic)의 측생분열조직을 발생시키고, 극단의 경우에는, *phab* 잎은 측생분열조직에 의해 둘러싸일 수도 있다.

야생형식물들에서 *PHAB* 는 I1을 가로질러 균일하게 발현되지만, P2단계까지 *PNH* 패턴과 유사하게 잎의 향축구역으로 제한되어진다(위에서 언급한 내용과 그림 5.4a를 참조할 것). *PNH*와 마찬가지로, *PHAB*는 또한 관다발 조직에서도 발현된다. 그러나 *PNH*와는 다르게, I1과 P1의 *PHAB* 발현은 분열조직 중앙까지 이어지는-시계의 문자반(clockface)을 연상시키는-줄무늬 형태로 발생하는 잎에서 확장된다. 이런 흥미로운 현상은 슈트정단분열조직에서 나오는 신호에 따른 잎의 극성화가 관계되는 것일 수 있다.

*PHAB*는 homeo영역(homeodomaion)과 leucine zipper 군 모두에 속하는 DNA-결합모티프(DNA-binding motif)를 가지고 있는 전사인자로 추정되는 인자를 암호화한다. 또한 PHAB 단백질은 스테롤/지방-결합 영역(sterol/lipid-binding domain)으로 추정되는 영역을 가지고 있는데 이는 그 단백질의 활성이 스테롤/지방 리간드(ligand)에 의해 조절되는 것을 암시한다. 모든 *phab* 돌연변이들은 이 영역에 영향을 주고 그 결과 PHAB의 본질적인 활성형태를 가지게 되는 것으로 추측된다. 흥미롭게도 야생형 식물들에서 나타나는 패턴과 달리, *PHAB*는 *phab* 돌연변이의 잎 발생 전반에 걸쳐 발현된다. 돌연변이 표현형과 더불어, 이 자료들은 *PHAB*가 향축성 잎의 운명을 촉진하고, *PHAB*의 발현은 스테롤/지방 리간드의 극성분포가 관여하는 제어기작에 의해 잎의 향축구역으로 제한된다는 것을 보여준다. 야생형식물들에서, 추정상의 리간드는 향축 지역에서 우선적으로 PHAB 전사인자를 활성화시킨다. 활성화된 PHAB는 향축 세포운명 촉진하고, 그 지역에서 *PHAB*의 발현을 지속시킨다. 그러나 *phab* 돌연변이에서 본질적으로 활성을 가진 PHAB는 리간드에 의존하지 않고 잎 전반에 걸쳐 *PHAB* 발현을 지속시키고, 향축 세포운명을 촉진한다.

The *YABBY* gene family

*PNH*와 *AGO1*과는 완전히 반대로, *YABBY* 유전자군은 애기장대의 배축형 잎 조직 발생에 요구된다. 이 군은 추정상의 전사인자를 암호화하는데 연관된 예닐곱 개의 유전자를 포함한다. 연구된 모든 경우에서, *YABBY* 유전자군 발현의 변화는 측생기관(lateral organ)의 향배축 극성(adaxial-abaxial polarity)에 영향을 미친다. 그 군에 존재하는 *FILAMENTOUS FLOWER(FIL)*, *YABBY2(YAB2)*와 *YABBY(YAB3)*의 3개 유전자는 잎 발생과 관련하여 자세히 연구되어 왔다.

세 개의 유전자들은 잎에서 유사한 발현 패턴을 가지고 있다(그림 5.4b). *FIL*, *YAB2*, *YAB3*의 발현은 준표피 세포(subepidermal cell)들의 I2에서 시작한다. 이 단계에서, 3개의 유전자들은 앞으로 발생할 잎의 향배축에 비례하여 균등하게 발현된다. P1 단계에서 발현은 배축표피(abaxial epidermis)와 발생할 해면엽육(future spongy mesophyll)을 포함하는 배축면(abaxial side)으로 제한된다-이 패턴은 *PNH*의 패턴과 대략적으로 상보적이라 할 수 있다. 배축의 발현 패턴은 잎 발생 전반에 걸쳐 성숙한 잎에서 3 개의 모든 유전자들의 전사체(transcript)들이 사라지게 될 때까지 지속된다.

FIL, *YAB3*의 발현과 배축형 잎 운명 간의 기능적인 관계는 형질전환 식물과 돌연변이를 이용한 실험을 통해 알려져 왔다. 본질적으로 *FIL*과 *YAB3*을 발현하는 형질전환된 배(embryo)는 생육가능한 유묘(seedling)를 발생시키지 못한다. 이것들이 발아한다면, 생산된 유묘는 향축표피에 배축형 세포들을 가진 침엽(narrow leaf)을 발생시킨다. 따라서 *FIL* 혹은 *YAB3*의 전위적 발현(ectopic expression)은 전위적 배축특성을 유도할 수 있다.

유용한 *fil*과 *yab3* 단일 돌연변이들은 잎 발생(실 형태의 꽃을 발생시키는 돌연변이에서 *FIL*이 동정되었다)에 영향을 끼치지 않는다. 그러나 *fil yab3* 이중 돌연변이들은 향축성 및 배축성 특징이 혼재하는 배축 표피를 가진 침엽을 생산한다. 따라서, *FIL*과 *YAB3* 기능의 손실은 배축 구역에 전위적인 향축적 특성을 야기할 수 있다.

분열조직의 중앙에서 나오는 신호가 향축성 잎의 운명을 촉진한다는 잎 발생 모델에서, 신호는 향축조직에서 *FIL*과 *YAB3*를 직간접적으로 억제하는 것으로 추측 된다.

향배축의 유지 (Maintenance of the adaxial-abaxial axis)

3장에서 언급한 것처럼, 세포외재 운명결정 정보(cell-extrinsic fate-determining information)는 잎 발생 전반에 걸쳐 나타난다. 표피계통을 가진 세포들의 클론들이 자발적인 수직 분열에 의해 책상조직층(palisade layer)에 놓이게 되면, 대체된 세포들은 항상 그들이 위치한 책상 조직에 맞는 운명을 받아들이게 된다(연구사례 3.2 참조). 이것은 발생과정에서 대체(desplacement)시기에 관계없이 일어난다. 향배축을 따라 위치를 규정하는 정보는 잎 세포들이 마지막으로 분화할 때까지 지속된다.

정단분열조직 중앙으로부터의 신호가 향배축을 성립 하는데 필요한 것처럼 보인다 할지라도(위의 글을 참조), 축을 유지하는 기작은 잎에 내재되어 있는 것으로 추측된다. P2단계의 분열조직에서 잘라낸 쌍자엽원기(dicot leaf primordia)를 조직배양하면, 작은 크기에도 불구하고 완전히 발생한 잎으로 자라난다. 추측 컨데, 모든 축들은 이 위치에서 잎에 대해 독립적이라 할 수 있다.

향배축의 지속에 대해서는 알려진 바가 거의 없지만, 담배의 lam1 돌연변이의 분석을 통해 향축세포운명을 부여하는 신호들이 엽신(blade)의 발생 전반에 걸쳐 일어난다는 것을 알 수 있다.

LAM1

lam1 담배 돌연변이의 표현형을 통해 향배축의 유지를 위해 *LAM1*이 특별하게 요구된다는 것을 알 수 있다(그림 5.5).

*lam1*식물의 엽원기는 야생형 엽원기와의 초기구별이 쉽지 않다. *lam1*의 원기는 P2단계에서 야생형 원기처럼 향배축 평면화 과정을 수행하는데, 이는 향배축 극성의 획득이 돌연변이에 영향을 받지 않는다는 것을 의미한다. 그러나 *lam1*의 잎들은 엽신을 전개함에도 불구하고, 엽신에서의 향축형 세포들(향축 표피세포와 책상조직층)은 배축형 세포들로 대체된다. 더욱이, 엽신은 중측축(centrolateral axis)을 따른 생장을 하지 못하는데 이는 뒤에서 언급할 것이다. *lam1* 돌연변이는 열성이고, 기능의 상실을 나타내는 것일 것이다. 이것은 *LAM1*이 엽신의 향배축에 필요하고, 완전한 엽신 생장을 가능하게 한다는 것을 내포한다. *LAM1*의 염기서열과 발현패턴은 아직 알려져 있지 않다.

*LAM1*의 기능은 *lam1*과 야생형 세포를 포함하는 병층형키메라(periclinal chimera)를 이용한 연구를 통해 더 많이 연구되고 있다(그림 5.5.). *lam1*-야생형-야생형(*lam1*-wild type-wild type) 식물들(*lam1*의 L1과 야생형의 L2, L3를 가지고 있는 식물: 병층형키메라에 대한 이해를 위해 3장을 참조하기 바란다)은 야생형식물과 거의 구분이 가지 않는 잎을 발생시킨

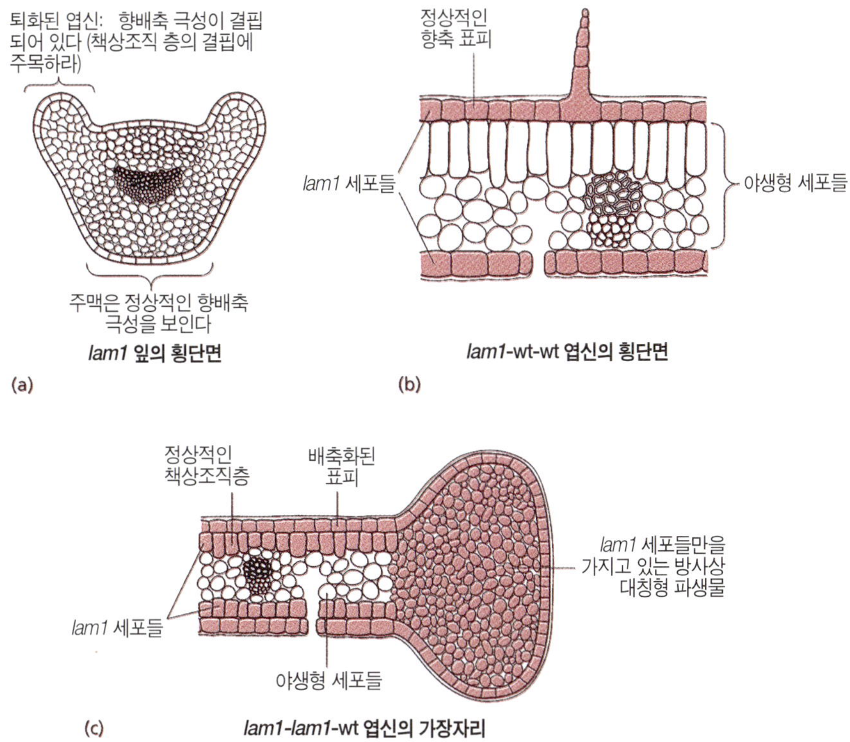

그림 5.5 *lam1* 담배식물과 *lam1*/야생형 키메라 잎의 횡단면. 키메라 식물에서 *lam1* 세포들은 적색으로, 야생형 세포들은 흰색으로 표시되어 있다. (a) *lam1* 돌연변이의 경우, 잎의 주맥은 정상적으로 발생하지만 뭉개진 엽신이 나타나고 향배축 극성을 상실한다. (b) *lam1*–wt–wt 키메라들은 정확한 세포층의 배열을 이루면서 정상적으로 발생한다. (c) *lam1*–*lam1*–wt 키메라들은 향축 표면에 배축화 된 표피를 가지고 있고 엽신 가장자리에 방사상으로 대칭인 파생조직을 생산한다. 이러한 결과를 토대로 야생형 세포들은 자신들에 인접하여 향축적으로 위치하는 *lam1* 세포들에게 향축성을 부여한다는 것을 알 수 있다(McHale, 1992; McHale & Marcotrigiano, 1998).

다. 그와 같은 잎의 향축표피는 *lam1* 세포들로 구성되어 있지만, 이들 세포들은 향축성 운명을 받아들인다. 이는 L2와 L3에서 유래한 엽육조직에서의 *LAM1* 발현이 돌연변이의 향축 표피에 향축적 운명을 부여하는 비세포성 자발적 신호(non-cell autonomous signal) 생성한다는 것을 의미한다.

lam1-lam1-야생형 키메라(L1과 L2에는 *lam1* 세포들과 L3에는 야생형 세포들로 구성되어 있다)들은 애생형 식물과 비슷한 크기의 엽신을 가진 잎을 가지고 있지만 향배축 변이를 가지고 있다. 엽신 대부분에 걸쳐 *lam1*세포들은 표피와 준표피층들로 한정 된다(이와 같은 형태적 특성은 정상적인 계통패턴과 일치한다, 3장 참조). 엽신의 이들 구역은 정상적인 책상조직층을 발생시키는데, 이는 야생형 엽육의 중심이 책상조직의 위치에 있는 *lam1* 세포들에 대해 향축운명을 부여하기에 충분하다는 것을 나타낸다. 그러나, 엽신의 향축 표피는 배

축적 특성을 가지고 있다. 따라서 야생형 엽육세포에서 생산되는 향축화 신호(adaxializing)는 짧은 범위를 가지고 있으며, 책상조직층을 지나 위쪽의 표피까지 확장되지 않는다.

끝으로, *lam1-lam1*-야생형의 잎의 가장자리에는 단순한 돌연변이 조직들이 존재한다. 이 또한 엽신의 가장자리가 L1과 L2로만 구성된 쌍자엽 식물의 정상적인 계통패턴과 일치한다. *lam1-lam1*-야생형의 잎의 가장자리는 방사상으로 대칭이며 배축화된 파생물을 생산하는데, 이는 그런 잎에서 향배축을 유지하기 위해 야생형 L3의 안쪽 중앙부가 필요하다는 것을 의미한다.

향배축 비대칭성과 엽신의 발생

(Adaxial-abaxial asymmetry and lamina development)

쌍떡잎 식물에 있어서, 방사상으로 대칭인 P1 엽원기에서 평평한 P2원기로의 전환은(그림 1.7 참조) 양측성 대칭을 야기한다. 이 단계에서 중측축(centrolateral axis)이 드러나게 된다. 중측축을 따른 엽신의 신장에 향축성 세포와 배축성 세포들의 병치(juxtaposition)가 필요하다는 강한 근거가 있다. *phan* 돌연변이체는 좋은 예를 제공한다.

phan 돌연변이체는 낮은 온도에서 극심한 표현형을 나타내는 온도민감성(temperature sensitive) 돌연변이이다. 25℃에서 *phan* 잎들은 거의 완전한 야생형으로 나타난다. 17℃에서는, 대부분의 모든 잎들은 향배축을 잃어버리게 되고 방사상으로 대칭이 된다. 그러나 그 중간온도에서는, 많은 *phan* 잎들은 엽신을 갖는다. 정밀한 실험을 통해 그 엽신의 향축성 표피는 배축성 세포들의 단편을 포함한다는 것을 알 수 있다:기공과 특이한 세포형태에 의해 표현된다(그림 5.6). 영향을 받은 잎의 단면을 보면, 향축성 표피에 있는 배축성 단편들은 향배축을 상실한 엽신의 단면에서 나타나는 것을 알 수 있다. 전위적인 배축성표피 각 단편의 바로 밑에서는 책상층이 발생하지 못하고 내부조직은 해면엽육으로만 구성된다.

흥미롭게도, 전위적 배축성 표피의 각 단편은 잎면의 바깥 쪽 위로 돌출되는 융기에 의해 위로 튀어 나온다(그림 5.6). 횡단면에서 이들 경계면의 융기들은 2차 잎의 엽신과 비슷하다.

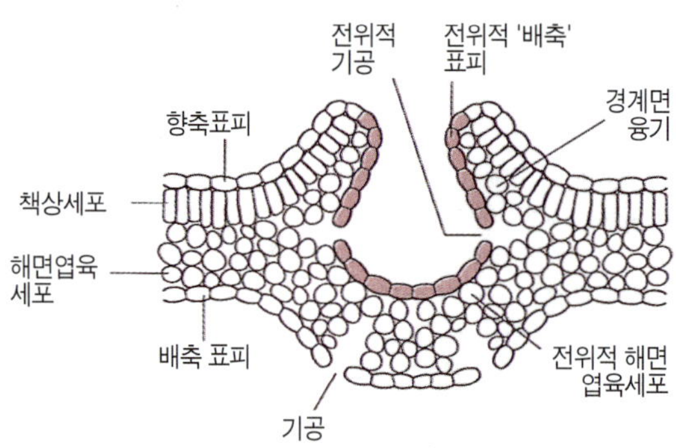

그림 5.6 phan 잎의 전위적 배축조직. 전위적 배축 표피는 붉은색으로 표시되어 있다. 전위적 배축 표피를 감싸는 경계면의 융기들은 2차 엽신을 나타내고, 향축과 배축이 병치되는 곳에서 생산되는 것으로 보인다.

융기들은 향축 표피로 덮인 면 아래의 책상엽육과 전위적 배축 표피 면의 아래에 있는 해면엽육을 가지고 있다. 융기는 향축형세포와 배축형세포 사이의 접점에서 형성되기 때문에, 이것은 향축세포와 배축세포의 병치구조가 엽신의 형성을 유도한다는 것을 시사한다.

옥수수의 열성 *laefbladeless1 (lbl1)* 돌연변이에서 *phan* 돌연변이의 표현형과 유사한 범주의 표현형이 나타나는데, 이것은 병치구조설(juxtaposition hypothesis)을 강력하게 뒷받침해준다. 가장 심각한 형태의 *lbl1* 잎의 표현형은 배축형 표피를 가지고 있는 방사상으로 대칭인 실 모양의 잎(thread-like leaf)이다. 그보다 덜 심각한 영향을 받은 잎들은 축소된 엽신을 발생시킨다. 위와 같은 엽신에 있는 향축표피들은 전위적 2차 엽신으로 둘러싸인 배축조직의 단편을 가지고 있다. *lbl1*과 *phan* 표현형은 엽신의 전개가 단자엽 쌍자엽 식물 모두에서 향축세포와 배축세포들의 접점에 의해 유도된다는 것을 말해 준다. 이것은 향배축 발생시, 변이를 가진 돌연변이에 있어서 잎의 빈번한 손실 또는 축소에 대해 설명해주는 것이라 할 수 있다.

향축성 잎 조직과 슈트정단분열조직의 발생

(Adaxial leaf tissue and shoot apical meristem development)

생각해 볼 만한 향배축의 마지막 양상이 있는데 슈트정단분열조직 발생과 향배축의 관계가 바로 그것이다. 향축 잎 조직은 측생분열조직의 형성을 촉진함과 동시에 1차 슈트정단분열조직의 발생을 유지한다.

야생형 애기장대 잎에서 측생분열조직은 잎의 기부에 있는 향축세포에서 발생한다. 앞서 언급한대로, *phab* 돌연변이는 향축성 표피로 구성된 외부표면을 가진 막대 혹은 나팔모양의 잎을 발생시킨다. 그 잎들은 배축면에 전위적 측생분열조직을 발생시켜, 극단적인 경우에는 *phab*잎은 측생분열조직에 둘러싸이게 될 수도 있다. 이는 향축세포운명과 근접세포운명의 조합이 분열조직을 생성하는데 필요하다는 것을 의미한다.

향축형세포와 측생분열조직의 전개 사이의 관계와 더불어, 1차 슈트정단분열조직을 유지하는데 잎 향축조직이 필요하다는 명백한 증거들이 존재한다. 우선, 앞서 서술한 바와 같이, 금어초(*Antirrhinum*)의 *phan*돌연변이는 온도에 민감성이다(temperature-sensitive). 15℃에서 *phan* 돌연변이들은 슈트정단분열조직에서 발생을 억제한다. *PHAN*이 오로지 엽원기에서만 발현 된다는 것을 고려했을 때, 정단분열조직에 미치는 돌연변이의 효과는 비세포성 자발적(non-cell autonomous)이 되며, 이는 엽원기가 분열조직의 활성을 유지하는 신호를 만든 다는 것을 의미한다. 두 번째로, *FIL* 또는 *YAB3*를 본질적으로 발현하는 배는 종종 생육가능한 유묘를 생산하지 못한다(앞에 언급되어 있다). 그런 경우들에서, 유묘의 슈트정단분열조직이 억제되었다. 따라서 본질적인 *FIL* 또는 *YAB3*의 발현에 의해 유도되는 전위적 배축세포운명은 슈트정단분열조직 발생을 정지시킬 수 있다. 끝으로, 앞서 언급 된 것으로, *PNH*와 *AGO1*은 엽원기 내의 향축운명을 특성화시키는 기능을 한다. *pnh* 단일 돌연변이에서, 유묘의 슈트정단분열조직은 정지한다. 두 돌연변이들과 동형인 완전한 *pnh ago1* 이중돌연변이의 경우, 배에서 슈트정단분열조직이 발생하지 않는다. 다시 말해, 향축성 잎 운명의 손실은 슈트정단분열조직 기능의 손실과 연관된다.

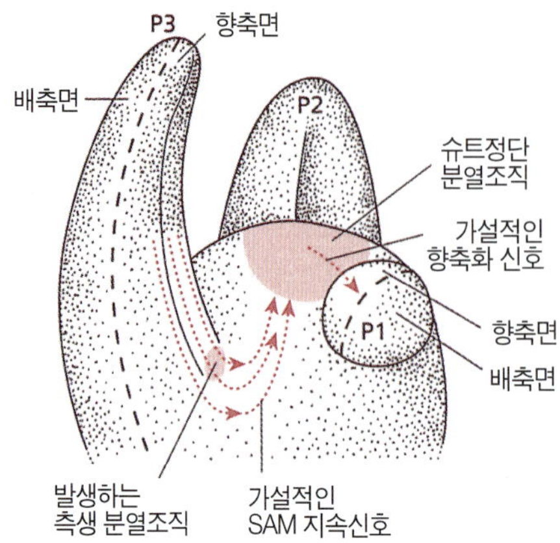

그림 5.7 슈트정단분열조직과 향축잎조직간의 상호보완작용. 정단분열조직의 중앙으로부터 나오는 가설적인 신호는 P1에서 향배축 극성을 유도한다. 그 후(P3에 가설적으로 나타나 있다) 향축 잎 조직에서 생성된 신호는 슈트정단분열조직을 지속시킨다.

이와 같은 모든 결과는 엽원기의 향축조직이 슈트정단분열조직의 활성을 지속시키는 신호를 만든다는 모델에 의해 설명될 수 있다. 향축형세포가 정단분열조직, 슈트정단분열조직, 및 엽원기로부터 나오는 신호에 의해 특성화된다는 절개실험의 결과를 고려하면, 향축성세포의 전개는 서로간의 발생을 상호보완적으로 조절할 것이다.

연구사례 5.2: 잎의 향정적 축
(Case study 5.2: Proximodistal axis of the leaf)

쌍떡잎 식물인 담배와 애기장대에서 생장하는 잎은 말단의 엽신과 기부의 엽병(petiole)으로 구성되어 있다(그림 1.7 담배 잎의 발생을 참조). 외떡잎 식물인 옥수수에서, 잎은 말단의 엽신과 기부의 엽초(sheath)로 이루어져있다(그림 1.8 참조). 모든 세 가지 종에서, 잎 정단과 기부 세포들 간의 차이는 P3단계에서 두드러진다. 또한 모든 세 경우에서, 잎은 말단에서 기부(tip-to-base, 향기적; basipetal) 방향으로 성숙한다(1장). 따라서 잎의 향정축(proximodistal axis)은 세포에서의 공간과 시간의 차이에 의해 특성을 갖게 된다.

엽원기는 슈트분열조직에서 바깥으로 돌출된다. 그러므로 슈트의 세로축에 비해 엽원기의 말단(tip)은 기부보다 과 비교적으로 엽원기(primordium)의 끝(tip)은 기부(base)보다 더 정점(apical)이 된다. 마찬가지로, 어린잎에서 일어나는 옥신수송은 슈트처럼 향기적(basipetal)방향인 것으로 추정하고 있다. 적어도 이들 관점에서, 잎의 향기적 극성(tip-to-base polarity)은 슈트의 향기적 극성의 연장선상인 것으로 생각할 수 있다. 그러나 슈트의 수직축과 잎의 향정축 사이의 기계적 연결은 알려져 있지 않다.

이 연구사례는 잎의 향정적 정보의 원리에 대한 두 개의 모델을 설명하는 옥수수의 *knotted1(kn1)*을 사용한다.

KnottedI

옥수수 잎의 엽초(sheath)와 잎신의 경계는-엽신을 따라 흘러내리는 빗물을 엽초 아래로 내려보내는 역할을 하는-엽설(ligule)과, 심이(auricles)라 하는 두 개의 결절 조직에 의해 구별된다(그림 .1.8, 5.8 참조). 우성 *kn1* 돌연변이는 엽신의 측맥을 따라 나타나는 결절조직(knots of tissue)을 만든다. 예를 들어, 이들 엽맥은 주맥에 평행하여 뻗어 올라간다(그림 5.8). 결절은 엽신의 인접한 구역의 세포분열이 멈춘 후에 분열을 하는 엽육세포 무리에(cluster)의해 형성된다. 결절 사이의 엽육세포와 결절 위에 가로누운 표피세포들은 엽신 보다는 엽초를 발생시킨다. 그 결과, 엽초조직들이 측맥을 따라 나와 엽신쪽으로 발생한다. 전위적 엽초의 각 구역은 끝 부분에서 전위적 엽설과 전위적 심이를 동반한다. '결절'을 생산하기 위한 엽신엽육 세포들의 연장된 분열은, 세포분열이 엽신보다 엽초에서 더 오래 일어나기 때문에 엽초의 특성을 가지는 것으로 해석할 수 있다. 따라서 *kn1* 잎의 향정축이 은 향정축은 중단된다.

*KN1*은 hoemo영역 전사인자를 암호화하고, *KNOX* 유전자(*<u>KN</u>OTTED1* homeob<u>ox</u>; homeobox는 homeo영역을 암호화하는 DNA염기서열이다)로 알려진 유전자 군의 기초 부위이다. *KNOX*유전자는 슈트정단분열조직의 전개와 유지를 위해 필요로 한다(연구사례 4.2와 9.1 참조: *SHOOTMERISTEMILESS*). 이 역할과 양립하여, *KN1*의 기능 상실은 몇몇 옥수수 품종의 배에서 슈트정단분열조직 발생이 나타나지 않게 된다.

KN1 단백질과 *KN1* mRNA는 원형질연락사를 통해서 수송될 수 있는데, 그에 따라 하나의 세포 내에서 *KN1* 발현은 인접한 세포 내에서 전사 패턴을 변경 할 수 있다. 야생형식물

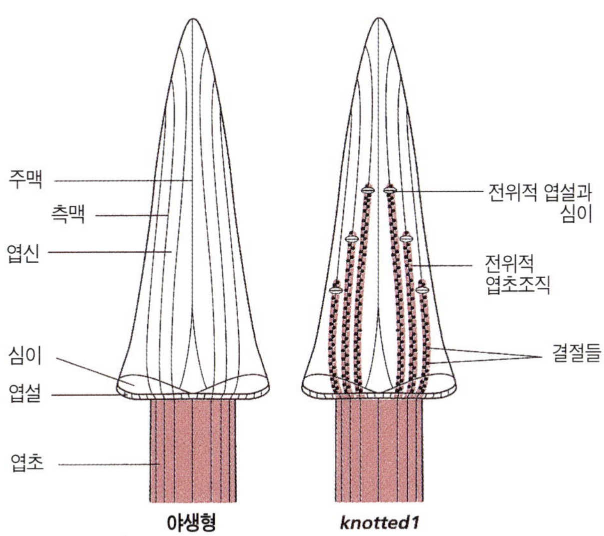

그림 5.8 야생형과 *knotted1* 옥수수 잎들. 엽초를 가지는 조직들은 붉은색으로 표시되어 있다(Freeling, 1992).

들에서, *KN1*은 슈트정단분열조직과 슈트의 미성숙한 지역에서 발현된다. 그러나 잎 전개 지역과 발생하는 잎에서는 발현을 하지 않는다. 앞서 언급된 우성의 *kn1* 돌연변이는 *KN1*의 조절 지역에서 나타나고 발생하는 잎에서 기능을 갖는 KN1 단백질의 전위적 합성을 야기한다. 특히, 돌연변이 대립형질은 엽신의 측맥이 발생하는 조직 안에서 활성을 가진다. 돌연변이 잎의 KN1의 전위적 생산은, 원기가 다섯 개의 엽간기(plastochron) 나이가 될 때까지 시작하지 않는다. 따라서 엽초와 엽신(P3에서 성립된, 윗 글 참조)의 초기 경계는 적어도 이 단계까지 끊임없이 변한다.

*knotted1*이 향정축에 영향을 미치는 이유

(Why does *knotted1* affect the proximodistal axis?)

kn1 표현형은 기능에 대한 획득형질의 결과이기 때문에 해석하는 게 어렵다: 단백질은 보통 결여된 곳에 존재한다. 그러나 *KN1* 발현과 슈트정단분열조직 발생간의 관계를 고려하여, *kn1* 표현형과 잎 향정축 정보과 연관시킨 두 개의 모델이 제시되어 왔다(그림 .5.9). 이러한 모델은 상호배타적이지 않아야 할 필요가 있다.

잎의 향정축은 슈트정단분열조직에서 생성된 화학적 신호에 의해 패턴화 될 수도 있다. 가장 간단한 경우는 분열조직에서 생성된 모르포겐이 잎으로 확산되는 농도 구배는 축의 위치를 규정할 것이다. 잎의 기부 지역은 고농도의 모르포겐이 형성되어 엽초운명(sheath fate)을 받아들일 것이다. 말단 지역에는 저농도의 모르포겐으로 인해 엽신운명(blade sheath)을 받아들이게 될 것이다. *KN1*의 발현이 슈트정단분열조직의 특징이라는 것을 고려하면, KN1 단백질은 모르포겐의 생산을 유도 할 것이다. 돌연변이 엽신에서 KN1의 전위적 생산은 모르포겐의 국지적인 증가를 야기하게 될 것이고 그에 따라 엽신 운명의 세포들이 엽초운명을 받아들이게 될 수 있다.

다른 관점에서 바라보면, 슈트분열조직에서 나타날 때, 부가적인 분열조직 세포들이 원기의 기부에 추가된다. 따라서 원기 말단의 세포들은 원기 기부에 있는 세포들보다 더 일찍

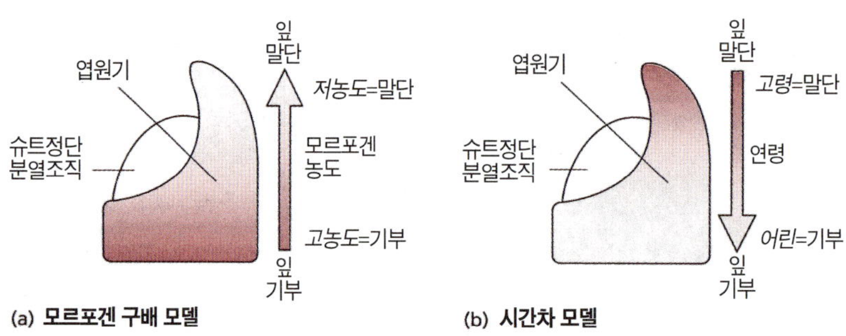

그림 5.9 옥수수 잎에서의 향정축 발생에 관한 모델들. (a) 슈트정단분열조직에 의해 생산된 모르포겐(morphogen)의 농도는 잎에서 세포들에게 그들의 위치를 알려준다-기부의 세포들은 말단의 세포들보다 고농도에 노출된다. (b) 세포운명이 원기의 각 구역이 잎으로 적응되는데 경과한 시간에 의해 결정된다-말단 조직은 기부보다 더 오래된 것이다.

잎 동일성(leaf identity)을 얻게 될 것이다. 엽신 또는 엽초운명을 받아들이는 결단이 일어나는 위치에서, 세포는 그들이 잎의 부분으로 되어 왔던 경과시간을 측정할 것이다. 더 오래된(older) 잎 세포는 엽신 운명을 받아들일 것이고, 더 어린(yonger) 잎의 세포는 엽초가 될 것이다. 엽신에서 KN1의 전위적 생산은 영향을 받은 세포들이 잎의 부분으로 되는 경과시간을 더 짧게 느껴지도록 하게 만들어 엽신 운명이 아닌 엽초운명을 받아들이게 된다.

연구사례 5.3: 잎 발생의 유한적 특성
(Case study 5.3: Determinate nature of leaf development)

속씨식물 잎이 유한적(determinate)이라는 것은 그들의 기본적인 특징이다. 그러나 이것은 두 가지 의문점을 야기하는데, 첫째로 분열조직을 무한(indeterminate)으로 만들고 원기를 유한(determinate)으로 만드는 슈트정단분열조직과 엽원기의 차이점이 무엇인가 하는 것이며, 둘째로, 무엇이 잎의 최종 크기-엽축들의 길이-를 결정하는 것인가이다. 첫 번째 질문의 대답은 부분적으로나마 잎에서가 아닌 슈트분열조직에서의 *KNOX* 유전자의 발현에 있을 것이다(연구 사례 5.2 참조). 두 번째 질문에 대한 답을 하기 위한 단서들은 거의 없다. 그러나 몇몇의 증거를 통해 잎의 크기를 조절하는 기작은 엽세포의 숫자가 아니라 엽세포의 절대적 공간(위치)에 따른다는 것을 시사하고 있다.

KNOX 유전자들과 무한발생
(The *KNOX* genes and indeterminate development)

연구사례 5.2에 언급한 바와 같이, 야생형 옥수수에서 *KN1*은 잎 전개구역 또는 잎이 발생하는 구역이 아니라 정단분열조직에서 발현된다. 이 결과는-*KN1*의 염기서열과 높은 상동성을 가지는 유전자들과 담배나 애기장대처럼 단엽을 가지는 다른 종들에 존재하는-다른 *KNOX* 유전자들로 확장 될 수 있다. 위의 모든 경우에서, *KNOX* 활동은 I1 단계까지 잎 전개구역에서 활성을 상실하게 되어 *KNOX* 유전자는 잎 발생 기간 동안에 불활성인 상태로 남아 있는다.

애기 장대의 *KNOX* 유전자인 *SHOOTMERISTEMLESS(STM)*의 기능을 상실한 돌연변이들은 배형성 기간 동안에 분열조직을 전개하지 못하거나, 부분적으로 기능을 상실하게 되면, 분열조직이 조숙한 채 발생이 끝나게 된다(연구사례 4.2와 9.1 참조). 따라서 *KNOX* 유전자들은 정단분열조직의 무한 상태를 유지하는데 필요하다. 그와 더불어, 잎의 *KNOX* 유전자에 대한 전위적 발현은 발생에 있어 더 많은 무한패턴(indeterminate pattern)을 낳는다. 예를 들어, *kn1* 옥수수 잎의 KN1 단백질에 대한 전위적 생산은 엽신의 확장된 세포분열을 야기하는데 이에 의해 '결절'을 생산하게 된다(연구사례 5.2 참조). KN1 돌연변이체가 담배에서 구조적으로 더 높은 수준으로 발현될 때 훨씬 더 심한 표현형의 형태로 나타난다. 이것은 때때로 전위적 슈트들이 생산되는 곳에서 매우 작은 잎을 발생시키는데, 이는 높은 *KNOX*의 활성이 잎에서 슈트정단분열조직의 형성을 야기할 수 있다는 것을 의미한다(그림 5.10).

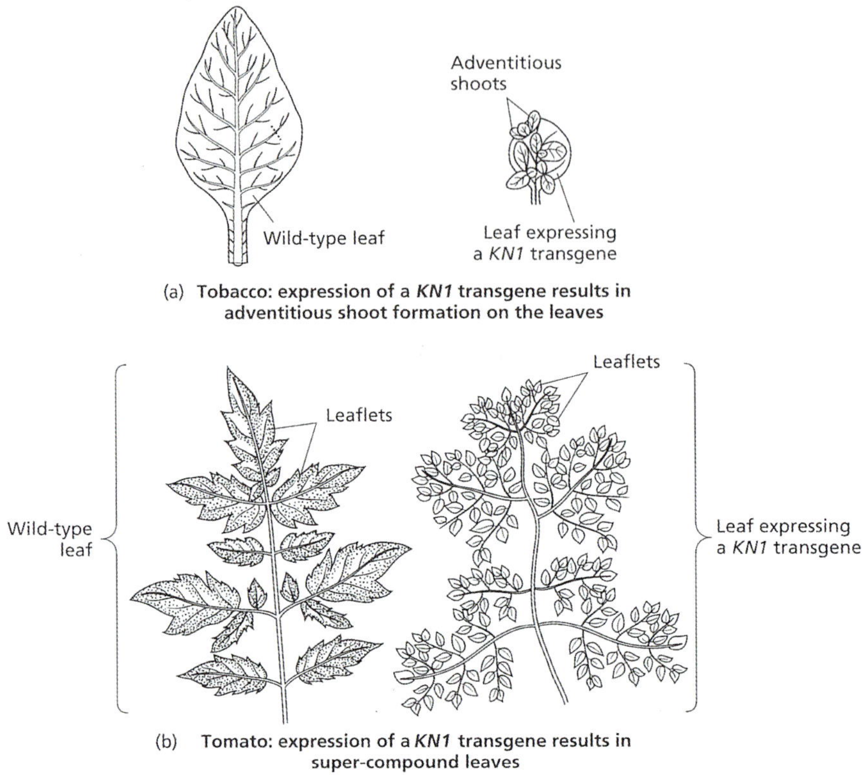

그림 5.10 담배와 토마토 잎에서 *KN1* 이식유전자(transgene)의 발현에 따른 영향. (a) 담배에서 *KN1* 이식유전자의 활성이 높게 나타나면 잎 크기가 상당히 감소하게 되고 잎에 부정경(adventitous shoot)이 발생한다. (b) 토마토에서 *KN1* 이식유전자의 발현이 높게 나타나면 초복엽(super-compound leaves)의 발생을 야기한다((a) Sinha et al., 1993, (b) Hareven et al., 1996).

이 결과들은 *KNOX*의 활성의 결핍이 잎 발생의 유한적 특성에 관여한다는 것을 보여준다. 흥미롭게도, *KNOX* 유전자들이 금어초(*Antirrhinum*)의 *phan* 돌연변이 잎에서 전위적으로 발현되는데, 이는 *PHAN* 유전자가 잎에서 *KNOX*의 활성을 억제하는 역할을 한다는 것을 의미한다. 연구사례 5.1에서 언급된 것처럼, *PHAN*은 MYB-유사 전사인자를 암호화하고, 잎 전개구역과 엽원기 구역에서 발현된다. *PHAN*은 옥수수의 *ROUGH SHEATH2 (RS2)*와 애기장대의 *ASYMMETRIC LEAVES1 (AS1)* 유전자와 상동성을 가지고 있다. 이 두 유전자는 *PHAN*과 비슷한 발현 패턴을 가지고 있으며, 잎에서 *KNOX*의 발현을 억제하는데도 필요하다. 그러나 이유는 불명확하지만, *phan, rs2, as1* 돌연변이들은 잎에 대한 표현형이 다르게 나타난다. *phan* 돌연변이 잎은 비정상적인 향배축을 가지거나 결핍되어 있다(연구사례 5.1 참조), *rs2* 돌연변이는 *kn1* 돌연변이와 유사한 잎을 가지고 있는 반면에(연구사례 5.2 참조), *as1* 돌연변이는-때때로 슈트가 발생하는-깊게 패인 형태(lobed)의 비정상적인 잎을 생산한다. *AS1* 유전자와 *KNOX* 유전자 사이의 관계는 9장에서 더 자세히 언급하고 있다.

복엽 (Compound leaves)

복엽이 발생하는 기간 동안, 엽원기는 소엽(leaflet)이 발생하기 전에 한번 또는 그 이상 분지한다(1 장). 이것은 복엽이 단엽보다 적은 유한적 발생 패턴을 따른다는 것을 나타낸다. 복엽 발생을 조절하는 기작에 대해 토마토와 완두에서 연구되어 왔다. 이 종들은 먼 근연관계를 가지고 있고, 독립적으로 진화한 복엽을 가진 것으로 나타난다. 이를 반영하듯이, 토마토의 엽원기는 향기적(basipetal, tip-to base) 순서로 어린잎을 전개시키는 반면, 완두의 엽원기는 향정적(acropetal, base-to-tip)인 순서로 소엽과 덩굴손(tendril)을 전개한다. 또한 두 식물은 복엽 발생의 전개 분지양상에 대해 다른 기작을 이용하는 것으로 보인다.

토마토의 *KN1* 상동기관은 슈트정단분열조직과 발생하는 잎에서 모두 발현된다. 게다가, *KN1* 이식유전자의 발현은 원기의 분지가 여러 번 반복하여 형성되는 초복엽(super-compound)을 유도 한다(그림 5.10). 이것은 토마토 잎에서의 *KNOX* 유전자 발현이-엽원기의 분지와 같은-무한 발생에서, -소엽의 전개와 같은-유한발생으로의 전환을 늦춘다는 것을 의미한다.

토마토와 대조적으로, *KNOX* 유전자 발현은 완두 엽원기에서 발견되지 않는다. 그 대신, 완두 잎 발생의 무한적 양상이 *UNIFOLIATA(UNI)*의 발현에 의해 초기에 부여된다. *uni* 돌연변이는 단엽을 생산하며, 또한 변이된 꽃을 가진다. *UNI*는 꽃 분열조직(floral meristem)의 특성을 부여하는 기능을 가진 애기장대 유전자 *LEAFY(LFY)*와 상동성을 가진다(9장의 연구사례 5.4 참조). 애기장대에서, *LFY*는 엽원기와 꽃 원기에서 발현된다. 그러나 *LFY* 기능의 손상은 꽃 발생을 저해하는 반면에 애기장대의 잎 발생에 미치는 영향에 대해서는 명확하게 알려진 바가 없다. 따라서, *UNI*의 본질적인 기능은 꽃 발생을 조절하는 것으로, 복엽 발생에 영향을 미치는 *UNI*의 기능은 두 번째로 발생한 것이라 추측할 수 있다.

흥미롭게도, 토마토 *LFY*와 상동인 *FALSIFLORA(FA)*의 기능상실 또한 잎과 꽃 발생 모두에 영향을 준다. *fa* 돌연변이의 잎은 야생형에 비해 더 적은 소엽을 만든다. 이것은 *FA*도 토마토의 복엽 발생에 관련된 역할을 한다는 것을 나타낸다.

잎 크기를 조절하는 것
(What determines the size of the leaf?)

잎의 최종 크기와 모양은 슈트 상의 잎의 위치와 환경 조건에 달려있다. 그러나 조직배양 시, 분리된 엽원기가 크기는 작다하더라도 정상적인 잎으로 발생할 수 있다는 것을 생각하면, 잎은 상대적인 비율을 조절하기 위한 내재적인 기작을 포함해야만 한다. 기작의 특성은 알려져 있지 않지만, 몇몇 증거들은 그 기작이 잎 세포의 수와 위치가 아니라 잎의 절대크기와 연관되어 있다는 것을 제시한다.

3장에서 언급된 것처럼, 잎을 생산하는 세포분열의 패턴은 예측 가능하지만 유연성을 가지고 있다. 그러므로 잎 크기는 세포의 고정된 세포배열을 만드는 정확한 계통패턴에 의존하지 않는다. 잎에서의 경쟁(competition) 현상은 이에 대해 더 나은 증거를 제공한다(그림 5.11). 야생형의 세포들과 엽록소가 결핍되고 느리게 자라는 세포들로 구성된 키메라형

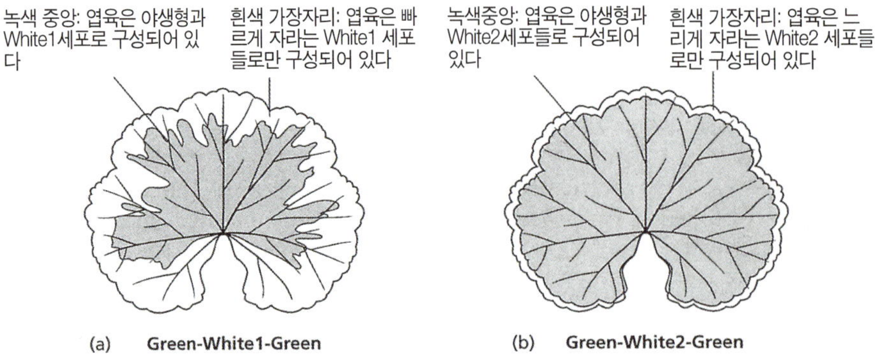

그림 5.11 제라늄(*Pelagonium*)키메라 잎에서 생장이 빠른 세포들과 생장이 느린 세포들 간의 경쟁. 각 잎의 흰색 경계는 엽육이 흰색의 세포로만 구성되어 있는 것을 나타낸다(그림 3.5 참조). (a) White1 세포들은 야생형 세포들과 같은 비율로 증식을 하여 잎에서 정상적인 비율을 가지고 있다. (b) White2 세포들은 느리게 증식하여 잎에서 흰부분이 심하게 축소된 형태의 잎을 가지고 있다(Stewart *et al.*, 1974).

제라늄(chimeric Pelargonium)에서, 야생형 세포는 정상적인 계통패턴에서 예측할 수 있는 것보다 잎에 더 크게 작용한다. 이는 잎 세포들의 클론이 잎에 관여하기 위해 생장이 느린 클론보다는 생장이 빠른 클론들과의 경쟁을 하기 때문이라는 것을 보여 준다. 비정상적인 계통 패턴에도 불구하고, 이러한 식물들의 잎은 정상적인 크기와 모양을 가진다.

유연한 계통패턴은 잎의 세포 수를 조절하는 기작에 의해 촉진 될 수 있다. 그런 기작은 예측가능한 조직의 배열형태가 나타나는 엽신의 향배축에 적용 할 수 있다. 전형적인 쌍떡잎식물의 엽신은 향축표피, 책상조직층, 지수로 층을 형성하는 해면엽육조직, 배축 표피로 이루어져있다. 그러나 향정축과 중측축에 따른 생장은 세포 수가 아니라 축들의 절대 길이와 관련된다는 좋은 증거가 있다.

세포주기(cell cycle)에 대한 형질전환 조작을 통해 느린 속도의 세포분열을 하는 담배는 야생형식물보다 더 적은 세포를 가진다. 형질전환 식물은 유묘 정도의 크기로 비정상적으로 작지만, 궁극적으로는 야생형 크기에 가까운 크기로 회복한다. 이러한 식물에서 후에 발생한 잎은 야생형 잎보다 매우 적은 세포를 가지지만, 모양과 크기는 매우 유사하다. 세포 수의 감소는 그에 상응하는 세포 크기의 증가에 의해 충당된다. 같은 현상이 형질전환 식물 전체에 걸쳐 일어나며, 이는 크기 조절이 세포 수와는 다소 독립적으로 일어난다는 것을 의미한다. 상보적인 실험에서, 유도 *AUXIN-BINDING PROTEIN1* (*ABP1*) 유전자를 가진 담배의 형질전환은 잎 세포의 확장에 있어 유도에 따른 증가가 일어나도록 한다.

형질전환 담배에서의 실험적으로 증가시킨 *ABP1* 발현은 야생형 크기의 두 배를 가지는 잎 세포를 만드는데, 아마도, 내생 옥신에 대한 증가된 반응 때문인 것으로 추측된다. 세포 크기의 변화에도 불구하고, 영향을 받은 잎들은 야생형 크기와 모양으로 발생한다. 발생하는 잎은 세포크기의 증가에 대해 세포 증식의 감소로 보상적 작용을 수행한다.

또한 크기의 증가는 배수체 세포에서도 관찰된다. 연구사례 3.2에서 언급된 것처럼, 큰 배수체 세포들로 구성된 슈트정단분열조직의 한 층 또는 정상적인 이배체 세포의 크기를 가지는 다른 층들에서 발생할 수 있다(그림 3.6 참조). 그런 키메라들은 정상적으로 발생한다. 더 큰 크기의 배수체 세포들은 배수체 조직들의 세포분열 속도의 감소로 보상된다. 따라서 배수체 잎 표피가 이배체의 내부 조직위에 놓여있으면, 표피의 세포분열 속도는 내부 조직보다 느리며, 잎의 최종 형태는 정상적이다.

발생하는 잎이 자신의 절대 크기를 어떻게 조절하는지에 대해서는 알려져 있지 않다. 그러나 애기장대의 *angustifolia(an)* 돌연변이와 *rotundifolia3(rot3)* 돌연변이는 기작이 축 특정적이라는 것을 보여준다. 두 돌연변이의 잎들은 거의 야생형의 세포수를 가진다. *an* 돌연변이에 있는 세포는 엽폭의 신장력이 약하기 때문에 야생형의 잎과 엽장은 같지만, 훨씬 가느다란 잎을 발생시킨다. 그와 반대로, *rot3* 돌연변이의 잎 세포는 엽장의 신장력이 약하기 때문에 야생형의 잎과 같은 엽폭을 갖지만 훨씬 짧은 엽장을 가진 잎을 발생시킨다.

흥미롭게도, 세포 수보다는 절대 공간에 따른 생장의 조절은 동물에서도 관찰된다. 예를 들어, 초파리에서는 형질전환 조작을 통해 날개 부분에서 최종 크기에 영향을 주지 않은 채 세포 수만 4~5배 이상 증가시킬 수 있다. 이 변화들은 세포 크기의 변화가 수반된다. 잎에서처럼, 세포들 간에 날개에 영향을 미치기 위해 경쟁을 하지만, 이 경우에는 더 느리게 자라는 세포들은 죽게 된다. 더욱이, 엽원기와는 다르게 발생하는 초파리(*Drosophila*)의 날개는 세포들 사이에 교차하지 않는 구역으로 분열하게 되고, 날개에서의 경쟁은 개별적인 구획에서 독립적으로 일어난다.

꽃 (Flower)

이 절은 꽃의 축들에 따른 꽃 기관의 배열에 관해 언급하고 있다. 연구사례 5.4는 방사상 축에 대해 검토한다: 꽃받침(sepal) 꽃잎(petal), 수술(stamen), 암술(carpel)윤생 기관은 어떻게 발생하는가? 애기장대와 같은 종은, 각 윤생체 내의 꽃기관은 동일한 형태를 공유한다. 그러나 많은 종에서, 꽃은 향배축(때때로 dorsoventral axis라 불리는)을 가진다. 예를 들어 금어초(*Antirrhinum*)꽃의 끝 쪽에 있는 두 개의 꽃잎(향축 꽃잎)은 꽃 밑 부분의 꽃잎(배축 꽃잎)과 다른 형태를 가진다. 연구사례 5.5는 금어초 꽃의 향배축을 고찰한다.

연구사례 5.4: 꽃의 방사상 축
(Case study 5.4: Radial axis of the flower)

대부분 속씨식물의 꽃 발생은 동일한 기본 패턴의 변이로 구성되어 있다. 꽃 분열조직은 꽃받침의 바깥쪽의 꽃받침 윤생체를 전개시킨 후, 꽃잎 윤생체, 수술 윤생체, 끝으로 암술 중앙 윤생체를 순차적으로 전개시킨다(1장). 특히 애기장대와 금어초(*Antirrhinum*)의 유전학적 분석을 통해 이 패턴을 유도하는 많은 유전자가 동정되었다. 간략한 설명을 위해, 이 연구사례는 애기장대 꽃 발생에 초점을 맞추었다. 애기 장대의 꽃은 네 개의 꽃받침, 네 개의 꽃잎, 여섯 개의 수술과 두 개의 융합된 암술을 가지고 있다(그림 5.12).

ABC 모델 (The ABC model)

꽃의 방사상 축을 따라 기관동일성(organ identity)을 조절하는 기작은 꽃 호메오 돌연변이체(flower homeotic mutants)의 연구를 통해 밝혀졌다. 이 돌연변이체들에서, 꽃의 특정 위치에 있는 꽃 기관들은 다른 위치에 적합한 기관들로 대체된다. 예를 들어, 몇몇의 호메오 돌연변이에서, 꽃잎은 수술로 대체된다. 이러한 돌연변이들은 기관의 수나 위치에는 영향을 주지 않고 오직 기관 동일성에만 영향을 미친다. 그러므로 호메오 돌연변이의 존재는 꽃의 기관형성 조절은 기관동일성의 조절로부터 분리될 수 있다는 것을 설명해준다.

대부분의 꽃 호메오 돌연변이에서, 기관의 형질전환(transformation)은 인접한 윤생체 짝에 영향을 준다. 이런 형태의 돌연변이는 영향을 받는 윤생체 짝을 바탕으로 세 가지 유형으로 나뉠 수 있다(그림 5.12). A형 돌연변이(class A mutants)에서는, 바깥쪽 두 개의 윤생체(윤생체1 과 2)가 영향을 받아, 꽃받침 대신 암술로, 꽃잎 대신 수술로 대체된다. B형 돌연변이(class B mutants)에서는, 중간의 두 개의 윤생체(윤생체 2와 3)가 영향을 받아, 꽃잎이 꽃받침으로, 수술이 암술로 대체된다. C형 돌연변이(class C mutants)에서는, 안쪽 두 개의 윤생체(윤생체 3과 4)가 영향을 받아, 수술이 꽃잎으로, 암술이 2차 꽃으로 대체된다. C형 돌연변이의 두 번째 꽃은 동심상(concentric) 꽃의 무한적인 일련의 형성을 야기하면서, 1차 꽃의 발생을 반복 한다; 정원용 화훼작물의 이중 변종(double varieties)에서 흔히 나타나는 패턴이다.

위의 돌연변이들은 A형 (class A), B형(class B), C형(class C) 유전자로 정의한다. 돌연변이 표현형은 A형이 꽃받침과 꽃잎(윤생체 1과 2), B형이 꽃잎과 수술(윤생체 2와 3), C형이 수술과 암술의(윤생체 3과 4)발생에 필요하다는 것을 나타내 준다. 이는 꽃의 기관동일성이 유전자 활성의 연결체계 의해 조절된다는 것을 의미하며, 이것이 ABC 모델(ABC model)의 기본이다.

이 모델은 A형, B형, 및 C형 유전자들이 그들에 상응하는 돌연변이에 의해 영향을 받는 윤생체 짝에서 활성을 가진다는 것을 제시한다. 꽃받침은 오직 A형 유전자 하나 만의 활성에 의해 특성이 부여되고, 꽃잎은 A형과 B형 활성의 조합에 의해 특성이 부여되며, 수술은 B형과 C형 활성의 결합에 의해 특성이 부여된다. 마지막으로 암술은 오직 C형 하나 만의 활성에 의해 특성이 부여된다. 호메오 표현형을 완전히 설명하기 위해서, 두 개의 추가적인 가설을 필요로 한다. 첫째로, 모델은 A형과 C형 유전자들은 상호간에 유전자의 활성을 억제

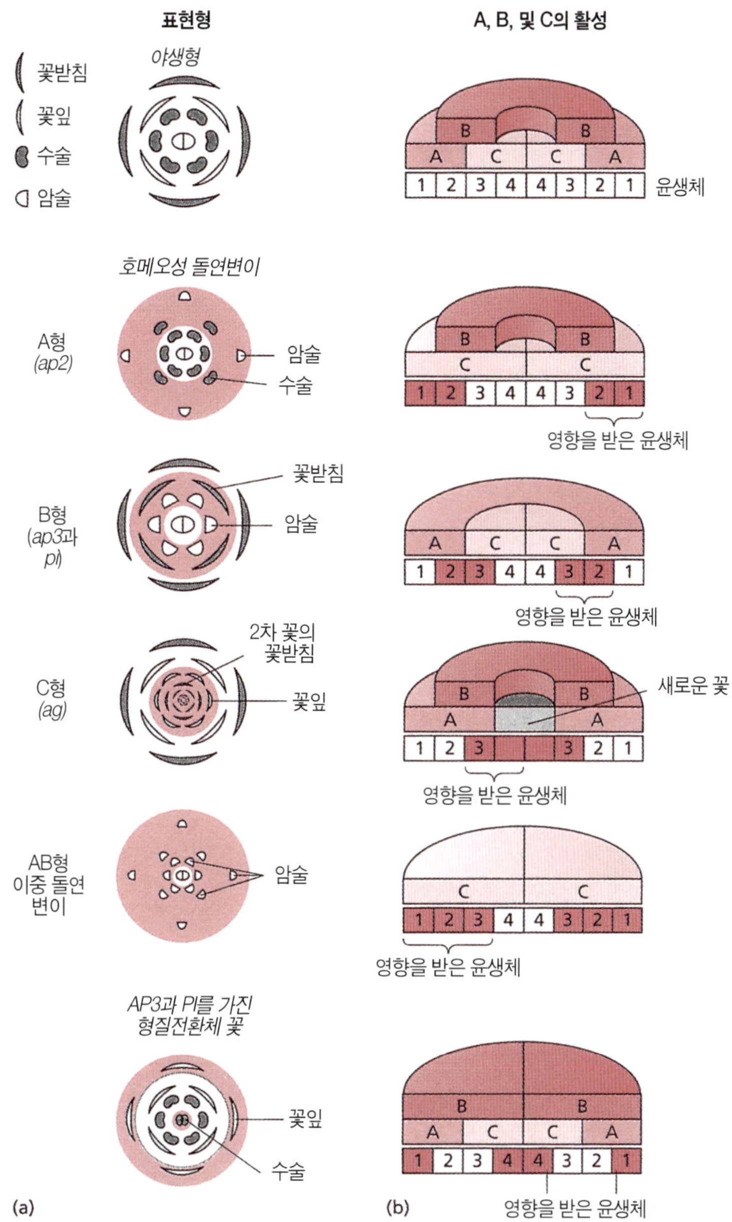

그림 5.12 애기장대 꽃의 호메오성 형질전환. (a) 위에서 바라본 꽃 표현형; 기관이 교차하는 구역은 붉은색으로 표시되어 있다. (b) 꽃의 옆과 횡단면을 통해 바라본 A형, B형, C형 유전자들의 활성패턴. 윤생체들은 도형 아래에 숫자를 기입해 놓았고 야생형에 대해 다르게 나타나는 ABC 유전자의 활성은 진한 붉은색으로 표시되어 있다(Weigel & Meyerowitz, 1994; Parey *et al.*, 1998).

한다는 것을 가정한다. 두 번째로, C형 유전자의 기능이 유한적인 꽃 발생 필요하다는 것을 가정한다.

이러한 가정과 함께, ABC 모델은 위에 언급된 모든 호메오성 형질전환을 예측한다(그림 5.12). 야생형 꽃에서, 네 개 윤생체의 유전자 활성 패턴은 A, AB, BC, C로, 방사상 패턴의 꽃받침, 꽃잎, 수술, 암술을 낳는다. A 유전자 기능을 상실한 A형 돌연변이에서, A와 C 활성 간의 상호 억제가 사라지기 때문에 C형의 활성이 꽃을 통해 퍼진다. 이것은 패턴 C, BC, BC, C-암술, 수술, 수술, 암술을 형성한다. B형 돌연변이는 B의 기능을 상실하고 패턴 A, A, C, C-꽃받침, 꽃받침, 암술, 암술의 꽃을 형성한다. C형 돌연변이는 C의 기능을 상실하고, A형의 활성이 꽃을 통해 넓게 퍼지고 꽃은 유한이 된다-새로운 꽃이 네 번째 윤생체를 대신 한다. 따라서 C형 돌연변이에서의 활성 패턴은 A, AB, AB, 새로운 꽃으로, 꽃받침, 꽃잎, 꽃잎, 새로운 꽃을 형성한다.

애기장대에서, *APETALA2(AP2)*는 A형 유전자이고, *APETALA(AP3)*와 *PISTILLATA(PI)*는 B형 유전자이다. 그리고 *AGAMOUS(AG)*는 C형 유전자이다. *AP3, PI, AG*는 MADS 영역 단백질(MADS domain protein, 이 이름은 군에서 처음으로 동정된 유전자 4개의 첫 번째 글자에서 유래한다)이라는 전사인자 군에 속하는 단백질을 암호화한다. AP2는 관계가 없는 전사인자를 암호화한다. 이는 A형, B형, C형 활성의 조합이 적절한 유전자 전사 패턴을 성립하면서 꽃 기관을 특징 지운다는 것을 보여준다.

*AP3, PI, AG*의 전사는 일반적으로 그들에 상응하는 돌연변이에 영향을 받는 윤생체로 한정된다. 대부분의 꽃 발생을 통해서, *AP3*와 *PI*(B형)는 꽃잎과 수술 윤생체에서 전사되고, *AG*(C형)는 수술과 암술 윤생체에서 전사된다. *AP2*(A형)는 꽃의 모든 윤생체를 포함하여 식물 전체에 걸쳐 발현되는데, 이는 꽃받침 윤생체와 꽃잎 윤생체에 대한 A형인 *AP2*의 제한이 다른 인자들과 연루되어야 한다는 것을 암시한다. 이러한 기타 인자들에는 *AP1* 유전자를 포함할 수도 있다(아래의 내용 참조).

A, B, C형의 유전자 전사 패턴은 꽃이 거의 성숙할 때까지 지속된다. 꽃 기관 발생 후기에서의 A, B, C 활성의 감소는-예를 들어, 온도에 민감하거나 혹은 트랜스포존(transposon)이 유도된 돌연변이에서-돌연변이 기관동일성의 단편을 낳는다. 이것은 ABC의 발현이 기관 발생 전반에 걸쳐 기관동일성을 유지하는데 필요하다는 것을 나타낸다. 또한 그런 돌연변이의 키메라성 기관(chimeric organ)은 내부의 위치 정보가 다른 꽃기관에서 보존되는 것을 증명한다. 예를 들어, 적정하지 않는 온도에서, 온도에 민감한 *ap3* 대립유전자(allele)를 가지고 있는 식물들은 윤생체 3에서 수술과 암술의 특징을 동시에 가지는 기관을 만든다. 이러한 키메라성 기관에 형성된 모든 구조는 향정축을 따라 그들의 적합한 위치에서 발생한다: 정단에서의 암술머리(주두, stigma)와 꽃밥(anther), 기부(base)에 근접한 배주(ovule).

ABC 모델은 이중 돌연변이체를 만들어 내거나, 꽃에서 A, B, C형 이식유전자의 전위적 발현을 유도하여 실험들이 이루어지고 있다. 예를 들어, 모델에 의해 정확히 예측된 것처럼, 애기장대의 AB형 이중 돌연변이는 C, C, C, C 패턴과 오직 암술과 같은 기관만을 갖는 꽃을 만들면서, 모든 윤생체에서 *AG*를 발현시킨다(그림 5.12). 또한 예측된 것처럼, 꽃 전반에 걸친 *AP3*와 *PI*의 전위적 발현은 AB, AB, BC, BC 패턴과 꽃잎, 꽃잎, 수술, 수술 표현형을 생산한다. 흥미롭게도, A, B, 및 C형의 활성이 모두 결여된 삼중 돌연변이는 모든 윤생체가 잎과 같은 기관을 갖는 꽃을 만들어 낸다. 이것은 꽃의 기관들은 변이된 잎이라는 가설을 지지한다.

SEPALLATA 유전자들

(The *SEPALLATA* genes)

애기장대에서 *SEPALLATA(SEP)* 유전자의 기능 상실의 효과는 부가적인 전사인자들이 꽃잎, 수술, 및 암술을 특정화시키는데 필요하다는 것을 보여준다. *SEP1, SEP2, SEP* 등과 같은 세 개의 *SEP* 유전자 가 있으며, 세 유전자 모두 밀접하게 연관된 MADS 영역 전사인자를 암호화 한다. 단일의 *sep1, sep2, sep3* 돌연변이는 대부분 야생형과 같은 표현형을 가지지만 *sep1 sep2 sep3* 삼중 돌연변이는 오직 꽃받침으로 이루어진-다시 말해 꽃받침, 꽃받침, 꽃받침, 새로운 꽃의 윤생 패턴을 가진-포개진 꽃(nested flower)을 가진다. 이것은 네 개의 모든 윤생체에서 A형만 발현되는 BC형 이중 돌연변이의 표현형 모사(phenocopy)이며, *SEP* 유전자들이 B형과 C형 활성에 필요하다는 것을 보여준다. 이 역할과 마찬가지로 *SEP* 유전자들의 발현은 꽃의 안 쪽 세 개의 윤생체에 제한된다.

앞서 언급된 것처럼, *SEP* 유전자들인 *AP3*과 *PI*(B형), *AG*(C형)유전자들 모두는 MADS 영역 전사인자를 암호화 한다. AP3와 PI 단백질은 SEP3과 AG 단백질들과 상호작용을 할 수 있는 이형이합체(heterodimer)를 형성한다. 마찬가지로, AG 단백질은 SEP1, SEP2, SEP3 단백질과 상호작용을 할 수 있다. 이는 MADS 영역 단백질들이 다중결합 복합체의 형태로 활동한다는 것을 시사한다.

A, B, 와 C 활성 패턴의 성립

(Establishing the pattern of A, B and C activity)

ABC 모델은-전사 조절자 들의 결합적 작용을 통해-꽃 기관의 각 형태에 대한 동일성(identity)이 어떻게 특성화되는지에 대한 완벽한 설명을 제공 해준다. 이것은 A, B, 및 C형 활성패턴이 어떻게 성립되는지에 대한 질문을 요구한다. B형 활성을 성립시키는 기작이 가장 잘 연구되었기 때문에, 첫 번째로 언급하였다.

B형 활성 패턴의 성립

(Establishing the pattern of class B activity)

꽃 안의 B형 유전자들의 전사는 꽃 분열조직 동일성 특정 짓는 유전자들에 의해 부분적으로 성립한다. 영양적 발생(vegetative development)에서 생식적 발생(reproductive development)으로의 전환에 몇 가지의 내생적 인자와 환경적인 인자의 조합이 연루된다. 개화로의 전환에 있어 중심이 되는 것은 꽃 분열조직이 형성되는 지역의 *LFY* 유전자 발현의 증가이며, 그 후 발생하는 꽃 분열조직에서의 *AP1*과 *CAULIFLOWER (CAL)*의 전사가 뒤따른다(9장에 언급되어 있다). 이 유전자들 모두 전사인자를 암호화한다(*AP1*과 *CAL*은 밀접하게 연관된 MADS box 유전자를 암호화한다).

꽃에서 B형 유전자의 전사에 미치는 *LFY*와 *AP1*의 효과는 자세히 연구되어 왔다. 예를 들어, *AP3*의 전사는 *lfy* 돌연변이의 꽃에서 크게 감소되고, *lfy ap1* 이중 돌연변이의 측생기관에서 결핍된다. 이것은 *LFY*와 *AP1*은 꽃에서 *AP3*의 전사를 성립하는데 필요하다는 것을 보여준다. *LFY*와 *AP1*은 *AP3*가 처음으로 전사될 때 꽃 분열조직을 가로질러 동시에 균일하

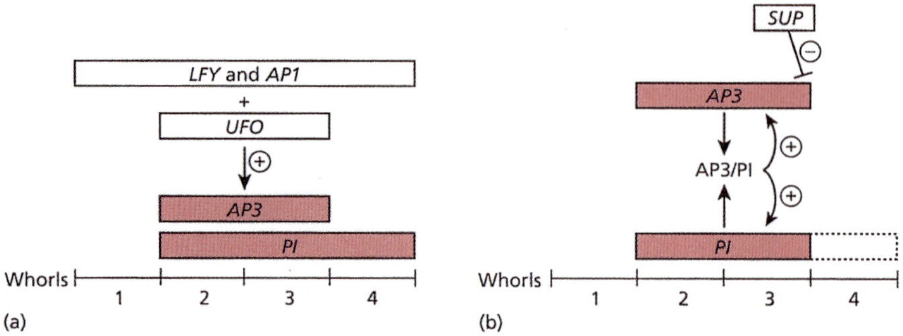

그림 5.13 B형 유전자 발현 패턴의 성립. (a) *LFY, AP1,* 및 *UFO*는 꽃 분열조직에서 B형 유전자인 *AP3*과 *PI*의 전사를 촉진한다. *AP3*은 *UFO* 발현 구역을 반영하는 윤생체 2와 3에서 발현된다. *PI*가 윤생체 2,3 및 4에서 초기에 발현되는 이유는 불명확하다. (b) 분열조직 발생 후, *AP3*과 *PI*의 발현은 AP3-PI 이형이합체의 작용을 통해 유지된다. 이 형이합체가 윤생체 4에 존재하지 않기 때문에, *PI*의 발현은 꽃의 중심에서 정지한다. *AP3*의 발현이 윤생체 안으로 퍼지는 것을 막기 위해 *SUP*가 필요하다. ⊕기호와 함께 표시된 화살표들은 양성조절(positive regulation)을 의미한다. ⊖기호와 함께 표시된 끝이 막대 형태인 선들은 음성조절(negative regulation)을 의미한다.

게 발현되는 반면에, *AP3*의 전사는 언제나 윤생체2와 윤생체3으로 제한된다. *AP3* 전사의 지역패턴은 *UNUSUAL FLORAL ORGANS(UFO)* 유전자에 의존하는 것으로 보인다(그림 5.13). *UFO*는 꽃 원기(floral primordium) 전반에 걸쳐 초기에 발현되지만, 발현은 급속도로 윤생체2와 3으로 한정된다. *UFO*의 기능 상실은 꽃의 전개와 발생 모두에 다양한 다면발현성 변이(pleiotropic abnormalities)를 야기한다. *ufo* 꽃에서 나타나는 일반적인 표현형은, *AP3*과 *PI*의 활성의 감소와 연관된, 정상적인 꽃잎과 수술의 결핍이다. 배와 유묘의 발생에 관한 연구는 *UFO*가 영양적 슈트정단분열조직의 'B형' 위치에서 발현된다는 것을 보여준다. 따라서 *UFO*는 꽃 분열조직의 방사상 패턴에 영양 발생적 분열조직의 방사상 정보를 연결. *UFO*는 단백질 퇴화(degradation)의 조절에 관여하는 단백질을 암호화한다. 한 가지 가능성은 *UFO*의 발현에 의해 *AP3* 전사를 음성적(negative)으로 조절하는 단백질의 파괴가 발생한다는 것이다.

PI 유전자 발현에 대한 분석은 *PI*의 전사 또한 *LFY, AP1, UFO*에 의해 촉진된다는 것을 알려준다. 그러나 *AP3*와 달리, PI는꽃 분열조직의 윤생체 2, 3, 및 4에서 초기에 전사되고, 후에 윤생체 2와 3으로만 한정된다(그림 5.13). 윤생체 4의 *PI* 전사를 침묵시키는 기작은 *PI*와 *AP3* 발현 사이의 상호의존성에 바탕을 두고 있는 것처럼 보인다. 앞서 언급한 바와 같이, AP3와 PI 단백질은 서로 결합하여 다른 MADS 영역 단백질과 상호작용을 하는 이형이합체 전사인자를 형성한다. *AP3-PI* 이형이합체의 표적(target)에는 자신들을 전사하는 *AP3* 유전자와 *PI* 유전자들을 포함하며, 이형이합체는 B형 유전자의 전사를 유지시키는데 필요하다. 이 유지 기작은 *AP3*와 *PI*의 발현 모두를 성립시키는 *LFY*가 꽃 발생 초기 단계에서만 발현되기 때문에 필수적이다. 따라서 *AP3*와 *PI*의 전사가 독립적으로 성립되더라도, 둘 중 한 유전자의 기능 상실은 양쪽 모두의 전사를 정지시키게 된다. *AP3*는 윤생체 4에서 발현되지

않고 *AP3-PI* 이형이합체가 그 위치에서 결핍되어 있기 때문에, 윤생체 4에서 *PI*의 초기 전사는 유지되지 않는다(그림 5.13b).

윤생체 4로부터의 *AP3* 발현의 배제는 *SUPERMAN(SUP)* 유전자를 필요로 한다(그림 5.13b). *sup* 돌연변이체들의 꽃 분열조직에서, *AP3*는 야생형처럼 윤생체 2와 윤생체 3에서 초기 발현되지만, 결과적으로 AP3 발현은 윤생체 4의 안쪽으로 퍼진다. 결국, *AP3*와 *PI* 모두 B형과 C형 발현의 조합과 암술의 수술로의 전환이라는 결과를 낳으면서, *sup* 돌연변이 꽃의 중심에서 전사된다. *SUP*는 추정의 전사인자를 암호화하고, 윤생체 4와의 경계 바로 근처의 윤생체 3 세포들의 좁은 대(band)에서 발현된다(그림 5.13b). 따라서 *SUP*는 윤생체 4의 세포들 안에서 비 세포 자발적(non-cell autonomously)으로 활동하여 *AP3*의 발현을 억제할 것이다.

A형과 C형 활성 패턴의 성립

(Establishing the pattern class A and class C activity)

ABC 모델의 중심은 A형과 C형 기능의 상호 억제이다. 이것은 A형 유전자와 C형 유전자는 각각의 서로 다른 활성 패턴을 성립시키는데 관여한다는 것을 보여준다. 그러나 아직까지, A형과 C형 활성의 패턴을 결정하는 기작에 대해서는 잘 알려지지 않았다.

앞서 언급한 것처럼, *AP2*는 꽃의 모든 네 가지 윤생체에서 발현되므로 윤생체 1과 윤생체 2에 *AP2*의 A형 활성에 대한 제한은 다른 하나의 인자를 필요로 한다. 유력한 인자는 꽃 분열조직 동일성 유전자인 *AP1*이다. *AP1*은 꽃 분열조직을 전반에 걸쳐(앞 내용 참조) 초기에 발현하지만, 그것의 발현은 후에 윤생체 1과 윤생체 2로 제한된다. *AP1* 전사는 *ag* 돌연변이에서 전체 꽃을 가로 질러 지속되기 때문에, 이 제한은 C형 유전자인 *AG*에 의존한다(그림 5.14). *AP1*의 기능 상실은 개화로의 전환을 늦추며, 또한 꽃받침이 포엽과 같은 기관으로 형질전환과 꽃잎의 결핍을 야기한다. 그러므로 꽃 발생을 특정화하는 역할과 더불어, *AP1*은 *AP2*와 협력하여 꽃받침과 꽃잎 동일성을 특정 짓는 역할을 하는 것으로 보인다. 결국, *AP1*는 때때로 A형 유전자로 취급되기도 한다.

그렇다면, 무엇이 *AG*의 발현 패턴을 성립시키는가? *AG*의 C형 유전자로서의 기능과 마찬가지로, *AG*의 전사는 윤생체 3과 4로 제한되지만, 그러나 현재까지 알려진 바로는 *AG*의 발현을 조절하는 것으로 알려진 대부분의 인자들은 꽃을 가로질러 균일하게 분배된다(그림 5.14). AG의 전사는 lfy 돌연변이의 꽃에서 늦춰지는데, 이는 LFY가 AG의 발현을 촉진한다는 것을 나타낸다. AG는 A형과 C형의 활성의 상호 억제와 마찬가지로, ap2 돌연변이에서 꽃 전반에 걸쳐 전사되는데, 또한 이것은 AP2가 윤생체 1과 2에서 AG의 발현을 억제한다는 것을 의미한다. 또한 AG는 leunig(lug) 돌연변이에서 꽃 전반에 걸쳐 발현되어 꽃받침이 암술로, 꽃잎이 수술로(또는 이들의 결핍) 변이되는 A형 호메오성 형질전환을 야기한다. 이것은 *LUG* 유전자가 윤생체 3과 4에서 AG의 전사를 제한하는데 필요하다는 것을 의미한다. 이 역할에 일치하여, LUG는 추정의 전사를 억제하기 위해 전사인자와 함께 활동하는 전사 조-억제자(co-repressor)를 암호화한다. *lug* 단일 돌연변이에서의 A형 형질전환에도 불구하고, *lug ag* 이중 돌연변이는 정상적인 꽃받침과 꽃잎을 발생시키는데, 이는 LUG가 오로지 AG 전사를 억제하는데 만 필요하고 꽃받침과 꽃잎 동일성은 부여하지 않는다는 것을 의미한다.

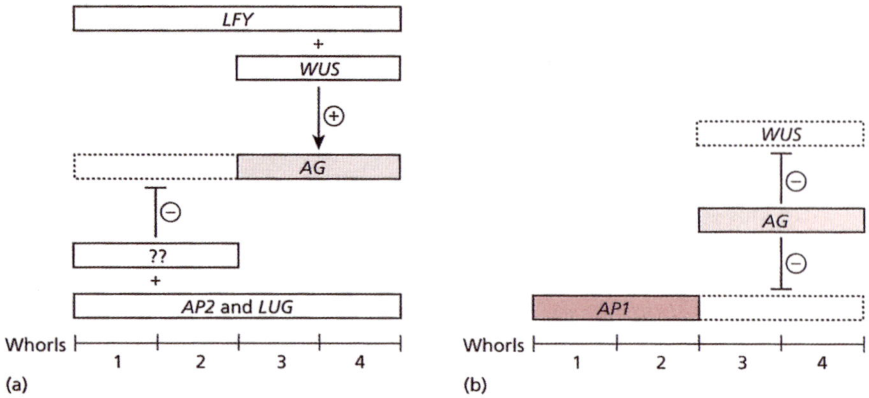

그림 5.14 A형과 C형 활성 패턴의 성립 (a) C형 유전자인 *AG*의 전사는 *LFY*와 *WUS*에 의해 촉진되고, *AP2*와 *LUG*에 의해 억제된다. 추정상 비대칭적으로 분포한 억제자는 윤생체 1과 2에서 *AG*의 발현을 억제하기 위해 *AP2* 및 *LUG*와 함께 활동하는 것으로 보인다. (b) *AP1*은 초기에 꽃 분열조직을 가로질러 전사되지만 *AG*에 의해 발현이 억제된다. 일단 *AG*의 발현이 전개되면, *AP1*의 발현은 A형 유전자로서 기능을 하는 윤생체 1과 2로 제한된다. 또한 *AG*는 *WUS*의 발현을 억제한다. *WUS*가 분열조직의 활성을 유지하는데 필요하기 때문에(본문 참조), 이에 따라 유한의 꽃 발생이 야기된다. ⊕기호와 함께 표시된 화살표는 양성 조절(positive regulation)을 나타내고, ⊖기호와 함께 표시된 막대 모양의 끝을 가진 선은 음성조절(negative regulation)을 의미한다.

*LFY, AP2, LUG*는 전체 꽃을 가로질러 발현된다. 그러므로 윤생체 3과 4에 *AG* 발현의 제한은 꽃의 방사상 축을 따라 비대칭적으로 분배되는 더해진 인자에 의존해야만 한다(그림 5.14a). 슈트정단분열조직에서, 방사상 축는 *WUSCHEL(WUS)* 유전자에 의해 패턴을 갖게 된다. 이것의 (*WUS*) 발현은 *CLAVATA(CLV)* 유전자의 활동에 의한 분열 조직의 중앙에서 제한된다(연구사례 9.1 참조). 꽃의 분열조직은 변종한 슈트정단분열조직을 나타내기 때문에, *WUS*는 또한 ABC 패턴의 법칙에서 역할을 한다는 것이 놀라운 것은 않다. 슈트정단분열조직처럼, *WUS*는 꽃 분열조직의 중앙에서 발현되고, 분열조직 활성을 조절하는데 필요하다. *WUS*는 *AG* 유전자의 두 번째 인트론에서의 서열을 조절적으로 연결하는 homeo영역 전사 인자를 암호화한다. LFY 전사 인자는 또한 *AG* 유전자의 이 지역을 연결하고, WUS와 LFY는 꽃의 중앙에서 *AG* 발현을 활성화한다.

앞서 언급한 것처럼, *ag* 꽃은 꽃받침과 꽃잎이 포개진 패턴을 만드는 무한(indeterminate)이다(그림 5.12). 그러므로 수술과 암술 동일성을 부여하는 것과 더불어 *AG*는 꽃의 분열조직의 유한적 발생을 결정짓는데 필요하다. 야생형의 꽃에서, *WUS* 발현은 암술이 발생할 때 정지한다. 그와 대조적으로, *WUS*는 *ag* 돌연변이의 포개진 꽃에서 끊임없이 활동한다. 더군다나, *ag wus* 이중 돌연변이의 꽃은 *WUS*가 *ag* 꽃의 무한적 발생에 필요한 것을 증명하면서, *wus* 단일 돌연변이처럼 초기에 그만둔다. 이러한 데이터는 *AG*가 꽃 분열조직의 중앙에서 *WUS*을 억제하는 활동을 한다는 것을 보여준다(그림 5.14b). 그러므로 *WUS*와 *AG*는 음성적 제어(negative feedback) 회로의 구성성분이다: *WUS*는 꽃 기관의 방사상 패턴을 성립시키면서 *AG*를 활성화 시키고, 후에 *AG*는 꽃 분열조직을 만들면서 *WUS*를 억제한다.

ABC 기작의 진화 (Evolution of the ABC mechanism)

유전적인 용어에서, 수술과 암술은 꽃의 기초 단위이다. 이것과 일치하여, C형 유전자의 발현에 의한 암술의 특성화와 B형과 C의 발현의 조합에 의한 수술의 특성화는 속씨식물에서 보편적으로 나타난다. 또한, B형과 C형 유전자는 겉씨식물과 마찬가지로 다른 집단 내에서 소포자 생산과 대포자 생산을 특성화하고, 구별하는 역할을 한다(1장). 수술 및 암술과달리, 꽃받침과 꽃잎은 속씨식물의 다른 몇몇 다른 집단에서 독립적으로 진화된 것으로 추측되고 있다. 예를 들어, 애기장대를 포함하는 대부분의 쌍떡잎식물에서 꽃잎은 변이된 수술로부터 진화한 반면에, 목련류(Magnoliales)와 같은 다소 원시적인 쌍떡잎식물에서 꽃잎은 변종된 포엽(bract)으로부터 발생하는 것이 나타난다.

암술과 수술에 비교하여 꽃잎과 꽃받침의 가장 최근의 진화와 마찬가지로, 애기장대에서의 A형의 활성은, B형과 C형의 활성에 비하여 상당히 다른 방법으로 발생한다. 앞에서 언급된 것처럼, B형과 C형의 활성은 발생하는 꽃에서 적절한 윤생체 짝에서 발현되는 밀접하게 연관된 MADS box 유전자에 의해 제공된다. 그와 대조적으로, A형의 활성은 도처에서 발현되고 연관되지 않는 전사인자를 암호화하는 *AP2*와 MADS box 유전자이지만 꽃 분열조직을 특징짓는 기능을 하는 *AP1*에 의해 제공 받는다. 흥미를 돋우는 가설은 A형 활성은 꽃 분열조직 동일성의 조절로부터 정확히 분리되지 않는다는 것이다. 이 모델에서, 꽃받침 동일성은 B형 또는 C형 유전자들 발현하지 않는 꽃 기관들의 결핍에 의해 발생하는 반면에, 변형된 수술로부터 꽃잎으로 진화한 것과 마찬가지로 B형의 발현은 C형 활성이 없는 곳에서 꽃잎을 특성화시킨다. *ap2* 돌연변이의 A형 표현형은 윤생체 1과 2에서의 *AG*의 전위적 발현에 의해 설명될 수 있는 반면에, *ap1* 꽃의 표현형(포엽에 의해 대체된 꽃받침, 꽃잎의 결핍)은 꽃 분열조직 동질성을 특정화하는데 부분적인 실패로 고려될 수 있다.

이 글에서, 기록에 흥미로운 것은 어떠한 명확한 A형 유전자도 금어초(*Antirrhinum*)에서 발견되지 않았다는 것이다. 금어초의 A형 돌연변이는 금어초의 C형 유전자인 *PLENA*의 조절 구역에서의 돌연변이로부터 나타난다. 이 돌연변이들은 윤생체 1과 2에서 전위적인 *PLENA* 발현을 야기한다.

방사상 축의 기타 양상 (Other aspect of the radial axis)

기관 동일성과 더불어 꽃의 방사상 축의 특성에 대한 다른 특성들이 존재한다. 그 중 하나는 각각의 윤생체의 꽃 기관 원기(floral organ primordia)의 초기 형태이다. 야생형 꽃과 호메오 돌연변이의 클론분석은 꽃 기관 원기의 모양이 꽃 기관 동일성으로부터 독립되어 결정된다는 것을 시사한다.

애기장대의 꽃 기관 원기의 초기 형태는 구역 경계분석(sector boundary analysis)을 이용해 조사된다. 표지된 세포들의 클론은 꽃 발생에 우선하여 생성되었고, 꽃 기관들에서 표지된 구역과 표지되지 않은 구역 간의 경계위치가 분석되었다. 경계면들에서 위치의 개수는 얼마나 많은 세포들이 기관을 발생시키는지를 나타낸다. 경계의 방향은 전개되는 집단의 형태를 의미한다. 예를 들어, 구역 경계가 항상 기관의 중심을 따라 발생하여 기관이 절반으로 나뉜다면, 그 기관은 오직 두 개의 인접한 세포들에 의해 전개될 것이다(그림 5.15).

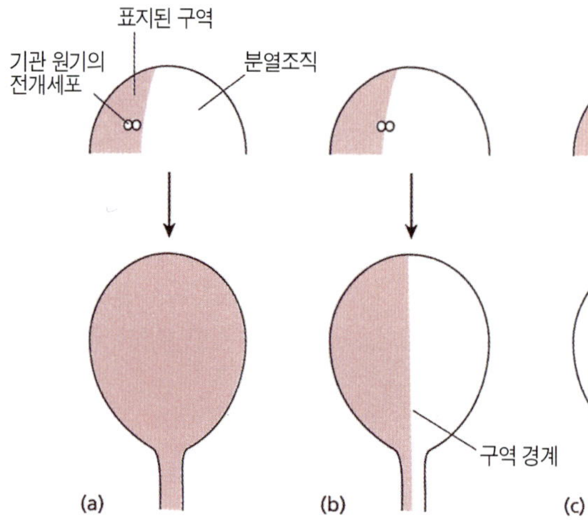

그림 5.15 구역 경계 분석. 슈트 정단에서 표지된 클론과 야생형 클론 사이의 경계에 대하여 수직으로 배열된 한 쌍의 세포에서 전개된 기관의 구역경계 분석을 보여주는 그림. 그림의 경우에서 표지된 구역들은 기관전체(a) 혹은 기관의 절반을 포함하거나(b), 전혀 포함하지 않는다(c).

구역 경계 분석은 꽃받침과 암술이 8개 세포열에 의해 발생되고, 꽃잎은 한 쌍의 세포에 의해, 수술은 네 개의 세포덩어리에 의해 발생한다는 것을 보여준다. *ap3* 돌연변이와 *pi* 돌연변이에서, 꽃잎은 꽃받침에 의해 대체된다. 그러나 돌연변이 꽃의 구역 경계 분석은 돌연변이의 두 번째 윤생체 꽃받침들이-그들이 교체하는 꽃잎처럼- 두 개의 세포로 구성된 집단에 의해 만들어진다는 것을 보여준다. 기관 원기의 초기형태는 ABC 유전자의 발현에 의해서라기보다는 인자들에 의해 결정된다.

연구사례 5.5: 금어초 꽃의 향배축

(Case study 5.5: Adaxial-abaxial axis of the *Antirrhinum* flower)

금어초에서, 꽃은 수직의 꽃차례(inflorescence)에서 수평적으로 발생하고, 꽃 발생은 — 꽃잎에서 암술로 향하는 방사상 축, 꽃의 정단에서 꽃의 바닥으로 향하는 향배축(때때로 배복성 축-dorsoventral axis-이라 불리는) — 두 개의 축들을 따라서 구성 된다. 이 연구사례는 축을 따라 발생하는 유전적 조절과 향배축 비대칭의 초기성립에 대해 검토하면서, 향배축의 발생을 고찰한다.

금어초의 꽃 (The *Antirrhinum* flower)

금어초의 꽃 분열조직은 꽃차례 분열조직(inflorescence meristem)에 의해 생성되는 포엽원기(bract primordia)의 엽액(axils)에서 발생한다. 꽃차례의 수직축을 향해 접하고 있는 꽃 분열조직의 향축면(adaxial side)은 꽃의 위쪽을 형성한다. 수직축에서 멀리 접하고 있는 꽃 분열조직의 배축면은 꽃의 아랫부분을 형성한다.

성숙한 꽃은 다섯 새의 꽃받침으로 구성된 외부 윤생체를 가지고 있다. 꽃 부리관(corolla tube)을 생산하기 위해 그들 길이의 일부가 혼합되어 있는 다섯 개의 꽃잎으로 구성된 두 번째 윤생체가 있다. 세 번째 윤생체는 네 개의 완전한 수술과 헛수술(staminode)라 불리는 하나의 미성숙한 수술을 포함한다. 최종적으로, 네 번째 윤생체는 두 개의 혼합된 암술로 구성되어 있다(그림 5.16).

꽃의 향배축은 꽃잎과 수술 윤생체에서 가장 명백하게 발현된다(그림 5.16). 다섯 개의 꽃잎은 두 개의 향축 꽃잎, 두 개의 측면 꽃잎, 그리고 하나의 배축 꽃잎으로 배열되어 있다. 대칭면은 두 개의 향축 꽃잎 사이를 통과하여 배축 꽃잎을 양분한다. 꽃잎의 각 군은 그들 자신에 대한 독특한 외형을 가지고 있다. 또한, 향축과 측면의 꽃잎들은 꽃의 향배축을 따라

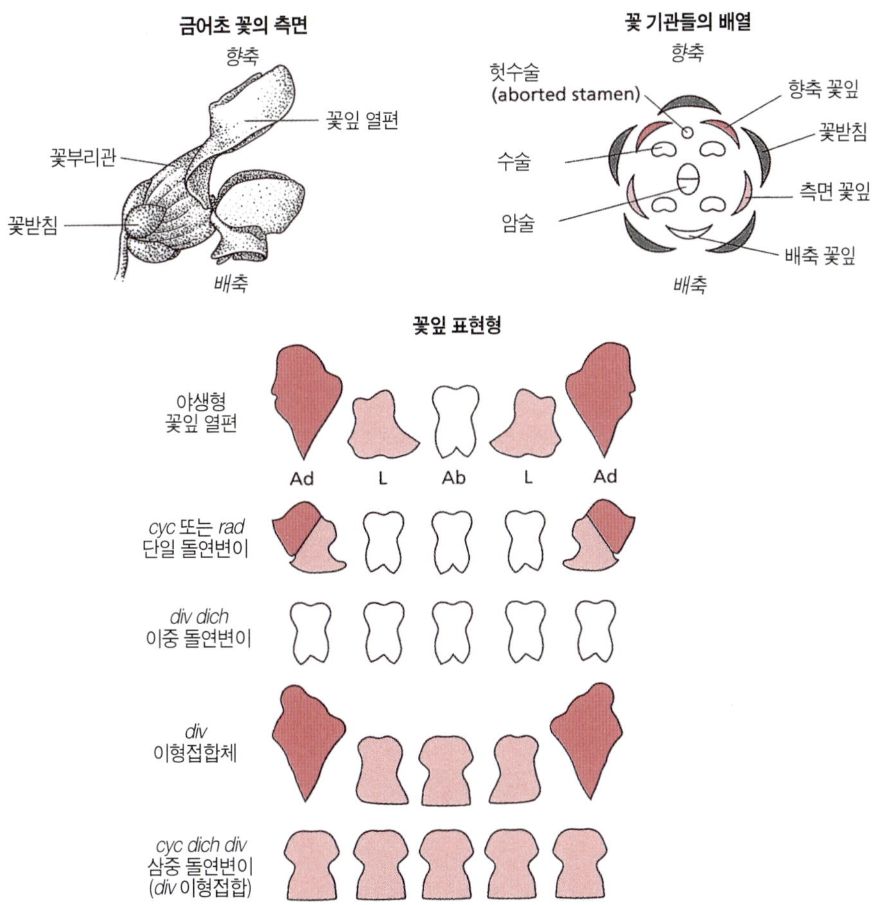

그림 5.16 변화된 향배축 극성을 갖는 금어초(*Antirrhinum*) 돌연변이들의 꽃 표현형. *div* 단일 돌연변이와 *cic dich div* 삼중돌연변이에서 *div* 돌연변이는 이형접합체(heterozygous)라는 것에 주목할 것. *div* 동형접합체는 보다 심각한 표현형을 나타낸다(본문참조). (Coen, 1996).

서 내부적으로 비대칭이다.

다섯 개의 수술 각각은 한 쌍의 꽃잎을 지나 바깥 면에 위치하고 있다. 그 결과, 한 개의 향축 수술, 두 개의 측면 수술, 두 개의 배축 수술이 있다. 향축 수술은 퇴화하여 헛수술(staminode)을 생성한다. 나머지 수술들은 독특한 측면 혹은 배축 형태를 띠고 있다. 측면의 수술은 배축 수술보다 더 짧다. 덧붙여, 모든 네 개의 완전한 수술의 수술대(filament)는 구부러져 있어 꽃밥(anther)은 배축적으로 향하고 있다-각각의 개별적인 수술의 대칭성에 영향을 미치는 향배축의 효과.

행배축 비대칭의 유전적 조절

(Genetic control of adaxial-abaxial asymmetry)

양측 대칭성(bilaterlly symmetric)인 꽃을 방사상 대칭인 꽃으로 형질전환 시킨 돌연변이들을 '괴물(monster)'이라는 뜻을 가진 그리스어에서 유래한 단어인 펠로릭(peloric)이라 한다. 향배축에 부분적인 파괴를 야기하는 돌연변이를 준펠로릭(semipeloric)이라 한다. 금어초에서의 펠로릭과 준펠로릭 돌연변이에 대한 연구는 향배축의 발생에 관계된 네 개의 유전자를 동정하였다. 그 유전자들은 — *CYCLOIDEA (CYC), RADIALIS(RAD), DICHOTOMA(DICH), DIVARICATA(DIV)* — 이다.

*CYC, RAD, DICH*는 향축 특성을 촉진한다(그림 5.16). *CYC*와 *RAD*의 열성 돌연변이(recessive mutation)는 향축 지역의 발생이 가장 심하게 영향을 받은 준펠로릭 꽃을 만든다. 예를 들어, 향축 꽃잎은 종종 향축과 측면의 특징을 갖는 꽃잎에 의해 교체된다. 측면 꽃잎의 형태는 비정상적인데 이는 배축 꽃잎과 닮았다. 흥미롭게도, 준 펠로릭 꽃은 종종 정상적인 다섯 개가 아닌, 꽃받침, 꽃잎, 수술 윤생체에 여섯 개의 기관을 가지고 있다.

*cyc*와 *rad* 꽃들과 대조적으로, *dich* 돌연변이는 매우 부드러운 표현형을 가진다. 돌연변이 꽃은 비교적 정상적으로 나타나지만, 두 향축 꽃잎사이에 정상적인 홈(notch)보다 더 깊은 홈을 가지고 있다. 그러나 *cyc dich* 이중돌연변이는 모든 기관이 배축 동일성인 완전한 펠로릭꽃을 가진다(그림 5.16). 그러므로 *cyc*와 *dich*의 활성 감소는 향배축을 파괴한다. *cyc* 단일 돌연변이와의 꽃처럼, *cyc dich* 이중돌연변이의 펠로릭 꽃은 종종 꽃받침, 꽃잎, 수술 윤생체에서 다섯 개가 아닌 여섯 개의 기관을 가진다.

*CYC*와 *DICH*는 유사한 DNA-결합 단백질(DNA-binding protein)을 암호화 한다. *CYC* 발현은-모든 기관 원기가 출현하기 전에-꽃의 분열조직에 시작되고, 모든 꽃 윤생체가 전개되는 동안 지속되며, 성숙한 꽃에서도 여전히 탐지가 가능하다. 꽃 발생 전반에 걸쳐, *CYC*의 발현은 향축 지역으로 제한된다. *DICH* 유전자 또한 꽃 발생 전반에 걸쳐 발현된다- 이 유전자의 초기 발생 패턴은 *CYC*와 유사하지만, 후기에 꽃의 아주 좁은 향축 구역으로 제한된다.

dich 돌연변이에 영향을 받은 지역은 *DICH*의 발현 구역과 대략적으로 일치한다. 그러나 *CYC*가 발현된 구역은 *cyc* 돌연변이에 의해 영향을 받은 구역 보다 작다. 예를 들어, 꽃잎 윤생체에서, *CYC*의 전사는 오직 두 개의 향축 꽃잎에서만 발견되는 반면, *cyc* 돌연변이는 비정상적인 향축과 측면의 꽃잎을 가진다. 따라서 꽃잎 윤생체의 향축 구역에서, *CYC*의 활성은 측면의 꽃잎 발생에 영향을 미치는데, 이는 꽃의 향축 구역과 측면 구역 간에 세포간 신호전달이 일어난다는 것을 나타낸다. 마찬가지로, *cyc dich* 이중 돌연변이들의 방사상 대칭

꽃은, 향배축이 성립될 때, *CYC*와 *DICH*의 발현구역과 나머지 꽃 분열조직 사이에 신호전달이 일어난다는 것을 제시한다.

CYC가 향축 기관 동일성을 촉진시키는 역할을 한다는 결론은-CYC 유전자의 조절 구역에 삽입된 트랜스포존(transposon)이 꽃의 측면과 배축 구역에서 전위적 발현을 야기하는-backpetal 돌연변이에 의해 확인된다. *backpetal* 꽃의 측면과 배축 꽃잎은 향축 특성을 가진다.

반우성(semidominant)의 div 돌연변이는 준펠로릭 꽃을 만들지만, 이 돌연변이는 향축 구역이 아니라 배축 구역에 영향을 미친다(그림 5.16). 예를 들어, *div* 이형접합체(heterozygote)의 배축 꽃잎은 측면 꽃잎의 특성을 가진다. 동형접합(homozygous)의 *div* 돌연변이에서는 배축 꽃잎의 표현형이 더욱 측면화 되고, 측면 꽃잎 또한 영향을 받게 되어 각각의 측면 꽃잎의 배축 절반은 향축 절반과 닮게 된다.

열성 돌연변이는 보통 기능 상실에 의해 발생하기 때문에 비교적 해석이 용이하다. 우성과 반우성 돌연변이들은 기능의 손실이나 획득의 결과가 될 수 있기 때문에 해석이 더욱 어렵다. *div*의 경우, 야생형과 돌연변이 대립유전자의 주입량을 달리한 실험은 돌연변이가 기능을 상실한다는 것을 말해 준다. 그러므로 *div* 꽃의 형태는 *DIV*가 배축 특성의 발생에 필요하다는 것을 암시한다. *cyc, dich,* 그리고 *rad* 돌연변이들 모두가 비정상적인 향축 기관 동일성을 가진다는 것을 고려하면, 가능한 모델은 향배축의 발생이 결핍된 측면 형태 위에 향축 기관 동일성과 배축 기관 동일성 모두를 부여에 관계한다는 것이다. 이 모델과 일치하여, *cyc dich div* 삼중 돌연변이는 모든 기관이 측면 운명을 받아들이는 방사상 대칭형의 꽃을 가진다(그림 5.16).

향배축 비대칭성의 기초 (Basis of adaxial-abxial asymmetry)

CENTRORADIALIS(CEN) 유전자에 대한 돌연변이의 효과는 금어초의 꽃의 향배축 비대칭이 꽃차례 정단(inflorescence)로 부터의 위치 정보를 필요로 한다는 것을 증명한다(그림 5.17). 야생형 금어초의 꽃은 포엽의 엽액에서 무한 꽃차례(indeterminate inflorescence)로 발생한다. *cen* 돌연변이는 정생의(terminal) 꽃에서 끝나는 유한 꽃차례를 가진다. 돌연변이 꽃차례상의 액생 꽃들(axillary flowers)은 정상적인 향배축 비대칭을 가지지만, 정생의 꽃은 방사상 대칭형이다. 이것은 향배축 비상칭이 액생 꽃의 비상칭 환경-즉, 포엽원기(bract primordia)와 꽃차례 분열조직 중앙사이의 위치하는 환경-에 의존한다는 것을 보여준다.

cen 돌연변이의 방사상으로 대칭인 정생 꽃의 모든 꽃잎은 야생형의 배축 꽃잎과 닮았다. 앞서 언급한 것처엄, *CYC, RAD,* 그리고 *DICH*는 향축 꽃 기관 동일성을 촉진하는 반면에, *DIV*는 배축 동일성을 촉진한다. 그러므로 *cen* 정생 꽃에만 오로지 배축 형태 꽃잎이 존재한다는 것은 *DIV*가 이와 관련하여 기능을 하지만, *CYC, RAD, DICH*는 기능을 발휘하기 못한다는 것을 암시한다.

cyc dich 이중 돌연변이는 정상적인 액생 위치에도 불구하고 방사상 대칭형이다. 이것은 *CYC*와 *DICH*는 향배축을 발생시키는 꽃원기의 비대칭 위치를 해석하는 기작에 필요하다는 것을 보여준다. 여섯 개의 꽃잎을 가진 준펠로릭 *cyc* 돌연변이 꽃의 관찰을 통해, *CYC* 또한 꽃 기관의 배열 상응한 향배축의 일정한 정렬을 위해 필요하다는 것을 보여준다)그림

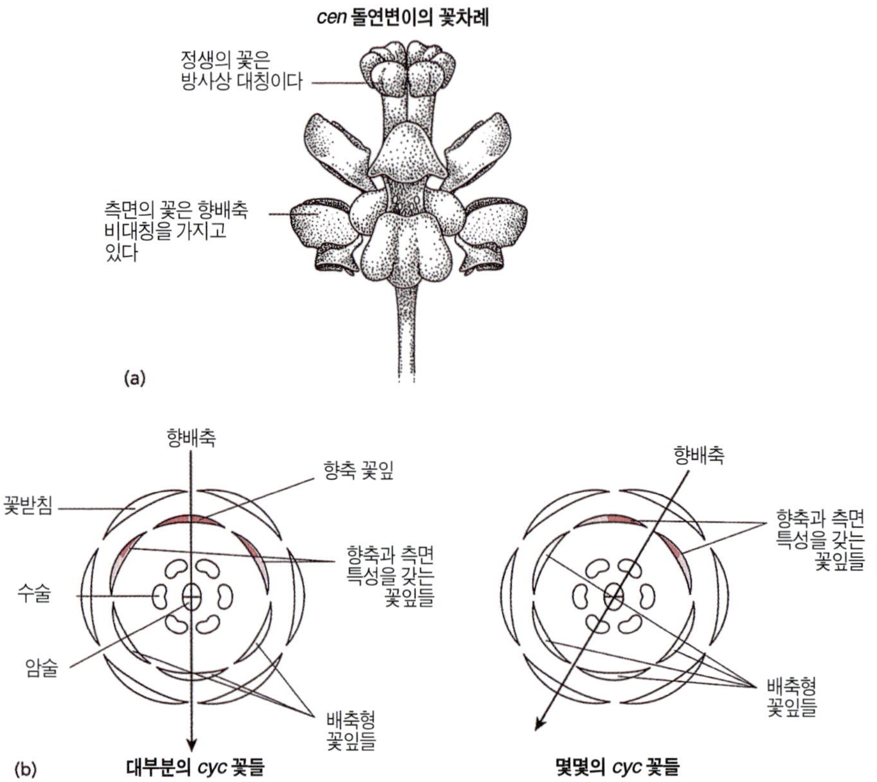

그림 5.17 금어초 꽃의 향배축의 성립. (a) *cen* 돌연변이는 방사상 대칭인 정생의 꽃을 생성한다. 이는 야생형 금어초 꽃의 향배축이 꽃차례 측면의 위치에 의존한다는 것을 시사한다. (c) *cyc* 꽃들은 향배축과 꽃 기관들의 배열 사이에 다양한 관계를 가지고 있다. 이는 야생형 꽃에서 *CYC*가 향배축의 위치를 지속적으로 유지하는데 필요하다는 것을 의미한다((a) Bradley *et al*., 1996; (b) Luo *et al*., 1996).

5.17). 여섯 개의 꽃잎을 가진 대부분의 *cyc* 꽃에서 향배축은 최상의 위치에 있는 꽃잎을 양분한다. 그러나 몇몇 꽃에서는 향배축이 두 개의 상위 꽃잎사이를 통과한다.

결 론

식물의 1차 방사상 축과 수직축은 배형성 동안에 성립된다. 슈트 발생 동안에, 이러한 1차 축들은 잎에서 축 발생을 유도하는 것에 해석된다. 세 개의 잎 축-향정축, 향배축, 중측축-중에서, 오직 향배축의 발생만이 자세히 이해된다. 엽원기는 슈트정단분열조직으로부터의 신호에 의해 향배축을 따라 극성을 가지게 된다. 그 후 축 유지와 동화 원기에 내재된다. 향배축은 엽신의 생장과 슈트정단분열조직의 유지에 필요한 것으로 보이는데, 이는 분열조직과 잎 간의 상호보완적이라는 것을 증명해준다.

꽃 기관들은 잎으로 부터 전개되기 때문에, 잎의 축 발생을 조절하는 기작이 꽃 기관들에서도 작용한다고 추측할 수 있다. 꽃 기관의 동일성은 각각의 꽃 분열조직에서 새롭게(*de novo*) 성립된 꽃의 방사상 축을 따르는 위치에 의해 좌우된다. 덧붙여, 양측상으로 대칭인 꽃을 가진 식물들에서 꽃 기관의 발생은 1차 슈트에서 파생된 꽃의 향배축을 따르는 위치에 의해 조절된다. 꽃 분열조직의 방사상 축을 따르는 위치 정보는 적어도 부분적으로 영양적 슈트 슈트정단분열조직에서의 위치 정보에 상동 한다. 그러나 꽃 기관 패턴을 만들어 내기 위해 꽃의 위치 정보가 해독되는 방법은 종 간에 다르게 나타난다. 이는 꽃받침과 꽃잎의 진화, 그리고 속씨식물의 다른 집단의 꽃들에서 나타나는 양측성 대칭의 진화는 독립적이라는 것을 반영한다.

Further reading

General

Leaves

Bowman, J.L. (2000) Axial patterning in leaves and other lateral organs. *Current Opinion in Genetics and Development* **10**, 399–404.

Freeling, M. (1992) A conceptual framework for maize leaf development. *Developmental Biology* **153**, 44–58.

Smith, L.G. & Hake, S. (1992) The initiation and determination of leaves. *Plant Cell* **4**, 1017–1027.

Sylvester, A.W., Smith, L. & Freeling, M. (1996) Aquisition of identity in the developing leaf. *Annual Review of Cell and Developmental Biology* **12**, 257–304.

Flowers

Coen, E.S. (1991) The role of homeotic genes in flower development and evolution. *Annual Review of Plant Physiology and Plant Molecular Biology* **42**, 241–279.

Coen, E.S. (1996) Floral symmetry. *EMBO Journal* **15**, 6777–6788.

Case study 5.1: Adaxial–abaxial axis of the leaf

PHANTASTICA

Waites, R. & Hudson, A. (1995) *phantastica*: a gene required for dorsoventrality of leaves in *Antirrhinum majus. Development* **121**, 2143–2154.

Waites, R., Selvadurai, H.R.N., Oliver, I.R. & Hudson, A. (1998) The *PHANTASTICA* gene encodes a MYB transcription factor involved in growth and dorsoventrality of lateral organs in *Antirrhinum. Cell* **93**, 779–789.

PINHEAD and ARGONAUTE1

Lynn, K., Fernandez, A., Aida, M. *et al.* (1999) The *PINHEAD/ZWILLE* gene acts pleiotropically in *Arabidopsis* development and has overlapping functions with the *ARGONAUTE1* gene. *Development* **126**, 113.

PHABULOSA

McConnell, J.R. & Barton, M.K. (1998) Leaf polarity and meristem formation in *Arabidopsis*. *Development* **125**, 2935–2942.

McConnell, J.R., Emery, J., Eshed, Y. *et al.* (2001) Role of *PHABULOSA* and *PHAVOLUTA* in determining radial patterning in shoots. *Nature* **411**, 709–713.

The YABBY family

Siegfried, K.R., Eshed, Y., Baum, S.F. *et al.* (1999) Members of the *YABBY* gene family specify abaxial cell fate in *Arabidopsis*. *Development* **126**, 4117–4128.

LAM1

McHale, N.A. (1992) A nuclear mutation blocking initiation of the lamina in leaves of *Nicotiana sylvestris*. *Planta* **186**, 355–360.

McHale, N.A. & Marcotrigiano, M. (1998) *LAM1* is required for dosoventrality and lateral growth of the leaf blade in *Nicotiana*. *Development* **125**, 4235–4243.

LEAFBLADELESS1

Timmermans, M.C.P., Schultes, N.P., Jankovsky, J.P. & Nelson, T. (1998) *Leafbladeless1* is required for dosoventrality of lateral organs in maize. *Development* **125**, 2813–2823.

Case study 5.2: Proximodistal axis of the leaf

KNOTTED1

Freeling, M. & Hake, S. (1985) Developmental genetics of mutants that specify *Knotted* leaves in maize. *Genetics* **111**, 617–634.

Jackson, D., Veit, B. & Hake, S. (1994) Expression of maize *KNOTTED-1* related homeobox genes in the shoot apical meristem predicts patterns of morphogenesis in the vegetative shoot. *Development* **120**, 405–413.

Smith, L., Greene, B., Veit, B. & Hake, S. (1992) A dominant mutation in the maize homeobox gene, *Knotted-1*, causes its ectopic expression in leaf cells with altered fates. *Development* **116**, 21–30.

Vollbrecht, E., Reiser, L. & Hake, S. (2000) Shoot meristem size is dependent on inbred background and presence of the maize homeobox gene, *knotted1*. *Development* **127**, 3161–3172.

Models of axis development

Freeling, M. (1992) A conceptual framework for maize leaf development. *Developmental Biology* **153**, 44–58.

Hake, S., Char, B.R., Chuck, G. *et al.* (1995) Homeobox genes in the functioning of plant meristems. *Philosophical Transactions of the Royal Society of London, Series B* **350**, 45–51.

Case study 5.3: Determinate nature of leaf development

The KNOX genes

Hake, S., Char, B.R., Chuck, G. *et al.* (1995) Homeobox genes in the functioning of plant meristems. *Philosophical Transactions of the Royal Society of London, Series B* **350**, 45–51.

The PHAN homologues

Byrne, M.E., Barley, R., Curtis, M. *et al.* (2000) *Asymmetric leaves1* mediates leaf patterning and stem cell function in *Arabidopsis. Nature* **408**, 967–971.

Timmermans, M.C., Hudson, A., Becraft, P.W. & Nelson, T. (1999) ROUGH SHEATH2: a Myb protein that represses *knox* homeobox genes in maize lateral organ primordia. *Science* **284**, 151–153.

Tsiantis, M., Schneeberger, R., Golz, J.F., Freeling, M. & Langdale, J.A. (1999) The maize *rough sheath2* gene and leaf development programs in monocot and dicot plants. *Science* **284**, 154–156.

Waites, R. & Hudson, A. (1995) *phantastica*: a gene required for dorsoventrality of leaves in *Antirrhinum majus. Development* **121**, 2143–2154.

Waites, R., Selvadurai, H.R.N., Oliver, I.R. & Hudson, A. (1998) The *PHANTASTICA* gene encodes a MYB transcription factor involved in growth and dorsoventrality of lateral organs in *Antirrhinum. Cell* **93**, 779–789.

Tomato leaf development

Hareven, D., Gutfinger, T., Parnis, A., Eshed, Y. & Lifschitz, E. (1996) The making of a compound leaf: genetic manipulation of leaf architecture in tomato. *Cell* **84**, 735–744.

Pea leaf development

Gourlay, C.W., Hofer, J.M.I. & Ellis, T.H.N. (2000) Pea compound leaf architecture is regulated by interactions among the genes *UNIFOLIATA*, *COCHLEATA*, *AFILA*, and *TENDRIL-LESS. Plant Cell* **12**, 1279–1294.

Hofer, J., Turner, L., Hellens, R. *et al.* (1997) *UNIFOLIATA* regulates leaf and flower morphogenesis in pea. *Current Biology* **7**, 581–587.

Regulation of leaf dimensions

Hemerly, A., de Almeida Engler, J., Bergounioux, C. *et al.* (1995) Dominant negative mutants of the Cdc2 kinase uncouple cell division from iterative plant development. *EMBO Journal* **14**, 3925–3936.

Jones, A.M., Im, K-H., Savka, M.A. *et al.* (1998) Auxin-dependent cell expansion mediated by overexpressed auxin-binding protein 1. *Science* **282**, 1114–1117.

Stewart, R.N., Semeniuk, P. & Dermen, H. (1974) Competition and accommodation between apical layers and their derivatives in the ontogeny of chimeral shoots of *Pelargonium X hortorum. American Journal of Botany* **61**, 54–67.

Tsuge, T., Tsukaya, H. & Uchimiya, H. (1996) Two independent and polarized processes of cell elongation regulate leaf blade expansion in *Arabidopsis thaliana* (L.) Heynh. *Development* **122**, 1589–1600.

Size control during animal development

Conlon, I. & Raff, M. (1999) Size control in animal development. *Cell* **96**, 235–244.

Day, S.J. & Lawrence, P.A. (2000) Measuring dimensions: the regulation of size and shape. *Development* **127**, 2977–2989.

Case study 5.4: Radial axis of the flower

The ABC model and interactions between organ identity genes

Bowman, J.L., Smyth, D.R. & Meyerowitz, E.M. (1991) Genetic interactions among floral homeotic genes of *Arabidopsis. Development* **112**, 1–20.

Carpenter, R. & Coen, E.S. (1990) Floral homeotic mutations produced by transposon-mutagenesis in *Antirrhinum majus. Genes and Development* **4**, 1483–1493.

Irish, V.F. (1999) Patterning the flower. *Developmental Biology* **209**, 211–220.

Weigel, D. & Meyerowitz, E.M. (1994) The ABCs of floral homeotic genes. *Cell* **78**, 203–209.

The SEPALLATA genes

Gutierrez-Cortines, M.E. & Davies, B. (2000) Beyond the ABCs: ternary complex formation in the control of floral organ identity. *Trends in Plant Science* **5**, 471–476.

Pelaz, S., Ditta, G.S., Baumann, E., Wisman, E. & Yanofsky, M.F. (2000) B and C floral organ identity functions require *SEPALLATA* MADS-box genes. *Nature* **405**, 200–203.

Sector boundary analysis of floral organ initiation

Bossinger, G. & Smyth, D.R. (1996) Initiation patterns of flower and floral organ development in *Arabidopsis thaliana. Development* **122**, 1093–1102.

Establishing the pattern of organ identity gene expression

Busch, M.A, Bomblies, K. & Weigel, D. (1999) Activation of a floral homeotic gene in *Arabidopsis. Science* **285**, 585–587.

Lenhard, M., Bohnert, A., Jürgens, G. & Laux, T. (2001) Termination of stem cell maintenance in *Arabidopsis* floral meristems by interactions between *WUSCHEL* and *AGAMOUS. Cell* **105**, 805–814.

Lohmann, J.U., Hong, R.L., Hobe, M. *et al.* (2001) A molecular link between stem cell regulation and floral patterning in *Arabidopsis. Cell* **105**, 793–803.

Parcy, F., Nilsson, O., Busch, M.A., Lee, I. & Weigel, D. (1998) A genetic framework for floral patterning. *Nature* **395**, 561–566.

Wagner, D., Sablowski, R.W. & Meyerowitz, E.M. (1999) Transcriptional activation of *APETALA1* by *LEAFY. Science* **285**, 582–584.

LEUNIG

Conner, J. & Liu, Z. (2000) *LEUNIG*, a putative transcriptional corepressor that regulates *AGAMOUS* expression during flower development. *Proceedings of the National Academy of Science, USA* 97, 12902–12907.

Case study 5.5: Adaxial–abaxial axis of the *Antirrhinum* flower

For a general review see:

Coen, E.S. (1996) Floral symmetry. *EMBO Journal* **15**, 6777–6788.

CYCLOIDEA and DICHOTOMA

Luo, D., Carpenter, R., Copsey, L. *et al.* (1999) Control of organ asymmetry in flowers of *Antirrhinum*. *Cell* **99**, 367–376.
Luo, D., Carpenter, R., Vincent, C., Copsey, L. & Coen, E. (1996) Origin of floral asymmetry in *Antirrhinum*. *Nature* **383**, 794–799.

DIVARICATA

Almeida, J., Rocheta, M. & Galego, L. (1997) Genetic control of flower shape in *Antirrhinum majus*. *Development* **124**, 1387–1392.

CENTRORADIALIS

Bradley, D., Carpenter, R., Copsey, L. *et al.* (1996) Control of inflorescence architecture in *Antirrhinum*. *Nature* **379**, 791–797.

6 장

특정 세포, 조직이나 기관에 대한 위치 (Position relative to a particular cell, tissue or organ)

4장과 5장에서는, 식물에서 세포 운명이 축 정보(axial information)에 의해서 어떻게 조절되는가에 대해 논의했다. 이론적으로, 모든 세포는 축 정보 단독에 의해서 그 위치에 적절한 운명을 따른다고 할 수 있다. 그러나 이것은 사실과 다르며, 식물은 세포의 운명과 세포위치를 조절하기 위한 추가적인 기작을 이용한다. 이번 장에서는 특이적 세포, 조직이나 기관의 접근을 통해 세포의 운명을 조절하는 중요한 실례에 대해 논의한다. 근접성에 기초한 정보(proximity based information)는, 각각의 잎들과 같은 특정 구조물들은 서로 항상 떨어져 발생하며, 반면에 잎과 그 잎의 관다발과 같은 또 다른 구조물에서는 항상 연결되어있어 기능적인 식물 성장을 한다는 것을 제시한다.

식물의 발생과 동물의 배아에서 접근에 기초한 기작과 이들의 기능은 이론적인 유사성들이 있다. 동물 발생학에서는 동치세포와 비동치 세포가 구별되어진다. 하나의 **동치세포 그룹**(an equivalence group)에 있는 모든 세포들은 동등한 발생 잠재성(potential)을 가진다. 대조적으로, 비동치 세포들은 다른 발생 잠재성을 가진다. 동물 발생에서 세포의 상호작용은 그들이 동치 그룹 안에서 발생하는지 또는 비동치 세포들 사이에서 발생하는지에 따라 분류된다. 동치 그룹 내에서의 상호작용은 크게 **후기 특성화**(lateral specification) 에 포함된다. 세포의 운명이 비동치 세포로부터의 시그널에 의존하는 상호작용은 **유도**(induction)라 불린다.

식물세포에서 동치와 비동치란 용어가 의미 있는지 아닌지는 명확하지 않다. 3장에서 토론되었던 바와 같이, 식물세포에서는 세포의 특이적 운명이 그들의 계통에 의해서 제한되지 않으며, 따라서 발생기관에서의 세포들은 서로 같은 발생 잠재성을 가진다. 그러나 식물발생에서 세포의 상호작용을 논의할 때, 후기 특성화(lateral specification)와 유도(induction)의 개념은 유용하다.

후기 특성화(lateral specification)는 초기의 동일한 세포 그룹으로부터 발생하는 패턴을 가지고 있다. 예를 들면, 연구사례 6.1은 lateral specification이 어떻게 초기의 동일한 부분의 표피세포로부터 애기장대 잎의 모용(毛茸, trichome)을 배열 생성시키는가에 대해서 검토한다. 유도는 기존 패턴의 정교함을 나타낸다. 예를 들면, 애기장대 뿌리에서, 뿌리 피층세포에 대한 어떤 표피세포의 위치는 그 표피세포가 근모를 발생시킬지를 결정한다. 이것은 애기장대에서 근모의 발생은 뿌리의 내부로부터의 유도 신호에 의해 조절 된다는 것을 나타낸다. 근모의 패턴은 연구사례 6.2에서 논의된다.

근접성(proximity)에 기초한 기작은 또한 더 큰 규모의 패턴을 산출할 수 있다. 예를 들어, 슈트에서 잎의 배열 — **엽서**(phyllotaxy) — 이 다음 잎이 발생하는데 있어서 기존의 엽원기의 영향을 받아 조절된다는 것은 그 좋은 예이다. 이것은 연구사례 6.3에서 논의된다. 후에, 연구사례 6.4에서는 유관속 발생, 특히 엽원기로부터의 옥신이 잎과 슈트 사이의 유관속 결합의 분화를 유도하는지에 대해 논의한다.

연구사례 6.1: *애기장대* 잎에서 모용(毛茸, trichome)의 패턴

(Case study 6.1: The pattern of trichomes on *Arabidopsis* leaf)

애기장대 모용(毛茸, trichome, leaf hairs)은 하나의 표피세포가 표피로부터 돌출된 것으로 일반적으로 세 개의 가지를 가진다(그림 6.1). 위에서 볼 때 가지는 엽저를 향해 가리키는 Y 형태를 하고 있으며, 이는 분지패턴이 엽원기에서의 축 정보와 반응하는 것을 나타낸다. 모용(毛茸, trichome)의 분포는 잎의 각각의 부분에 따라 다르게 나타난다. 그러나 모용(毛茸, trichome)을 포함하고 있는 표피의 각 부분에서 모용(毛茸, trichome)은 생각보다 더 고르게 분포되어있다. 통계학적 분석을 통해 모용(毛茸, trichome)의 임의 분포가 무리와 쌍을 이뤄 발생하는 것이 예상 보다 낮음을 보여준다. 이와 같은 배열은 각각의 구조들 사이에 최소한의 거리가 있으며, 이를 **공간패턴**(spacing pattern)이라 불린다. 이번 연구사례는 어떻게 모용(毛茸, trichome)의 공간패턴이 일어나는가에 대해 검토한다.

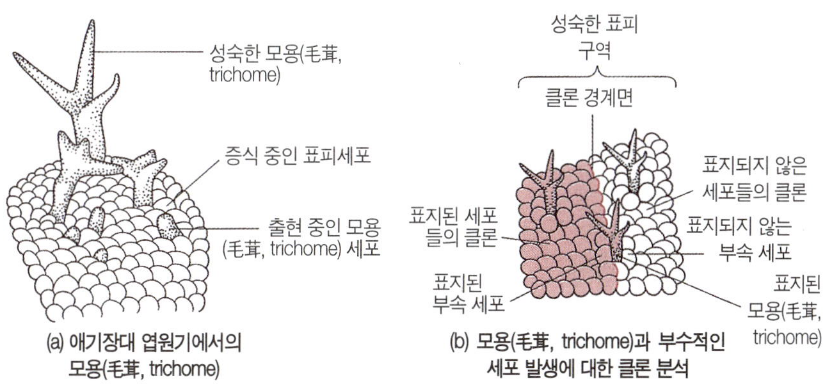

그림 6.1 애기장대의 모용(毛茸, trichome) 발생. (a) 엽원기에서의 모용(毛茸, trichome) 전개. 모용(毛茸, trichome) 전개의 첫 회전은 향기적 순서(tip-to-base)로 일어난다. (b) 모용(毛茸, trichome)과 부수적인 세포 발생에 대한 클론 분석. 중심의 모용(毛茸, trichome)은 표지된 클론(분홍색)에 속하지만, 그것의 부속 세포들은 표지되지 않는다(흰색). 그러므로, 모용(毛茸, trichome)과 표지되지 않은 부속물 세포들은 다른 계통에 속한다. (Schnittger *et al.*, 1999.)

클론 분석 (Clonal analysis)

모용(毛茸, trichome)은 주변 표피에서의 세포들은 여전히 분열되고 있는 잎 발생 초기에 분화하기 시작한다(그림 6.1). 엽원기의 성장에 따라, 기존의 모용(毛茸, trichome)들은 더더욱 넓게 퍼지기 시작하며, 새로운 모용(毛茸, trichome) 그들 사이의 틈에서 발생한다. 잎 발달의 다음 단계에서, 표피세포의 분열과 잎의 성장은 모용(毛茸, trichome)생성이 없이 이뤄지며, 인접한 모용(毛茸, trichome)간의 거리는 증가하게 된다. 마지막으로, 각각의 모용(毛茸, trichome)을 둘러싸고 있는 표피세포들은 **부속 세포**(accessory cells)가 되기 위해 확대된다.

모용(毛茸, trichome)이 쌍을 이뤄 발생하는 것은 매우 드물며, 이는 각각의 모용(毛茸, trichome)과 그 모용(毛茸, trichome)을 둘러싸고 있는 부세포가 단일모세포로부터 기원한다고 하면 설명될 수 있을 것이다. 그러므로 모용(毛茸, trichome)의 모세포들은 인접해 있다고 할지라도, 모용(毛茸, trichome)들은 항상 분리되어질 것이다. 그러나 애기장대 잎의 클론 분석은 모용(毛茸, trichome)과 그 부세포들이 클론과 항상 관련되지는 않다는 것을 나타낸다(그림 6.1b). 결과적으로, 클론기작이 모용(毛茸, trichome)의 분포를 조절하는 것은 아니다. 분명한 것은 모용(毛茸, trichome) 패턴이 표피세포들 사이의 신호로부터 기인한다는 것이다.

모용(毛茸, trichome)패턴의 유전적 특징 (Genetics of trichome patterning)

세포에서 세포로의 신호 전달이 어떻게 모용(毛茸, trichome)의 간격 패턴를 발생시키는가에 대한 문제를 설명하기 위한 간단한 모델이 돌연변이적 분석을 기초로 하여 제안되었다. 적어도 스무개의 유전인자 돌연변이들은 애기장대 모용(毛茸, trichome) 발생을 교란시킨다. 이것의 대부분은 모용(毛茸, trichome) 분화 양상에 영향을 미치지만, *GLABRA1* — 때때로 *GLABROUS1*으로 불린다 — (*GL1*) 또는 *TRANSPARENT TESTA GLABRA1*(*TTG1*)에서 기능을 손실한 돌연변이는 거의 전체적으로 털이 없는 잎들을 만든다(그림 6.2). 따라서 모용(毛茸, trichome) 생성을 위해서는 *GL1*와 *TTG1* 둘 모두가 필요하다.

모용(毛茸, trichome)의 유무를 제외하고는 *gl1* 돌연변이체의 생장은 야생종과 같다. *GL1*는 MYB 전사 factor와 유사한 단백질을 암호화 한다. *GL1*는 발생중인 잎의 모든 표피세포들에서 낮은 수준으로 발현되고, 분화중인 모용(毛茸, trichome)에서 높은 수준으로 발현된다. 따라서, *GL1*의 발현증가가 모용(毛茸, trichome)으로서의 분화를 촉진할 것으로 여겨진다.

ttg1 돌연변이체는 다면 발현성의 표현형(pleiotropic phenotype)를 가진다. 모용(毛茸, trichome)의 결여뿐만 아니라, 안토시아닌이 결핍된 *ttgl* 돌연변이체는 비정상적인 내종피(seed coats)를 가지며, 뿌리털 발생의 패턴을 바꾼다(연구사례 6.2). *TTG1*는 단백질-단백질 상호작용과 관련하는 amino acid 서열인 WD40 repeats를 포함한 단백질을 암호화 한다. 어떤 단백질이 TTG1과 상호작용 하는지는 밝혀지지 않았다. 이 유전자는 모든 식물 조직체 안에서 발현하지만, 모용(毛茸, trichome)/ 비모용(non-trichome)세포와 관련된 정확한 발현 패턴은 알려지지 않았다.

흥미롭게도, *ttg1* 돌연변이체는 옥수수 *R*유전자(*TTG1*과 같이, *R*은 안토마이신 합성을 조절하는 기능을 한다)의 형질전환 발현에 의해 완전히 보완 될 수 있다(그림 6.2d). 발현된 *R*형질전환 유전자를 포함하고 있는 *ttg1* 돌연변이체는 충분한 모용(毛茸, trichome)들을 생산한다. 이것은 모용(毛茸, trichome) 발생을 조절하는데 있어서 애기장대 *R* 상동체가 같은

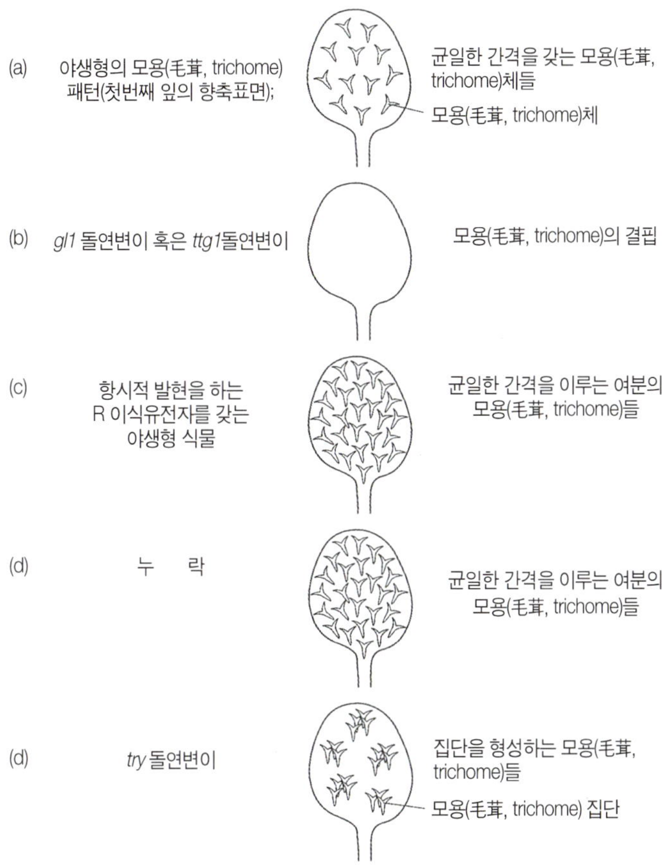

그림 6.2 애기장대의 모용(毛茸, trichome) 패턴에 영향을 미치는 돌연변이들과 이식유전자 발현의 효과. 모용(毛茸, trichome)들을 위에서 바라본 그림이기 때문에 모용(毛茸, trichome)의 파생 가지들은 Y자 모양으로 나타나고, 그들의 자루(stalk)는 보이지 않는다. (a) 야생 종 잎에서, 최소한의 간격은 이웃하는 모용(毛茸, trichome) 사이에서 항상 유지된다. (b) 모용(毛茸, trichome)들은 *gl1*과 *ttg1* 돌연변이의 잎에서 발달하지 않는데, 이는 *GL1*과 *TTG1*이 모용(毛茸, trichome)운명에 필요하다는 것을 의미한다. (c) 야생종 식물 내의 *R* 이식유전자의 항시적 발현은 균일한 간격을 가지는 많은 모용(毛茸, trichome)들의 생산을 야기한다 (d) *ttg1* 돌연변이 안에 *R* 형질전환 유전자의 항시적 발현 역시 균일한 간격을 갖는 많은 모용(毛茸, trichome)의 생산을 야기하며, 이는 모용(毛茸, trichome)의 형성이 *TTG1* 기능 상실에 따른 모용(毛茸, trichome)형성의 차단을 극복한다는 것을 의미한다. (e) try 돌연변이들의 잎에서, 모용(毛茸, trichome)은 종종 몇 여러개로 구성된 집단을 형성하면서 발생하며, 이는 TRY가 모용(毛茸, trichome)의 간격유지에 필요하다는 것을 나타낸다.

지점 혹은 하류에서 *TTG1*와 같은 역할을 하는 것을 나타낸다. *R* 발현은 *gl1* 돌연변이에서 나타나는 모용(毛茸, trichome) 발생 장애를 극복할 수 없다. 이와 마찬가지로, *GL1*을 지속적으로 발현하는 형질전환식물 만약 그들이 *ttg1* 돌연변이체라면 여전히 모용(毛茸, trichome)은 없게 된다. 그러므로 모용(毛茸, trichome)의 발생은 *GL1*과, *TTG1* 또는 *R* 발현과의 조합을 필요로 한다.

*R*은 basic helix-loop-helix(bHLH) 단백질을 암호화 하며, 옥수수에서 안토시아닌 생합성

유전자의 전사를 조절하기 위해 MYB 전사 인자들과 상호 작용한다 (bHLH domain은 DNA binding과 단백질 이합체화 하는 기능을 가진다). 그러므로 애기장대 에서 GL1 단백질 (MYB와 유사)이 유전자 전사를 조절하기 위해 R 상동체와 함께 복합물을 형성해, 모용(毛茸, trichome) 생성을 자극하는 것은 가능하다. R 상동체의 역할을 대신 할 수 있는 것으로 GL3유전자가 있으며, 이 유전자는 최근 R과 유사한 서열을 가지고 있다는 것이 보고되었다.

모용(毛茸, trichome) 간격화에 대한 모델

(A model for trichome spacing)

첫 번째 모용(毛茸, trichome)이 발생하기 전에, 잎 표피는 향후의 모용(毛茸, trichome)/ 비모용(毛茸, trichome)으로서의 운명을 가진 동치 그룹으로써 활동한다. 모용(毛茸, trichome)의 운명에 대해 널리 인정되고 있는 모델에서는 이 단계의모든 표피세포들에서 *GL1*, *TTG1*과, 추정에 바탕을 둔 애기장대 *R* 상동체는 낮은 수준으로 발현한다고 추측된다 (그림 6.3). 두 번째 각각의 세포 내에서, *GL1*, *TTG1* 그리고 *R*은 자가촉매시스템(autoca-

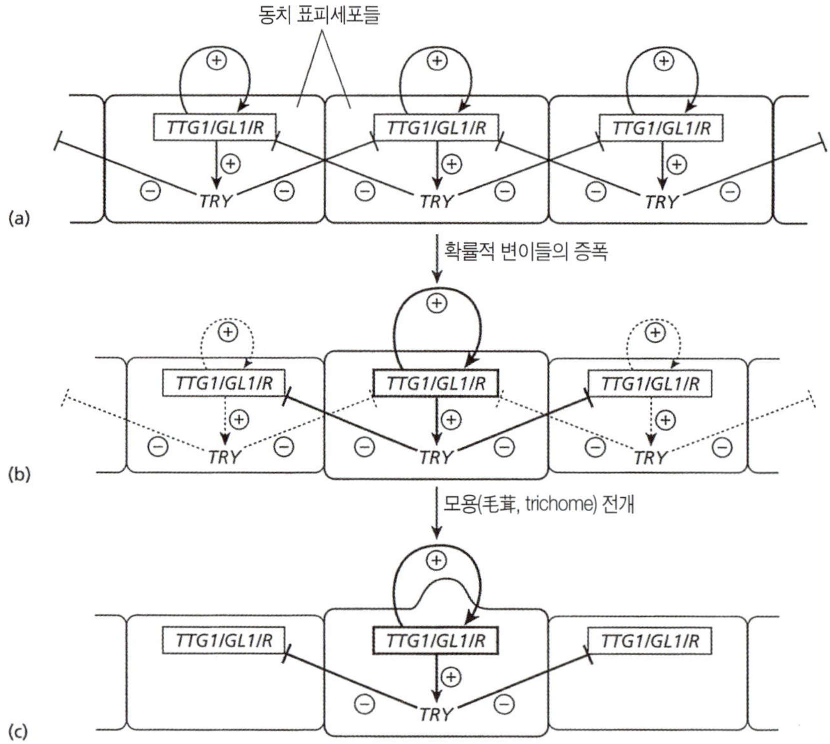

그림 6.3 애기장대의 모용(毛茸, trichome) 간격에 대한 모델. (a) 초기에는, 모용(毛茸, trichome) 발생에 연관된 잎 표피세포들 사이에 상호억제 상태가 존재한다. (b, c) 유전 발현의 확률적(stochastic) 변이들이 증폭되어 각각의 세포들로부터 모용(毛茸, trichome)을 발생시키고, 인접한 세포들이 모용으로 되는 것을 막는다. ⊕ 기호를 동반하는 화살표는 양성조절(positive regulation)을 나타낸다. ⊖ 기호와 함께 동반하는 막대형 선은 음성조절(negative regulation)을 의미한다. (Schnittger *et al.*, 1999.)

talyticsystem)을 형성할 것으로 추측된다. 예를 들어, 세 개의 유전자들은 그들 자신의 발현을 증가시키기 위해 협력하여 활동한다. 이 모델의 3번째 가정은 *Gl1-TTG1-R* 발현의 임계점에 도달했을 때 그 세포는 모용(毛茸, trichome)으로 분화된다는 것이다. 이것은 모든 표피세포들이 모용(毛茸, trichome)으로서의 성장할 수 있는 가능성을 주고 있다.

또한 간격 패턴을 수립하기 위해서, 모용(毛茸, trichome) 운명의 억제자가 있어야만 한다. 이 기능은 *TRIPTYCHON(TRY)* 유전자에 의해 나타난다. *try* 돌연변이체는 대략적으로 wild-type 과 비슷한 수의 모용(毛茸, trichome)이 발생하지만, 무리지어 발생하는 모용(毛茸, trichome)이 증가한다(그림 6.2e). 이것은 모용(毛茸, trichome)이 무리지어 발생하는 것을 억제하기 위해서 *TRY*가 필요하다는 것을 나타낸다. 이 모델은 *GL1-TTG1-R* 발현이 *TRY*를 발현시키기 위해 각각의 세포들을 자극하고, 발현된 *TRY*는 이웃하는 세포들의 *GL1-TTG1-R* 발현을 감소시키는 역할을 한다는 것을 제안한다.

그러므로 모용(毛茸, trichome)의 간격은 두 개의 피드백 고리에 의해 결정되어진다: 세포 독립적, 긍정적 피드백 고리는 *GL1-TTG1-R* 발현을 격화시킨다.; 반면에 부정적 피드백 고리는 이웃하는 세포들의 *GL1-TTG1-R* 발현을 완화시킨다(그림 6.3). 모델에 따르면, 매우 어린 엽원기에서 모든 표피세포들은 *GL1-TTG1-R* 을 발현시키고, 따라서 *TRY*는 상대적으로 낮은 수준에 있다. 결론적으로, 이웃하는 세포들은 상호 억제 패턴에 영향을 받는다. 따라서 모용(毛茸, trichome) 분화를 위한 임계점을 지난 어떤 한 세포에서 같은 지역의 세포 그룹에 속해 있는 모든 구성물 의한 *TRY* 발현과 억제자 생산은 *GL1-TTG1-R* 발현을 막는다. 그러나 이 균형은 안정적이지 않으며, 세포들 사이의 유전자 발현에 있어서 확률적인 다양성에 의해 붕괴된다.

예를 들면, 만약 하나의 세포가 주변 보다 더 높은 *GL1-TTG1-R* 발현을 보이면, 세포는 그 후에 약간 더 높은 *TRY* 활성을 가질 것이고, 더 많은 억제자를 생성할 것이다. 억제자 생성의 증가는 이웃하는 세포의 *GL1-TTG1-R* 발현을 감소시키며, 그 이웃 세포들은 TRY 발현과 억제자 생성이 감소한다. 억제자에 노출이 되지 않을 경우 , 초기에 더 높은 *GL1-TTG1-R* 활성을 가지고 있는 세포는 *GL1-TTG1-R*의 발현을 훨씬 더 증가시킬 것이다. 따라서, 유전자 발현에 대한 초기의 확률적 변이는 하나의 세포가 선택되어 모용(毛茸, trichome)이 될 때까지 증폭될 것이고, 그 세포에 바로 인접한 이웃세포들은 모용(毛茸, trichome)세포로 발달하지 않게 된다.

확률적 선발 과정은 잎에서 첫 번째 모용(毛茸, trichome)의 전개 동안에만 필요로 한다. 엽원기가 생장하고 첫 번째 모용(毛茸, trichome)들이 펼쳐질 때, 출현한 모용(毛茸, trichome)들과 충분한 거리에 떨어져 있는 세포들은 억제 신호를 받지 않을 것이며, 따라서 새로운 모용(毛茸, trichome)을 발생시킬 수 있을 것이다. 물론 각각의 새로운 모용(毛茸, trichome)은 바로 옆에 인접한 이웃세포들이 모용(毛茸, trichome)을 분화시키지 못하도록 막을 것이다. 세포가 같은 형태의 세포를 억제하는(like inhibits like) 그런 과정을 **측면 억제**(lateral inhibition)이라 한다. 발생하는 모용(毛茸, trichome)은 단지 서너 개의 표피세포 간격으로만 분리되어 있기 때문에, 따라서 억제자는 몇 개의 세포반경 이내에서만 활동할 필요가 있다.

국지적으로 활동하는 세포 운명의 자가 촉매적 프로모터(autocatalytic promoter)가 더 긴 범위를 갖는 운명 억제자의 생성을 유도한다는 공간 기작(spacing mechanism)은 수학자인 Alan turing에 의해 1950년대 초에 처음으로 제시되었다. **튜링 기작**(Turing mechanisms, 또한 확산되는 물질들 사이에 촉진/억제 상호작용으로 모델화될 수 있기 때문에 **반응-확산**

기작 — reaction-diffusion mechanisms — 이라고도 불린다)은 많은 발생 체계에 적용되었다. 예를 들어, 초파리(Drosophila)의 감각을 담당하는 강모의 간격이다.

연구사례 6.2: 애기장대 뿌리털의 패턴
(Case study 6.2: The pattern of root hairs in Arabidopsis)

애기장대 뿌리 표피의 세포들은 뿌리털 세포들(trichoblast) 또는 털이 없는 세포들(atrichoblasts)로 구분된다. 이 세포 운명의 결정은 밑에 있는 뿌리 피층에 대한 각 표피세포의 위치에 의존한다. 따라서 표피세포 운명은 뿌리의 더 깊은 층 안에서 발생하는 유도신호(inductive signal)에 의해 조절되는 것으로 보인다.

뿌리털 세포/비뿌리털 세포의 발생
(Trichoblast/atrichoblast development)

애기장대 뿌리 표피는 뿌리 정단 분열조직 안에 있는 16개의 표피/측면의 근관 시원세포(epidermal/lateral root cap initials)들로 구성된 고리(ring)에서 유래되었다(그림 1.5는 애기장대 근단 구조를 보여준다). 이 시원세포들 전에, 표피 내의 가로분열은 뿌리를 따라 생성하는 세포들의 규칙적인 세로열을 생성되고, 경우에 따라 수직분열이 일어나 고리의 세포를 16개에서 20개까지 증가시키기도 한다. 표피 바로 아래에 단일의 세포층으로 이루어진 애기장대의 피층에는, 오직 8개의 세포열 만이 존재한다. 두 개의 피층 세포 사이의 갈라진 틈에 놓여있는 표피세포들은 뿌리털로 발생한다. 단층의 피층세포의 외벽에 놓여있는 피층 표피세포들은 비뿌리털로 발생한다. 표피와 피층세포 열이 뿌리를 따라 대략적으로 서로 평행하게 놓여지기 때문에, 표피는 하나 또는 두 개의 비뿌리털 열에 의해 각기 서로 분리되어 있는 여덟 개의 뿌리털의 로 구성된다(그림 6.4)

뿌리털의 발달은 매우 이른 단계부터 비뿌리털과 다른 양상으로 나타난다. 1장에서 언급한 바와 같이, 근단은 대략적으로 분열대(zone of cell division), 신장대(zone of cell expansion), 성숙대(zone of maturation)로 나눠진다. 이 순서에 따라 근단분열조직으로부터 멀어진다. 근단분열조직 바로 위에 있는 분열대에서, 뿌리털이 발생할 세포들은 그렇지 않은 세포들보다 훨씬 더 빽빽한 세포질을 가지고 있고, 덜 액포화 된(액포의 크기가 작은) 형태를 띠고 있다(그림 6.4). 다음 발생 단계에서, 뿌리털 세포열의 세포들은 비뿌리털 세포열의 세포들보다 훨씬 더 많이 분열하고, 덜 신장하게 된다. 그에 따라, 세포들이 성숙대로 들어감에 따라, 뿌리털 세포열은 비뿌리털 세포열보다 더 많은 세포로 구성되지만, 그 세포들의 크기는 훨씬 작다. 성숙대에서 비뿌리털 세포가 아닌 뿌리털 세포들이 뿌리털을 만들어낸다.

뿌리표피에서 세포들의 위치는 레이저 절개에 의해 변할 수 있다. 연구사례 3.1에서 논의한 바와 같이, 절개된 세포들은 파괴되고 인접한 세포들이 갈라진 틈 안으로 이동하게 된다. 뿌리털을 만들지 못하는 세포들이 파괴되어 형성된 틈으로 뿌리털이 발생할 세포들이 이동하게 되면, 재배치된 세포는 뿌리털을 만들지 않는 운명을 받아들이게 된다. 그와 반대되는 경우인 비뿌리털 세포의 뿌리털세포 위치로의 이동에서, 비뿌리털 세포열의 세포들은 뿌리털 세포 운명을 받아들이게 될 것이다. 따라서 뿌리표피에서의 세포운명은 계통에 의한 것이 아닌 위치에 의해 결정된다. 이는 3장에서 언급한 근거와 일치한다.

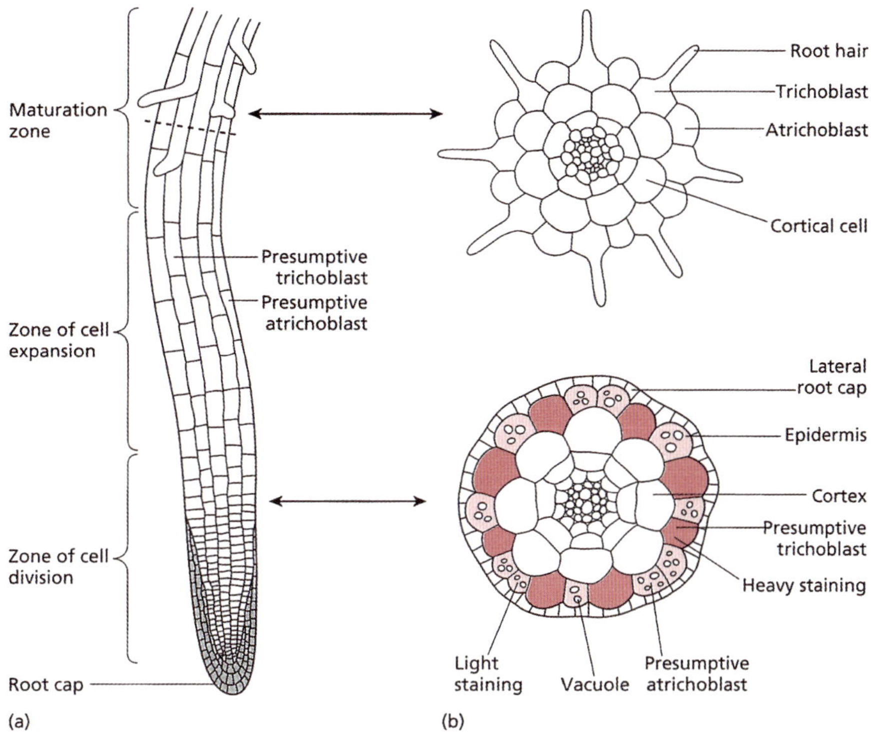

그림 6.4 애기장대 뿌리 안에서 뿌리털세포(trichoblast)와 비뿌리털 세포(atrichoblast)의 발생. (a) 분열대, 신장대, 성숙대를 보여주는 애기장대의 근단세포(근관 구역은 안쪽에 놓여있는 표피를 나타내기 위해 생략했다). 신장대에서 뿌리털세포는 비뿌리털 세포 보다 덜 생장한다. (b) 성숙대에서 뿌리털세포와 비뿌리털 세포의 배열을 보여주는 뿌리의 횡단면과(위), 분열대에서 뿌리털을 발생시킬 세포와 발생시키지 않을 세포의 특징(아래). (Dolan et al., 1993; Lee & Schiefelbein, 1999).

뿌리털세포/비뿌리털세포 결정에 대한 유전학

(Genetics of the trichoblast / atrichoblast decision)

뿌리털 발생의 돌연변이적 분석은 뿌리털 세포 운명을 극복하고 중에 비뿌리털 세포 운명을 촉진하는 유전자들과, 또한 비뿌리털 세포 운명을 극복하고 뿌리털 세포 운명을 촉진하는 유전자들을 동정하였다. 이 절은 4개의 유전자가 비뿌리털 세포의 발생을 촉진하고 하나의 유전자가 뿌리털 세포의 발생을 촉진함을 논의한다. 그 후에 표피세포 운명을 결정하는 모델의 개요를 제시한다.

TRANSPARENT TESTA GLABRA1, *R*과 *WEREWOLF*은 비뿌리털 세포의 발생을 촉진한다.

(*TRANSPARENT TESTA GLABRA1*, *R* and *WEREWOLF* promote atrichoblast development)

연구사례 6.1에서 언급된 바와 같이, *TTG1*은-단백질-단백질 상호작용에 관여하는 아미노산

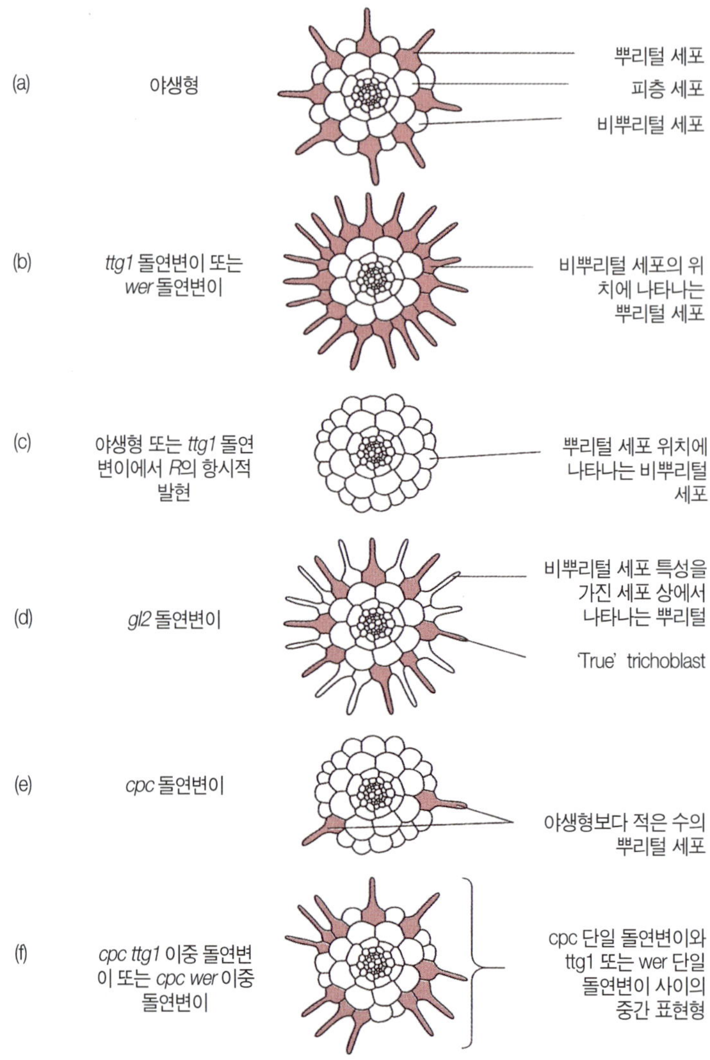

그림 6.5 애기장대의 뿌리 표피 발달에 영향을 미치는 돌연변이들과 이식유전자 발현의 효과. 그림은 성숙대 뿌리의 횡단면을 보여준다. 완전한 뿌리털 세포의 특성을 가지는 세포들은 붉은색으로 표시되어 있다. (a) 야생형 뿌리 안에서 두 개의 피층 세포들을 분리하는 배사형 벽(anticlinal wall)위에 놓여있는 표피세포들은 뿌리털 세포로 분화하는 반면에, 하나의 피층 세포의 병층적 벽(periclinal wall) 바로 위에 놓여있는 세포들은 비뿌리털 세포로 분화한다. (b) *ttg1*과 wer 돌연변이에서, 뿌리털 세포들이 비뿌리털 세포들을 대신해 발생하는데, 이는 *TTG1*과 *WER*이 비 뿌리털 세포 운명을 위해 필요하다는 것을 나타낸다. (c) *R* 이식유전자의 항시적 발현은 야생형과 *ttg1* 돌연변이 모두에 거의 털이 없는 뿌리를 야기한다. 이는 *R*이 비뿌리털 세포 운명을 자극하고 *R*의 발현은 비 뿌리털 세포의 특성화에 대한 *TTG1*의 기능상실로 보상된다는 것을 의미한다. (d) *gl2* 돌연변이에서, 비뿌리털 세포 위치에 있는 세포들은 뿌리털을 생산하지만 비뿌리털 세포 특성을 가지는데, 이는 뿌리털의 분지를 막기 위해 *GL2*가 필요하다는 것을 나타낸다. (e) *cpc* 돌연변이에서, 많은 뿌리털 세포들이 감소되며, 이는 *CPC*가 뿌리털 세포 운명을 촉진하는 역할을 한다는 것을 의미한다. (f) *cpc ttg1*과 *cpc wer* 이중 돌연변이들은 *cpc* 단일 돌연변이와 *ttg1/wer* 단일 돌연변이 사이의 중간 정도의 표현형을 가진다. 이는 *CPC*가 뿌리털 세포운명을 촉진하고 *TTG1*과 *WER*은 비뿌리털 세포를 자극하는 대립적 관계와 일치한다.

서열들인 — WD40 반복서열을 포함한 단백질을 암호화하고, 슈트에서 모용(毛茸, trichome) 전개를 위해 필요하다. *ttg1* 돌연변이에서 거의 모든 뿌리 포피세포는 뿌리털 세포로 발달한다(그림 6.5b). 따라서, 뿌리에서 *TTG1*은 비뿌리털 세포의 발달을 위해 필요하다 — 역설적으로, 유전자는 잎 안에 '털' 세포를 위해 필요로 하지만 뿌리에서는 털이 없는 세포를 형성하는데 필요로 한다.

또한 마지막 연구 사례에서 논의된 것처럼, 대다수 *ttg1* 돌연변이의 표현형 효과들은 옥수수 *R* 유전자의 항시적 발현에 의해 상쇄될 수 있다. 이와 마찬가지로, *R*이 항시적으로 발현하는 *ttg1* 돌연변이의 뿌리 표피는 대부분의 뿌리털이 제거된다(그림 6.5c), *ttg1* 표현형의 반대이다. 이는 애기장대의 *R* 상동체 — *GL3*이라 예상 된다(연구사례 6.1) — 또한 *TTG1*과 같은 위치에서 활동하거나 *TTG1*의 하류에서 활동한다는 것을 암시한다. 항시적인 *R*의 발현은 또한 야생형 뿌리에서 뿌리털 세포의 발생을 차단한다. 연구사례 6.1에 서술한 것처럼, *R*은 bHLH 단백질을 암호화한다. 이 단백질들은 유전자 발현을 조절하기 위해 MYB 전사인자들과 함께 활동할 수 있다.

비뿌리털 세포의 발생을 촉진하는 세 번째 유전자는 *WEREWOLF*(*WER*)이다. 이름이 의미하는 바대로, *wer* 돌연변이들은 상당히 많은 뿌리털을 가지고 있다(그림 6.5b). *wer*의 표현형은 *ttg1*의 표현형과 매우 유사하다: 뿌리털 세포들이 비뿌리털 세포들을 대체한다. *WER*은-효모에서 — *R*에 의해 암호화된 bHLH 단백질과 직접적으로 상호작용을 하는 것으로 밝혀진 MYB — 유사 전사인자(MYB-like transcription factor)를 암호화한다. 이는 WER 단백질이 애기장대의 *R* 상동체와 상호작용을 하여 뿌리 표피세포들에서 유전자 전사를 조절한다는 것을 나타낸다. *WER*의 발현은 뿌리털 세포열보다 비뿌리털 세포열에서 더 많이 일어나며, 이는 비뿌리털 세포운명을 촉진하는 역할과 맞아떨어진다.

*GLABRA2*는 비뿌리털 세포들에서 뿌리털의 발생을 억제한다.

(*GLABRA2* prevents production of hairs on atrichoblasts)

*ttg1*과 *wer* 돌연변이들과 전위적 뿌리털 세포들은 뿌리털 세포들의 모든 특성을 가지고 있다. 그와 대조적으로 *glabra2*(*gl2*) 돌연변이에서는 비뿌리털 세포들과 유사한 — 액포형성, 신장, 및 분열의 비뿌리털 세포 패턴을 가지고 있는 — 세포들에서 전위적 뿌리털들이 자라난다(그림 6.5d). *gl2* 뿌리의 뿌리털 세포 발생은 정상적이다. 그러므로, *GL2*는 *GL2*가 뿌리털의 형성을 억제하기 위해 활동하는 시기인 비뿌리털 세포 발생의 마지막 단계에서 활동한다.

*GL2*는 호메오영역 전사 인자를 암호화하고, 비뿌리털 세포열에서 우선적으로 발현된다. 아마도 GL2 단백질은 뿌리털의 형성을 막기 위해 유전자 전사를 조절하는 것으로 보인다. 비뿌리털 세포 발생의 마지막 단계까지 진행되어야, *GL2*가 기능한다 하더라도, 비뿌리털 세포열에서의 *GL2*의 우선적인 발현은 뿌리의 분열대에서도 탐지가 가능하다.

*GL2*의 위치-의존적 발현(position-dependent expression)은 — *GL2*의 발현이 심하게 감소되고, 무작위로 산재하는 세포들에서 일어나는 — *wer* 돌연변이에서 나타나지 않는다. 따라서 *WER*의 기능 중 하나는 비뿌리털 세포에서 *GL2* 발현을 촉진하는 것으로 보인다. *GL2*의 발현은 *TTG1*과 *R*에 의해 영향을 받는다. 발현은 *ttg1* 돌연변이에서 심하게 감소되지만, 이 경우에는 *GL2* 활성의 공간적인 패턴은 영향을 받지 않고, *GL2*는 여전히 비뿌리털 세포 부분에서 더 많은 활성을 가진다. 항시적인 *R*의 발현을 가지는 뿌리들의 털이 없는 표현형에서 예상할 수 있듯이(앞글 참조), 그런 뿌리들은 모든 표피세포에서 *GL2*를 발현시킨다.

요약하면, *TTG1*, *R* 그리고 *WER*은 비뿌리털 발생 전반에 걸쳐 필요하고, 적어도 *WER*은 발생하는 비뿌리털 세포들에서 우선적으로 발현된다. 이들 세 개의 유전자들의 한 가지 목적은 뿌리털의 발생을 억제하기 위해 비뿌리털 발생 후기에 필요한 *GL2*이다.

*CAPRICE*는 뿌리털 발생을 촉진한다

(*CAPRICE* promotes root hair development)

caproce(*cpc*) 돌연변이의 기능 상실은 야생형의 뿌리털보다 대략 4배정도 적은 수의 뿌리털을 갖는 뿌리들을 야기하는 반면에(그림 6.5e), *CPC* 이식유전자의 항시적 발현은 뿌리 표피에 있는 거의 모든 세포들로부터 뿌리털의 발생을 촉진시킨다. 따라서 *CPC*의 발현은 뿌리털의 발생을 촉진한다.

*CPC*와 비뿌리털 세포들을 발생시키는 유전자들 사이의 기능적인 관계는 이중 돌연변이를 발생시켜 조사되어 왔다(그림 6.5f). *cpc ttg1*과 *cpc wer* 이중 돌연변이는 각각의 단일 돌연변이의 뿌리털밀도 사이의 중간 정도의 뿌리털 밀도를 가지고 있다. 이는 *TTG1*과 *WER*에 의한 비뿌리털 세포 운명의 촉진과, *CPC*에 의한 뿌리털 세포 운명을 촉진하는데 연루하는 대립적 관계와 일치한다. 이들 중간적 표현형들과는 대조적으로, *cpc gl2* 이중 돌연변이들은 거의 모든 표피 세포에 뿌리털을 가지고 있다 — 이들은 *gl2* 돌연변이들을 닮았다. 따라서 *cpc* 돌연변이들의 뿌리털 손상은 *GL2* 기능을 필요로 한다.

뿌리털 발생을 조절하는 모델

(A model for the control of root hair development)

CPC는 MYB-형 전사인자들에 있는 결합 영역에 동형인 DNA-결합 영역을 포함하는 단백질을 암호화한다. 그러나 CPC 단백질은 MYB-형 전사적 활성자 영역(MYB-type transcriptional activator domain)이 결핍되어 있다. 앞서 언급한 이중 돌연변이 표현형들과 더불어 CPC 단백질의 특성은 뿌리털의 분지를 조절하는 간단한 모델을 이끌어 왔다(그림 6.6).

모델은 MYB-형 WER 단백질과 CPC 단백질이 애기장대의 *R* 상동체에 의해 암호화되는 bHLH단백질과 함께 상호작용하기 위해 경쟁한다는 것을 가정한다. WER-R 단백질 복합체는 *GL2* 전사를 유도하여 뿌리털 형성을 억제하도록 하는 기능적인 전사 활동자를 형성한다. 이 같은 견해와 일치하여, *GL2* 프로모터는 MYB-결합구역으로 추정되는 구역을 가지고 있다. 뿌리털의 패턴은 비뿌리털 세포열에서 우점하는 WER과 뿌리털 세포열에서 우점하는 CPC의 활성의 균형에 의해 결정된다.

이 모델은 *R*의 항시적 과다발현이 털없는 뿌리털을 야기하는 이유를 설명해준다. R 단백질이 충분할 때, CPC의 수준은 모든 세포열에서 WER-R 복합체 형성을 막기에는 불충분하다. *TTG1*의 정확한 역할은 명확하지 않다. 앞서 설명한 바와 같이, *TTG1* 기능 상실은 *GL2* 전사의 수준을 감소시키기 때문에, *TTG1*은 *GL2*의 발현을 조절한다. 또한 항시적인 *R*의 발현은 *ttg1* 표현형을 뒤집기 때문에, *TTG1*은 *R*의 상류(upstream) 혹은 동일한 위치에서 활동해야만 한다.

모델에서 나타나는 잠재적 문제는 *CPC*가 비뿌리털 세포에서 우선적으로 발현되는 것처럼 보인다는 것이다. CPC가 뿌리털 세포 발생을 촉진한다는 것을 고려해 볼 때, 이것은 기대했던 과는 반대의 세포형이 된다. 이 발현패턴이 확립되면, *CPC*는 뿌리털 세포 운명의 비세

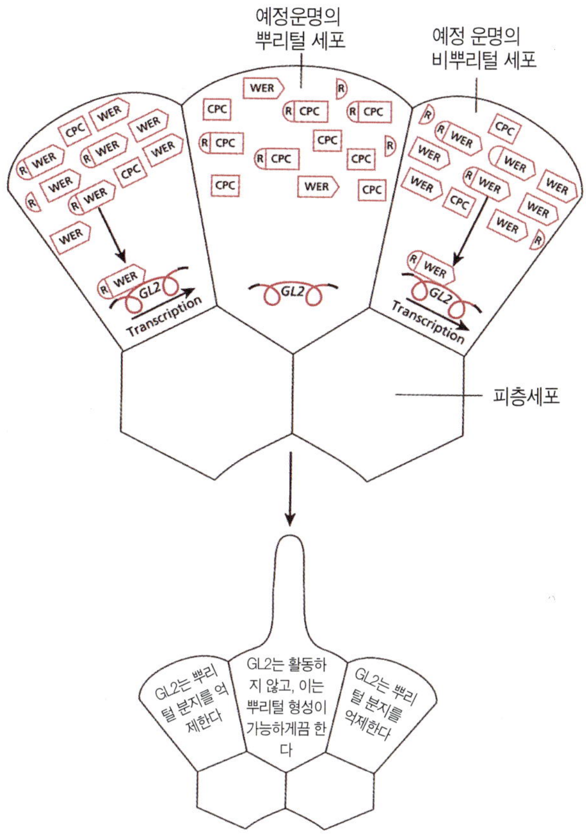

그림 6.6 뿌리털 분지의 조절에 대한 모델. 이 모델에서, MYB-형 단백질들인 WER과 CPC는 애기장대의 *R* 상동체에 의해 암호화되는 bHLH 단백질에 결합하기 위해 경쟁한다. 예정운명의 비뿌리털 세포들에서, WER은 CPC보다 많이 나타나서 WER-R 이합체를 형성하도록 한다. 이들은 뿌리털 분지를 억제하는 *GL2* 유전자로부터 전사를 유도한다. 예정운명의 뿌리털 세포들에서, CPC가 WER보다 더 많이 나타나 WER-R 이합체의 형성을 억제한다. CPC는 전사 활성자 영역이 결핍되어 있기 때문에, CPC-R 이합체는 *GL2* 전사를 유도하지 못하게 되고, 그 결과, 세포는 뿌리털을 형성할 수 있게 된다. (Lee & Schiefelbein, 1999.)

포성 자발적 조절자(non-cell autonomous regulator)로서 활동한다. CPC 단백질이 원형질 연락사를 통해 비뿌리털 세포로부터 뿌리털 세포로 수송된다는 가정을 할 수 있다. 추가적으로, 앞서 설명한 모델은 측면 억제와 유사하다. 비뿌리털 세포로부터 배출된 CPC는 뿌리털 세포열의 세포들이 비뿌리털 세포운명을 받아들이지 못하도록 하는 역할을 할 것이다.

뿌리털 발생에 영향을 미치는 에틸렌의 효과

(Effects of ethylene on root hair development)

뿌리 피층와 관련된 뿌리털 발생과 표피세포들의 위치간의 관계는 뿌리구조에 의존하는 신호가 연관된다는 것을 제시한다. 아마도 에틸렌은 그런 신호 중의 하나일 것이다.

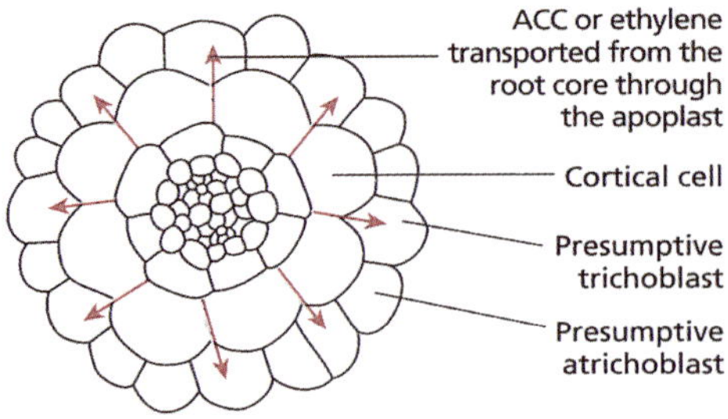

그림 6.7 에틸렌 이동에 영향을 미치는 애기장대 뿌리구조의 추정적 효과. 피층의 배사벽(anticlinal wall)은 뿌리중심에서 뿌리털이 발생할 세포들(trichoblast)로 이동하는 아포플라스트 경로를 제공한다. 이 경로를(붉은색 화살표) 따라가는 에틸렌 혹은 에틸렌의 전구물질인 ACC의 수송은 뿌리털의 확장을 촉진시킬 수 있다.

에틸렌이 처리되거나 에틸렌의 생화학적 전구물질인 ACC(1-amino-1-cyclopropane carboxylate)가 처리된 뿌리들은 뿌리털 세포와 비뿌리털 세포 위치 모두의 세포에 털을 가지게 되어 무성하게 된다. 마찬가지로, 항시적인 활성 에틸렌 반응(constitutively active ethylene response)을 가지고 있는 *constitutive triple response1*(*ctr1*) 돌연변이는 과다한 뿌리털을 발생시킨다. 따라서 에틸렌은 뿌리털 발달을 촉진한다.

gl2 돌연변이와 같이, 에틸렌 신호에 대한 혼란은 뿌리털 세포들과 비뿌리털 세포들의 행동에 있어 초기의 차이를 변화시키지 않은 채 뿌리털의 분지에 영향을 준다. 더욱이 예정운명의 뿌리털 세포와 비뿌리털 세포가 성숙대로 들어가게 되면, 그들은 에틸렌에 동일하게 반응하지 않게 된다. 많은 전위적 뿌리털들이 *ctr1*에서 발생한다 하더라도, 비뿌리털 세포열보다는 뿌리털 세포열에 더 많은 뿌리털들이 존재한다. 따라서 뿌리털 세포 위치에 있는 세포들은 에틸렌 신호에 반응하여 뿌리털을 생산하기 위해 비뿌리털 세포 위치에 있는 세포들보다 더 경쟁적이 된다. 뿌리털/비뿌리털 세포 발생에 대한 더 이른 조절은 뿌리털 세포들에게 뿌리털을 형성하여 에틸렌에 반응하도록 미리 준비하게 하거나 비뿌리털 세포들에서 이 반응을 억제시키거나, 두 작용이 함께 일어나도록 한다.

에틸렌의 효과는 애기장대의 뿌리턴 패턴화에 기여하는 것으로 보인다(그림 6.7). 두 개의 피층세포들 사이의 틈위에 놓여있는 표피세포들은 뿌리의 더 깊은 층과 아포플라스트 경로로 직접적으로 연결되어 있다. 뿌리의 중심에서 합성된 ACC나 에틸렌은 이들 세포에 우선적으로 도달하여 뿌리털의 형성을 유도할 것이다.

뿌리털과 모용(毛茸, trichome) 발생 간의 관계

(Relationship between root hair and trichome development)

TTG1, *R* 그리고 *GL2*는 슈트에서 모용(毛茸, trichome)의 발생과 뿌리에서 비뿌리털 세포의 발생을 특정 짓는다(연구 사례 6.1). 비뿌리털 세포와 모용(毛茸, trichome)의 발생 모두에서, *GL2*는 *TTG1*과 *R*의 하류(downstream)에서 활동한다. 따라서 *TTG1*, *R* 그리고 *GL2*는 표피 발생의 다양한 양상에 재 이용되는 발생 모듈(module)을 대표한다. 비뿌리털 세포 발생과 모용(毛茸, trichome) 발생에 작용하는 기작들 간의 중복은 절대적이지 않다. *gl1*과 *try* 돌연

변이는 모용(毛茸, trichome) 발달에 영향을 끼치지만, 돌연변이들은 정상적인 뿌리 털 발생을 가지고 있다. 거꾸로 말하면, *wer*과 *cpc* 돌연변이들은 뿌리털 발생에 영향을 끼치지만 모용(毛茸, trichome) 발달에는 영향을 끼치지 않는다. 이 연구사례와 이전의 연구사례에서 언급된 것처럼, GL1, WER 그리고 CPC는 모두 MYB-형 단백질이며, 그들 모두 하나 또는 그 이상의 애기장대 R 상동체에 의해 암호화되는 bHLH의 상대를 의미할지도 모른다.

배축에서의 기공패턴 (The pattern of stomata on hypocotyl)

배축에서, 표피세포 열과 피층세포 열 사이의 관계는 뿌리에서의 관계와 본질적으로 동일하다. 배축은 뿌리털을 생산하지 않지만 기공을 형성한다. 이들은 두 개의 피층세포 열 사이의 교차점에 놓여있는 표피세포 열에서 우선적으로 발생한다.

흥미로운 것은 뿌리털 패턴화를 변화시키는 돌연변이들이 배축에서 기공의 패턴화에 동등한 변화를 야기한다는 것이다. 예를 들어, *ttg1* 돌연변이들은 뿌리의 비뿌리털 세포 위치에 뿌리털 세포를 발생시키고, 또한 배축의 비기공 위치에 기공을 발생시킨다. 이는 뿌리털을 패턴을 생성하는 기작이 배축에서 기공의 패턴을 만드는데 다시 이용된다는 것을 의미한다. 식물의 다른 부분에서 나타나는 기공 패턴은 다른 기작에 의해 조절되고, 변화된 뿌리털 패턴화를 가지는 돌연변이에서 기공은 정상적인 형태로 나타난다.

연구사례 6.3: 잎차례 (Case 6.3: Phyllotaxy)

이전의 두 연구사례들은 세포형태의 패턴에 대해 논의 하였다. 슈트 상에서 잎의 배열을 조절하는 기작인 **잎차례**(phyllotaxy)를 예로 들어, 세포 보다 큰 규모에서의 패턴화에 대해 언급한다. 연구사례는 일반적인 잎차례의 범위를 묘사하면서 시작할 것이다. 그 후, 절개 실험과 유도 실험을 통해 밝혀진 잎차례 패턴을 조절할 것 같은 기작에 대해 논의할 것이다.

잎 전개의 패턴 (Patterns of leaf initiation)

1장에서 언급한 바와 같이, 슈트정단분열조직은 천천히 분열하는 세포들로 구성된 **중앙구역**(central zone)과 보다 빠르게 분열하는 세포들로 구성된 **주변구역**(peripheral zone)으로 나뉜다. 엽원기는 주변구역에서 전개되어 잎을 가지지 않은 **마디사이**(internode)에 의해 구분되는 연속된 잎을 낳는 **마디**(nodes)를 생산한다.

대부분의 식물에서 하나의 잎은 각 마디에서 발생하고 연속적인 잎들은 슈트 위쪽을 따라 올라가는 나선을 형성한다. 이것을 **속생**(spiral phyllotaxy)이라 한다(그림 6.8a). **호생**(alternate phyllotaxy)을 가지는 슈트에서는 하나의 잎이 각 마디에서 발생하고, 연속적인 잎들은 슈트의 반대면에 형성된다(그림 6.8b). 몇몇의 식물에서, 두 개의 잎이 각 마디에서 발생 하는데, 이 두 잎인 서로 간에 반대로 위치한다. 한 쌍의 잎이 이전에 형성된 쌍 위에 형성되면, 이를 **대생**(distichous)이라 한다. 한 쌍의 잎이 이전에 형성된 쌍 위에 직각으로 형성되는 잎차례를 **십자대생**(decussate)이라 한다(그림 6.8c). 윤생의 **잎차례**(whorled phyllotaxy)를 갖는 슈트의 경우, 두 개 이상의 잎들이 각 마디에 형성된다(그림 6.8d). 종에

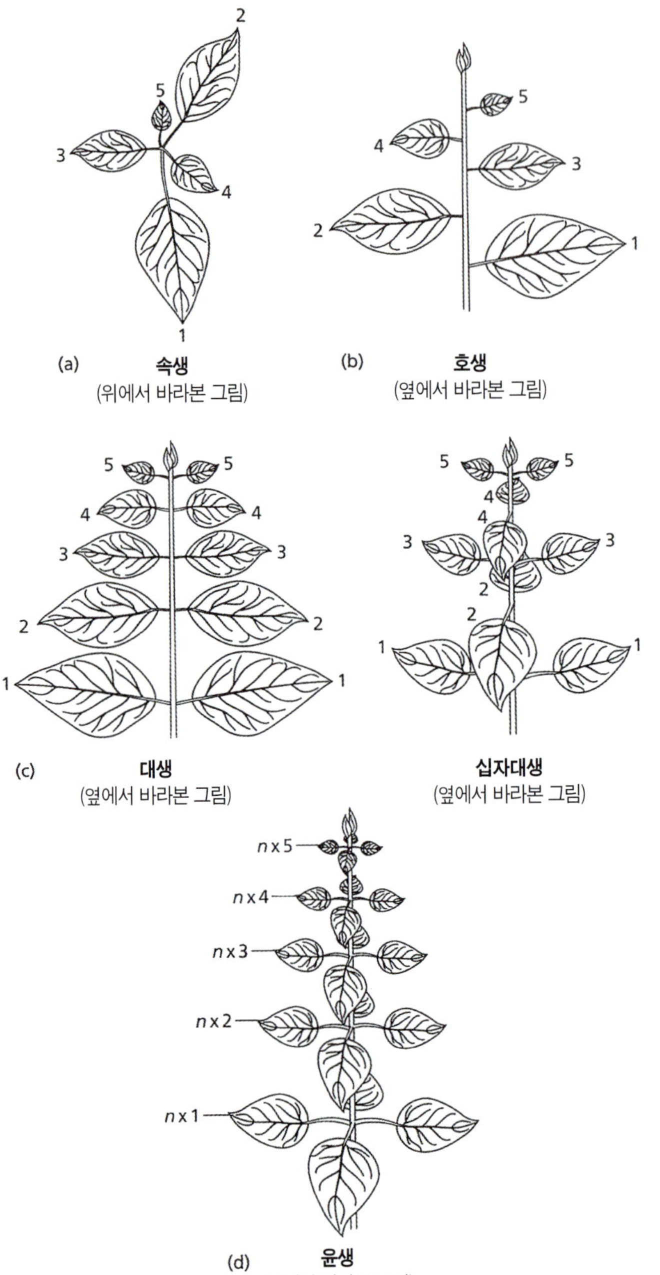

그림 6.8 잎차례의 주요 형태들. (a) 속생(spiral phyllotaxy): 하나의 잎은 각 마디에서 발생하고 연속적인 잎들은 나선 패턴을 갖는다. 이는 잎차례에서 가장 흔하게 나타나는 것이다. (b) 호생(alternate phyllotaxy): 하나의 잎은 각 마디에서 발생하고 연속적인 잎들은 슈트의 교차되는 위치에 생성된다. (c) 대생(distichous phyllotaxy)과 십자대생(decussate phyllotaxy): 한 쌍의 잎이 각 마디에서 생성된다. 대생을 갖는 식물의 경우, 각 한 쌍의 잎은 이전에 형성된 쌍 위에 바로 형성된다. 십자대생을 갖는 식물에서, 각 한 쌍의 잎은 이전에 형성된 쌍 위에 직각으로 생성된다. (d) 윤생(whorled phyllotaxy): 윤생의 잎이 각 마디에서 발생한다.

따라 연속적인 윤생체(whorl)들이 동일한 각을 이룬 위치(annular position)를 가지거나, 서로에 대하여 회전을 할 수도 있다.

엽서의 외과적인 실험 (Surgical experiments on phyllotaxy)

모든 엽서에서, 새로운 엽원기(left primordia)는 존재하는 엽원기의 부위로부터 예측될 수 있다. 암시적으로, 현존하는 엽원기는 잎이 출현하는 부위에 영향을 미친다. 이 가설은 슈트 정단분열조직에서 수행된 전형적인 외과적 실험에 의해 잘 지지된다.

예를 들어, 루핀은 각 엽원기가 두 개의 더 먼저 생성된 엽원기의 측면에 배치되는 나선형의 엽서를 갖는다. 5장에서 논의된 것과 같이, 존재하는 엽원기는 생성된 순서로 P1, P2, P3로 칭한다. 앞으로 생성될 엽원기는 I1, I2, I3로 칭해지며 I1가 다음에 나타날 엽원기이다. 루핀에서, I1은 P2와 P3사이에서 발생하는 반면에 I2는 P1과 P2사이에서 나타난다(그림 6.9a). 존재하는 엽원기의 엽서에 대한 영향은 슈트 정단의 보다 중심 지역으로부터 P1의 절

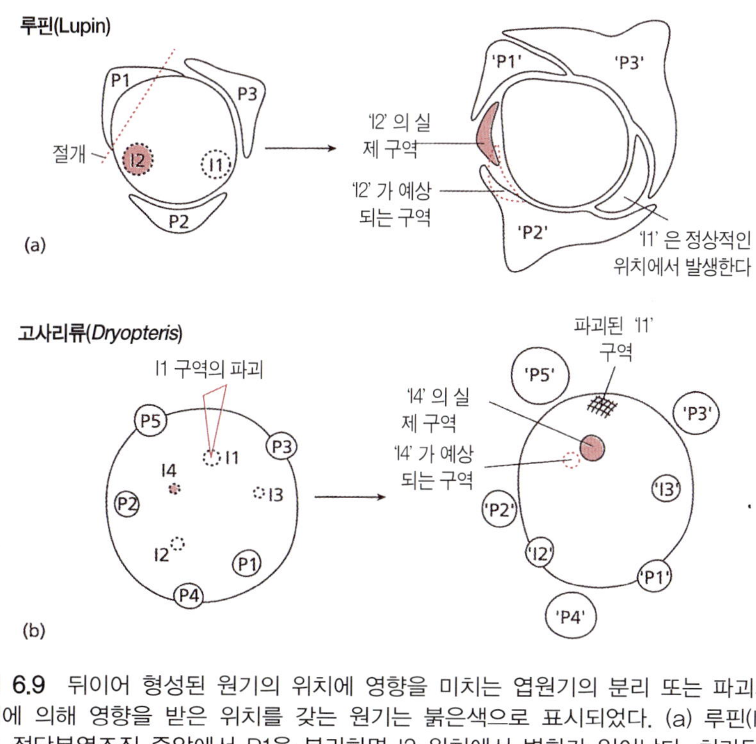

그림 6.9 뒤이어 형성된 원기의 위치에 영향을 미치는 엽원기의 분리 또는 파괴의 효과. 실험에 의해 영향을 받은 위치를 갖는 원기는 붉은색으로 표시되었다. (a) 루핀(lupin)의 슈트 정단분열조직 중앙에서 P1을 분리하면 I2 위치에서 변화가 일어난다. 처리된 정단에서, I2는 정상적일 때보다 P1에 더 근접하여 발생한다. (b) 고사리류(Dryopteris) 슈트분열조직에서 I1을 파괴하면 I4 위치에서 변화가 일어난다. 처리된 정단부분에서, I4는 정상적일 때보다 I1에 더 근접하게 발생한다. 이 결과들은 이미 존재하는 엽원기가 슈트정단분열조직에 바로 인접한 새로운 엽원기의 전개를 억제한다는 것을 보여준다(Wardlaw, 1949; Steeves & Sussex, 1989.)

개에 의해 조사되었다. 그러한 절개는 (P1에 인접해 있지 않은) I1의 위치에 영향을 주지 않으나 I2의 위치는 바뀐다. I2는 P1에 더 근접하게 형성되며 예상한 것 보다 P2로부터 더 멀다(그림 6.9a).

Lupin에 대한 실험은 근본적으로 잎의 출현이 가능한 공간에 관하여 해석되었다. lupin 엽원기는 정단 분열조직에 크게 관계되어 있고 존재하는 엽원기 사이의 첫 이용 가능한 공간에서 새로운 엽원기가 출현한다는 것이 제시된다. 위에서 설명된 실험에서, 절개는 P1의 생장을 제한하므로 거기에는 I2가 출현하는 분열조직의 인접한 부위에는 더 많은 공간이 있다.

그러나 이후의 실험들은 다른 해석을 이끈다. 고사리(*Dryopteris dilatata*)의 엽원기는 정단 분열조직에 비해 작고 그래서 제한된 공간에 기초한 엽서의 기작은 가능할 것 같지 않다. 이에 불구하고, *Dryopteris*에 대한 외과적인 실험은 lupin의 시험과 유사한 결과를 보였다. lupin과 같이, *Dryopteris*는 엽원기의 패턴이 다르기는 하지만 나선형의 엽서를 갖는다. *Dryopteris*에서, I1은 P2와 P3사이에서 생장하고, I2는 P1과 P2 사이에서 형성되어, I3는 P1과 P3사이에서 발달하며, I4는 I1과 P2 사이에서 나타난다(그림 6.9b). 만약 I1 부위가 외과적으로 파괴되었다 해도, I2와 I3의 위치는 영향을 받지 않는다. 대조적으로 I1의 측면에 위치하는 I4는, I1부위에 비정상적으로 가깝게 형성된다(그림 6.9b). 이러한 사실은 기존에 존재하는 엽서가 새로운 엽서보다 훨씬 단순하게 존재한다는 것을 나타낸다.

엽서 발달 이론 (The field theory)

만약, 존재하는 엽원기가 바로 인접하는 곳의 잎의 출현을 저해하는 저해물질을 생산한다면 즉, 엽서가 측생의 억제에 의해 조절되어 진다면, lupin과 *Dryopteris*의 실험의 결과는 설명될 수 있다(그림 6.10). 분리되거나 또는 파괴된 엽원기는 분열조직의 이웃하는 부위에서 억제를 경감하며, 그 부위에 인접한 새로운 엽원기의 출현을 가능케 한다. 유사한 억제작용의 장이 또한 중심부의 분열조직의 중앙 부위에서 잎의 출현을 저해할 것이다. 분열조직이 생장하고 존재하는 엽원기가 확대됨에 따라, 주변 부위은 억제로부터 자유로워지며, 새로운 엽원기가 형성되는 것이 가능해 진다.

엽서의 조절에 대한 이 모델은 **field theory**라고 부른다. 억제의 강도, 그것의 확산율, 잎 출현 억제의 시초, 그리고 정단 분열 조직의 생장율과 크기 같은 다양한 요인들은 현실적인 모델 엽서의 범위를 산출하기 위한 field theory를 가능케 한다. 예를 들어 나선형 엽서를 가진 식물에서 새로운 잎들은 전형적으로 그들의 두 측면에 있는 엽원기중 오래된 것보다 어린것으로부터 다소 멀리 출현한다. 이것은 엽원기 주위의 저해 강도가 엽원기가 오래되었을수록 감소한다는 가정에 의해 설명될 수 있다.

field theory는 일반적으로 인정되었지만 여전히 증명되지 않은 채로 남아있다. 다른 몇가지 중에서, 옥수수의 *terminal ear1*(*te1*) 변이체는 정상 식물체의 교차하는 엽서로부터 빈번한 편향이 나타난다. 흥미롭게도,TE1은 슈트정단의 연속적인 편자모양의 부분에서 발현되며, 연속적인 엽원기의 주맥을 형성하는 부위에 정렬된 '편자'의 열린 끝을 갖고, 그리고 맨 먼저 편자(horseshoe)가 I1에 정렬된다(그림 6.11) 옥수수 엽원기의 주맥을 형성하는 부분은

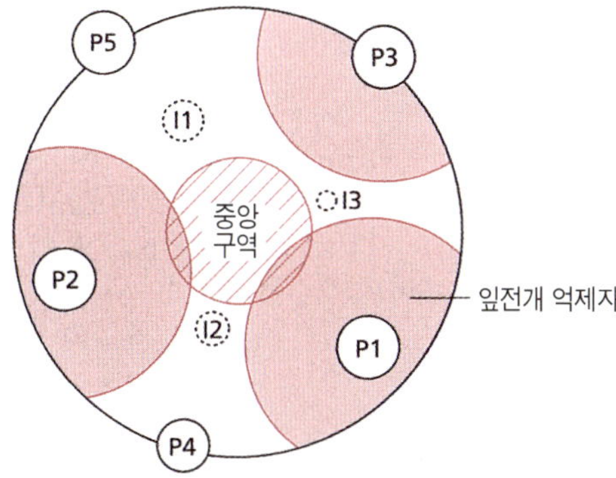

그림 6.10 고사리류(dryopteris) 정단에 적용된 엽서의 장이론(field theory). 장이론은 슈트분열조직의 중앙구역과 이미 존재하는 엽원기가 잎 전개 억제자를 생산하여 분열조직의 중앙과 각 엽원기 주변에 억제 장(inhibitory field)을 형성한다는 것을 제시한다. 새로운 엽원기는 이 장들 사이에서 나타나는 틈에서 전개된다. 그림은 고사리류 슈트 정단 분열조직의 중앙구역과 가장 어린 세 개의 잎을 둘러싸는 가설적인 억제장과(분홍색), I1, I2, I3이 발생할 구역을 보여준다.

슈트 정단 분열조직으로부터 출현한 엽원기의 첫 부분이며 이는 잎 엽원기가 *TE1*이 가장 낮게 발현되는 곳에서 개시됨을 제시한다. *TE1*의 발현은 그러므로 잎 출현의 억제자가 활성화되는 부분을 나타낼 것이다. *TE1*은 추정상 RNA에 결합하는 단백질을 encode 하지만 그것의 정확한 생화학적 기능은 알려지지 않았다.

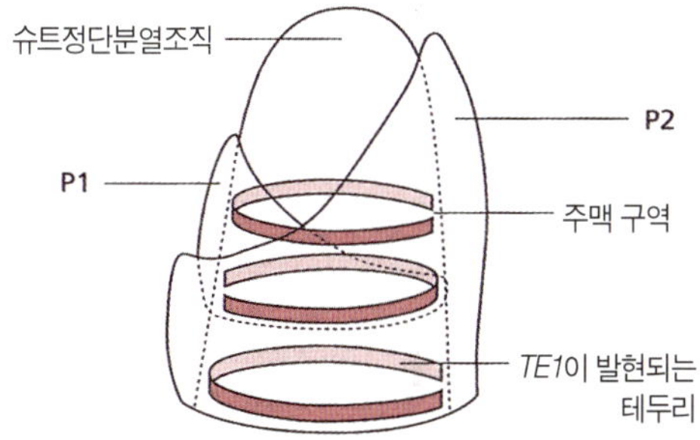

그림 6.11 옥수수 슈트정단에서 *TE1*의 발현. 옥수수의 *TE1* 유전자는 슈트정단에서 연속적인 말발굽 모양(horseshoe-shaped)의 구역에서 발현된다(붉은색). 각 말발굽(horseshoe)의 열린 부분은 인접한 엽원기의 주맥이 형성될 구역과 함께 정렬되어 있고 가장 위에 있는 말발굽 모양은 I1과 연관되어 있다. 주맥이 형성될 구역이 정단분열조직으로부터 출현할 I1 원기의 첫 번째 부분이 될 것이기 때문에, *TE1* 발현은 잎 전개 억제자가 활성을 띠는 구역을 표지할 수도 있다. (Veit *et al.*, 1998.)

Auxin

옥신 수동의 장애는 잎 출현를 억제한다. 이것은 애기장대의 수송 결함 변이체에서 그리고 옥신 극성 수송 억제제를 처리한 식물에서 볼 수 있다. 이 식물들의 슈트 정단의 분열조직은 활성을 띠지만 잎 출현에 실패하고 그래서 핀 모양의 슈트를 생성한다.

토마토 정단에 대한 일련의 실험들은 옥신이 잎 형성을 유도함을 보여준다. 만약 옥신이 옥신 극성 수송 억제제 처리에 의해 생성된 핀 모양의 토마토 정단의 측면에 적용 되면, 엽 엽원기가 형성된다. 엽원기의 사이즈는 적용된 많은 양의 옥신에 비례한다. 옥신은 또한 보통의 토마토 분열조직에 적용 했을때 잎 개시를 자극한다. I1 부위에 적용한 옥신은 확대된 엽원기의 형성을 야기하고 I2 부위에 적용된 옥신은 때 이른 잎의 출현을 야기한다. 외생의 옥신은 분열조직의 중심부로부터 또는 그것의 측면의 일정 지점의 하부로부터의 잎의 출현을 유도할 수 없다. 이는 주변 부위의 세포만이 옥신에 반응하여 잎을 출현시킬 수 있음을 나타낸다.

이러한 결과들은 잎 출현과 옥신 사이의 관계를 제시하지만 엽서의 조절을 이해하는데 대한 옥신의 의의는 명확하지 않다. field theory는 엽원기가 잎출현의 억제자를 생산함을 제안한다. 그러나 엽원기는 잎을 촉진하는 옥신 합성의 주요한 부위로 생각된다. 이 역설은 아직 풀리지 않은 채로 남아있다.

Expansins

Expansins은 세포밖의 단백질이며 세포벽의 신장성을 증가시킨다. 그들은 갖가지 발현 패턴을 나타내는 유전자 그룹에 의해 암호화 되어있다. 토마토의 정단분열조직에서, 적어도 하나의 expansin 유전자의 발현이 I1사이트에서 늘어난다. 이것은 엽원기의 출현이 세포벽의 신장성의 증가와 관련 있다는 것을 나타낸다. 잎 출현 동안의 세포벽 신장성의 의의를 조사하기 위해, expansin이 정단 분열조직에 외부적으로 적용되었다. 이 실험에서, expansin이 실린 방울(bead)이 토마토의 정단 분열조직 위에 놓여졌다(그림 6.12). 토마토 식물들은 나선형의 엽서를 가지며 bead는 I2 부분에 놓여졌다. 즉, 하나 건너 다음의 엽원기 부위가 출현할 예정이었다. 처리된 몇몇 분열조직에서, 때 이르게 돌출부가 형성되었고 I1의 출현이 억제되었다. 게다가, I2에 돌출부를 갖는 식물체의 비율에서, 돌출부는 잎으로 취급하였다. 대략적으로 못 형태이고 내부 도관 조직이 결여되었더라도 잎과 동일한 돌출부는 녹색이고, 모용(毛茸, trichome)을 갖고, 그리고 *rbsS* 유전자(루비스코의 작은 단위를 encode하는 유전자)를 발현되었다. 이 모든 것은 정단 분열조직이라기 보다는 잎의 특징이다. 잎과 같은 특징을 가진 I2 돌출부가 나타나는 분열조직에서, 돌출부는 다음의 잎 출현에 영향을 미쳐, 나선형 잎서의 반전을 야기한다.

이 실험은 잎 출현이 슈트 정단 분열조직의 물리적 특성의 변화로 인해 가속화 될 수 있음을 나타낸다. 팽압(Turgor)은 분열조직 표면의 바깥 세포벽에 바깥 방향의 압력을 가한다.

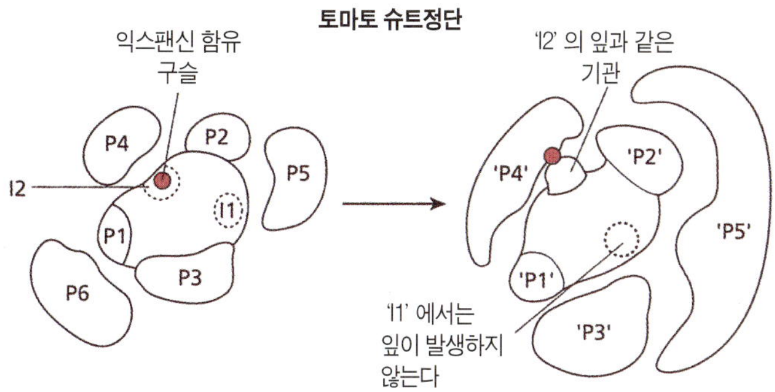

그림 6.12 토마토 슈트 정단에 대한 익스팬신(expansin) 처리 효과. 익스팬신은 세포벽의 확장성을 증가시킨다. 익스팬신이 들어있는 구슬(expansin-loaded bead)을 토마토 슈트정단의 I2 구역에 놓으면 I2에 잎과 같은 기관의 형성을 유도하고 I1에서 잎 전개를 억제한다. 이는 잎의 전개는 슈트정단분열조직의 물리적 성질을 바꿈으로써 가속화시킬 수 있다는 것을 나타낸다. (Fleming *et al.*, 1977.)

그러므로, 외생 expansin은 최외곽 세포벽이 바깥 방향의 압력에 저항하는 능력을 감소시켜 분열조직의 돌출을 야기할 것이다. 어떻게 그러한 돌출부가 잎의 형성을 가속화하는지는 명백하지 않다. 존재하는 엽원기의 생장이 직접적으로 혹은 간접적으로 다음 엽원기인 돌출부를 야기하는 분열조직에서의 물리적인 압력 패턴에 직접적으로 영향을 미칠 것이다. 두 계열의 증거는 그러한 메커니즘이 엽서를 조절할 수 없음을 나타낸다. 첫째로 이번 연구사례 이전에 논의된 외과적 실험은 이후의 잎 출현에 대한 존재하는 엽원기의 영향은 물리적이기 보다는 화학적임을 나타낸다. 둘째로, 몇몇 변이체는 극적으로 엽원기의 모양을 바꾸고 아마도 엽서의 변화없이 엽원기의 물리적인 생장을 변화시킬 것이다. 옥수수의 *leafbladeless1*(*lbl1*) 변이체(연구사례 5.1)은 극적인 예들을 제공한다. 정상적인 옥수수잎 엽원기는 열쇠고리(key-ring)모양이며, 분열조직 주위를 둘러싼다. 맨 끝의 *lbl1* 엽원기는 실같은 잎들이 발달하는 좁은 초승달 모양이다. 이 두 가지 경우에서, 엽서는 서로 엇갈리게 된다.

잎의 분화 시기 (Timing of leaf specification)

슈트정단분열조직의 외과적인 실험은 다음 엽원기의 위치가 엽원기가 나타나기 직전까지 융통성을 유지됨을 보여준다. 슈트에서 연속적인 마디가 출현하는 시간간격은 엽간기가 불린다. I1이 출현하기 전 엽간기의 절반이상이 지난 후의 정단분열조직의 절개는 I1를 새로운 위치로 이동시킬 수 있다. I1이 출현하기 전 엽간기의 절반에 못 미치는 시간에 수행된 절개는 I1의 위치를 변화시키지 못한다. 그러므로, 새로운 엽원기의 위치는 엽원기가 형성되기 전 약 절반의 엽간기가 지난 시간에 고정된다. 그러나, 잎의 운명은 *YABBY*와 *PHANTASTICA* (*PHAN*)상동유전자 같은 잎의 특이적인 유전자의 발현에 의해 증명된바와 같이 I1보다 훨씬 이전에 지정된다. *YABBY* 상동유전자의 발현은 애기장대 정단 분열조직내의 I2에서 감지되었고, PHAN은 금어초(*Antirrhinum*)화서에서 포엽이 출현하는 동안 I4 만큼 일찍 발현된다(연구사례 5.1). 그러므로, 잎이 출현하는 부위가 I2전에 선택되나 I1 동안에 고정되는 것이 틀림없을 것이다.

엽서의 생성 (Initiation of phyllotaxy)

슈트생장의 초기 단계에는 존재하는 엽원기가 거의 없어서 다음 엽원기의 정확한 위치를 밝힐 수 없다. 나선형 엽서를 가진 식물에서, 이러한 불확실성은 슈트를 시계방향으로 돌아 올라가는 나선형과 반시계방향으로 돌아 올라가는 나선형이 같은 확률을 갖는 많은 종을 통해 나타난다. 클로버(*Trifolium* spp)가 좋은 예이다. 클로버 슈트의 처음 두 개의 본잎은 떡잎에 대하여 오른쪽 각도에 형성된다. 나선형의 엽서는 3번째 잎의 출현으로 시작된다. 떡잎들과 첫 번째 두 개의 본엽들을 시계문자판에 배열하면 떡잎은 12시와 6시를 가리키고, 첫 번째 잎은 9시를, 두 번째 잎은 3시를 가리킨다(그림 6.13). 많은 클로버에서, 3번째 잎은 두 위치의 어느 하나에 출현하는 확률이 같다. 3번째 잎이 7시 30분에서 발생하면, 이후의 잎들은 시계방향으로 슈트를 올라가는 나선형을 형성할 것이다. 그러나 3번째 잎이 10시 30분에서 발생하면 이후의 잎은 반시계방향의 나선형을 형성할 것이다. 3번째 잎의 2개의 가

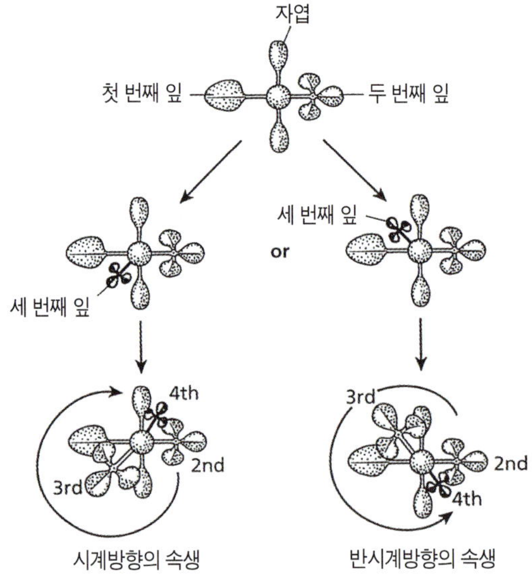

그림 6.13 클로버(*Trifolium* spp.)의 잎차례의 전개. 클로버의 슈트의 첫 번째와 두 번째 진정 잎은 자엽에 수직으로 전개된다(위). 속생(spiral phyllotaxy)이 세 번째 잎의 전개와 함께 시작된다, 세 번째 잎이 전개되는 위치에 따라 속생의 방향이 슈트 위에서 시계방향(clockwise) 또는 반시계방향(anticlockwise)이 결정된다(중앙과 아래). (Rijve, 1968.)

능한 위치 중 하나의 선택은 대칭을 깨는 과정을 필요로 한다. 이러한 성질은 알려지지 않았지만 회전 메커니즘이 작용할 것이라는 점이 제시되어 왔다(연구사례 6.1).

연구사례 6.4; 잎과 도관 발달의 조정
(Case study 6.4; Coordination leaf and vascular development)

엽원기는 식물의 나머지 부분과의 도관연결과 관련하여 발달해야만 한다. 도관 연결의 분화는 엽원기로부터 발산되는 반응을 유도하는 신호를 포함할 것이다. 어린잎들은 옥신 호르몬의 주요한 배출원으로 생각되고 옥신은 도관 분화를 자극하는 것으로 보인다. 그러므로 합리적인 가설은 엽원기에 의해 합성된 옥신이 슈트로 연결되도록 도관 분화를 유도한다는 것이다. 이번 연구사례는 잎에서 유래된 옥신에 의한 도관 발달의 자극에 대한 증거를 고찰한다.

옥신에 의한 도관 발달의 유도
(Induction of vascular development by auxin)

1장에서 기술한 바와 같이, 슈트내의 도관 분화는 연속적인 윗 방향으로의 파동으로 발생한다. 슈트내의 관다발은 슈트 정단의 전형성층의 가닥과 융합한다. 전형성층 가닥의 기부 세포들은 성숙한 도관 조직으로 분화하고, 가닥들은 슈트의 발달에 따라 윗 방향으로 확장한다. 가닥들은 어린싹 발달과 같이 위쪽으로 늘어나면서 확장한다. 슈트 정단 분열조직에서, 각각의 새로운 엽원기는 근원적인 조직내의 하나 혹은 그 이상의 전형성층 가닥들과 관계

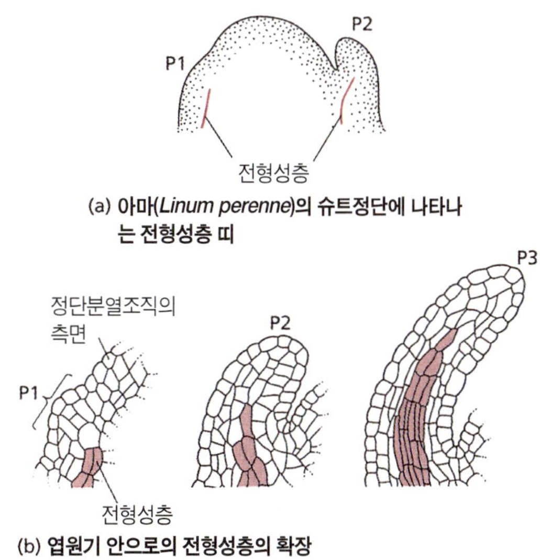

그림 6.14 잎으로 이어지는 관다발 결합의 발생. (a) 가장 어린 두 개의 엽원기와 관련되는 전형성층의 띠를(붉은색) 보여주는 아마(flax, *Linum perenne*)의 정단. (b) 아마 엽원기 안으로 퍼져가는 전형성층의 확장. (Waring & Phillips, 1970.)

된다. 이 가닥들은 그것이 발달함에 따라 잎으로 확장하며, 잎과 식물의 나머지 부분 사이에 도관 을 연결한다(그림 6.14).

잎, 옥신 그리고 슈트로의 도관연결간의 관계는 간단한 외과적인 실험에 의해 나타난다. 예를 들어, 콜레우스(*Coleus*)에서, 엽원기(P1 또는 P2중 하나)의 제거는 이후의 슈트에 엽원기를 연결하는 전형성층 가닥의 분화를 저해한다. 그러나, 제거된 엽원기가 적용된 옥신에 의해 대체된다면, 정상적인 도관 발달 패턴이 지속된다.

유사한 결과들이 도관 재생에 관한 실험에서 관찰된다. 상처가 슈트내의 성숙한 관다발을 절단할 때, 다발이 재생될 때까지 새로운 도관 가닥이 슈트 유조직으로부터 분화 될 것이다. 도관 재생은 상처 위에 잎들이 제거 되었을때 현저하게 감소하나 절개된 잎들이 옥신으로 대체된다면 복원될 수 있다. 4장에서 논의된 것과 같이, 옥신은 슈트를 통해 아래 방향으로(정단에서 기부로) 수송된다. 상처 아래의 잎들을 잘라내는 것은 도관 가닥들이 재생되는 것을 저해하지 않는다

캐널리제이션 가설 (The canalization hypothesis)

그러면 어떻게 잎에서 나온 옥신이 슈트내에 존재하는 전형성층 가닥으로 개개의 도관 연결을 유도하는가? 단서는 도관 시스템이 슈트내 옥신 하향 수송의 주요한 장소라는 관찰로부터 온다; 극성 옥신 수송은 주로 관다발과 관련한 연장된 유조직 세포에서 일어난다(그림 4.5)

옥신 공급, 도관 발달, 그리고 옥신 수송간의 밀접한 관계는 도관분화와 극성 옥신 수송을을 연결하는 음성적인 피드백 매커니즘인 **캐널리제이션 가설**(canalization hypothesis)에 이른다(그림 6.15). 엽원기 아래의 분화되지 않은 세포들의 그룹을 고려한다. 엽원기가 옥신을 외부로 수송함에 따라, 옥신의 농도는 잎의 아래에서 즉시 증가한다. 그러나, 잎 아래의 도관 조직을 통한 옥신의 하향 수송은 세로방향의 옥신농도 구배차를 야기하므로 확산을 이끈는 옥신의 유동이 유래된다. 캐널리제이션 가설은 그러한 옥신의 유동이 미분화된 세포가 유동 방향으로 옥신을 수송한다는 즉, 옥신의 수송에 관하여 극성화 된다는 점을 제시한다. 또한, 옥신을 수송하는 세포들은 점차 더 극성화되어 옥신 수송이 점차 더 좋아진다.

주어진 제한된 옥신의 공급에서, 운하 가설은 이웃하는 세포간의 옥신의 수송에 대한 경쟁을 예측한다. 옥신 이동의 초기의 효율에 있어서 세포들 간의 확률적인 변이들은 보다 더 극성화된 세포의 각 가닥으로의 옥신 유동의 경로화(캐널리제이션)야기할 것이다. 이러한 가닥들내의 옥신의 수치는 도관 분화를 자극하는데 필요한 역치 이상으로 결국 증가한다. 개개의 옥신의 공급 즉, 엽원기와 옥신의 수용부 즉, 도관조직을 가지고 운하 모델은 그 둘을 연결하는 전형성층 가닥을 생성한다.

캐널리제이션 가설은 옥신 수송 효율이 감소하면 도관 네트워크가 도관 시스템의 연속성을 손상시키는, 비정상적으로 붐비는 전형성층 가닥을 야기하는 국부적인 옥신 증가 수준을 가진 봉쇄된 배출 시스템과 유사해 질 것임을 예측한다.

이 같은 변화들은 옥신 수송 저해제가 처리된 식물체와 옥신 수송이 감소된 몇몇 변이체에서 관찰되었다. 게다가, 옥신 수송 저해제가 처리된 애기장대는 낮은 저해제 농도에서 조

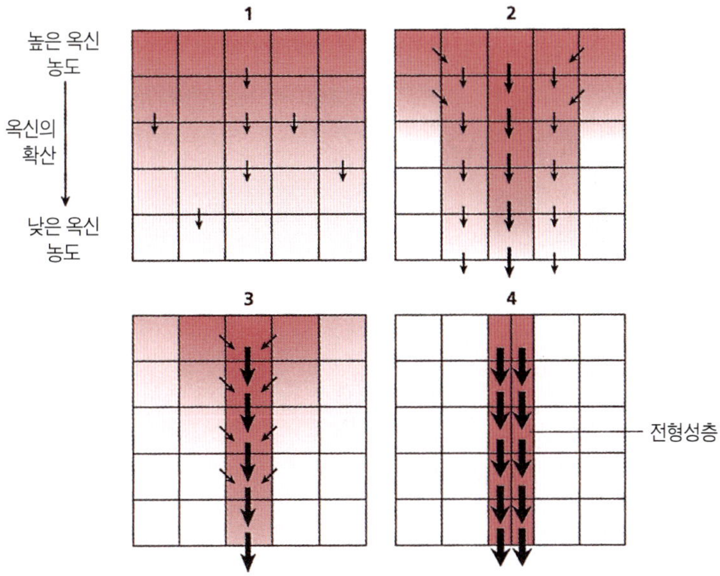

그림 6.15 잎에서의 옥신 흐름과 관다발 발생에 대한 운하설(canalization hyphothesis). 옥신 농도는 붉은색으로 표시되어 있고, 옥신 극성수송을 화살표로 나타내었다. 1, 옥신 구배에 노출된 세포들은 옥신이 확산되는 방향으로 옥신의 순수송(net auxin transport)을 시작한다. 2,3, 양성제어는 더욱더 극성화되는 세포들의 더 협소한 띠로 옥신의 채널링을 야기한다. 4, 띠의 옥신 농도는 전형성층으로의 분화에 필요한 시작 농도보다 더 높게 상승한다.

차 잎과 슈트 사이의 도관 연결이 손상됨을 보여준다.

전형성층에서 잎으로의 신호전달
(Signalling from the procambium to the leaf)

잎 엽원기는 틀림없이 슈트로의 도관 연결의 분화를 유도할 것이다. 그러나 도관 조직의 발달은 잎이 없이도 일어날 수 있다. 사례 연구6.3에서 기술된 바와 같이, 옥신 수송 저해제를 처리한 식물들과 옥신 수송이 감소한 변이체들은 엽의 발생하지 않는 핀 모양의 정단으로 발달할 수 있었다. 관다발은 그러한 핀모양의 정단에서 변화된 형태와 패턴이기는 하나 발달을 계속한다. 이는 잎에서 유래된 옥신이 슈트 정단에서 도관의 발달에 필요하지 않다는 것을 증명한다. 그러므로 잎으로부터의 옥신의 유출은 슈트 내 도관 발달의 반자율적인 패턴을 조절하는 기능을 가질지도 모른다.

슈트 정단의 전형성층 가닥으로부터의 신호는 전형성층과 잎 발달간에 피드백 고리를 발생시켜 잎의 출현을 촉진할 지도 모른다는 점이 제시되어 왔다. 이러한 시사는 몇몇 종에서, 전형성층 가닥이 그들이 연결되는 엽원기의 출현 이전에 슈트 정단에 나타나기 때문에 비롯되었다. 후에 생겨날 엽원기에 관련된 전형성층의 발달은 또한 유전자 발현 패턴에 의해 나타났다. 예를 들어, 애기장대에서, *PINHEAD(PNH)*유전자는 슈트내 도관조직과 발달중인 잎에서 발현된다(연구사례 5.1을 보라,그림 5.4). 슈트정단에서, *PNH* 발현은 다음 엽원기가 출현할 I1 부위에서 일어나지만, 또한 I2에 연결될 것으로 추정되는 전형성층조직에도 나타난다.

결 론

4장과 5장은 세포 운명과 축 위치간의 관계에 대해 논의하였다. 이론적으로, 발달은 전적으로 세포들이 외인성의 위치신호로부터 그들의 축 좌표를 읽고 적절한 운명을 채택하는 과정에 의해 진행될 수 있다. 그러나 그러한 과정은 극히 유동적이고 불안정할 것이다. 이 장은 그들이 발달하는 세포들과 조직과 기관들 간의 상호 참조의 메커니즘을 논의했다. 그러한 메커니즘은 작은 초기의 차이를 증대하고 독특한 패턴 요소를 일으키는 유연성 있는 패턴에 집중하는 반복되는 피드백 사이클에 의해 특징져 졌다. 상호 참조 메커니즘은 패턴화되는 변이가 이후의 발달에 있어 적절한 변화에 의해 조절되었기 때문에 특히 확고하다

그들이 발달함으로써 세포, 조직들, 조직체 사이의 서로 엇갈린 참조문헌의 기작을 논의했다. 약간의 기작들은 되풀이되는 피드백 사이클에 의해 특징화되고 작은 초기의 분화에 대한 부연설명을 하고 뚜렷한 패턴요인을 산출하기 위한 불명확한 패턴들에 집중한다. 서로 엇갈린 참조되는 기작들은 패터닝 안에 다양성이 다음 발달 안에 적절한 변화들에 의해 익숙해짐으로써 특별히 확고하게 된다.

Further reading

General

Animals

Greenwald, I. & Rubin, G.M. (1992) Making a difference: the role of cell–cell interactions in establishing separate identities for equivalent cells. *Cell* **68**, 271–281.

Plants

Hall, L.N. & Langdale, J.A. (1996) Molecular genetics of cellular differentiation in leaves. *New Phytologist* **132**, 533–553.

Case study 6.1: The pattern of trichomes on the *Arabidopsis* leaf

Reviews

The following review outlines the model described in this chapter:

Larkin, J.C., Marks, M.D., Nadeau, J. & Sack, F. (1997) Epidermal cell fate and patterning in leaves. *Plant Cell* **9**, 1109–1120.

For an alternative model see:

Szymanski, D.B., Lloyd, A.M. & Marks, M.D. (2000) Progress in the molecular genetic analysis of trichome initiation and morphogenesis in *Arabidopsis*. *Trends in Plant Science* **5**, 214–219.

Research papers

Larkin, J.C., Marks, M.D., Nadeau, J. & Sack, F. (1997) Epidermal cell fate and patterning in leaves. *Plant Cell* **9**, 1109–1120.

Larkin, J.C., Oppenheimer, D.G., Lloyd, A.M., Paparozzi, E.T. & Marks, M.D. (1994) Roles of the *GLABROUS1* and *TRANSPARENT TESTA GLABRA* genes in *Arabidopsis* trichome development. *Plant Cell* **6**, 1065–1076.

Larkin, J.C., Young, N., Prigge, M. & Marks, M.D. (1996) The control of trichome spacing and number in *Arabidopsis*. *Development* **122**, 997–1005.

Schnittger, A., Folkers, U., Schwab, B., Jürgens, G. & Hülskamp, M. (1999) Generation of a spacing pattern: the role of *TRIPTYCHON* in trichome patterning in *Arabidopsis*. *Plant Cell* **11**, 1105–1116.

Walker, A.R., Davison, P.A., Bolognesi-Winfield, A.C. *et al.* (1999) The *TRANSPARENT TESTA GLABRA1* locus, which regulates trichome differentiation and anthocyanin biosynthesis in *Arabidopsis*, encodes a WD40 repeat protein. *Plant Cell* **11**, 1337–1349.

Turing mechanism

Turing, A.M. (1952) The chemical basis of morphogenesis. *Philosophical Transactions of the Royal Society of London, Series B* **641**, 37–72.

Case study 6.2: The pattern of root hairs in *Arabidopsis*

Reviews

Dolan, L. (1996) Pattern in the root epidermis: an interplay of diffusible signals and cellular geometry. *Annals of Botany* 77, 547–553.

Scheres, B. (2000) Non-linear signalling for pattern formation? *Current Opinion in Plant Biology* **3**, 412–417.

Scheres, B., McKhann, H.I. & van den Berg, C. (1996) Roots redefined: anatomical and genetic analysis of root development. *Plant Physiology* **111**, 959–964.

Pattern of development in the root epidermis

Dolan, L., Duckett, C.M., Grierson, C. *et al.* (1994) Clonal relationships and cell patterning in the root epidermis of *Arabidopsis*. *Development* **120**, 2465–2474.

Laser ablation experiments

Berger, F., Haseloff, J., Schiefelbein, J. & Dolan, L. (1998) Positional information in the root epidermis is defined during embryogenesis and acts in domains with strict boundaries. *Current Biology* **8**, 421–430.

Genes that affect root hair development

Lee, M.M. & Schiefelbein, J. (1999) WEREWOLF, a MYB-related protein in *Arabidopsis*, is a position-dependent regulator of epidermal cell patterning. *Cell* **99**, 473–483.

Masucci, J.D., Rerie, W.G., Foreman, D.R. *et al.* (1996) The homeobox gene *GLABRA 2* is required for position-dependent cell differentiation in the root epidermis of *Arabidopsis thaliana*. *Development* **122**, 1253–1260.

Wada, T., Tachibana, T., Shimura, Y. & Okada, K. (1997) Epidermal cell differentiation in *Arabidopsis* determined by a *Myb* homolog, *CPC*. *Science* **277**, 1113–1116.

Effects of ethylene signalling on root hair development

Cao, X.F., Linstead, P., Berger, F., Kieber, J. & Dolan, L. (1999) Differential ethylene sensitivity of epidermal cells is involved in the establishment of cell pattern in the *Arabidopsis* root. *Physiologia Plantarum* **106**, 311–317.

Masucci, J.D. & Schiefelbein, J.W. (1996) Hormones act downstream of *TTG* and *GL2* to promote root hair outgrowth during epidermis development in the *Arabidopsis* root. *Plant Cell* **8**, 1505–1517.

Patterning of hypocotyl stomata

Berger, F., Linstead, P., Dolan, L. & Haseloff, J. (1998) Stomata patterning on the hypocotyl of *Arabidopsis thaliana* is controlled by genes involved in the control of root epidermis patterning. *Developmental Biology* **194**, 226–234.

Hung, C-Y., Lin, Y., Zhang, M. *et al.* (1998) A common position-dependent mechanism controls cell-type patterning and *GLABRA 2* regulation in the root and hypocotyl epidermis of *Arabidopsis*. *Plant Physiology* **117**, 73–84.

Case study 6.3: Phyllotaxy

Surgical experiments and the field theory

Snow, M. & Snow, R. (1931) Experiments on phyllotaxis. I. The effect of isolating a primordium. *Philosophical Transactions of the Royal Society of London, Series B* **221**, 1–43.

Wardlaw, C.W. (1949) Experiments on organogenesis in ferns. *Growth* 13 (Suppl.), 93–131.

Both of the above are reviewed in:

Steeves, T.A. & Sussex, I.M. (1989) Organogenesis in the shoot: leaf origin and position. In: *Patterns in Plant Development*, 2nd edn, pp. 100–123. Cambridge University Press, Cambridge.

TERMINAL EAR1

Veit, B., Briggs, S.P., Schmidt, R.J., Yanofsky, M.F. & Hake, S. (1998) Regulation of leaf initiation by the *terminal ear 1* gene of maize. *Nature* **393**, 166–168.

Auxin

Reinhardt, D., Mandel, T. & Kuhlemeier, C. (2000) Auxin regulates the initiation and radial position of plant lateral organs. *Plant Cell* **12**, 507–518.

Expansin

Fleming, A.J., McQueen-Mason, S., Mandel, T. & Kuhlemeier, C. (1997) Induction of leaf primordia by the cell wall protein expansin. *Science* **276**, 1415–1418.

Reinhardt, D., Wittwer, F., Mandel, T. & Kuhlemeier, C. (1998) Localized upregulation of a new expansin gene predicts the site of leaf formation in the tomato meristem. *Plant Cell* **10**, 1427–1437.

Case study 6.4: Coordination of leaf and vascular development

Reviews

Aloni, R. (1987) Differentiation of vascular tissues. *Annual Review of Plant Physiology* **38**, 179–204.

Berleth, T., Mattsson, J. & Hardtke, C.S. (2000) Vascular continuity and auxin signals. *Trends in Plant Science* **5**, 387–393.
Nelson, T. & Dengler, N. (1997) Leaf vascular pattern formation. *Plant Cell* **9**, 1121–1135.

Coleus

Bruck, D.K. & Paolillo Jr, K.J. (1984) Replacement of leaf primordia with IAA in the induction of vascular differentiation in the stem of *Coleus*. *New Phytologist* **96**, 353–370.

The canalization hypothesis

Sachs, T. (1981) The control of the patterned differentiation of vascular tissues. *Advances in Botanical Research* **9**, 151–262.

Effects of auxin transport inhibitors

Mattsson, J., Sung, Z.R. & Berleth, T. (1999) Responses of plant vascular systems to auxin transport inhibition. *Development* **126**, 2979–2991.

7 장

빛
(Light)

이 장과 다음 장에서는 식물 발달에 대한 환경의 조절에 대해 논의할 것이다. 식물은 그들의 서식지와 계절에 맞춰 형태 조절을 위한 환경적 신호의 범위를 통합한다. 이러한 신호 중에서, 빛은 식물체 발달에 가장 큰 영향력을 갖는다. 식물은 조도, 광질, 세기, 빛 신호의 방향과 지속시간 등을 감지하는데 아주 민감하며, 이러한 모든 요인들의 조화로 발달을 조절한다. 빛에 대한 발달의 반응은 배아기 후 성장, 발아에서 개화로 이행되는 과정 내내 나타난다. 구체적인 반응들을 논의하기 전에, 이 장에서는 광 감지에 대한 소개를 하고자 한다.

광 감지 (Light perception)

빛의 각기 다른 파장에 대한 식물체의 조도는 식물의 발달이 스펨트럼의 어떤 특정 부분에서 다른 부분 보다 더 민감하게 반응한다는 것을 보여준다. 특히, 식물은 UV-B 방사(약 280nm~320nm 파장), UV-A 방사(약 320nm~380nm), 청색광(약 380nm~500nm), 적색광(약 620nm~700nm) 그리고 근적외광(700nm~800nm)에서 높은 감수성을 나타낸다. 이러한 파장들에서 식물 **광수용체**(photoreceptors)는 가장 민감하다. 식물 광수용체는 주로 적색광과 근적외광을 감지하여 흡수하는 **피토크롬**(phytochromes); UV-A와 청색파장에 반응하도록 하는 **크립토크롬**(cryptochromes)과 **NPH1**(phototropin) ; 그리고 한 개 또는 그 이상의 확인되지 않은 UV-B 수용체의 4그룹으로 나뉜다.

피토크롬, 크립토크롬과 NPH1는모두 단백질과 발색단(chromophores)이라고는 불리는 광흡수 색소체로 구성되어있다. 각 광수용체의 스펙트럼에 대한 반응정도는 발색단들이 각 파장에서 빛을 흡수하는 능력, 즉 발색단의 흡수 스펙트럼(absorption spectrum)에 의존한다. 광흡수 반응에서, 하위 신호는 광수용체 단백질에 의해 전달된다.

피토크롬 (phytochromes)

광 가역성(photoreversibility)

피토크롬은 처음에 적색광을 짧은 시간 처리함에 따라 촉진되어지는 반응들이 곧 이은 짧은 근적외광의 처리에 의해 그 반응이 일어나지 않게 되는 광가역성(photoreversibility) 현상 때문에 발견되었다. 광가역성은 두 개의 호환성이 있는 이성체로 존재하는 피토크롬 때문에 일어나며, 각각은 특징적인 흡수스펙트럼을 갖는다(그림 7.1a). **Pr**이라고 하는 이성체는, 스펙트럼의 적색부분을 가장 강하게 흡수한다(약 660nm에서 가장 높은 흡광도를 나타낸다). Pfr이라고 하는 이성체는 근적외부분을 최대로 흡수한다(약 730nm에서 최고). Pr에

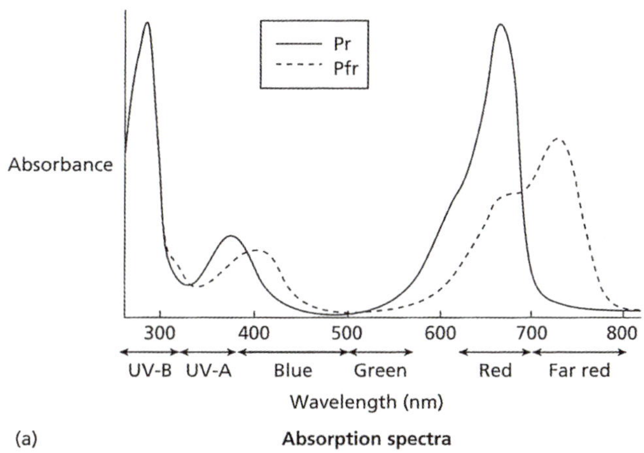

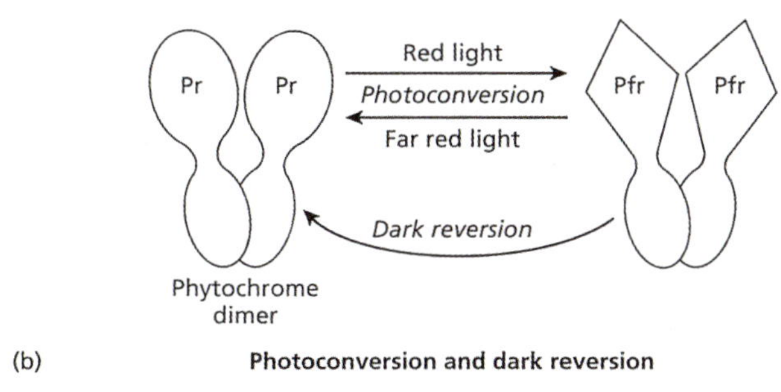

그림 7.1 광흡수스펙트럼과 피토크롬의 광전환. (a) Pr와 Pfr의 흡수스펙트럼. Pr와 Pfr 모두 UV-B에서부터 근적외까지 대부분의 파장에서 얼마간의 흡수를 보인다. 스펙트럼의 적색, 근적외 부분에서 Pr은 적색파장을 가장 강하게 흡수하고 그에 반해 Pfr은 근적외 파장을 가장 강하게 흡수한다. (b) Pr와 Pfr의 내부전환. Pr이 빛을 흡수하였을 때, Pr은 Pfr로 전환되고(광전환), Pfr이 광을 흡수하면 Pfr은 Pr로 전환된다. Pfr은 또한 암 전환으로 알려진 빛에 의존하지 않는 과정으로도 Pr로 전환된다. 피토크롬이 이량체로 존재하기 때문에 Pr와 Pfr사이의 변화는 Pr/Pr이량체와 Pfr/Pfr이량체 사이의 변화로 나타난다. 일시적인 Pr/Pfr 이량체는 중간물로써 형성되는 것이 가능하고, 그러한 중간물은 아마 생물학적 활동을 할 것이라고 제안된다. ((a) adapted from Chory, 1997.)

의한 광흡수는 Pr을 Pfr로의 전환으로 이끈다(**광전환**, photoreversion). 이와 유사하게, Pfr에 의한 광흡수는 Pfr을 Pr로 전환한다. Pr과 Pfr는 모든 파장에서 얼마간의 빛을 흡수하기 때문에 빛이 없는 상태에서는 모든 피토크롬이 단 하나의 형태로 전환된다. 그러나 피토크롬은 Pr로 합성되며 그래서 종자와 유식물체는 암소에서 오직 이 이성체만을 포함하며 자란다. 광전환(photoconversion)외에도 광에 의존하지 않는 Pfr에서 Pr로의 전환이 많은 쌍떡잎식물에서 관찰되었다(그러나 외떡잎식물에서는 관찰되지 않음). 그러한 전환이 암과 광 상태에서 일어난 것이긴 하지만, 암소에서 Pfr의 농도가 낮아진 상태로 측정되었으므로 **암 전환**(dark reversion)이라고 한다(그림 7.1b).

피토크롬의 형태와 명명법

(Phytochrome types and nonmenclature)

피토크롬은 모든 녹색식물체와 몇몇의 시아노박테리아에서 존재한다. 그들은 가용성 단백질이며 동형이합체로 존재하며, 각각의 아단위(subunit)는 고유한 발색단(a linear tetrapyrrole)에 결합되어 있다. 개화식물은 동일한 발색단으로 이루어져 있지만 아포단백질(apoprotein)이 다른 몇 가지 피토크롬을 가지고 있다.

애기장대는 *PHYA, PHYB, PHYC, PHYD, PHYE* 라고 하는 다섯 개의 피토크롬 유전자를 가진다. 피토크롬은 두 개의 주요한 그룹으로 분할된 이들 유전자에 의해 암호화된다. 피토크롬A는 빛에 불안정한 피토크롬이고, 장시간 암상태 후 빛을 흡수한 종자와 유식물체 모두에 존재하는 우세한 피토크롬이다. 피토크롬 B-E는 빛에 안정한 피토크롬이고 빛에서 자라는 식물체에서 아주 많은 유형이다.

*PHYA*는 암 상태에서 전사율이 높고, 모든 피토크롬은 Pr형태로 합성되므로 이는 PrA(Pr 형태의 피토크롬A)의 높은 수준의 축적으로 나타난다. 빛의 오랜 노출과 PrA의 PfrA로의 전환은 피토크롬A 농도가 약 100-fold 정도 감소하게 한다. 농도의 감소는 부분적으로 PfrA가 급격하게 퇴화하고(1시간에 절반정도 수준으로) 빛이 *PHYA*의 전사를 억제하기 때문에 일어난다-피토크롬 그 자체에 의해 매개되어지는 현상(그림 7.2).

빛에 안정한 피토크롬은 암 조건과 빛에서 같은 비율로 합성되고 빛에서 성장한 애기장대에서 피토크롬 B가 우세하나 그들의 농도는 두 가지 경우 모두 같다(그림 7.2). 빛에 안정한 피토크롬은 Pr와 Pfr형태에서 모두 안정하다(빛에 안정한 Pfr은 7-8시간에서 반감기를 갖는다).

아마도 당신이 주목한바와 같이, 피토크롬 명명법은 복잡하다. 그것은 전통적인 애기장대의 유전적인 명명법의 변형을 통해 파생되었다(42쪽 참조). 다른 애기장대 유전자들과 같이, 피토크롬 유전자들의 야생형 대립유전자들은 대문자 이탤릭체인 *PHYA, PHYB* 등으로 쓰여진다. 또한 피토크롬 유전자에 의해 암호화되는 아포단백질(apoproteins)은 보통 글씨체인 PHYA, PHYB 등으로 쓰여진다. 그러나 corresponding holoproteins(완전한 이량체 발색단)은 phyA, phyB 등으로 쓰여진다. phyA의 Pr와 Pfr의 형태는 PrA와 PfrA로 나타낸다; phyB은 PrB와 PfrB로 쓰여진다; 명명법의 유사한 시스템이 크립토크롬에 적용된다.

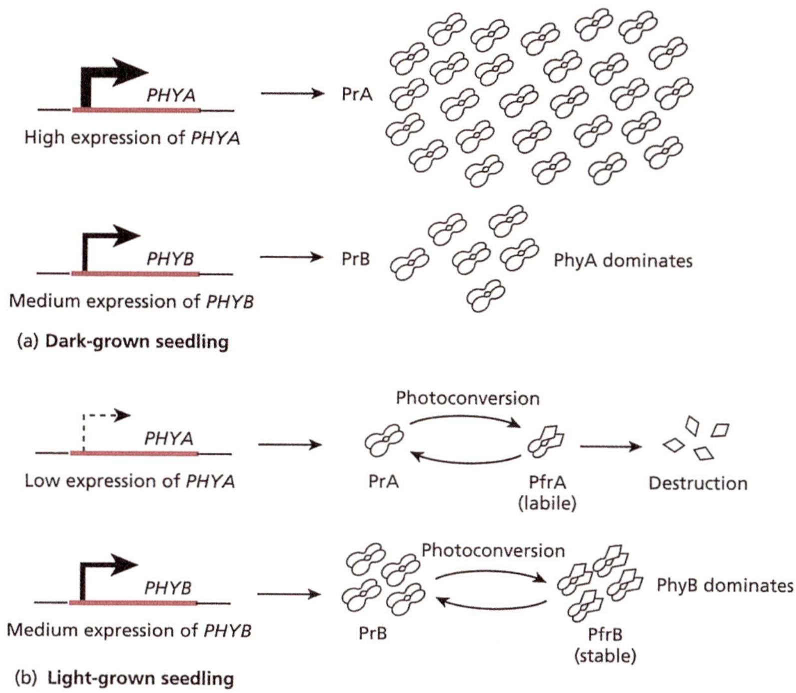

그림 7.2 암 상태와 빛에서 생장한 유식물체들에서의 phyA와 phyB사이의 우위. (a) 암 상태에서 자란 유식물체는 Pr형태(PrA)의 phyA가 많은 양 축적됨으로 인해 *PHYA* 유전자가 높게 발현된다. *PHYB* 유전자는 낮은 수준으로 발현된다. (b) 암 상태에서 자란 유식물체가 빛으로 이동하였을 때, 빛에 의해 유도되어지는 *PHYA* 유전자로부터의 전사억제와 PfrA의 빠른 파괴로 인해 phyA의 농도가 급격히 감소한다. 반면, *PHYB* 유전자는 빛과 암 상태에서 모두 비슷한 비율로 전사되고, PfrB는 안정하다. 따라서 암 상태에서 자란 유식물체에서 phyA가 우위인데 반해, 빛에서 자란 유식물체에서는 phyB가 우세하다.

피토크롬의 키나아제 활성과 피토크롬의 이동

(Phytochrome kinase activity and phytochrome monement)

Pfr 형태의 피토크롬은 키나아제 활성을 나타내고, autophosphorylation을 하며 또한 다른 단백질들을 인산화한다. Pfr autophosphorylation은 피토크롬과 다른 신호분자들 사이의 상호작용을 조절하는 것이 가능하다. 비슷하게, Pfr에 의한 다른 단백질들의 인산화는 그들의 활성을 변화시키는 것과 같다. 흥미롭게도, 크립토크롬을 포함하는 피토크롬의 키나아제활성에 대한 대상은 광수용체의 수준에서 영향을 미치는 적색/근적외 그리고 청색/UV-A 신호의 변환을 나타낸다.

피토크롬에 의한 빛 흡수의 또 하나 중요한 점은 세포간(subcellular) 위치의 변화이다. 위에서 설명된 것처럼, 피토크롬은 Pr형태로 합성된다. 암 상태에서 새롭게 합성된 Pr은 오로지 세포질 부분에만 있으나, 적색광의 노출은 시토졸로부터 핵으로 피토크롬의 이동을 촉진시키게 된다. phyB의 경우, 이러한 이동은 그 후의 근적외광으로 인해 억제되며, 오직 PfrB만 핵으로 이동된다고 보인다. 그러나, phyA의 경우에는 근적외광 또한 핵에서의 축적을 유도한다. phyA의 대부분이 근적외광에서 Pr의 형태이기 때문에, 이것은 새롭게 합성된 PrA가 세포질상에 있고, PfrA와 PrA 모두 Pfr 형태가 핵으로 이동되는 것을 통해 순환되는 것으로 보인다. phyA와 phyB 또한 매우 다른 이동률을 나타낸다. 핵에서 phyA의 축적은 빛에 노출된 후 15-20 분 안에 일어난다. 그에 반해 빛에 의해 조절되는 phyB shuttling은 시간을 주기로 일어난다. Pr와 Pfr 사이의 광전환이 매우 빨리 일어나기 때문에 PrB와 PfrB는 빛에서 성장한 식물체의 시토졸과 핵 양쪽 모두에 존재한다.

피토크롬의 핵의 shuttling은 피토크롬이 핵단백질간에 중요한 상호작용을 가지기 때문에 매우 중요하다. 이러한 단백질들은 크립토크롬과 Aux/IAA단백질(옥신과 관련된 유전자들의 전사를 조절하는)과 같은 인산화 기질들을 포함한다. 또한 피토크롬은 직접 전사인자들에 달라붙어 그들의 활성을 조절할 수 있다는 것이 최근에 밝혀졌다. PhyB는 전사인자 PIF3에 결합하여 특정한 빛 조절 유전자의 전사를 유도할 수 있다. PhyB의 binding은 오로지 Pfr형태에서만 일어나므로, PIF3에 의한 전사 개시는 PrB에서 PfrB로의 광전환에 의존한다.

크립토크롬 (Cryptochromes)

크립토크롬이라는 명칭은 광수용체들에 대한 식별의 어려움과 그러한 수용체들이 은화식물(무종자 식물체)에서 중요하다고 알려진 사실을 반영하기 위해 청색 그리고 UV 수용체를 대상으로 만들어졌다. 최근, 애기장대에서의 유전자 탐색은 청색과 UV-A 파장에서의 대부분의 반응이 두 개의 연관된 광수용체에 의해서 매개되어진다는 것을 증명하였다. 이것들은 현재 크립토크롬1(cry1)과 크립토크롬2(cry2)로 불리어진다. Cry1과 cry2는 각각 *CRY1*과 *CRY2*유전자에 의해 암호화 되어진다. 가용성 핵단백질로 여겨지는 크립토크롬은 모든 식물기관에서 발견된다. 각각은 플라빈(flavin)과 프테린(pterin)으로 생각되어지는 두 개의 발색단을 포함한다.

돌연변이 분석은 cry1과 cry2가 별개이긴 하지만 중복된 기능을 가진다는 것을 나타낸다. 이것들은 이번 사례 연구에서 더 자세하게 논의된다. 암 상태에서 자란 유식물체가 청색광에 노출되었을 때, 흥미롭게도 피토크롬A와 유사하게 cry2의 수준이 급격하게 감소한다. 이러한 감소는 *CRY2* 유전자의 전사율이 떨어진 것보다는 cry2 붕괴가 증가된 결과로 보여진다. 반면, cry1은 빛에 안정하다.

유전자서열분석은 크립토크롬이 빛에 의해 유도되어지는 DNA 복구을 매개하는 효소인 ancestral photolyase로부터 진화되었다는 것을 보여준다. 흥미롭게도, 유사하지만 독립된 과정으로 식물 크립토크롬과 유사한 단백질이 동물의 진화에서 일어났던 것으로 보인다. 동물성 크립토크롬은 초파리와 포유류에서 동정되었고, 식물체 안에서 일주기리듬의 광조절과 연관되어져 있다.

NPH1

애기장대는 굴광성(phototropism), 즉 단방향의 빛에 반응하여 구부러지는 성질을 일으키는 청색/UV-A의 광수용체를 가진다(연구사례 7.4). 이 광수용체는 굴광성을 갖지 않는 돌연변이체 선별에서 밝혀진 *NONPHOTOTROPIC HYPOCOTYL1*(*NPH1*) 유전자에 의해 암호화되어져 있다. *NPH1*은 두 개의 플라빈 발색단을 가질 것으로 생각되어지는 단백질 인산화효소와 결합된 원형질막을 암호화한다. 그것의 holoprotein 형태에서 NPH1은 때때로 phototropin 이라고 불린다.

광에 대한 발생 반응
(Development response to light)

속씨식물에서, 배우체와 배 발달은 주로 비감광성을 보인다. 그러나 빛은 생활사의 다른 모든 단계에서 발달을 조절한다. 연구사례 7.1에서 논의된 것처럼, 빛은 발아를 유도할 수 있는, 혹은 토양표면근처에서 발아의 기회를 증가시킬 수 있는 요인들 중 하나이다. 만약 종자가 지속적인 암 상태에서 발아하면, 유식물체는 토양 아래에서 생장하는데 알맞은 황화된 형태를 취하게 된다. 이것은 정단훅 아래 부분인 하배축이나 상배축의 빠른 신장, 슈트의 정단분열조직을 보호하고 그것을 빠르게 토양표면으로 이르게 하는 생장 모드에 의해 특징지어진다. 토양 표면에 빛이 닿으면 유식물체는 **광형태형성**(photomorphogenesis)을 겪게 되고, 증가된 뿌리발달, 축소된 슈트 신장, 정단훅 열림와 활발한 잎 개시, 확장과 녹화로 특징지어진다. 황화와 광형태형성의 조절은 연구사례 7.2에서 자세하게 설명할 것이다.

빛이 도달한 후, 식물체는 그것의 스펙트럼의 질, 방향과 지속시간에 반응할 수 있다. 연구사례 7.3에서는 생장과 발달에서 식생 음지(vegetational shade)의 효과에 대해 논의한다. 그 연구사례는 증가된 슈트 신장과 감소된 옆가지로 특징지어지는 반응인, 음지회피에 초점을 맞춘다. 연구사례 7.4에서는 굴광성: 광의 방향과 관련한 조직이나, 기관의 구부러짐에 대해 고찰한다. 마지막으로 연구사례 7.5에서는 **광주기**(photoperiod)에 의한 개화조절에 관해 논의한다.

연구사례 7.1: 광 유도 발아
(Case study 7.1 : Light-induced germination)

발아는 유근과 배의 shoot에서 대규모의 세포 신장과 종자에 존재하는 양분의 유통이 공동으로 작용하여 이루어진다(1장). 몇몇 종에서 발아는 근단 가까이에 있는 배유세포벽의 가수분해에 의해 유근 발생에 물리적인 장벽을 약화시킴으로써 이루어진다.

애기장대와 많은 다른 속씨식물에서 발아는 빛에 의해 촉진되어진다. 단파장 처리와 돌연변이의 분석은 빛에 의해 유도되어진 발아가 주로 피토크롬에 의해 매개되어 진다는 것을 보여준다. 이 연구사례에서는 애기장대 종자의 발아에서 피토크롬의 역할에 대해 논의한다.

피토크롬 돌연변이체 (Phytochrome mutants)

암 상태에서 새로이 빛이 흡수된 애기장대 종자군은 약간의 발아를 나타낸다. 그러나 발아는 적은 양의 적색광에 의해 촉진되고, 적은 양의 근적외광에 의해 억제된다. 암 상태에서 며칠이 지난 후, 빛을 흡수한 종자는 극적으로 더 빛에 민감해진다 : 그들은 매우 적은 양의 UV-B에서 근적외에 이르기까지 폭넓은 방사스펙트럼에 반응하여 발아할 것이다.

이런 대조적인 반응들은 하나 이상의 광수용체가 발아를 제어한다는 것을 나타낸다. 이런 생각에 대한 확증은 *phyA*와 *phyB* 돌연변이체 분석으로부터 이루어졌다(그림 7.3). 암 상태 혹은 적은양의 적색광을 처리 후 *phyB* 돌연변이체는 발아가 실제적으로 야생형과 비교해서 감소되었다. 이것은 phyB가 주로 이런 조건들에서 발아를 일으키기 위해 반응한다는 것을 나타낸다. 적색광에 의한 발아유도와 근적외광에 의한 발아억제는 phyB가 Pfr형태일 때 발아를 촉진한다는 것을 의미한다. 암 상태에서 얼마간의 종자가 발아하는 이유는 명확하지 않다; 아마 배형성기간에 phyB합성과 광전환 때문에 배가 약간의 PfrB를 포함하는 것이라 생각된다. 건조종자에서 피토크롬은 광전환 또는 암반전되지 않는다.

phyA 돌연변이체는 빛이 흡수된 종자가 암상태에서 보관되어질 때 발달하는 높은 광감도가 특이적으로 감소한다. 이것은 phyA가 이러한 조건들에서 발아를 일으킨다는 것을 의미한다. 계속되는 암기동안 Pr형태의 phyA가 많은 양 축적되었기 때문에 빛이 흡수된 종자의 극광감도는 발달한다. 이러한 조건들에서, 심지어 축적된 PrA의 작은 단편이 PfrA로 전환된 경우에도 발아는 촉진된다. PrA는 전 스펙트럼에 걸쳐 얼마간 흡수됨을 보이므로, 이것은 발아를 유도하기 위해 어떤 파장의 매우 낮은 감응의 노출을 허용한다.

phyB 돌연변이체의 발아는 또한 적색광의 범위에서 촉진되고 근적외광에 의해 억제된다. 이것은 빛에 안정한 피토크롬(phyC, phyD and phyE)중 하나 혹은 그 이상이 발아를 조절한다는 것을 의미한다.

여러 가지 빛 상황에 대한 애기장대의 반응은 넓은 범위의 환경에서 발아를 허용한다. 애기장대 종자가 암 상태에서 발아한다는 사실은 일부 종자는 기온과 토양수분이 충족되게 되면 항상 발아한다는 것을 의미한다. 적색광(대부분 phyB에 의해 일어나는)에 의한 발아의 촉진은(근적외광에 비해 높은 비율의 적색광을 가지는) 태양빛아래의 토양표면에서 애기장대 종자의 발아를 증가시킬 것이다.

phyA로 매개되는 극도의 광감도 반응은 다른 환경에서 발아를 촉진할 것이다. 첫 번째로, 토양 disturbance 동안 빛에 일순간 노출된 후 묻힌 종자에서 유도발아를 제공한다. 두 번째로, 그것은 토양표면의 바로 아래에 묻힌 종자의 발아를 촉진할 것이다. 마지막으로, 그것은 수관 바로 밑이 아닌 토양표면에서의 종자 발아를 촉진할 것이다. 잎은 적색 파장을 근적외파장 보다 더 효율적으로 흡수한다. 결과적으로, 수관(canopy)아래의 빛은 근적외파장보다 적색파장의 비율이 더 낮고, phyA에 의한 발아반응이 아닌 phyB에 의한 발아를 못하게 한다. 잎 그늘에 의한 반응은 연구사례 7.3에서 자세히 논의된다.

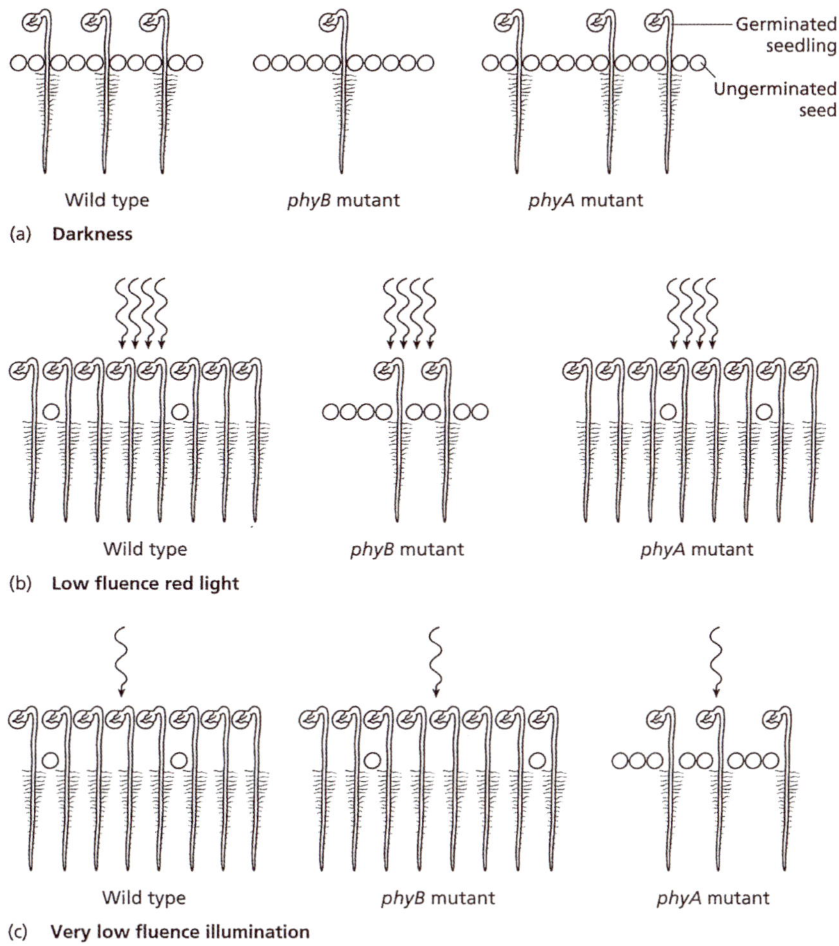

그림 7.3 여러 가지 빛 환경에서 애기장대의 피토크롬 돌연변이체와 야생형 종자의 발아 비율 (a) 어떤 야생형 종자는 심지어 암 상태에서 발아한다. 이러한 반응은 *phyB* 돌연변이체에서 감소되고, 그것은 phyB를 요구한다고 보인다. (b) 야생형 종자의 발아는 적은 양의 적색광에 의해 촉진된다. 이 반응 또한 *phyB* 돌연변이체에서 감소되며 그것은 phyB를 요구한다고 보인다. (c) 암 상태에서 며칠 동안 빛이 흡수되었을 때, 야생형 종자는 극도의 광감도를 나타내며 전 스펙트럼에 걸쳐 매우 적은 양의 빛에 반응하여 발아할 것이다. 이 반응은 *phyA* 돌연변이체에서는 나타나지 않으며 이 반응이 phyA를 요구한다는 것을 의미한다.

지베렐린 (Gibberellins)

식물호르몬의 한 종류인 지베렐린의 생합성은 대부분의 종에서 발아에 필요하다. 예를 들어, *Arabidopsis gibberellic acid1(ga1)* 돌연변이체는 지베렐린 생합성이 불가능하고, 외부에서 지베렐린이 제공되지 않으면 심지어 빛이 있는 조건에서도 발아를 하지 못한다. 피토크롬이 지베렐린의 생합성과 민감도에 작용하여 발아에서 그들의 효과를 중재한다는 강력한 증

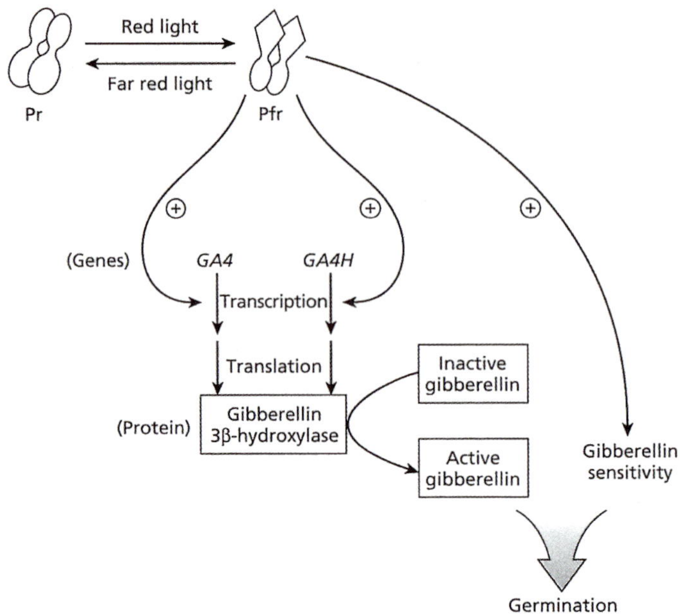

그림 7.4 발아기 동안 피토크롬과 지베렐린의 상호작용. 애기장대와 다른 많은 종에서 지베렐린은 발아를 유도한다. Pfr 형태의 피토크롬은 *GA4*와 *GA4H* 유전자의 전사를 촉진함으로써 지베렐린 합성을 증가시킨다. 이것들은 생물 활성의 지베렐린 합성의 마지막 단계를 촉매하는 지베렐린 3베타-hydroxylase를 암호화한다. 또한 Pfr 신호는 지베렐린에 대한 종자의 민감도를 증가시킨다. 화살표는 플러스 신호가 나타내는 positive regulation 으로 수반된다.

거가 있다(그림 7.4). 적색광은 애기장대의 *GA4*와 *GA4H* 유전자의 전사를 유도한다. 이것은 생물학적 활성 지베렐린 합성의 마지막 단계를 촉매 하는 지베렐린 3베타-히드록시라제 효소를 암호화한다. 반면, 근적외광은 이러한 유전자들의 전사를 억제한다. 또한, *ga1* 돌연변이체들은 적색광에서 자랐을 때 발아를 위해 더 적은 외생의 지베렐린을 요구하며, 이는 피토크롬 신호가 지베렐린에 대한 종자의 민감도를 증가시킨다는 것을 보여준다.

연구사례 7.2: 유식물의 황백화와 광형태형성
(Case study 7.2: Seedling etiolation and photomorphogenesis)

속씨식물의 유식물체는 지속적인 암 상태에서 뿌리 발달의 감소, hook 모양의 슈트, 빠른 슈트 혹은 하배축 신장, 접히거나 확장되지 않은 잎과 또는 자엽, 그리고 **etioplasts**(엽록소 부족으로 인한 엽록체)로 특징지어지는 상태인 황백화가 된다(그림 7.5). 황백화는 토양표면아래에서의 발아에 대한 적응이다. 종자들은 hook 모양의 슈트가 슈트정단분열조직을 보호하면서 토양속에서 빠르게 위로 성장한다. 황백화 과정은 때때로 **skotomorphogenesis** (그리스어의 'skotos'로부터 유래된, 어둠의 의미)라 불린다.

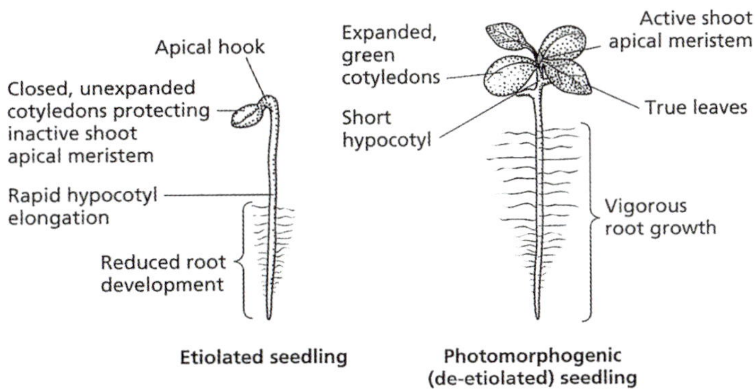

그림 7.5 황백화(etiolated) 유식물체와 광형태형성(탈황백화) 유식물체의 형태.

빛에서 생장한 유식물체는 광형태형성을 보이며 때때로 탈황백화라 불린다(Fig. 7.5). 이것은 전 범위에 걸친 뿌리발달, 느린 슈트신장, 직선의 슈트, 접히지 않은 그리고 넓은 잎과 자엽, 색소의 생합성과 광합성 기구에 필요한 유전자들의 발현, 엽록체의 atioplast의 발달, 그리고 슈트정단분열조직의 활성화가 특징이다.

이번 연구사례에서는 황백화된 유식물체에 의한 빛의 감지와 황백화로부터 광형태형성으로의 변화에 있어서 그 하류 현상로 대해 논의한다.

유식물체에서의 빛 감지 (Light perception by the seedling)

광형태형성은 넓은 범위의 스펙트럼에 의해 유도되어질 수 있다. 예를 들어 애기장대의 유식물체는 UV-A와 청색, 적색, 또는 근적외광에 반응하여 탈황백화 된다. 하배축의 신장 억제나 유전자발현의 변화와 같은 몇몇 광형태형성의 과정은 단시간의 광조사에 의해 유도되어질 수 있다. 그러나 완벽한 탈황백화는 지속적인 광조사를 요구한다.

광형태형성을 중개하는 광수용체들은 돌연변이체 분석에 의해 확인된다. 애기장대의 *cry1*와 *cry2* 돌연변이체의 표현형은 완벽한 탈황백화를 위해 UV-A 또는 청색파장에 대한 반응이 요구된다(*cry1*의 표현형은 그림 7.6에서 보여진다). *cry2*의 광적응성은 일관적이며, 광형태형성은 낮은 강도의 청색광 하에서의 *cry1*과 *cry2* 활동에 의해 ,그러나 대부분은 높은 강도의 청색광 하의 *cry1*에 의해 중개된다. 피토크롬 돌연변이체들의 표현형은(그림 7.6) *phyB*가 지속적인 적색광 하에서 탈황백화를 위해 필요한 반면 phyA는 지속적인 근적외광 하에서 탈황백화가 일어남을 보여준다. phyB 돌연변이체는 지속적인 적색광 하에서 잔여의 광형태형성을 나타내며, 빛에 안정한 다른 피토크롬들이 탈황백화를 중개한다는 것을 나타낸다.

이러한 광수용체들의 하류에 신호의 전달은 두 가지 방법으로 광형태형성을 유도한다. 첫째로, 아마도 광감지의 직접적인 positive 조절에 의해 하류의 광합성 유전자가 활성화될 것이다. 둘째로, 빛에 의해 유도되어지는 신호는 광형태형성의 음성 조절들을 불활성화 시키며, 이는 아래에서 논의된다.

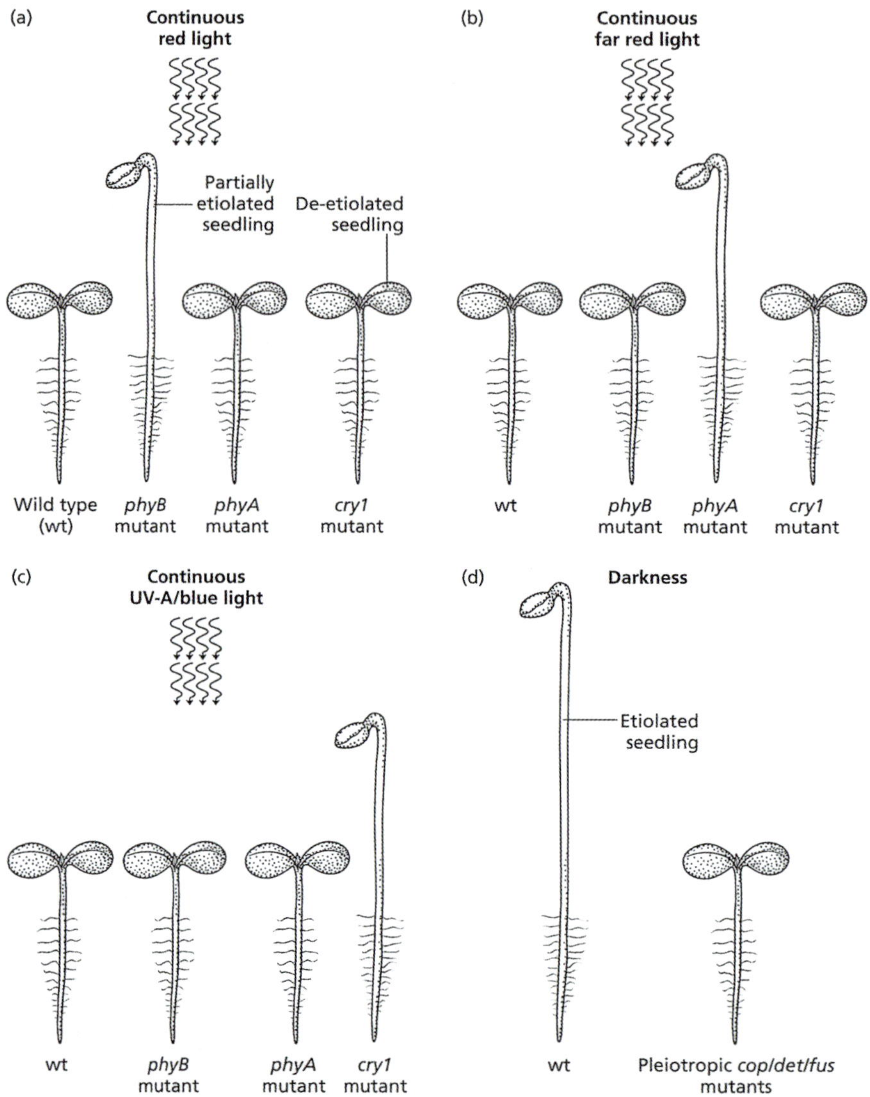

그림 7.6 애기장대에서 광형태형성의 양성적 그리고 음성적 조절은 돌연변이체를 통해 밝혀진다. 광형태형성은 야생형에서 지속적인 적색광, 지속적인 근적외광과 지속적인 UV-A/청색광에 의해 촉진되어 진다. 광수용체 돌연변이체들의 표현형은 적색광의 반응에 phyB(a)가 요구된다는 것을 나타낸다. ;근적외광에 대한 반응은 phyA(b)를 요구한다. ;UV-A/청색광의 반응은 cry1(c)을 요구한다. (d)암 상태에서, 야생형의 유식물체는 황백화되고, 광형태형성이 억제된다. 다면발현성의 *cop/det/fus* 돌연변이체들은 암 상태에서 광형태형성의 표현형을 가지고, *COP/DET/FUS* 유전자들이 암 상태에서 자란 유식물체에서 광형태형성을 억제하기 위해 요구된다.

광형태형성의 음성조절 (Negative regulators of phomorphogenesis)

진화론적인 조건에서, 광형태형성은 발달의 고전적인 형식이다. 이끼, 우산이끼, 양치류와 몇몇의 겉씨식물들, 특히 침엽수는 빛과 암 상태에서 매우 유사한 발달의 형식을 갖는다. 황백화는 주로 속씨식물의 유식물에 한정된 적응형태이다. 그러므로 황백화가 광형태형성 억제의 결과를 나타낸다는 애기장대의 유전학적 연구는 놀랄 일이 아니다.

많은 애기장대 돌연변이체들은 지속적인 암 상태에서 자랐을 때 광형태형성을 나타낸다는 것이 확인되었다. 이 표현형은 *de-etiolted*(*det*) 또는 *constitutively photomorphogenic*(*cop*)라고 불려진다. *det*와 *cop* 돌연변이체들은 열성이고 유전자의 기능을 잃게 된다. 그러므로 야생형의 *DET*와 *COP* 유전자 기능은 암 상태에서 생장한 유식물체에서 광형태형성이 억제되도록 하는 것이다. *cop*/*det* 표현형의 부가적인 돌연변이체들은 자줏빛의 유식물체를 선별하기 위해 개발되었고, 이러한 돌연변이체들은 *fusca*(*fus*)라 불린다.

모든 *cop/det/fus* 돌연변이체들은 암 상태에서 어느 정도의 광형태형성을 보여준다. 그러나 동시에 어떤 돌연변이체는 암 상태에서, 오직 빛에서 생장한 표현형만을 보여주는 반면, 11은 광형태형성 특징의 모든 것을 나타낸다. 즉, 돌연변이체들은 다면발현성이라는 것이다(그림 7.6). 암 상태에서, 다면발현성의 *cop/det/fus* 돌연변이체들은 짧은 배축과 개방된 자엽을 갖고, 빛을 유발하는 유전자를 발현하고, etioplast와 엽록체사이를 매개하는 색소체를 갖는다. 11 다면발현성의 *cop/det/fus* 돌연변이체들 중 대부분은 하나 이상의 돌연변이체 선발과 그 결과로써 기대되어지는 유전자가 한 개 이상의 이름을 가지는 것이 확인되었다. 우리는 다음의 11 이름을 사용할 것이다: *COP1, COP8, COP9, COP10, COP16, DET1, FUS5, FUS6, FUS8, FUS11* 그리고 *FUS12*(Wei & Deng, 1999)

COP9 복합체 (The COP9 complex)

일부 *COP/DET/FUS* 유전자는 적어도 *COP8, COP9, FUS5* 그리고 *FUS6*를 포함하는 멀티서브유닛 단백질 복합체의 구성을 암호화한다(그림 7.7). COP9이 동정된 복합체의 첫 번째 요소이기 때문에, 이것은 COP9 복합체 또는 **COP9 signalosome**으로 알려져 있다. COP9 복합체는 8개의 각기 다른 폴리펩타이드 서브유닛으로 구성되었으며, 빛과 암 상태에서 자란 유식물에서 모두 주로 핵에 존재한다.

COP9 복합체는 아마 광형태형성의 억제 이상의 역할을 할 것이다. *cop/det/fus* 대립 유전자들의 강한 기능상실은 유식물을 고사하게 하고, 식물 적재 열성 대립유전자는 살아남아 조기 개화, 비정상적인 일주기리듬과 병 관련 유전자 발현의 패턴 변화 그리고 산소결핍(oxygen deficiency) 등 비정상적인 양식들을 보여준다. 또한, COP9 복합체는 쥐, 초파리, 출아효모(*Schizosaccharomyces pombe*)에서도 발견되었다. 함축적으로, 복합체는 식물 발달과 관련되지 않은 고대의 세포내 기능을 가지거나 가졌었다. 식물, 동물, 효모에 걸쳐 명칭을 단일화하기 위해, COP9 복합체의 서브유닛은 현재 CSN1-CSN8(from COP9 signalosome)로 지정되었다(For details, see Deng *et al.*, 2000.)

생물학적으로, COP9 복합체는 단백질 전환의 다기능적 조절자로 보인다. 복합체는 거대 분자 단백질을 분해하는 26S 프로테아솜의 subsection과 상동하고, 단백질을 프로테아솜으로 유도하는 복잡한 시스템의 한 부분으로써 작용한다. 그러나, COP9 복합체와 프로테아솜과의 정확한 관계는 명확하지 않다.

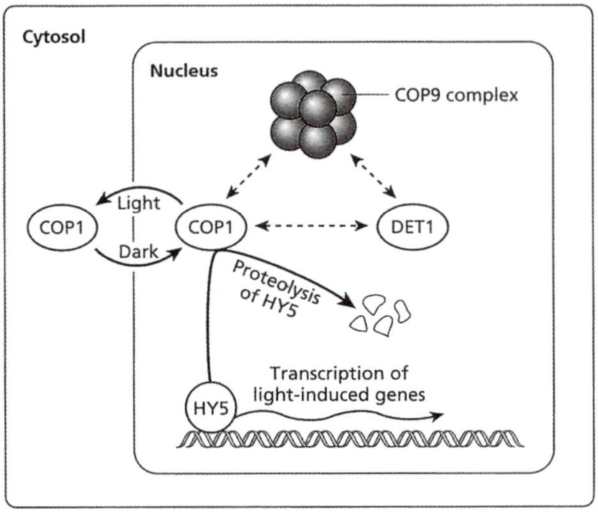

그림 7.7 COP9 복합체와 COP1, DET1, HY5 사이의 상호작용. 광형태형성 조절은 세포질과 핵으로 COOP1 단백질의 정기적인 왕복을 포함한다. 암 상태에서, COP1은 핵에 위치하게 되며, HY5 전사인자의 단백질 가수분해를 가속화한다. 빛에서, COP1은 세포질에 위치하게 되며, HY5의 붕괴를 가속화할 수 없다. HY5는 빛에서 유도되는 유전자들에서 전사를 촉진한다. 그러므로, 암상태에서 핵의 COP1은 빛에서 유도되는 유전자 표현을 간접적으로 막는다. COP1은 *det1* 돌연변이체에서 구조적으로 세포질성이다. 그리고 COP9 복합체가 없는 돌연변이체에서는 COP1과 COP9 복합체 그리고 DET1 사이의 상호작용이 암 상태 핵 안에서 COP10이 유지되기 위해 요구된다. (adapted from Torii & DEng, 1997).

COP1

다면발현성의 *cop/det/fus* 돌연변이 중 많은 것들이 COP9 복합체에 포함된 단백질이라고 정의 내려진 반면, 어떤 것들은 그렇지 않은 것도 있다. 물론, 가장 잘 알려진것은 COP1이다. COP1은 유비퀴틴(ubiquitin)-단백질 리가아제로서, 단백질 분해를 위한 표시로 단백질들에 유비퀴틴을 붙이는 역할을 한다. COP1의 유비퀴틴화에 대한 가장 중요한 목표는 ELONGATED HYPOCOTYL5(HY5) 전사인자이다(그림 7.7). HY5는 많은 광 유도성 유전자의 프로모터에 존재하는 주요소와 결합하고, 유전자 전사를 유도한다. *hy5*의 기능을 상실한 돌연변이체는 광조건하에서 본래 이상의 하배축신장이 일어나고, 이는 HY5가 광형태형성에 필요하다는 것을 증명한다. 따라서 HY5는 아마도 광형태형성을 촉진하는 유전자의 전사를 촉진할 것으로 생각된다.

HY5의 활성과 광형태형성의 정도는 최소 세 개의 메커니즘에 의해 조절된다. 첫째로, HY5 유전자는 암 조건보다 빛에서 더 큰 비율로 전사된다. 두 번째, *HY5* 단백질은 암 상태에서 활성이 감소됨으로써 인산화된다. 세 번째로, 식물이 암 조건에 있을 때, COP1에 의해서 빠르게 HY5의 유비퀴닌화가 일어나기 때문에, HY5 단백질은 더 짧은 반감기를 갖는다. 흥미롭게도, 암 상태에서 HY5의 인산화는 COP1과 관련한 유비퀴닌화에 대한 단백질의 감수성을 감소시킨다. 이것은 암조건에서 HY5의 과잉감소를 막고, 유식물체가 빛에 보다 더 빠르게 반응하도록 해준다.

빛에 의한 COP1 활성 조절은 세포질 내에 위치 변화를 통해 부분적으로 일어난다. 면역학적 위치실험(immunolocalization)과 COP1-리포터 단백질 사용은 COP1이 암 상태에서는 핵, 광조건에서는 세포질에 존재한다는 것을 보여준다. 그러므로 빛에 의한 HY5의 안정화는 핵으로부터 COP1이 제외되는 것을 뜻한다(그림 7.7). 세포질에서, COP1은 핵단백질인 HY5를 분해하기 위한 대상으로 삼을 수 없다. COP1은 COP9 복합체가 없는 돌연변이체 그리고 *det1* 돌연변이체(DET1은 기능을 알지 못하는 핵단백질을 암호화한다)에서 또한 구조적으로 세포질성이다. 따라서 COP1은 아마 암 상태에서 그것의 핵 내 위치를 유지하는 DET1 단백질과 COP9 복합체와 직접적으로 상호작용 할 것이다.

광형태형성이 시작됨을 의미하는 매우 늦은 조도 발생 후, 핵에서 세포질로 COP1이 이동하기 때문에 다른 메커니즘은 또한 COP1 활성을 조절해야만 한다. 그러므로 COP1의 이동은 아마 광형태형성의 개시보다는 유지를 위한 메커니즘이 될 것이다.

호르몬 (Hormones)

황백화와 광형태형성의 몇몇 특징은 호르몬 처리 또는, 호르몬 합성이나 반응에 영향을 미치는 변이에 의해 변할 수 있다. 예를 들어, 애기장대의 두 열성 돌연변이인 *det2*와 *constitutive photomorphogenesis and dwarfism*(*cpd*)는 유사하게 암 상태에서 자란 유식물체에서 부분적으로 탈황백화 표현형을 보인다. 암 상태에서, *det2*와 *cpd* 돌연변이체는 짧은 하배축을 가지지만, 정단의 훅과 광유도성 유전자의 발현은 없다. *DET2*와 *CPD*는 brassinosteroid 호르몬, brassinolid의 생합성 단계를 촉매 하는 효소들을 암호화한다. 그러므로 *det2*와 *cpd* 돌연변이체에서 brassinolide의 함량은 매우 낮다. 따라서 황백화의 몇몇 현상에서는 적어도 brassinolide를 필요로 한다.

사이토키닌, 옥신 그리고 지베렐린 또한 황백화와 광형태형성을 구분 짓는 식물발육변화와 관련되어 있다. 사이토키닌의 첨가나 옥신 신호의 유전적인 혼란은 암소에서 불완전한 탈황백화를 일으킬 수 있다. 지베렐린 결손 돌연변이체는 야생형과 비교해서 왜성화되고, 이것은 지베렐린이 하배축과 슈트의 신장을 위해 필요하다는 것을 가리킨다. 연구사례 7.1에서 논의된 것처럼, 지베렐린 합성은 대부분의 종에서 발아를 유도하기 위해 필요하다. 배의 발아가 시작되면 지베렐린 농도 증가가 일어나고, 그 다음 황백화된 유식물의 빠른 성장이 일어난다.

연구사례 7.3: 음지로부터의 회피

(Case study 7.3: Shade escape)

식물발달은 빛의 유무에 의해서 뿐 만 아니라 광질, 특히, 다른 식물에 의한 그늘에 기인하

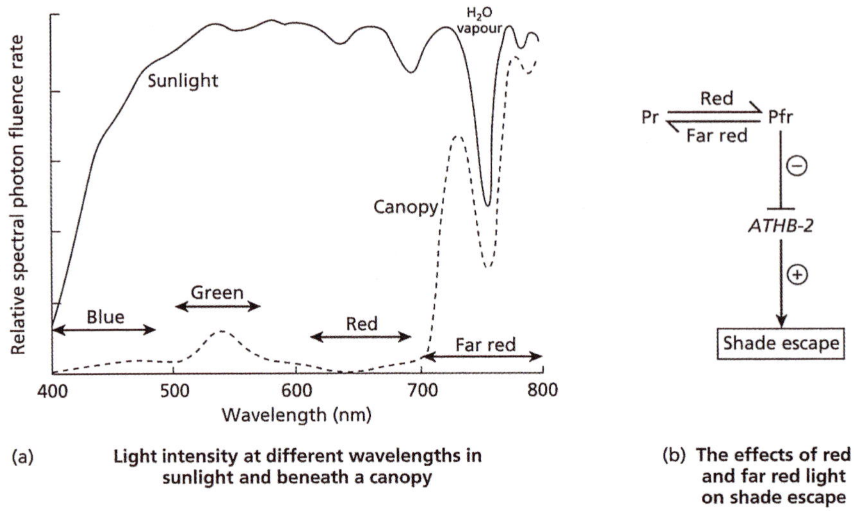

그림 7.8 적색광과 근적외광의 비는 음지 회피반응을 조절한다. (a) 태양광에서 스펙트럼의 fluence 비(여러 파장에서 빛의 세기)와 canopy shade의 비교는 적색광과 근적외광의 비(R:FR)가 태양광에서 더 높다는 것을 보여준다. 그러므로 R:FR은 근접한 식물에 의한 가리움 정도를 나타내는 지표가 된다. (b) 태양광처럼 적색이 근적외와 밀접한 관련을 갖고 있으면 Pr은 Pfr으로 전환될 것이다. 높은 Pfr은 *ATHB-2* 유전자의 전사를 억제하고 음지 회피를 억제한다. 막대의 선 끝과 마이너스 표시가 음성조절을 나타냄으로써 수반된다. 화살표는 플러스 표시가 양성조절을 나타냄으로써 수반된다.

는 광질의 변화에 의해서도 조절되어진다. 태양광과 잎을 통한 빛의 주요 차이점 중 하나는 엽록소에 의한 적색광의 우선적인 흡수 때문에 적색 파장과 근적외 파장의 비(R:FR)가 낮아지는 것이다(그림 7.8).

R:FR의 하락은 여러 식물체에서 각기 다른 반응을 만들어낸다. 속씨식물이 아닌 대부분의 식물에서는 **음지 내성**(shade tolerant)이 있고 예를 들어, 크지만 얇은 'shade leaves'를 생산하는 것과 같은 음지 조건에 맞는 형태로 발달한다. 반면에, 속씨식물은 보통 빠른 절간과 엽병 신장, 잎 면적과 굵기의 감소, 정단우세 증가(즉, 분지 감소) 그리고 조기개화로 반응한다. 이러한 반응은 **음지 회피**(shade escape)라고 불린다.

이번 사례 연구에서는 R:FR, R:FR signalling에 대한 식물의 영향에 대해 살펴본다.

R : FR

R:FR은 655-665nm(red)와 725-735nm(far red)에서의 파장의 강도의 비율로서 정의된다. 개방된 환경에서 낮의 R:FR은 하늘이 맑거나 흐리거나 관계없이 약 1.15:1이다. 엽록소와 다른 색소체의 존재로 인해, 잎은 700nm 이하의 파장을 강하게 흡수한다. 그러나 700-800nm 파

장의 광은 대부분 투과시키거나 반사한다(그림 7.8a). 그러므로 R:FR은 적색 파장의 감소로 인해 수관 아래에서 극적으로 낮아져, 0.05:1과 같이 아주 낮은 값을 갖는다. 또한 R:FR은 잎에 반사된 빛에서 낮은 R:FR을 갖기 때문에 식물 부근에서 낮아진다. 이것은 몇몇 종에서 인접한 식물로부터 반사된 빛에 반응함으로써, 실제로 그늘이 생성 되기전에 음지회피반응을 개시할 수 있도록 한다.

음지 회피를 위한 R:FR의 중요성은 각기 다른 R:FR 환경을 생산하는 적색 또는 근적외광 어느 한쪽의 공급이 아닌 일정한 양의 광합성활성광(400-700nm)을 식물체에 공급함으로써 증명되었다. 그런 조건에서, 음지 회피반응은 자연적인 잎 그늘에 노출된 식물과는 달리, 광합성이 감소되지 않기 때문에 특히 주목된다.

R : FR 감지 (Perception R : FR)

Pr의 흡광 피크는 약 660nm 파장에서 일어나며, 반면 Pfr은 R;FR에 최고로 민감한 피토크롬을 만들어내는 약 730nm의 파장에서 그 최대치가 발생한다. 음지 회피에서 피토크롬의 기능은 몇몇 음지 회피 반응의 광가역성에 의해 증명되었다. 예를 들어 적색 광의 조사는 슈트 신장비가 감소시키는데, 이 효과는 지속적인 근적외광의 조사로 없어진다. 태양광에서 Pr과 Pfr 사이의 광전환은 Pfr 형태로 총 피토크롬의 약 55-60%로 유지될 것으로 추측된다. 반면, 차광막 하에서 Pfr의 비율은 총 피토크롬의 10%보다 더 적게 될 수도 있다. 이는 Pfr이 음지 회피반응을 막는 것으로 생각되어진다(그림 7.8b).

애기장대의 *phyA* 돌연변이체는 대체로 일반적 음지 회피를 나타내고, 반면에 *phyB* 돌연변이체는 구성성 음지 회피를 나타낸다. 백색광에서 생육시키면, *phyB* 돌연변이체는 하배축과 엽병이 신장되고, 정단우세성과 조기 개화가 증가된다. 그러므로 음지 회피를 억제하기 위해서는 PfrA가 아닌 PfrB의 기능이 요구된다. *phyB* 돌연변이체에서는 R:FR을 낮춘 후에도 여전히 약간의 음지 회피반응의 증가가 발생한다. 예를 들어, *phyB* 돌연변이체는 백색광에서 야생형에 비해 더 일찍 개화하며, R:FR이 낮아지면 더 일찍 개화한다. 이는 빛에 안정한 다른 피토크롬 또한 음지 회피를 억제함을 의미한다. 유전학적 분석은 *phyB* 돌연변이체의 R:FR에 대한 잔류반응에서 phyD와 phyE 둘 다 관련됨을 나타낸다.

신호전달 (Signal transduction)

애기장대에서, *ATHB-2* 유전자의 전사는 R:FR의 하락에 의해 15분내에 유도된다. *ATHB-2*는 호모도메인 전사인자를 암호화한다. 그리고 높은 R:FR에서 그것의 억제는 phyB와 적어도 하나 이상의 빛에 안정한 다른 피토크롬에 의존한다. *ATHB-2* 도입유전자의 구성성발현은 구성성 음지 회피 형태형성을 이끌어 낸다. 이때, 식물은 하배축과 엽병이 신장되고, 잎이 작아지고, 뿌리 부피가 감소하며 일찍 개화한다. 반면, antisense *ATHB-2* 도입유전자의 존재로 인한 *ATHB-2* 발현이 감소된 식물체는 반대의 표현형을 나타낸다. 이는 ATHB-2 전사 인자가 하류의 음지 회피 반응을 매개하는 것을 나타낸다(그림 7.8b).

연구사례 7.4: 굴광성 (Case study 7.4: Phototropism)

식물은 광의 방향이 바뀌면 그에 대한 반응으로 그들의 성장 방향을 바꾼다. 이 구부러짐 현상을 굴광성이라고 한다. 보통 shoot는 정의 굴광성으로 광원을 향해 구부러지는데, 그에 반해 뿌리는 음의 굴광성으로 광원과 떨어진 곳으로 구부러진다. 잎은 엽신의 위치와 방향 모두에 영향을 미치는 보다 더 복합적인 굴광 반응을 갖는다. 많은 식물 종에서, 만일 엽신 의 일부분만 빛을 받게 된다면, 엽신의 나머지 부분이 음지를 벗어나기 위해 움직이므로, 엽병은 구부러지거나 뒤틀리게 된다. 이런 현상으로 canopy가 최소화된 잎 사이의 공통 그늘에서 잎의 모자이크의 형성된다. 몇몇 종에서, 엽신의 방향은 엽신과 엽병 사이의 접합의 구부러짐을 통해 빛의 방향에 의해서 조절된다. 매우 밝은 광에서, 엽신은 광에 대한 노출을 줄이기 위해 입사광선에 평행이 된다. 반면, 어두운 빛에서 엽신은 광 수집을 증가시키기 위해 종종 광의 방향과 수직으로 된다.

뿌리, 슈트, 엽병에서의 굴광성은 보통 특이한 세포 신장을 통해 일어난다. 예를 들어, 슈트는 편광원를 향해 구부러진다. 왜냐하면 광을 받은 슈트 면에서의 세포 신장은 감소하고, 그늘진 면의 세포 신장은 종종 증가하기 때문이다(그림 7.9). 이 신속한 반응은 일정한 광 조사로부터 편광으로 이행 후 5분 안에 일어날 수 있다. 단방향성 광에 대한 반응으로 엽신의 방향이 바뀌는 것은 보통 엽신-엽병의 접합점에 있는 기동세포(motor cell)의 가역적인 팽압 변화에 의해 나타난다.

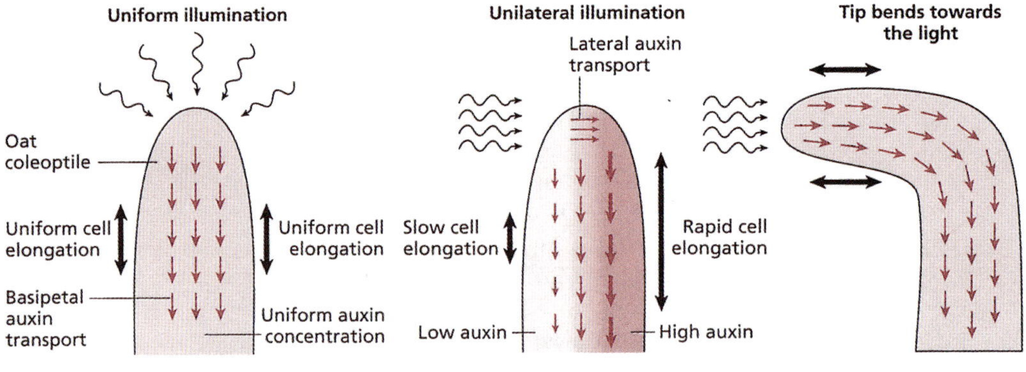

그림 7.9 귀리 초엽에서 굴광성에 대한 Cholodny–Went설. 한편의 광은 초엽꼭대기로 초엽에 고르지 않은 옥신 분배를 이끌고, 세포 확장율을 변화시키는 측생 옥신의 이동을 유도한다. 확장율의 변화는 초엽이 빛을 향해 구부러지는 것을 야기한다.

굴광성에서의 광 감지와 신호전달

(Perception of light and signal transduction in phototropism)

대부분의 식물 종에서, UV-A와 청색 파장이 최대의 굴광 반응을 유도하므로, 굴광성은 주로 청색/UV-A 광수용체에 의해 매개된다고 여겨진다. 이와 관련해, 애기장대의 *nph1* 돌연변이체는 청색광에서 굴광성이 전혀 없는 것은 아니지만 크게 감소하여, NPH1과 하나 혹은 그 이상의 청색/UV-A 광수용체가 이 반응을 매개한다는 것을 나타낸다.

또한 비굴광성 표현형은 애기장대의 *NPH3* 유전자의 기능손실 돌연변이로부터 얻어졌다. NPH3 단백질의 생화학적인 기능은 잘 알려져 있지 않지만 NPH1의 하류 신호전달경로에서 첫 번째 구성요소라고 생각되어진다. NPH1은 광활성 단백질 키나제로서, 빛을 흡수한 후 자기인산화한다. NPH3 단백질은 예상된 인산화 자리를 가지고 있으며, NPH1과 직접적으로 상호작용한다. 그러므로, NPH3는 아마도 NPH1 인산화를 위한 또 하나의 target일 것이다. ROOT PHOTOTROPISM2(RPT2) 단백질은 NPH3 염기서열과 유사하고, 또한 *rpt2* 돌연변이체가 뿌리와 shoot 에서 굴광 반응을 감소시키기 때문에, 굴광성의 신호전달에서의 기능이 비슷할 것이다.

단방향성 광이 기관의 구부러짐을 유도한다는 메카니즘은 **Cholodny-Went** 설에서 제시되었다. 이것은 귀리 자엽초에 대한 실험 결과를 설명하기 위해 1920년에 공식화되었다.

자엽초의 정단부는 굴광성의 반응의 중추이다. 정단부가 제거되면, 자엽초의 세포신장은 중지한다. 이는 신장에 요구되는 신호를 정단부가 생산한다는 것을 나타낸다. 이 신호는 agar 블럭 위에 정단부를 올려놓음으로써 모을 수 있다. 그리고 블럭에서 신호의 양은 절단한 자엽초 위에 그것을 올려놓고 신장의 측정함으로써 분석할 수 있다. 만약 분리된 자엽초 정단부가 측면으로부터 빛을 받는다면, 신장을 촉진하는 요소의 분포가 빛을 받은 반쪽으로부터는 감소하고, 빛이 가려진 반쪽은 증가할 것이다. 이러한 변화는 얇은 유리판에 의해 정단부가 두개로 완전하게 분리되면 일어나지 않는다. 이는 광조사 면에서 그늘진 부분으로 그 요인이 이동한 결과라고 이해되어진다.

세포 신장을 촉진하는 정단에서 생성되는 물질 중 하나는 옥신이다. Cholodny-Went 가설은 단방향광의 감지가 정단부에서 자엽초로 이동되는 옥신의 농도와 빛을 받은 면 그리고 그늘진 면에서의 세포신장의 변화로 인한 옥신 재분배에 기인한다고 제안한다(그림 7.9).

다양한 종으로부터의 많은 생리적 증거는 굴광성에서 옥신의 재분배에 대한 역할을 지지한다. 예를 들어, 몇몇 종에서, 유식물체의 정단부에 공급된 방사선 표지 옥신은 단방향성 광에 노출된 후 그늘진 쪽의 조직에 집중된다. 또한 빛을 받은 면으로부터 그늘진 조직으로의 옥신 재분배 막는 옥신 수송 억제제를 처리하면 굴광성이 감소된다. 그러나, 슈트에서 빛을 받은 절반과 그늘진 절반의 내생 옥신의 농도 변화는 굴광성의 구부러짐보다 항상 앞서서는 감지될 수 없다. 그러므로 Cholodny-Went 가설이 가장 간단한 형태로 널리 받아들여지긴 하지만, 완벽하게 굴광성을 설명하진 못한다. Cholodny-Went 가설은 옥신 감응성의 변화로 야기되는 특이한 세포 확장을 배제하지 않는다는 것이 중요하다.

굴광성에서 옥신 signalling의 필요성은 애기장대의 *nph4* 돌연변이체와 같은 일부 옥신 signalling 돌연변이체들에서 굴광 반응이 크게 감소된 것에 의해서 지원된다. *NPH4*(ARF7로도 알려진)는 옥신에 반응하는 유전자의 전사를 조절하는 단백질인 옥신 반응 인자(ARF)를 암호화한다. *nph4* 하배축의 옥신반응과 굴광성 모두의 감소는 굴광성이 옥신에 의해 세포 신장이 변화함으로써 일어나는 현상이라는 생각에 확신을 갖도록 하였다. 또한, 흥미롭게도 *nph4* 유식물체는 굴중성의 반응도 감소하였다(연구사례 8.1).

연구사례 7.5: 광주기성의 개화조절

(Case study 7.5: Photoperiodic control of flowering)

낮의 길이-광주기-는 계절의 지표이다(적도 제외). 광주기는 눈(bud)의 형성과 휴면, 슈트 신장, 저장기관의 형성, 영양 생식, 그리고 개화를 포함한 발달 과정의 넓은 범위를 조절한다. 광주기성의 개화조절은 꽃이 자신이 유리한 계절에 생산되는 것을 가능하게 하고, 또한 보다 효과적인 타가수분을 하기 위해 특정 지역의 집단에서 개화동조화가 일어난다. 이번 사례 연구에서는 광주기가 어떻게 측정되는지 고찰하고, 광주기 신호의 전달에 대해 논의한다.

일장 요구도 (Photoperiod requirements)

식물은 그들의 개화를 위한 일장 요구도에 따라 세 개의 그룹으로 나뉜다. 애기장대와 같은 **장일식물**(long-day plants, LDPs)에서 개화는 임계일장 이상의 광주기에 의해 촉진된다. 콩(*Glycine max*)과 같은 **단일식물**(short-day plants, SDPs)에서 개화는 임계 일장 이하의 광주기에 의해 촉진된다. 담배(*Nicotiana tabacum*)의 대부분의 변종과 같은 중일식물(day-neutral plants)에서 광주기는 직접적으로 개화에 영향을 미치지 않는다.

장일식물과 단일식물은 더 나아가 광주기 필요조건이 절대적인지 아닌지에 따라 다시 나뉜다. 애기장대에서 개화는 낮의 길이가 길 때 촉진되지만, 결국엔 낮의 길이가 짧을 때도 일어나므로 애기장대를 임의적인 장일식물이라 한다. 그러나 콩은 오직 짧은 광주기에 노출된 후에만 개화하고, 절대적인 단일식물로 묘사된다.

어떤 식물체들의 반응은 너무 복잡해서 어떤 주요 그룹에도 적합하지 않다. 예를 들어, Fat hen (*Chenopodium album*)은 오직 낮이 중간일장일 때만 개화하고, 낮이 특히 길거나 짧을 때는 영양생장상태로 남는다.

광주기 측정 (Measuring the photoperiod)

광주기성의 반응은 주로 밤의 길이에 의해 조절된다. 따라서 단일식물에서 개화는 밤이 임계 길이보다 더 길 때 촉진되고, 반면 장일식물의 개화는 임계 길이보다 밤의 길이가 더 짧을 때 촉진된다. 밤의 길이의 중요성은 야간 광처리의 영향을 연구함으로써 확립되었다. 짧

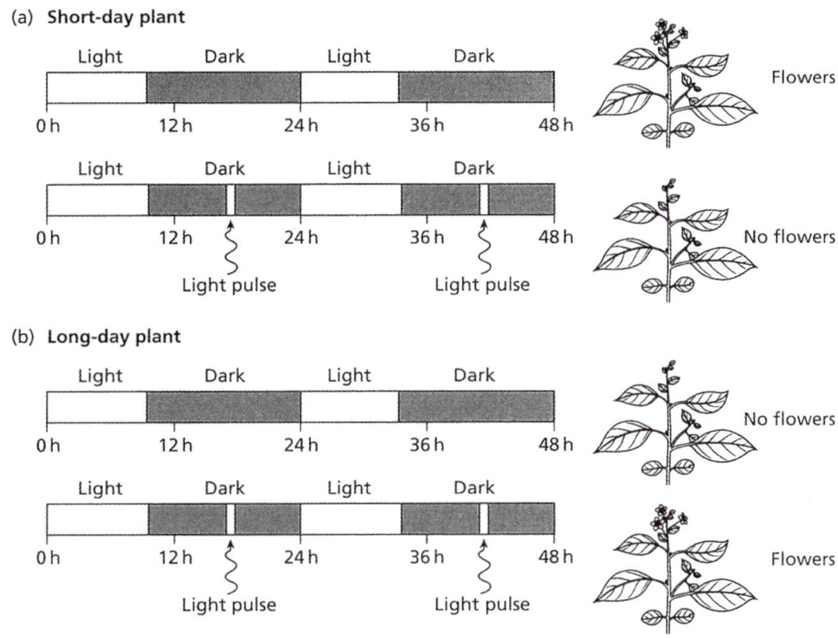

그림 7.10 광주기성 개화의 암 상태에서 빛 처리 시 효과. 낮 동안에 암 처리는 개화에 적은 효과를 미치는 반면, 짧은 기간의 빛 처리를 동반한 비연속성의 암 상태는 단일식물 (a)에서 개화를 억제할 수 있고, 장일식물(b)에서는 개화를 촉진할 수 있다.

은 시간동안의 야간 광조사는 단일 광주기에서 단일식물의 개화를 막는다. 그러나 같은 조건에서 장일식물의 개화는 촉진되었다(그림 7.10). 이 두 가지 경우에서, 식물은 마치 두 번의 짧은 암 상태에 노출된 것과 같이 비연속성의 긴 암 상태에 반응한다. 이와 달리, 짧은 주기의 암 상태로 낮을 방해하는 것은 거의 개화에 대해 영향을 미치지 못한다.

슈트 각각의 부분에 빛을 처리해서 유도성 광주기에 대한 효과를 조사한 결과는, 밤 길이의 인지는 성숙한 잎에서 일어난다는 것을 말한다. 어떤 종에서는 하나의 잎에 알맞은 광주기를 노출시키면 개화가 유도된다. 또한, 개화가 유도된 식물체에서 잎을 잘라, 개화가 유도되지 않은 식물체에 접붙이면 종종 개화가 유도된다. 이것은 유도성 광주기가 성숙한 잎을 자극해 역사적으로 **플로리겐**(florigen)이라고 불리는 개화 촉진 신호(혹은 신호들의 조합)를 생산한다는 것을 나타낸다.

반면, 어떤 식물체에서는 광주기성 반응이 양성신호(positive signal)에 의해 매개되어지고, 여러 완두 변종과 같은 다른 것들에서는 음성신호(negative signal)가 요구된다. 이러한 완두는 장일성 식물이고 접목 실험은 오직 단일에서 자엽과 잎이 개화 억제물를 생산한다는 것을 가리킨다. 이 억제자는 잎과 뿌리 또는 자엽에서 합성된 구성성 개화촉진물을 극복하기 위해 행동한다.

생체 시계 (The circadian clock)

밤의 길이에 대한 반응은 내부의 시계에 의해 조절되며, 내부시계의 존재는 일정한 조건하에서 일주기성 리듬의 지속성으로 증명되었다. 예를 들어, 광합성 관련 유전자의 발현은 낮 동안 증가하고 밤에는 떨어진다. 그리고 이러한 리듬은 지속적인 빛 또는 암 상태 그리고 일정한 온도와 습도에서 끊임없이 일어난다. 규칙적 혹은 자유-계속(free-running)조건 아래에서 일어나는 일주기성 리듬은 정확하게 24시간 주기를 넘어 순환하지 않고, 따라서 일주기성으로 설명되어진다(라틴어인 'circa'는 대략, 그리고 'dies'는 날이라는 뜻이다). 리듬을 조절하는 내부 메커니즘은 일주기성 시계이다. 자연조건 하에서, 빛과 온도의 변화와 같은 환경적 신호는 일주기성의 시계를 낮의 진짜 시간 상태에서 유지되는 것처럼 바꿔놓는다.

광주성 반응에서 일주기성 시계의 기능은 다른 조건은 일정하게 유지된 식물체에서 광처리효과를 통해 설명되어진다(그림 7.11). 예를 들어, 단일식물인 콩을 며칠 동안의 지속적인 암 상태에 두면 개화가 유도된다. 지속적인 암 상태인 밤은 명백하게 임계 길이 이상이다. 그러나, 주관적인 '밤' 동안(즉, 일주기성 시계가 밤 상태인 기간 동안) 빛 처리가 주어지면 개화가 일어나지 않는다. 같은 처리가 주관적인 '낮' 동안 (즉, 일주성의 시계가 낮 상태인 기간 동안) 주어졌을 때, 식물은 개화한다. 그러므로 지속적인 암 상태에서, 일주기성 시계는 식물이 밤 시간 빛 처리에서 반응하는 때를 결정한다. 유사한 실험은 일주기성 시계가 장일식물에서도 같은 기능을 한다는 것을 보여준다.

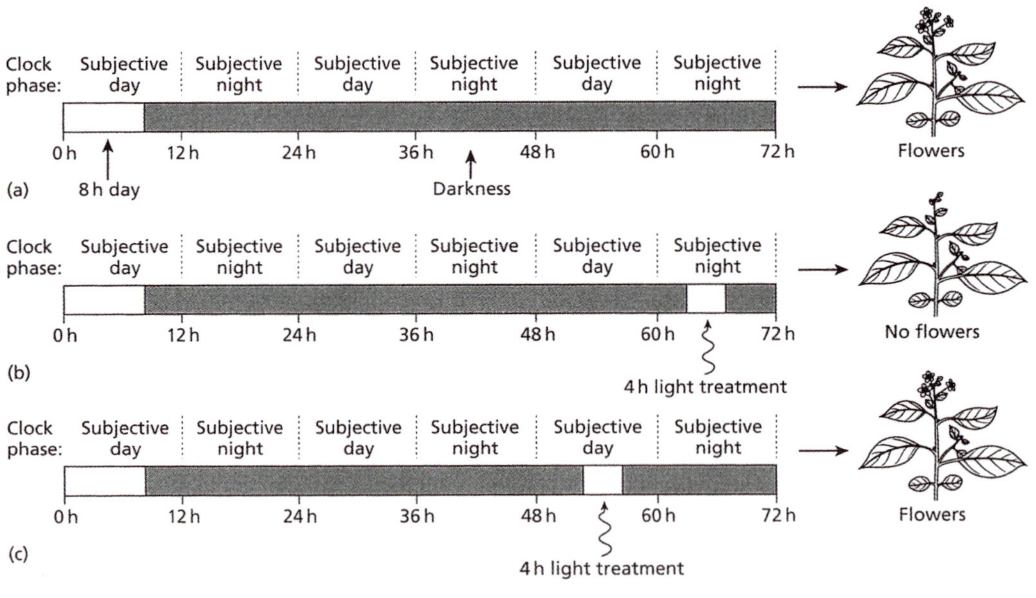

그림 7.11 콩에서 일주기성 시계에 의한 빛 처리에서 광주기성 반응의 조절. 콩은 개화를 유도하기 위해 몇 번의 긴 밤을 요구하는 단일식물이다. (a) 식물은 개화를 64시간의 암 상태에 8시간의 낮이 뒤따르면 개화를 유도할 수 있다. 주관적인 '밤' 동안 4시간의 빛 처리가 주어지면 이러한 유도는 일어나지 않고(b), 만약 주관적인 '낮' 동안에 빛 처리가 주어지면 개화가 유도된다.

이 결과는 시계 기능을 상실한 돌연변이체에서의 개화현상 분석을 통해 입증되고 확장된다. 예를 들어, 애기장대의 *TIMING OF CAB EXPRESSION1*(*TOC1*)유전자는 일주기성 시계의 구성요소라고 생각되어지는 가상 전사인자를 암호화한다. *toc1* 돌연변이체는 자유-계속(free running) 상황에서 종래의 24시간 명암 사이클에 비해 약 21 시간의 짧아진 일주기성 리듬을 가지며, 교란된 반응을 보인다. 예를 들어, 야생형 식물은 7시간의 빛과 17시간의 암 상태(7L:17D) 또는 8시간의 빛과 16시간의 암 상태(8L:16D)의 단일 사이클 하에서 개화가 늦어지고, 16시간의 빛과 8시간의 암 상태(16L:8D)의 장일 사이클 하에서는 일찍 개화한다. 반면, *toc1* 돌연변이체는 7L:17D 하에서 일찍 개화한다. 그러나 8L:16D 그리고 16L:8D 하에서는 늦게 개화한다. *toc1* 돌연변이체는 적당한 일주기성의 반응을 나타낸다. 21시간의 빛과 암 상태 사이클이 주어지면 7L:14D형태의 단일에서 개화가 늦어지고, 14L:7D의 장일에서는 일찍 개화한다. 이것은 올바른 광주기성의 반응을 위해서는 낮과 밤 사이클의 길이가 일주기성 시계의 주기와 일치해야만 한다는 것을 말한다.

일주기성 시계는 아마도 빛 신호의 전달을 조절할 것이라고 제안되어졌다. 그래서 빛 감지는 오직 시계가 밤 상태일 때만 광주기성 반응을 유도한다(그림 7.12). 이 메커니즘은 **gating**이라고 불린다. 시계가 낮 상태일 때, 빛과 광주기성 개화 반응 사이에서의 신호 전달은 막혀있다. 밤 상태 동안, 은유적인 문은 열려있고, 신호 전달이 막혀있지 않다. 따라서 시계가 밤 상태일 때 감지되어진 빛은 단일식물에서 개화를 막을 수 있고 장일식물에서는 개

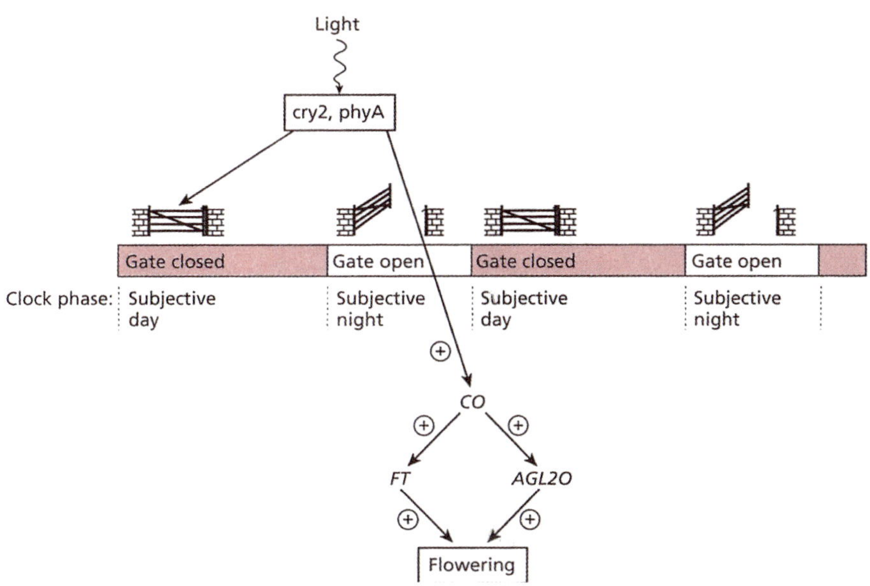

그림 7.12 애기장대에서 광주기성 개화의 조절을 위한 모델. 광주기성 반응은 cry2와 phyA에 의해 흡수된 빛에 의해 유도되어진다. 일주기성 시계가 낮 상태일 때, 이러한 광수용체들과 *CO* 사이에서의 신호도입은 막혀있다. 시계가 밤 상태일 때, 신호도입은 허락되며, *CO* 발현을 증가하고 개화를 유도한다. 따라서 개화는 밤의 길이가 gate가 열리기 위한 기간보다 더 짧을 때 유도된다. '플러스' 기호 옆에 동반된 화살표는 양성 조절을 가리킨다.

화를 촉진할 수 있다. 바꾸어 말하면, 식물은 아마 전혀 밤의 길이를 측정할 수 없을 것이다. 대신에 그들은 암기의 기간과 gate가 열리는 주기를 비교함으로써 언제 한계암기에 도달할 것인지를 결정할 것이다. gate가 열렸을 때 인식된 빛은 짧은 밤으로 인식될 것이다.

gating 메커니즘은 아마도 *EARLY FLOWERING3*(*ELF3*) 유전자를 필요로 할 것이다. 애기장대의 *elf3* 돌연변이체는 단일, 장일 모두에서 일찍 개화하고, 이는 돌연변이체에서 개화의 광주기성 촉진이 구성성 활성화라는 것을 의미한다. 돌연변이체는 또한 *CAB* 유전자(엽록소결합 단백질을 암호화하는)의 빛 활성화를 이끌지 못한다. 지속적인 암 상태로 옮겨진 야생형 식물에서는 시계가 낮 상태일 때 짧은 빛 처리가 *CAB* 유전자 발현을 증가시키며, 시계가 밤 상태일 때는 그렇지 않다. 그러므로 빛에 의한 *CAB* 발현의 유도는 gate가 열린 낮 상태 동안 그리고 닫힌 밤 상태 동안 일어난다. 그러나 *elf3* 돌연변이체에 빛 처리를 하면 주관적 낮과 밤 모든 기간 동안 CAB 발현이 증가하고, *ELF3*은 gate를 닫기 위해 요구되어진다는 것을 나타낸다. 만약 *elf3* 돌연변이체가 낮 상태 동안에 광주기성 반응을 위한 gate 닫기가 불가능하다면 그 때 개화는 낮에 감지되었던 빛에 의해 유도되어지고, 낮의 길이에 상관없이 빠른 개화를 일으킬 것이다. 그러므로 대개 *elf3* 돌연변이체의 표현형인 빠른 개화는 gating 결손에 따른 결과이다.

광주기성 반응을 매개하는 광수용체
(Photoreceptors mediating the photoperiodic response)

많은 단일식물에서 야간 광 처리에 의한 개화의 억제는 적색/근적외의 가역성을 보여준다. 적색 광 펄스는 개화를 억제하고 연이은 근적외광의 펄스는 개화 억제를 제거한다. 이것은 단일식물에서 암기의 측정은 첫째로 피토크롬에 의지한다는 것을 의미한다. 이것을 입증할 수 있는 것으로서, 단일식물인 수수(*Sorghum bicolor*)의 *phyB* 돌연변이체는 중일성이고, 단일과 장일 조건에서 일찍 개화한다.

장일식물인 애기장대에서, 밤 시간에 청색, 적색 또는 근적외광의 빛을 처리함으로써 만일단일이 수행되어 개화가 유도된다면, 이는 하나 이상의 광수용체 그룹이 관계되어 있다는 것을 의미한다. 돌연변이 분석을 통해, *cry2*와 *phyA* 돌연변이체가 장일에서 감소된 광주기성 반응과 늦은 개화를 갖기 때문에 애기장대의 광주기성 반응은 주로 cry2와 phyA에 의해 이루어진다는 것이 밝혀졌다(그림 7.12).

수수의 *phyB* 돌연변이체와 애기장대의 *phyB* 돌연변이체의 조기개화는 *phyB*가 단일식물과 장일식물 모두에서 개화 억제을 조절한다는 것을 보여준다. 그러나 수수에 비해, 애기장대의 *phyB* 돌연변이체는 단일보다 장일에서 더 일찍 개화하는 광주기성 반응을 유지한다. 애기장대에서, phyB에 의해 매개되어진 개화의 억제는 우선 잎 그늘과 비교하여 햇빛에서 생식작용이 미루어지는 메커니즘으로써 생각되어진다(연구사례 7.3).

CONSTANS

CONSTANS(CO) 전사인자는 광주성 신호의 중요한 하류 조절자이다(그림 7.12). 장일에 의한 개화 촉진이 애기장대의 *co* 돌연변이체에서는 결여되어 있는 것은, 광주성이 *CO*을 필요로한다는 것을 증명한다. *CO*유전자는 잎과 슈트 정단부에서 발현된다. 단일에서 장일로의 변화는 *CO* mRNA의 수준을 약 3배로 증가시킨다. 이러한 증가는 *cry2* 돌연변이체에서는 급격하게 줄어들고, 감소된 광주기성 반응을 가진다. 그러므로 개화의 장일 유도는 아마 CO 전사인자의 농도의 증가에 의해 일어날 것이다. 이러한 결론을 뒷받침하는 것은, *CO* 도입유전자의 구조적인 발현이 단일에서도 이른 개화를 유도한다는 것이다.

CO에 의한 전사적 활성을 위한 직접적인 target은 *FLOWERING LOCUST*(*FT*)와 *AGAMOUS-LIKE20*(*SOC1*으로도 불리는 *AGL20*) 유전자를 포함하며, 둘 모두 개화를 촉진한다. AGL20은 AGAMOUS와 유사한 전사인자 영역의 MADS를 암호화한다(연구사례 5.4). *FT*는 RAF키나아제 억제 단백질(RKIP)과 유사한 단백질을 암호화하고 세포내의 RAF 키나아제 신호의 단계적 반응의 활성을 조절한다. 이는 개화의 장일 유도가 애기장대에서 개화를 조절하는 다른 메커니즘으로 수렴됨을 강조한다: 또한 *CO*, *FT* 그리고 *AGL20*은 춘화처리와 자발적인 개화 촉진경로에 의해 조절된다(연구사례 8.4와 9.3).

결 론

빛은 광합성에 필요한 에너지를 제공한다. 그러므로 식물 발달이 빛 환경에 매우 빠른 반응을 보이는 것은 놀랄만한 일이 아니다. 광합성을 위해 가장 효과적으로 흡수되는 파장들은 스펙트럼의 청색과 적색 부분이고 이러한 부분들은 발달의 반응을 나타내는데 매우 효과적이다. 청색광의 반응은 피토크롬과 NPH1에 의해 일어나며, 적색광은 피토크롬에 의해 일어난다. 피토크롬은 또한 근적외 파장에서도 반응을 일으킨다. 청색광과 적색광에 비해, 근적외광은 광합성을 위해 흡수되지 않고, 식물생장 정도의 척도인 빛에서 근적외 파장의 부분을 만든다.

빛은 엄청난 양의 정보를 제공하고 식물은 빛 신호의 방향, 강도, 광질 그리고 지속시간에 반응한다. 이 장에서 개별적으로 빛의 이러한 양상에 대해 각각 고려해 보았으나 많은 발달 과정은 둘 이상의 빛 신호 의해 조절되어진다. 예를 들어, 애기장대에서 개화는 장일에서 촉진된다. 그러나 이러한 반응은 광질에 의해 변화되며, 잎 그늘 아래서 더 일찍 일어난다. 그러므로 빛 조건에 따라 식물이 그들의 성장과 발달에 순응하는 능력은 빛에 의해 제공되는 정보의 여러 가지 부류의 실질적인 통합을 포함한다.

Further reading

General

Chory, J. (1997) Light modulation of vegetative development. *Plant Cell* **9**, 1225–1234.
Kendrick, R.E. & Kronenberg, G.H.M. (eds) (1994) *Photomorphogenesis in Plants*, 2nd edn. Kluwer Academic Publishers, Dordrecht.

Von Arnim, A. & Deng, X-W. (1996) Light control of seedling development. *Annual Review of Plant Physiology and Plant Molecular Biology* **47**, 215–244.

Photoreceptors

Phytochromes

Nagy, F. & Schäfer, E. (2000) Nuclear and cytosolic events of light-induced phytochrome-related signaling in higher plants. *EMBO Journal* **19**, 157–163.

Neff, M.M., Fankhauser, C. & Chory, J. (2000) Light: an indicator of time and place. *Genes and Development* **14**, 257–271.

Cryptochromes

Cashmore, A.R., Jarillo, J.A., Wu, Y-J. & Liu, D. (1999) Cryptochromes: blue light receptors for plants and animals. *Science* **284**, 760–765.

Lin, C. (2000) Plant blue-light receptors. *Trends in Plant Science* **5**, 337–342.

NPH1

Christie, J.M., Reymond, P., Powell, G.K. *et al.* (1998) *Arabidopsis* NPH1: a flavoprotein with the properties of a photoreceptor for phototropism. *Science* **282**, 1698–1701.

Lin, C. (2000) Plant blue-light receptors. *Trends in Plant Science* **5**, 337–342.

Case study 7.1: Light-induced germination

Phytochrome mutants

Reed, J.W., Nagatani, A., Elich, T.D., Fagan, M. & Chory, J. (1994) Phytochrome A and phytochrome B have overlapping but distinct functions in *Arabidopsis* development. *Plant Physiology* **104**, 1139–1149.

Whitelam, G.C. & Devlin, P.F. (1997) Roles of different phytochromes in *Arabidopsis* photomorphogenesis. *Plant, Cell and Environment* **20**, 752–758.

Gibberellins

Karssen, C.M., Zagórski, S., Kepczynski, J. & Groot, S.P.C. (1989) Key role for endogenous gibberellins in the control of seed germination. *Annals of Botany* **63**, 71–80.

Yamaguchi, S., Smith, M.W., Brown, R.G.S., Kamiya, Y. & Sun, T. (1998) Phytochrome regulation and differential expression of gibberellin 3β-hydrolase genes in germinating *Arabidopsis* seeds. *Plant Cell* **10**, 2115–2126.

Case study 7.2: Seedling etiolation and photomorphogenesis

Light perception

Lin, C. (2000) Plant blue-light receptors. *Trends in Plant Science* **5**, 337–342.

Neff, M.M., Fankhauser, C. & Chory, J. (2000) Light: an indicator of time and place. *Genes and Development* **14**, 257–271.

COP/DET/FUS genes

Chamovitz, D.A. & Deng, X-W. (1997) The COP9 complex: a link between photomorphogenesis and general developmental regulation? *Plant, Cell and Environment* **20**, 734–739.

Deng., X-W., Dubiel, W., Wei, N. *et al.* (2000) Unified nomenclature for the COP9 signalosome and its subunits: an essential regulator of development. *Trends in Genetics* **16**, 202–203.

Torii, K.U. & Deng, X-W. (1997) The role of COP1 in light control of *Arabidopsis* seedling development. *Plant, Cell and Environment* **20**, 728–733.

Wei, N. & Deng, X-W. (1996) The role of the *COP/DET/FUS* genes in light control of *Arabidopsis* seedling development. *Plant Physiology* **112**, 871–878.

Wei, N. & Deng, X-W. (1999) Making sense of the COP9 signalosome. *Trends in Genetics* **15**, 98–103.

HY5

Chattopadhyay, S., Ang, L-H., Puente, P., Deng, X-W. & Wei, N. (1998) *Arabidopsis* bZIP protein HY5 directly interacts with light-responsive promoters in mediating light control of gene expression. *Plant Cell* **10**, 673–683.

Hardtke, C.S., Gohda, K., Osterlund, M.T. *et al.* (2000) HY5 stability and activity in *Arabidopsis* is regulated by phosphorylation in its COP1 binding domain. *EMBO Journal* **19**, 4997–5006.

Jarillo, J.A. & Cashmore, A.R. (1998) Enlightenment of the COP1–HY5 complex in photomorphogenesis. *Trends in Plant Science* **3**, 161–163.

Osterlund, M.T., Hardtke, C.S., Wei, N. & Deng, X-W. (2000) Targeted destabilization of HY5 during light-regulated development of *Arabidopsis*. *Nature* **405**, 462–466.

Brassinosteroids

Clouse, S.D. (1996) Molecular genetic studies confirm the role of brassinosteroids in plant growth and development. *Plant Journal* **10**, 1–8.

Li, J. & Chory, J. (1999) Brassinosteroid actions in plants. *Journal of Experimental Botany* **50**, 275–282.

Case study 7.3: Shade escape

General reviews

Smith, H. (1994) Sensing the light environment: the functions of the phytochrome family. In: *Photomorphogenesis in Plants*, 2nd edn (ed. R.E. Kendrick & G.H.M. Kronenberg), pp. 377–416. Kluwer Academic Publishers, Dordrecht.

Smith, H. & Whitelam, G.C. (1997) The shade avoidance syndrome: multiple responses mediated by multiple phytochromes. *Plant, Cell and Environment* **20**, 840–844.

ATHB-2

Steindler, C., Matteucci, A., Sessa, G. *et al.* (1999) Shade avoidance responses are mediated by the ATHB-2 HD-Zip protein, a negative regulator of gene expression. *Development* **126**, 4235–4245.

Case study 7.4: Phototropism

General reviews

Firn, R.D. (1994) Phototropism. In: *Photomorphogenesis in Plants*, 2nd edn (ed. R.E. Kendrick & G.H.M. Kronenberg), pp. 659–681. Kluwer Academic Publishers, Dordrecht.

Iino, M. (1990) Phototropism: mechanisms and ecological implications. *Plant, Cell and Environment* **13**, 633–650.

NPH1

See references under 'photoreceptors', above. Also recommended is:

Liscum, E. & Briggs, W.R. (1995) Mutations in the *NPH1* locus of *Arabidopsis* disrupt the perception of phototropic stimuli. *Plant Cell* **7**, 473–485.

NPH3

Motchoulski, A.V. & Liscum, E. (1999) *Arabidopsis* NPH3: a NPH1 photoreceptor-interacting protein essential for phototropism. *Science* **286**, 961–964.

NPH4

Harper, R.M., Stowe-Evans, E.L., Luesse, D.R. *et al.* (2000) The *NPH4* locus encodes the auxin response factor ARF7, a conditional regulator of differential growth in aerial *Arabidopsis* tissue. *Plant Cell* **12**, 757–770.

Stowe-Evans, E.L., Harper, R.M., Motchoulski, A.V. & Liscum, E. (1998) NPH4, a conditional modulator of auxin-dependent differential growth responses in *Arabidopsis. Plant Physiology* **118**, 1265–1275.

Case study 7.5: Photoperiodic control of flowering

General review

Lin, C. (2000) Photoreceptors and the regulation of flowering time. *Plant Physiology* **123**, 39–50.

Signalling between leaves and the shoot apex

Bernier, G., Havelange, A., Houssa, C., Petitjean, A. & Lejeune, P. (1993) Physiological signals that induce flowering. *Plant Cell* **5**, 1147–1155.

Weller, J.L., Reid, J.B., Taylor, S.A. & Murfet, I.C. (1997) The genetic control of flowering in pea. *Trends in Plant Science* **2**, 412–418.

TOC1

Strayer, C., Oyama, T., Schultz, T.F. *et al.* (2000) Cloning of the *Arabidopsis* clock gene *TOC1*, an autoregulatory response regulator homolog. *Science* **289**, 768–771.

ELF3

McWatters, H.G., Bastow, R.M., Hall, A. & Millar, A.J. (2000) The *ELF3 zeitnehmer* regulates light signalling to the circadian clock. *Nature* **408**, 716–720.

Photoreceptors mediating the photoperiodic response

Guo, H., Yang, H., Mockler, T.C. & Lin, C. (1998) Regulation of flowering time by *Arabidopsis* photoreceptors. *Science* **279**, 1360–1363.

Mockler, T.C., Guo, H., Yang, H., Duong, H. & Lin, C. (1999) Antagonistic actions of *Arabidopsis* cryptochromes and phytochrome B in the regulation of floral induction. *Development* **126**, 2073–2082.

Suárez-López, P. & Coupland, G. (1998) Plants see the blue light. *Science* **279**, 1323–1324.

CONSTANS

Putterill, J., Robson, F., Lee, K., Simon, R. & Coupland, G. (1995) The *CONSTANS* gene of *Arabidopsis* promotes flowering and encodes a protein showing similarities to zinc finger transcription factors. *Cell* **80**, 847–857.

Samach, A., Onouchi, H., Gold, S.E. *et al.* (2000) Distinct roles of CONSTANS target genes in reproductive development of *Arabidopsis. Science* **288**, 1613–1616.

8 장

광 이외의 환경 데이터 (Environmental information other than light)

이전 장에서는 식물의 발달에 있어 광의 심대한 영향에 관해 논의하였다. 그러나, 광은 식물의 발달을 조절하는 많은 환경 요소 중 단지 하나에 해당된다. 다른 환경요소에는 중력, 기계적인 자극, 온도, 영양, 수분, 산소와 대기 중 이산화탄소(CO_2)가 포함된다. 이들 요소 중 몇몇은 식물의 형태에 있어 주요한 영향을 미치지만 그 이외의 것들은 보다 미세한 역할을 한다. 예를 들어, 토양내 영양이 풍부한 구역은 곁뿌리의 형성을 촉진하고; 중력에 대한 반응은 슈트와 뿌리의 생장 방향을 조절하지만; 대기 중 이산화탄소에 대한 직접적인 발달 반응만이 기공 밀도의 변화로 나타낸다(CO_2의 농도가 높으면 밀도가 낮아진다). 유사하게, 몇몇 환경 요소들은 광범위한 종에 대해 반응을 유발하지만, 다른 요소들은 특정한 환경에 적응한 식물에만 영향을 미친다. 예를 들어, 조사된 종의 약 75%가 기계적인 자극에 의해 형태적인 반응을 보인 반면, 수생식물들과 홍수다발환경에 적응한 식물들만이 뿌리의 산소결핍에 대해 직접적인 발달반응을 보였다.

이번 장에서는 광범위한 종에서 나타나는 다양한 환경 자극에 대한 발달 반응의 4가지 예를 고찰한다. 연구사례 8.1에서는 중력에 대한 식물의 반응을 고찰하고, 연구사례 8.2에서는 발달에 대한 기계적인 자극의 영향에 대해 분석한다. 연구사례 8.3에서는 고르지 않은 영양공급에 대한 근계의 발달에 대해 검토한다. 마지막으로, 연구사례 8.4에서는 춘화처리(vernalization-장기간 저온에 노출)에 의한 개화 촉진에 대해 고찰한다.

연구사례 8.1 굴지성 (Case study 8.1 Gravitropism)

중력의 방향은 불변의 지향 척도이며 종종 **중력굴성(gravitropism)**이라 불리는 구부러지는 반응을 유발한다. 대부분의 속씨식물에서 슈트와 근계의 갖가지 부위는 중력 벡터에 대하여 다양한 각도로 자란다. 일번지(primary shoot)와 일차근은 보통 수직방향으로 각각 위 아래로 자란다. 종종, 이번지(secondary shoots),삼번지(tertiary shoots)와 이차근, 삼차근은 처음에 수평에 가깝게 발생하기 시작하여 주축으로부터 자라 나오고, 이후에 보다 수직적인 생장으로 구부러진다. 중력 벡터에 대하여 더욱더 급격한 생장 변화가 포복생장의 습성을 가진 식물에서 광범위하게 관찰된다. 포복성 식물의 슈트가 처음에는 상향으로 자라다가 하향으로 자라고 뒤이어 상향생장을 재개한다.—S-형태의 슈트가 형성된다.

이러한 반응들은 적응상의 중요성을 가질 수 있다. 예를 들어, 발아하는 유묘에서, 일번지와 일차근의 수직 생장은 성공적 정착의 가망성을 증가시킨다. 생활사에 걸쳐, 이차와 고차의 슈트와 뿌리의 다양한 출현은 슈트와 뿌리가 차지하는 공간을 증가시켜 수분과 양분의 동화작용과 광의 흡수를 높인다.

중력굴성의 기작은 초본 기관과 목본 기관이 다르다(그림 8.1). 1차 생장 동안, 중력굴성에 의한 구부러짐은 세포신장의 차이에 의한다. 수직으로 자라는 슈트가 수평으로 놓이면 슈트 아래면의 세포신장은 증가하는 반면 윗면의 세포신장은 감소한다. 변화의 상반되는 패턴이 수평으로 놓인 뿌리가 아랫방향으로 구부러지는 것을 야기한다.

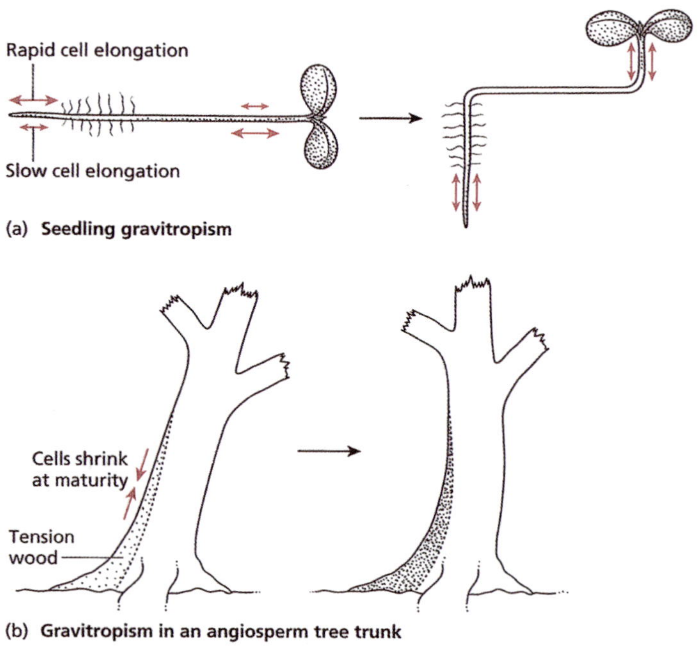

그림 8.1 유묘와 목본 슈트의 중력굴성. (a) 유묘를 수평으로 놓았을 경우, 세포신장은 뿌리의 위쪽 면에서 증가하고 아랫면에서 감소하여, 뿌리가 아래쪽으로 휘는 것을 야기한다. 신장률에 대한 변화의 반대패턴은 슈트가 위쪽으로 휘도록 한다. (b) 속씨식물 목본의 슈트가 돌풍과 같은 것에 의해 기울어지면, 장력재가 슈트의 위쪽에 형성된다. 장력재의 세포들은 성숙기에 수축하여 슈트를 직립하도록 잡아당긴다. ((b) Mattheck, 1990.)

목본의 슈트는 **저항재**(이상재, reaction wood)의 형성에 의해 중력에 호응하여 발생한다. 예를 들어, 강한 돌풍이 속씨수목을 수직방향으로부터 밀어내면 수목은 나무슈트의 위쪽에 **장력재**(tension wood)를 형성한다. 장력재내의 세포는 원숙기에 오그라들고 이러한 과정은 몇 년에 걸쳐 나무슈트의 꼭대기를 수직으로 끌어당긴다. 유사한 환경에서, 침엽수는 **압축재**(compression wood)를 나무슈트의 아래쪽에 형성한다. 압축재는 성숙함에 따라 확장하여 나무슈트의 꼭대기를 윗 방향으로 밀어낸다. 저항재는 또한 가지에서 형성되고 무게가 증가함에 따라 휘는 경향에 대항하여 가지의 방향을 유지한다.

중력굴성에 대한 대부분의 연구는 유묘의 일차근과 일번지에 초점을 맞춰왔다. 이런 연구사례는 중력신호의 인지와 전달을 논의한다.

중력의 인지 (Perception of gravity)

중력의 인지가 **전분체**(amyloplast)라 불리는 전분으로 가득 찬 색소체의 침강과 관계된다는 설득력 있는 증거가 있다. 전분체는 기관방향이 변화한 후에 세포질을 통하여 낙하할 만큼 충분히 크고 조밀하다. 전분을 격감시키는 식물 처리는 전분체의 침강을 감소시키고 중력 굴성을 약하게 한다. 예를 들어, 애기장대(Arabidopsis)의 전분 결핍 변이체는 중력 굴성 반응이 감소하였다.

전분체 침강은 **평형석**(statocytes)이라 불리는 특화된 세포내에서 일어난다. 뿌리에서는 평형세포가 뿌리골무 중심부인 중축(columella)내에 있다(그림 8.2).

중축 세포는 상대적으로 액포가 없고 소포체가 세포 표면 둘레에 있다. 핵이 보통 세포의 끝, 뿌리 분열조직에 가장 가까운 데 있는 반해 전분체는 중앙과 말단 부위에 있다. 비교해 보면, 곁뿌리 골무세포는 매우 액포가 많고; 전분체로 둘러싸인 중앙 핵을 갖고; 소포체는 세포질에 분포한다(그림 8.2). 중력을 인지하는데 있어 중축의 역할은 레이저 제거 실험을 통해 확인되어 왔다. 애기장대에서 중축의 레이저 제거는 사실상 뿌리의 중력 굴성을 없앤 반면 곁뿌리골무가 제거된 뿌리는 중력굴성이 남아 있었다.

슈트에서, 평형세포는 피층의 최내각층 즉, 관다발의 바로 바깥층을 형성한다. 이 조직은 **슈트 내피**(shoot endodermis) 또는 때로 **전분초**(starch sheath)라 불린다(그림 8.3).

중력 굴성에 있어 슈트 내피의 필요성은 애기장대의 *scarecrow*(*scr*)와 *short-root*(*shr*) 변이체에 의해 증명되었다. 이들은 슈트 내피가 결여되어 있고 비정상적인 중력굴성을 가진 슈트를 갖는다. *scr*과 *shr*은 처음에는 뚜렷한 뿌리 내피(연구사례 4.3을 보라)의 결여로 구분이 되지만 변이체는 중축이 발달하게 되고 정상적인 뿌리 굴성을 갖는다.

평형세포의 신호전달 (Signal transduction in the statocyte)

전분체의 움직임에 관련된 중력굴성 만곡의 직접적인 기작은 알려지지 않았다. 하나의 가능성은 전분체가 평형세포의 표면에 정렬한 소포체 내로 위치함으로써 국부적인 소포체 반응이 발생하는 것이다(그림 8.2). 다른 가능성은 전분체를 원형질막에 연결하는 것으로 나타난 액틴필라멘트(actin filament)를 관찰함으로써 제안되었다. 그러므로 전분체의 이동은

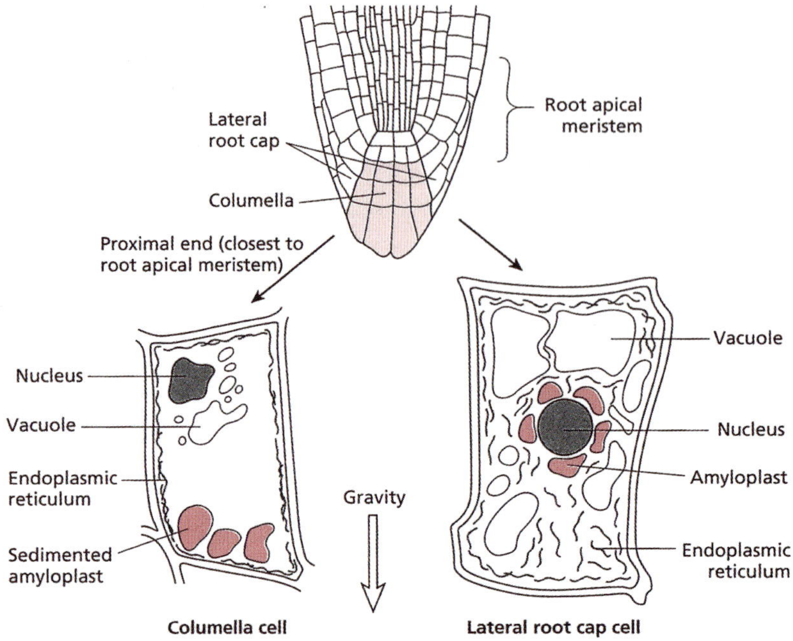

그림 8.2 애기 장대의 중축과 측면 근관세포들의 초미세구조. 중축 세포들은 측면근관세포들과 달리, 침전성의 전분체(amyloplast) 과(붉은색), 말초의 소포체를 가지고 있다. (Sack, 1997.)

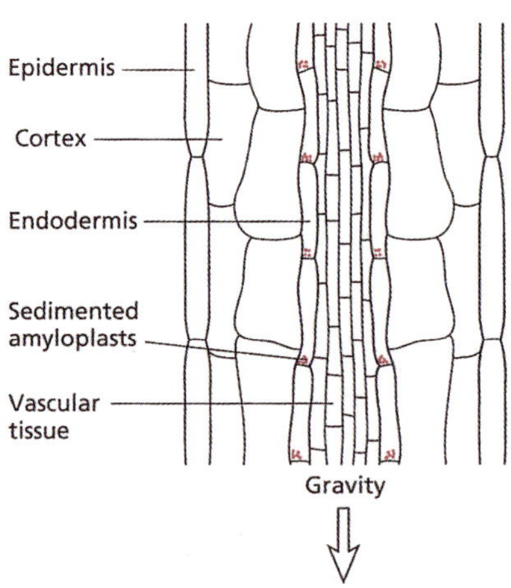

그림 8.3 애기장대 배축의 종단면. 배축에서 중력인지(graviperception)는 침전성의 전분체(붉은색)가 존재하는 내피에서 일어나는 것으로 보인다. 슈트의 구조는 더 복잡하지만 관다발조직에 대한 내피의 위치는 유지되어 있다. (Fukaki *et al*., 1998.)

막 또는 세포골격의 변형에 의해 인지될 수 있다.

중력굴성은 평형세포의 원형질막에서의 전기적인 움직임과 관련되어 있다. 뿌리가 중

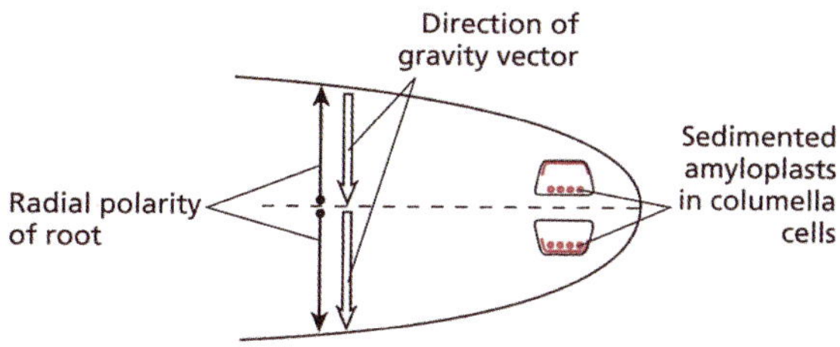

그림 8.4 수평 뿌리에서 중력 벡터와 방사상 극성 간의 관계. 뿌리의 상위 절반과 하위 절반에 있는 중축 세포들은 중력에 대해 다른 반응을 가진다(본문 참조). 이 반응은 세포들이 중력벡터와 뿌리의 방사상 극성을 비교할 때 이루어진다. 예; 뿌리의 방사상 축에 대한 중축의 외부(붉은색)절반과 내부(투명)절반이 전분립 침전에 다르게 반응하는 경우.

력에 대응하여 방향이 바뀐 직후, 아래면의 중축 세포가 극성이 잃는 즉, 중축세포의 원형질막 전체에 걸쳐 전기적인 포텐셜이 낮아지는 반면 윗면의 중축세포는 강하게 극성화 되는 즉, 막 포텐셜이 높아진다. 그러므로 전분체의 침강은 원형직막에 걸친 이온의 이동을 일으킨다. 방향이 바뀐 뿌리는 또한 중축세포의 복합적인 pH 변화를 유발한다.

중력자극에 의한 상기의 반응들은 세포들이 뿌리에서 절반 위쪽에 있는지 아래쪽에 있는지를 인지할 수 있을 때만이 일어날 수 있다. 세포들은 중력의 방향과 뿌리의 방사축을 비교하여 이를 인지한다. 예를 들어, 세포가 뿌리의 위쪽에 있다면 중력 벡터는 뿌리의 중심을 가리키게 되는 반면 세포가 아래쪽에 있다면 중력 벡터는 중심으로부터 빗나가게 된다. 이러한 비교는 개개의 중축 세포들이 방사축을 따라서 극성화되어 있다면 세포 자율적으로 수행될 수 있다(그림 8.4).

평형세포와 다른 세포간의 신호전달

(Signalling between statocyte and other cells)

뿌리에서, 중력의 인지는 중축에서 일어나는 반면 중력에 의한 구부러짐은 세포 신장대내의 뿌리분열조직 뒤에서 일어난다. 슈트에서는, 중력의 인지가 슈트 내피내의 평형세포에서 일어나지만 세포 신장율의 변화는 피층의 외곽층과 내피에서 뚜렷하다. 비록 논쟁의 여지가 있지만, 평형세포와 신장조직사이의 세포사이 신호전달은 옥신의 재분배와 관련되어 있을 것이다(그림 8.5).

내생옥신의 직접적인 측정과 외부에서 적용한 방사성 동위원소로 처리한 옥신의 이동은 수직으로 자라는 슈트를 수평으로 기울이는 것이 슈트 아래쪽에서 옥신의 농도를 증가시키는 것을 보여준다. 위쪽에서는 이에 대응하는 옥신의 감소가 있었다. 정상적인 환경에서, 옥신은 슈트 내 세포신장을 촉진한다. 그러므로 옥신 재분배는 슈트 아래쪽에서 세포 신장을 증가시키고 위쪽에서 신장을 감소시켜, 슈트가 위쪽으로 구부러지도록 한다. 이는 굴광성의 Cholodny-Went 기작과 매우 유사하다(연구사례 7.4를 보라).

유사한 측정이 수직으로 자라는 뿌리를 수평으로 방향을 바꾸면 또한 아래쪽의 옥신농

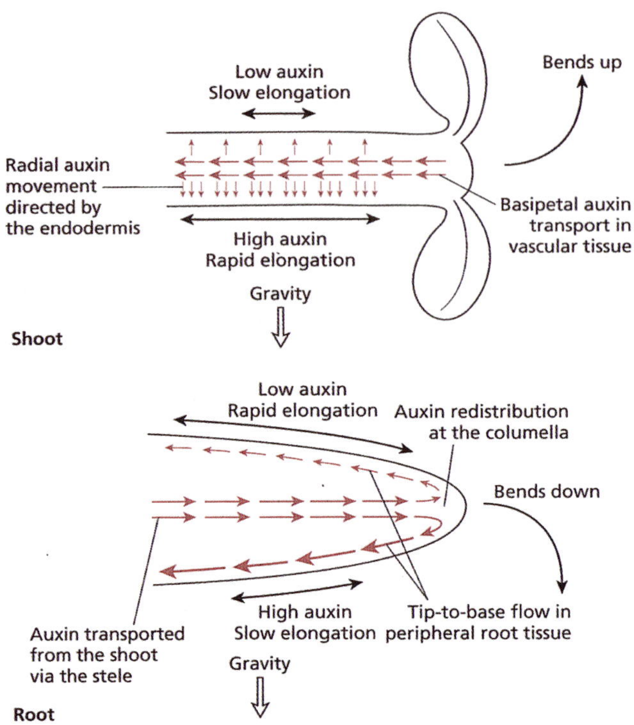

그림 8.5 슈트와 뿌리 중력굴성 동안의 옥신 재분포에 대한 모델. 중력에 따른 옥신의 재분포는 중력 인지 구역에서 일어난다: 슈트의 내피와 뿌리의 중축. 이는 수평으로 놓인 슈트와 뿌리의 하위 절반에 옥신농도의 증가와, 상위 절반에 옥신 농도의 감소를 야기한다. 옥신 구배의 효과는 — 슈트는 위로, 뿌리는 아래로 휘어지게 하여 — 두 기관에서 다르게 나타난다. 또한 중력 반응은 옥신에 대한 민감성을 변화시키는 것 같다.

도가 증가하고 위쪽의 옥신농도가 감소한다는 것을 보여준다. 예를 들어, 옥신 유도 유전자인 애기장대의 *IAA2*의 발현이 수평으로 놓인 뿌리에서 위쪽보다 아래쪽에서 강하게 나타난다. 슈트와는 달리, 정상적인 환경에서 옥신은 슈트 내 세포신장을 저해한다. 그러므로 뿌리에서의 옥신 재분배는 위쪽에서 세포 신장을 강화하고 아래쪽에서 신장을 감소시켜, 뿌리가 아래쪽으로 구부러지도록 한다.

옥신의 재분배에 영향을 미치는 중력을 인지하는 기작은 아마도 슈트와 뿌리에서 다를 것이다. 4장에서 기술한 바와 같이, 옥신은 슈트의 정단에서 합성되고 도관 시스템과 관련하여 세포 내에서 일어나는 극성 옥신의 이동 흐름으로 인해 기부로 이동된다. 또한, 도관조직으로부터 바깥쪽으로 슈트 표면조직에 옥신을 공급하는 몇몇 옥신의 방사상 이동이 있다. 그러한 방사상 옥신의 유동이 슈트 내피의 평형세포를 통하기 때문에 표면조직으로의 옥신의 공급은 중력 인지에 의해 조절될 수 있다(그림 8.5).

뿌리에서는 두 가지 옥신의 흐름이 있다. 슈트에서 유래한 옥신은 중심주를 통해 뿌리의 정단으로 이동한다. 정단에서, 옥신은 역류하여 보다 표면에 있는 뿌리 조직으로 방향을 바꾼다(그림 4.5 참조). 주어진 중력에 대한 인지는 뿌리 정단에서 일어나고, 정단을 통한 옥신의 유동은 수평으로 놓인 뿌리의 아래쪽으로의 더 많은 옥신의 직접적인 조절이 가능하다(그림 8.5).

옥신 신호전달이나 이동에 대한 변이체는 옥신이 중력 반응의 중추임을 확인해 준다. 예를 들어, 애기장대의 *nonphotrophic hypocotyl4(nph4)* 변이체는 옥신에 대한 세포반응이 감소하였고 중력굴성과 굴광성이 감소하였다(연구사례 7.4를 보라). 애기장대의 *auxin resistant1 (aux1)*과 *ethylene insensitive root1(eir1)* 변이체는 뿌리의 중력굴성과 옥신 이동의 관련을 보여준다(*eir1*은 또한 *pin2*와 *agr1*으로 불린다). 옥신의 이동은 연속하는 세포들(그림 4.5 참조)을 통한 원형질막내 유출운반체의 극성을 띠게 되는 위치선정에 의해 결정되는 이동 방향으로 옥신의 유입과 유출에 의해 일어난다. *AUX1*은 뿌리 세포의 옥신 유입 운반체의 소단위를 암호화하는 것으로 생각되고 반면 *EIR1*은 뿌리 세포의 옥신 유출 운반체의 소단위를 암호화하는 것으로 생각된다. 이들 유전자의 부재는 중력굴성이 없는 뿌리를 야기한다. 중력굴성은 또한 정상적인 뿌리에 옥신 이동 저해제가 처리되었을 때도 차단된다.

*aux1*과 *eir1* 변이체들의 중력굴성에 반응하지 않는 표현형들은 옥신의 유동이 뿌리의 중력굴성에 필요하다는 것은 증명하지만 관련된 옥신 유동의 변화를 확증해 주지는 않는다. 실제로, *aux1*의 중력 굴성이 없는 표현형은 기능적인 유입 운반체가 없이 세포내로 들어갈 수 있는 막 투과성 옥신인 NAA(α-napthaleneacetic acid)의 균일한 처리에 의해 굴성이 회복된다. 이는 단지 신장대로의 옥신의 공급만으로도 중력굴성에 충분하다는 것을 나타낸다. 그러나 그것은 유출 운반체의 활성이 다름으로 인해 옥신의 구배차가 있는 상황에서도 가능하다. 이는 뿌리 방향의 변화가 위쪽 표면세포내 *EIR1*의 감소를 통해 뿌리말단에 걸쳐 *EIR1* 단백질의 축적을 변화시킨다는 것을 증명한 실험에 의해 지지된다. *EIR1* 축적의 변화는 뿌리 위쪽에 있는 표면 조직으로 유동하는 옥신의 농도를 감소시켜, 중력굴성에 의해 옥신을 재분배를 강하게 지원한다.

옥신 재분배는 몇몇 환경에서는 측정할 수 없기 때문에 중력굴성의 모든 측면을 설명할 수는 없다. 예를 들어, 수평으로 놓인 뿌리가 수직방향으로 다시 구부러짐에 따라 뿌리 말단이 종종 overshoot고 역으로 구부러진다. 반복되는 과정은 점차 수직가까이로 진폭이 줄어들게 한다. 뿌리에 걸쳐 변동하는 옥신농도에 의해 진폭이 수직에 부합하게 된다는 증거는 없다. 이는 옥신 감수성의 변화가 또한 중력 굴성 반응에 관련되어 있음을 나타낸다.

중력 굴성에 대한 광의 효과 (Effects of light on gravitropism)

중력 굴성은 광에 의해 조절될 수 있다. 예를 들어, 연화된 유묘에서의 정단 훅의 형성은 복합적인 중력 굴성의 반응을 나타낸다. 유묘가 자람에 따라 세포들은 훅을 통하여 기부로 움직이고 훅 자체는 점차 슈트 꼭대기에 근접한다. 훅 보다 정부의 슈트 부위는 아랫방향을 향하고 보다 기부인 부위는 위로 향하여, 훅을 통과하는 부위는 한 패턴의 중력굴성에서 다른 패턴으로 변화한다. 연화된 유묘가 광에 노출되면, 슈트가 곧게 서도록 중력굴성의 전체적인 패턴이 변화한다. 애기장대의 변이체 분석은 cryptochrome과 phytochrome 둘 다 훅의 출현을 조절함을 나타낸다(연구사례 7.2).

연구사례 8.2: 접촉형태형성
(Case Study 8.2; Thigmomorphogenesis)

식물은 동물, 바람, 비, 그리고 생장 방해물로부터의 압박을 포함한 다양한 기계적 자극을 받는다. 총괄하여, 기계적인 자극에 대한 발달 반응을 **접촉형태형성**(Thigmomorphogenesis)이라 부른다. 기계적인 자극은 또한 **접촉굴성**(thigmotropism)이라 불리는 구부러지는 반응을 유발할 수 있다. 예를 들어, 덩굴손, 잎자루와/혹은 덩굴식물의 슈트는 접촉자극 방향으로 구부러지고 지지체 주위를 감는다; 이와는 달리 많은 종의 뿌리는 접촉자극으로부터 멀어지는 방향으로 구부러져서 방해물을 회피한다.

중력 굴성의 경우와 마찬가지로, 접촉굴성의 기작은 초본과 목본의 기관에 차이가 있다. 1차 생장 동안, 기계적 자극은 세포의 길이신장을 감소시키고 방사상 신장을 촉진하여, 짧고 단단한 식물체로 유도한다. 따라서 조밀한 토양에서 자란 유묘는 느슨한 토양에서 자란 유묘보다 짧고 폭이 넓은 슈트와 뿌리가 발달한다. 조밀한 토양은 또한 슈트의 정단 훅을 단단하게 한다. 이들 변화는 공동으로 유묘가 토양을 밀어냄에 따라 유묘가 수직 압력에 견디는 능력을 증가시킬 것이다(그림 8.6a).

지표면위에서, 세포의 신장에 대한 바람과 다른 기계적인 자극의 영향은 짧고 단단한 슈트로 나타난다. 또한, 기계적 자극은 또한 슈트의 생장율을 감소시키고, 목질화를 증가시키며 잎의 크기를 감소시킨다(그림 8.6b). 이러한 변화들은 슈트를 튼튼하게 하고 바람에 노출되는 면적을 감소시킨다. 슈트에 대한 기계적 자극은 또한 근계의 발달도 변화시킨다. 우세한 바람에 평행한 토양 지역의 뿌리 다시 말하면, 바람이 불어오는 쪽이나 불어나가는 쪽 슈트는, 바람이 수직으로 부는 지역의 것보다 전형적으로 두껍고 보다 수가 많다. 이러한 변화들은 아마도 슈트를 고정시키는 근계의 능력을 향상시킬 것이다. 기계적인 자극은 새로운 목질을 생성하는 데 영향에 의해 목본성 슈트와 뿌리의 형태에 영향을 미친다. 예를 들어, 나무슈트는 우세한 바람에 평행한 축을 따라 가장 빨리 두꺼워 지고 그 방향으로 부터의 돌풍에 대항하여 단단해 진다. 중력 굴성에 대해 특정한 목질이 생성되는 것과는 달리 기계적 자극은 보통 일반적인 목질의 합성을 증가시킨다.

기계적인 자극에 대한 초기 반응
(Early responses to mechanical stimuli)

접촉형태형성은 극히 가벼운 접촉 자극에 의해서 유도될 수 있다. 예를 들어, 온실에서 자란 토마토에 대한 하루 10초의 수분 분무가 최종적으로 식물체의 높이를 대조군과 비교하여 60%로 감소된다. 물론, 자연 환경에서, 식물체는 항상 바람에 의한 적당한 흔들림에 노출되어 있고 그에 상응하여 외부에서 자란 식물은 온실내의 식물보다 짧고 단단하다. 식물이 기

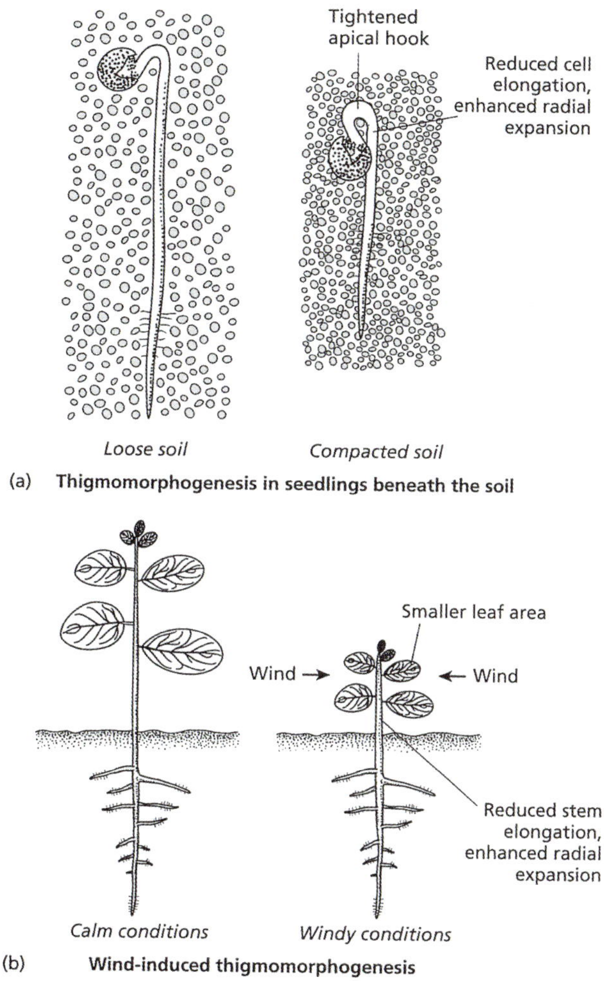

그림 8.6 1차 발생동안의 접촉굴성(thigmotropism). (a) 꽉 찬 토양에서 발아한 유묘는 느슨한 토양에서 발아한 유묘보다 더 짧고 넓은 형태를 가지고 있다. 이는 신장속도의 감소, 유근 및 배축/상배축에 있는 세포의 방사상 팽창속도의 증가에 기인한다. 꽉 찬 토양의 유묘는 팽팽한 정단갈고리(apical hool)을 가지고 있다. (b) 마찬가지로 바람에 영향을 받으면, 세포신장은 감소하고, 세포의 방사상 팽창은 증가하여 더 짧고 땅딸막한 식물이 된다. 이와 더불어 바람이 부는 조건에 의해 잎 크기가 감소된다.

계적인 자극을 인지하는 기작이 명백하지는 않으나 원형질막이나 세포골격의 변형된 반응에 관련된 것 같다.

중력 인지 또한 식물의 기계적인 자극에 대한 반응이 필요하다는 것은 말할 나위가 없다; 전분체의 움직임에 의해 발생하는 미세한 자극이 이러한 경우다(연구사례 8.1).

접촉과 같은 미세한 기계적 자극은, 적어도 두 가지 즉각적인 세포 반응을 유도한다: 원형질막에 걸친 전기 포텐셜의 일시적인 변화와 세포질 내 Ca^{2+}농도의 일시적인 증가. 이러한 반응들은 다양한 범위의 조직 타입에서 탐지되었고 많은 혹은 대부분의 세포들은 접촉에 민감하다는 것을 나타낸다. 전기발생은 세포로부터 세포로 활성화된 포텐셜의 형태로 전달될 수 있고 민감한 식물과 식충식물 예를 들면, 미모사(*Mimosa* spp.)와 파리지옥(*Dionaea muscipula*)의 접촉에 의해 유도되는 움직임과 관련된다. 접촉에 의해 유도되는 세포질 내 Ca^{2+}농도의 변화는 접촉형태형성에 역할을 하는 몇몇 유전자의 발현을 촉진한다(아래를 보라).

접촉 유전자들 (The *TOUCH* genes)

애기장대에 대한 간단한 접촉이나 분무는 5가지 *TOUCH*(*TCH*) 유전자들(*TCH1-5*)로부터 mRNA의 급격한 축적을 유도한다. 접촉자극의 10분 이내에 *TCH* 유전자에 의해 암호화된 mRNA들은 10-100배까지 증가한다. 증가는 일시적이고 mRNA의 농도는 1-3시간 후에 원래 수준으로 돌아간다.

배양된 세포들을 가지고 수행한 작업으로부터 얻어진 2가지 경향으로 기계적인 자극에 의해 유도된 세포질 내 Ca^{2+}농도의 증가는 *TCH* 유전자의 발현을 촉진하는 것으로 나타났다. 첫 째로, *TCH* 유전자의 발현은 세포질 내 Ca^{2+}농도의 급격한 증가를 야기하는 배양 배지 내 Ca^{2+}농도의 증가로 인해 유도되었다. 둘째로, 외부 Ca^{2+}의 공급을 감소시키는 킬레이트 시약은 적어도 몇몇의 *TCH* 유전자의 발현을 억제하였다.

TCH1, *TCH2*, *TCH3*에 의해 암호화된 단백질들은 Ca^{2+}신호 전달에 관련할 것이다. *TCH1* 단백질은 Ca^{2+}의 결합에 의해 조절되는 신호 단백질인 **칼모듈린**(calmodulin)이다. *TCH2*와 *TCH3* 유전자는 칼모듈린에 관련된 단백질을 암호화하고, 또한 Ca^{2+}신호전달에 관계할 것이다. Ca^{2+}수용단백질의 생산을 자극하는 세포질 내 Ca^{2+}의 증가 능력은 접촉에 대한 세포의 반응을 증대 할 것이다.

*TCH4*는 세포벽 합성과/혹은 변형에 관계된 효소인 xyloglucan endotransglycosidase (XET)를 암호화한다. XET는 세포벽 내 미세섬유소원이 교차 결합한 xyloglucan 가닥들을 자르거나 붙일 수 있고 그렇게 함으로써 벽의 물리적 특성을 조절한다. 세포신장의 방향과 범위는 대체로 세포벽의 구조에 의존하기 때문에 TCH4는 세포신장패턴에 있어 접촉형태형성적인 변화를 매개할 것이다.

*TCH3*와 *TCH4*의 세부적인 조직 수준의 발현 패턴은, promoter-reporter 결합 유전자를 이용하여 그리고 식물이 발달하는 동안에 광범위하게 발현되는 두 유전자들이 나타내는 TCH3와 TCH4 단백질이 발현되는 부위를 면역학적 확인하는 방법(immunolocalization)에 의해 알아낼 수 있다. 예를 들어, *TCH3*는 잎과 슈트 사이의 접합점에서 강하게 발현되고 *TCH3*와 *TCH4* 모두는 세포가 신장되는 부위에서 강하게 발현된다. 이러한 부위는 높은 기계적 스트레스나 장력이 가해질 것이다.

TCH 유전자들은 고온, 저온, 암 조건에 대한 반응에서 다른 과정으로 작용할 것이다. 기계적인 자극처럼 온도 충격은 세포질 내 Ca^{2+}농도의 즉각적인 증가를 촉진시키고 온도 충

격과 암 조건은 TCH 유전자의 발현을 강하게 유도시킨다.

에틸렌 (Ethylene)

에틸렌이 접촉형태형성의 신호전달의 몇몇 측면에 관계있을 가능성이 있다. 에틸렌 합성은 마찰하거나 누르는 것과 같은 기계적 자극에 대한 반응으로 그리고 접촉형태형성 반응을 유도하는 에틸렌에 대한 노출로 인해 증가한다. 예를 들어, 에틸렌에 노출된 연화된 애기장대 유묘는 단단한 정단 훅과 슈트 신장 감소와 슈트가 두꺼워지는 3가지 반응을 나타낸다. 위에 기술된 바와 같이 조밀한 토양의 압력에 의해 유묘에서 같은 반응들이 유도된다(그림 8.6a). 조밀한 토양은 기계적 자극으로 인해 에틸렌 생산을 증가시키고 또한 에틸렌이 식물체로부터 확산되어 나가는 비율을 감소시킨다. 유사하게, 에틸렌에 노출된 녹색슈트는 짧고 단단한 형태로 발달한다.

세포는 작은 단위의 원형질막 수용체를 통해 에틸렌을 인지한다. 애기장대에서, 이들 수용체는 5가지 유전자(약어로); *ETR1, ETR2, ERS1, ERS2, EINR4*에 의해 암호화된다. 이들 유전자중 무엇이든 한 가지 유전자의 우성 변이체는 해당 유전자에 의해 암호화된 수용체에 의한 에틸렌 결합이 감소하고, 식물체에 의한 에틸렌 반응 감소를 일으킨다. 에틸렌 반응의 감소는 그러한 변이체들이 여전히 정상적인 수용체를 암호화하는 4가지 유전자를 가지고 있다는 점에서 놀랍다. 에틸렌 수용체 유전자가 기능적으로 여분이 있다는 것은 그들 중 무엇이든지 하나가 기능하지 않는 변이체가 표현형에 차이가 없다는 사실에 의해 증명된다. 그러나 현저하게, 같은 종류의 많은 식물체 중에서 유전자가 결여된 변이체는 에틸렌이 없는 상황에서 구조적인 3가지 반응을 보인다.

하나로 합쳐 생각하면, 이들 데이터는 수용체들이 에틸렌이 없을때 활성화되고 에틸렌의 결합에 의해 비활성화된다는 에틸렌인지에 대한 직관에 반하는 모델을 나타낸다(그림 8.7). 이 가설에 따르면, 우성 변이체에서 수반되는 수용체에 의한 에틸렌 결합의 감소는 에틸렌에 의한 신호전달에서 수용체의 비활성화를 막아서 구조적인 '에틸렌 없음' 신호를 촉진시키고 에틸렌 반응의 감소를 촉진시키게 한다. 대조적으로, 다수의 결여 변이체에서 수용체의 활성은 에틸렌이 없는 상황에서 도 현저히 감소하여, 구조적인 에틸렌 반응을 촉진시킨다.

에틸렌 수용체들은 구조적인 3중 반응을 야기하는 기능적인 변이체의 손실에 의해 정의되는 CONSTITUTIVE TRIPLE RESPONSE1(CTR1) 단백질의 활성을 조절한다. 이는 CTR1 단백질이 에틸렌 반응을 저해하고, 에틸렌이 없으면 에틸렌 수용체가 CTR1 신호전달을 활성화 한다는 것을 나타낸다(그림 8.7). 에틸렌 결합은 수용체의 활성을 저해하여 에틸렌 반응이 일어나도록 하는 CTR1 신호전달이 일어난다. CTR1은 포유동물의 전사인자의 조절에 의해 종료되는 단계적인 kinase 신호전달을 개시하는 RAF kinase에 상응한다. 그러므로 에틸렌은 CTR1에 의해 개시되는 단계적인 kinase 신호전달을 감소시킬 것이다. 이런 추정된 단계적인 신호전달은 에틸렌 유도 유전자의 발현을 촉진하는 전사인자인 EIN3 family의 저해를 포함한다(그림 8.7).

에틸렌과 *TCH* 유전자들과의 관계는 명백하지 않다. *TCH* 유전자의 발현은 식물체에 대

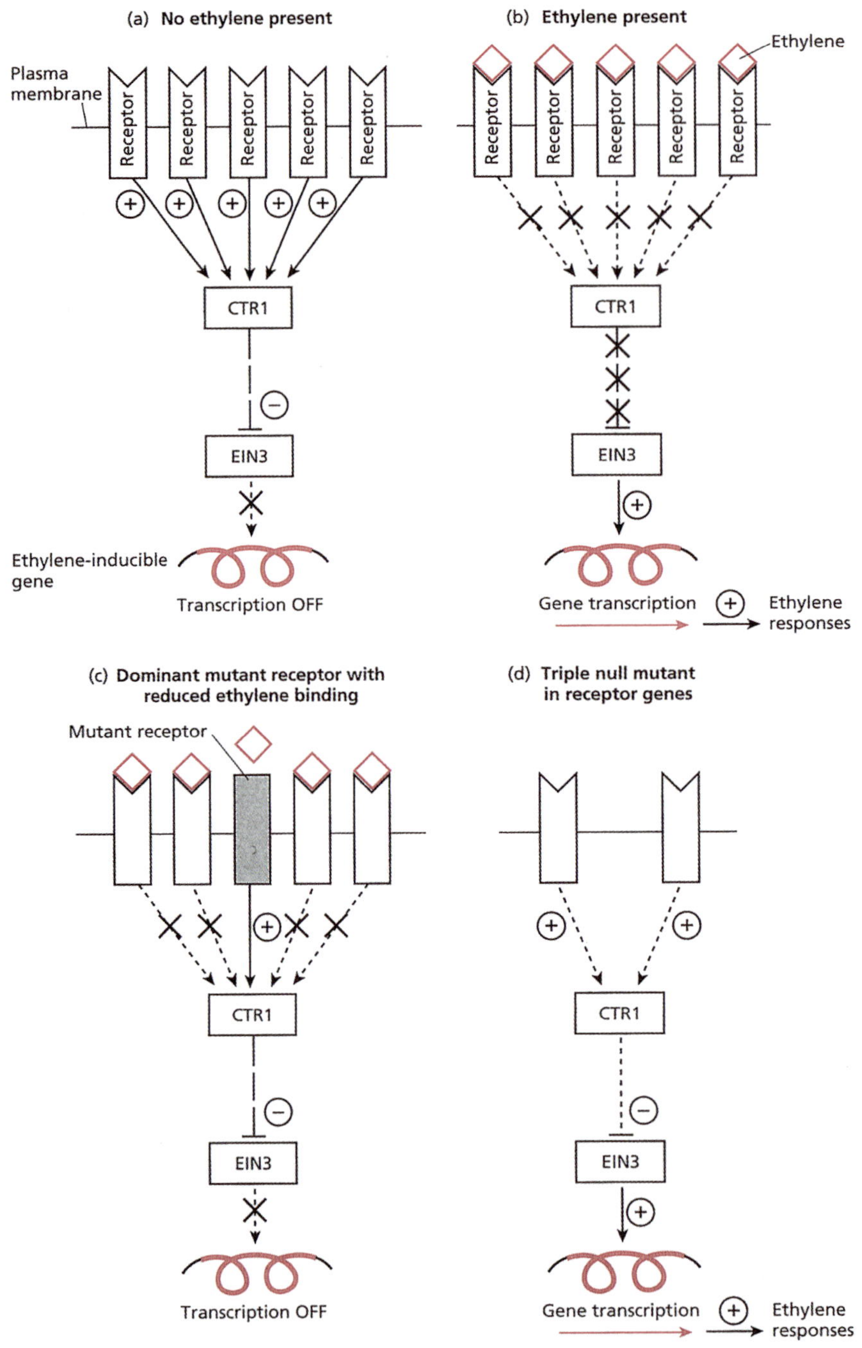

그림 8.7 에틸렌의 신호전달. (a) 에틸렌이 존재하지 않으면, 복합 수용체는 CTR1을 활성화시킨다. 이는 에틸렌 유도 유전자들의 전사를 막는 EIN3 전사인자군의 억제를 야기하는 추정 신호의 단계적 전달(cascade)을 유도한다. (b) 에틸렌 결합은 EIN3 군이 에틸렌 유도 유전자들의 전사를 유도하게 하여 수용체 신호전달을 불활성화 시킨다. (c) 수용체-에틸렌 결합을 감소시키는 우성 돌연변이는 에틸렌에 대한 반응을 억제하는 CTR1의 항시적 활성화를 야기한다. (d) 복합 수용체 유전자의 null-돌연변이(null mutation)들은 활성을 가진 수용체들의 수를 감소시켜 에틸렌 반응은 에틸렌이 없어도 더 이상 억제되지 않는다. ⊕ 기호와 함께 동반된 화살표는 양성조절(positive regulation)을 나타내고, ⊖ 기호와 함께 동반된 막대모양의 끝은 가진 선은 음성조절(negative regulation)을 나타낸다.

한 에틸렌의 처리에 의해 유도되지 않고 *ETR1* 에틸렌 수용체 유전자의 우성 변이체에 의한 에틸렌 둔감성에 의해 변화하지도 않는다. 이러한 결과들은 *TCH* 유전자가 접촉이 유도하는 신호전달 경로에서 에틸렌의 상위단계에서 작용하거나 별개의 경로로 작용한다는 것을 나타낸다.

연구사례 8.3: 뿌리의 발달에 대한 균일하지 않은 양분 공급의 영향
(Case study 8.3: Effect of uneven nutrient supply on root development)

유기물의 분해에 의한 토양의 국부적인 비옥함과 뿌리 흡수에 의한 국부적인 피폐함은 자연환경에서 토양 영양원이 균일하지 않게 분포하게 한다. 많은 종에서, 뿌리의 발달은 양분이 풍부한 부분에서 뿌리의 생장이 증가하고 다른 부분에서 뿌리의 생장이 감소함으로써 균일하지 않은 양분공급에 반응한다. 식물체가 필요로 하는 주요 양분들은 질소, 인, 칼륨이다. 많은 종들에서, 질산염(NO_3^-)이나 암모늄염(NH_4^+) 형태의 질소나 인산(PO_4^{3-}) 형태의 인의 불균일한 분포는 뿌리의 구조에 큰 영향을 미친다. 대조적으로, 칼륨이온의 불균일한 분포에 대한 반응은 상대적으로 적다.

양분 분포에 대한 반응을 또한 종간에 다양하다. 조사된 종들 중에 약 1/3이 불균일한 양분 공급에 대해 발달 반응을 보이지 않은 반면 나머지에서는 반응의 크고 작음이 매우 다양하게 나타났다. 일반적으로, 생장이 빠른 일년생 식물들이 가장 큰 반응을 보였다. 이는 일시적인 비옥한 양분이 수명이 짧은 식물에 있어 보다 중요하다는 것을 반영할 것이다.

질산염 공급과 애기장대의 뿌리 구조
(Nitrate supply and Arabidopsis root architecture)

애기장대의 곁뿌리는 높은 질산염에 대해 두 가지 상반되는 반응을 보인다(그림 8.8). 첫째로, 전 기간 질산염의 많은 공급은 근계의 도처에서 곁뿌리 신장을 감소시킨다. 이러한 효과는 전 기간의 충분한 질산염에 대한 반응으로 나타나며 질산염이 충분한 조건에서의 곁뿌리 신장은 높은 질산염하에서 생장하지 않는 근계의 일환으로 억제되기 때문이다. 높은 질산염에 대한 두 번째 반응은 전체 질산염의 공급이 낮을 때 관찰된다. 이러한 조건하에서, 곁뿌리생장은 국부적으로 질산염이 풍부한 곳의 2-3배로 증가한다. 이것은 그 외 다른 부위에서 곁뿌리 생장이 조금 감소하는 것을 수반한다.

뿌리 생장은 토양으로부터 흡수된 양분과 슈트에서 이동한 광합성 산물을 필요로 한다. 불균일한 양분 분포는 국부적인 물질대사의 영향에 의해 간접적으로 뿌리의 구조에 영향을 줄 것이다. 예를 들어, 질산염이 부족한 식물의 곁뿌리는 질산염이 풍부한 지역으로 자라간다면 풍부한 질산염은 뿌리가 더 빨리 자라도록 할 수 있을 것이다. 그렇게 함으로써, 그 부위의 곁뿌리에서 광합성 산물의 소비가 증가하고 다른 곁뿌리가 이용 가능한 광합성 산물이 감소하여 생장이 저해될 것이다. 이것이 **물질대사 기작**(metabolic mechanism)으로서 알려져 있다.

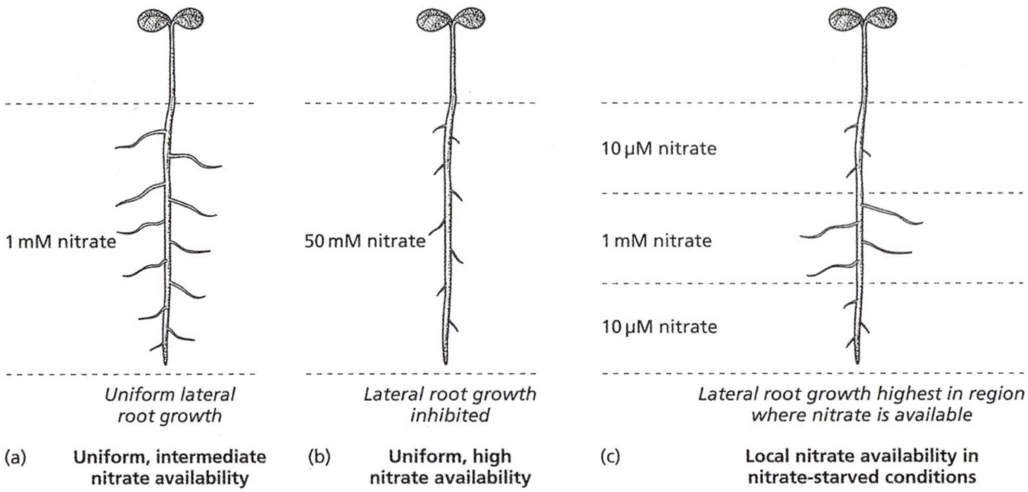

그림 8.8 애기장대의 측근에 영향을 미치는 질산 유효성의 효과. (a) 중간정도의 질산 농도에 균일하게 노출된 근계는 균일한 측근의 생장을 보여준다. (b) 측근 생장은 높은 질산 유효도에 의해 억제된다. (c) 질소 결핍 상태에서, 측근생장은 질소를 이용할 수 있는 구역에서 촉진된다. (Zhang & Forde, 2000.)

이제 대사 기작이 애기장대 근계의 질산염에 대한 반응을 조절하는데 필요하지 않다는 것이 명백해 졌다. 질산환원효소가 심하게 결핍된 애기장대 변이체는 진소원으로서 질산염을 효과적으로 사용할 수 없다. 그러므로 질산염은 변이체 뿌리의 질소상태를 바꿀 수 없다. 그렇다 해도, 위에서 기술한 질산염에 대한 두 가지 반응은 여전히 일어난다. 유사한 실험이 높은 질산염 공급에 의해 전체적인 뿌리생장의 저해가 유지되는 담배의 질산환원효소 결핍 변이 계통을 사용하여 수행되었다.

대사 기작에 대한 대안으로는 질산염이 발달의 신호전달 경로에 영향을 미침으로써 뿌리의 생장을 조절하는 신호전달 분자로 작용한다는 것이다. 아래에서 논의 될 *ARABIDOPSIS NITRARE REGULATED1*(*ANR1*) 유전자는 그러한 신호전달 경로를 구성요소일 것이다.

ANR1

ANR1 유전자는 질산염에 반응하여 농도가 증가하는 mRNA의 스크리닝을 통해 밝혀졌다. *ANR1* mRNA는 질산염이 결핍된 식물의 뿌리에서는 검출되지 않지만 질산염이 공급되는 뿌리에서 반시간 내에 축적된다. *ANR1*은 MADS domain 전사인자를 암호화한다.

*ANR1*의 수준을 감소시킨 형질전환식물은 국부적으로 높은 질산염 공급에 반응하지 않고 증가된 곁뿌리 생장을 갖는다. 그러나 그러한 식물체도 여전히 광범위한 높은 질산염에 의해 전체적인 곁뿌리의 생장이 저해된다. 실제로, *ANR1*이 결핍된 식물의 곁뿌리 생장의 저해는 질산염에 대해 과민성이다. 정상 식물체는 10mM의 질산염 공급 때 곁뿌리의 생장이 저해되지만 *ANR1*이 결핍된 식물은 0.1mM의 질산염에 대해서 저해가 일어난다.

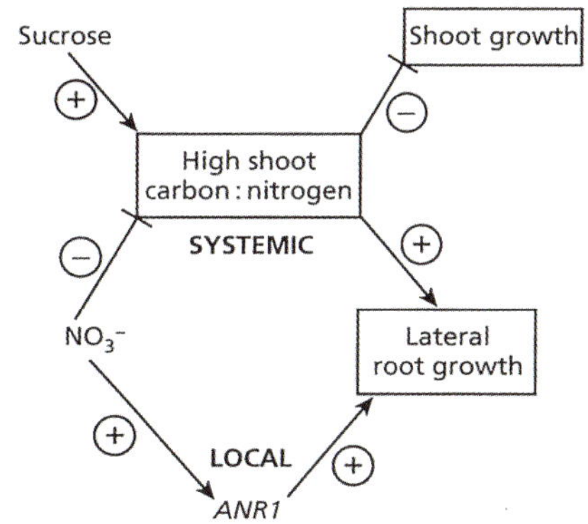

그림 8.9 측근 생장에 대한 질소의 국지적, 전신적 효과. 측근 생장은 슈트의 C/N율(carbon:nitrogen ratio)에 의해 전신적으로 촉진된다(위). 이 비율은 질소에 의해 감소되어, 그 결과, 질소 농도의 증가로 인해 측근생장이 억제된다. 질산은 각각의 측근의 생장을 촉진하는 기능을 가진 ANR1 유전자의 국지적인 전사를 촉진한다(아래). ⊕ 기호와 동반된 화살표는 양성효과(positive effect)를 나타내고, ⊖ 기호와 동반된 막대모양의 끝을 가진 선은 음성효과(negative effect)를 나타낸다. (Zhang *et al.*, 1999.)

이러한 결과들은 곁뿌리의 생장이 두 가지 길항적인 기작에 의해 조절된다는 추정에 의해 설명될 수 있다(그림 8.9). 이 모델에서, 국부적인 질산염은 *ANR1* 의존 기작에 의해 개개의 곁뿌리의 생장을 강화한다. 그러나 광범위한 질산염은 *ANR1*에 독립적인 기작에 의해 전체적인 곁뿌리의 생장 저해를 야기한다. 그러므로 곁뿌리 개개의 생장은 국부적인 기작과 광범위한 기작의 상대적인 기여에 의존한다. *ANR1*이 결핍된 식물에서, 곁뿌리 생장의 국부적인 촉진은 발생하지 않는다. 그러므로 질산염에 의한 뿌리 생장의 광범위한 저해는 낮은 질산염 농도에서 나타날 수 있다.

질산염에 대한 반응 적응성의 의의

(Adaptive significance of responses to nitrate)

곁뿌리 생장에 대한 질산염의 광범위한 저해 효과는 슈트와 뿌리간의 자원 할당을 조절하는 기작의 부분일 것이다. 많은 식물에서, 뿌리와 슈트의 상대적인 생장율은 슈트의 체내의 탄소와 질소의 비에 의해 조절되는 것으로 나타난다. 슈크로스(sucrose) 형태인 탄소의 농도는 광합성 능력의 지표이다. 마찬가지로, 예를 들어 질산염으로서의 질소의 농도는 양분이용능력의 지표이다. 종종, 높은 탄소: 질소비를 야기하는 조건은 뿌리발달을 슈트발달 보다 촉진하는 반면, 낮은 탄소: 질소비를 야기하는 조건은 슈트의 발달이 뿌리의 발달보다 촉진된다(그림 8.9). 이런 방식으로 광합성 능력은 양분동화능력과 균형을 이루게 된다. 그러므로 전체 질산염이 공급이 적을 때, 더 많은 양분이 뿌리 생장과 질산염 흡수로 향하고, 반면 충분한 질산염 조건에서 뿌리의 생장은 감소하고 보다 많은 양분이 슈트의 생장과 광합성에 이용된다.

질산염이 많은 곳에 대한 반응에서 변화하는 뿌리 발달의 반응 적응성은 논쟁이 되어왔다. 질산염은 매우 이동성이 높은 이온이므로 하나의 뿌리는 결국 상대적으로 많은 부피의 토양내의 대부분의 질산염을 동화할 것이다. 그러나 이러한 견해는 식물간 질산염에 대한 경쟁을 무시한 것이다. 질산염이 풍부한 곳에서의 뿌리 생장의 증가는 질산염 흡수를 증가시킬 것이다. 이것은 이웃하는 식물이 흡수하는 양에 비교하여 식물이 동화하는 질산염의 양을 증가시킬 것이다. 더욱이, 질산염에 더하여, 분해되고 있는 유기물은 암모늄과 인 같은 이동성 이온을 천천히 방출할 것이다. 질산염에 반응한 뿌리의 증식은 그러므로 다른 양분을 위해 경쟁하는 식물의 능력을 증가시킬 것이다.

연구사례 8.4: 춘화처리 (Case study 8. 4: Vernalization)

연구사례 7.5에서 논의한 대로, 발달의 계절적인 패턴은 광주기의 변화에 의해 조절될 수 있다. 종종, 그러나, 온도의 변화 또한 한해의 시기에 관계된 발달에 중요하다. 예를 들어, 낙엽수에서, 낮은 가을 온도는 월동 눈의 발달을 자극할 수 있다. 전형적으로 그러한 눈은 이후의 긴 기간 동안의 추위에 노출(: 춘화처리라 불리는 과정)되지 않는다면 생장을 재개하지 않을 것이다. 이러한 기작은 겨울에 때때로 있는 따뜻한 낮이 미성숙 생장을 야기하는 것을 방지한다. 유사한 방식으로, 춘화처리는 이후의 발아와/혹은 개화에 필요하고 이러한 과정이 봄이나 여름에 일어나도록 한다.

이번 연구사례는 춘화처리에 의한 개화촉진과 춘화처리 요구성의 검토, 그리고 춘화처리 신호의 인지와 전달에 대해 고찰한다.

춘화처리 요구성 (Vernalization requirements)

춘화처리에 대한 개화 반응은 종간에 그리고 종 내에서 다양하다. 대부분의 2년생 종들은 절대적인 춘화처리 요구성이 있고 며칠이나 몇 주 동안 영하에 가까운 온도에 노출되지 않으면 개화하지 않을 것이다. 다른 식물들은 임의적인 춘화처리 반응을 보인다. 그러한 경우들은, 춘화처리가 개화에 필요한 시간을 감소시키지만 춘화처리하지 않은 식물도 결국에는 개화한다. 이러한 식물들에서, 개화에 필요한 시간의 감소는 종종 저온처리의 기간에 비례한다. 임의적인 춘화처리반응은 밀의 겨울 품종과 같은 **동계일년생**(winter annual)이 전형적이다. 이들 품종들은 가을에 파종하고 함수된 종자나 유묘상태로 겨울동안 춘화처리 된다. 밀의 춘파 품종은 춘화처리 없이 빠르게 개화하며 춘화처리에 대해 거의 반응을 보이지 않는다.

몇몇 다년생 식물에서, 춘화은 매년 다시 요구된다. 예를 들어, 갯 개미취(michaelmas daisy, *Aster novi-belgii*)는 개화 전에 춘화처리가 필요하다. 개화가 완료된 후에 새로운 슈트가 식물의 기부에서 자라고 이들 슈트는 개화하기 위해 새로운 춘화처리를 필요로 한다. 이것은 새로운 슈트가 개화시기까지 개화하지 않도록 한다.

저온 인지 (Perception of cold)

저온의 인지와 이후의 세포반응은 동해에 대한 저항성 연구로 연구되어 왔다. 순화(acclimation)라고 알려진 과정에서, 낮은 그러나 얼지 않는 온도에 몇 일간 노출된 식물은 결빙환경에 따른 장해에 대해 덜 민감하였다. 온도하강 초기에 세포질 내 칼슘이온 농도의 즉각적이고 일시적인 증가가 유도되었다. 이후에, 많은 유전자들의 활성이 유도 되었다. 이 중 몇몇은 예를 들어 *TCH* 유전자는 또한 다른 환경자극에 의해서도 유도되었다(연구사례 8.2를 보라). 결국, 순화는 세포질 내 항냉동제(cryoprotectant, 당과 폴리아민)의 축적과 같은 생리적인 변화와 세포막 구성의 변화에 의존하였다.

온도의 하강은 세포막을 보다 단단하게 만들고 몇몇 실험은 저온의 인지가 막 유동성의 변화에 의존할지도 모른다는 것을 나타낸다. 예를 들어 25℃ 에서, 막의 강도를 증가시키기 위한 알팔파 배양 세포의 화학적 처리는 즉각적인 Ca^{2+} 유입, 저온 순화 특이 유전자 *CAS30*의 발현, 그리고, 이후의 내동성을 유도하였다. 대조적으로, 4℃에서, 낮은 막 강도를 유도하는 화학적 처리는 이러한 현상을 억제하였다.

애기장대의 *high response to osmotic stress1*(*hos1*) 유전자의 변이체의 표현형은 순화와 춘화처리가 중복되는 기작에 의해 유도된다는 것을 나타낸다. 순화와 관련된 유전자들은 정상식물보다 *hos1* 변이체에서, *HOS1* 유전자가 저온에 대한 반응을 음성적으로 조절함을 시사하는, 저온 노출에 의해 보다 빠르고 높은 정도로 유도되었다. 또한, *hos1* 변이체는 정상 식물의 7℃에 비해 19℃까지 저온에 의해 유도되는 reporter gene이 발현하였고 이는 *HOS1* 유전자가 7℃가 넘는 온도에서 저온 반응을 억제한다는 것을 나타낸다. 흥미롭게도, *hos1* 식물체는 대체로 정상 식물체 보다 빠르게 개화하고 춘화처리는 변이체 보다 정상 식물체에서 보다 높은 정도로 개화를 촉진한다. 이것은 *hos1* 변이체의 구조적인 저온 반응 신호전달이 구조적인 춘화상태를 야기한다는 것을 나타낸다.

*HOS1*은 식물체 도처에서 발현되고 *COP1*에 의해 암호화되는 것과 유사한 ubiquitin-protein ligase를 암호화한다(연구사례 7.2를 보라). 이들 효소는 ubiquitin을 분해할 다른 단백질에 부착시킨다. 그러므로 *HOS1*은 저온 반응을 촉진하는 단백질의 쇠퇴를 촉진함으로써 저온 반응 신호전달을 억제할 것이다. 연구사례 7.2에서 기술한 바와 같이, COP1 단백질은 광에 의존하여 세포질과 핵 사이를 왕복한다: 광 조건에서 세포질로, 암조건에서 핵으로. HOS1 단백질은 또한 온도에 반응하여 세포질과 핵 사이를 왕복한다. HOS1은 보통의 생장 온도에서는 세포질에 있지만 낮은 온도에서는 핵에 축적된다.

춘화처리시 저온 인지 부위 (Site of cold perception in vernalization)

춘화처리에 반응한 개화에서 저온이 인지되는 부위는 절대적인 춘화처리 요구성을 갖는 동계 일년초인 말냉이(*Thlaspi arvense*)의 다른 부위를 선택적으로 저온처리 함으로써 연구되어 왔다. 건전한 식물체를 이용했을 때, 유일하게 효과적인 개화 유도 처리는 슈트 정단의 저온처리이며 정단이 춘화처리반응에서 저온을 인지하는 일반적인 부위임을 나타낸다(그림 8.10). 그러나 추가적인 실험은 식물체의 대부분 혹은 모든 부분이 춘화처리에 반응함을 보여준다. 예를 들어, 춘화된 식물체로부터 잎을 자르면 잘라진 잎으로부터 재분화된 슈트에서 개화한다(그림 8.10d). 마찬가지로, 다른 종을 이용한 실험은 분리된 뿌리의 춘화처리 그리고 조직배양을 통해 배양한 세포의 춘화처리조차도 재분화된 식물에서 개화를 촉진한다.

이러한 데이터들은 춘화처리가 국부적인 수준에서 작용함을 의미한다. 예를 들어, 하나의 잎에 대한 춘화처리는 잎에서 재분화 된 슈트의 개화를 촉진하지만 원 식물체의 춘화처리 되지 않은 부위에서는 개화가 유도되지 않는다. 이와 일치하여, 접목 실험은 춘화처리가 개화 촉진 신호의 유발을 야기하지는 않는다는 것을 보여준다. 대부분의 경우, 춘화 되지 않은 슈트의 춘화 된 식물체에 대한 접목은 접목된 슈트의 개화를 유도하지 않는다.

춘화 상태의 유지 (Maintenance of the vernalized state)

종종 저온기간의 종료와 개화의 개시 사이에 몇 주에서 몇 달의 지연이 있다. 이 기간 동안에, 식물체는 따뜻한 조건하의 광범위한 생장에도 불구하고 춘화 상태를 유지한다. 이러한 춘화처리의 '기억'과 춘화처리 반응의 국부적인 본질은 모세포의 춘화 혹은 미춘화 상채가 딸세포에 전달된다면 설명될 수 있다.

세포의 춘화 상태의 암호화에 대한 하나의 후보가 DNA 메틸화의 패턴이다. 식물과 동물의 DNA는 CG dinucleotide의 시토신에서 메틸화 될 수 있다. 식물에서, 시토신 메틸화는 C(어떤 nucleotide든지) G triplet에서도 일어날 수 있다. 유전자의 프로모터 지역의 DNA 메틸화는 보통 유전자 발현을 저해하므로 유전자 조절 기작을 제공한다. 게다가, DNA 메틸화의 패턴은 보통 DNA복제와 세포세대간의 유전을 통해서 보존된다. 즉, 그것은 계통 의존적이다. 각 세대에 의한 춘화처리의 필요성에 일치하여 메틸화 패턴은 보통 유성번식에 의해 다시 짜여 진다.

몇몇 관찰에 의해 춘화처리에 대한 DNA 메틸화의 역할이 지지된다. 첫째로, 낮은 온도에 대한 장기간 노출은 메틸화된 DNA의 비율이 상당히 감소한다. 예를 들어 4주간 8℃에 처리한 애기장대의 유묘의 DNA 메틸화는 춘화되지 않은 유묘의 측정 수준의 약 86%로 감소한다. 둘 째로, DNA 메틸화를 유도하는 5-azacytidine(5-azaC)를 식물에 처리하는 것은 춘화처리에 반응하는 품종에서 조기 개화를 유도하지만 춘화처리에 반응하지 않는 품종의 개화 시기에는 영향을 주지 않는다. 예를 들어, 5-azaC는 겨울밀의 개화를 촉진하지만 봄밀은 촉진하지 않는다. 유사하게, 춘화처리에 감응하는 애기장대 계통은 메틸화 효소(methyltransferase)를 암호화하는 유전자의 역 배열 발현에 의해 메틸화가 감소하도록 처리될 수 있다.

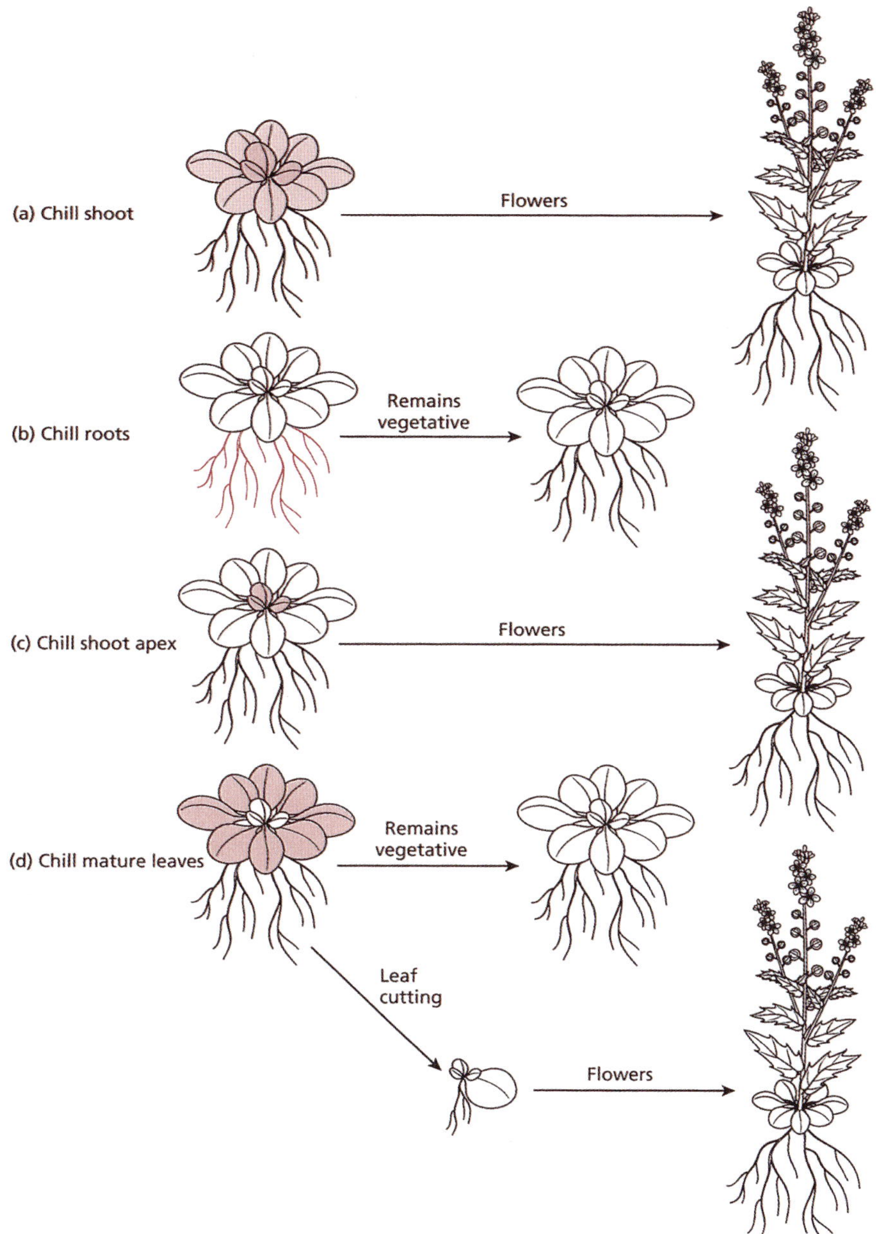

그림 8.10 페니크레스(*Thlaspi arvense*)의 다른 구역에 대한 춘화처리의 효과. 페니크레스는 절대 춘화 요구도를 가지고 있으며, 추위에 노출되지 않으면 개화하지 않는다. 개화는 슈트 전체(a) 또는 슈트정단(c)에 특수하게 저온처리 하면 유도될 수 있지만, 뿌리(b)나 성숙한 잎(d)에만 처리하면 개화하지 않는다. 이 결과들은, 식물체에서 춘화는 국지적 수준에서 행동한다는 것을 의미한다.

단일 조건에서 빨리 개화하는 애기장대는 춘화처리에 민감하다.

춘화된 애기장대 유묘는 저온 처리가 종료한지 1주일 내에 정상적인 메틸화 수준을 회복한다. 그러므로 메틸화 수준의 전반적인 변화는 일시적이다. 춘화처리의 효과가 DNA 메틸화의 변화에 의해 조절된다면 이러한 변화들은 아마도 개개의 유전자 수준에서 일어나고 아마도 이들 유전자 특이적인 메틸화 패턴은 보다 지속적일 것이다.

FLOWERING LOCUS C 와 *FRIGIDA*

애기장대의 *FLOWERING LOCUS C(FLC)* 유전자는 중요한 춘화처리 신호전달하위 단계다. *FRIGIDA(FRI)*의 변이와 결합한, *FLC*의 대립 유전자 변이는 여러 가지 애기장대 생태형의 춘화처리 요구성의 변이를 초래한다. 강한 춘화처리반응을 가진 생태형은 보통 *FLC*와 *FRI*의 기능적인 대립유전자를 가진다. 춘화처리에 반응하지 않는 생태형은 일찍 개화하고 보통 하나 혹은 두 유전자의 기능적인 대립 유전자를 갖지 않는다. 이는 *FRI*와 *FLC*가 개화를 저해하는 작용을 하고 이러한 저해는 춘화처리에 의해 극복된다는 것을 나타낸다.

춘화처리 반응에 대한 실마리는 *FLC*의 전사감소로 나타난다(그림 8.11). *FLC*는 MADS domain 전이인자를 암호화하고 비록 뿌리와 슈트의 정단에서 가장 강하게 발현하지만 식물체 도처에서도 발현된다. 춘화처리에 민감한 식물체는 춘화처리에 의해 급격히 감소하는 *FLC*의 높은 발현정도를 가진다. 또한, *FLC* 발현 정도는 저온 처리의 기간에 상응하여 감소한다. *fri* 변이체는 감소된 *FLC* 전사 수준을 보이며 이는 *FRI*가 *FLC* 발현을 촉진한다는 것을 나타낸다. *FRI*는 생화학적 기능이 알려지지 않은 단백질을 암호화한다.

춘화처리가 *FLC*의 발현을 변화시키는 방법은 명백하지 않다. DNA 메틸화 수준이 감소된 형질전환 식물체(메틸화 효소 역배열 구성이 수행된)에서, *FLC*의 발현이 감소하였다. 이는 *FLC*가 DNA 메틸화를 변화시키는 춘화처리에 의해 조절될 수 있음을 나타낸다. 춘화처리에 따른 *FLC* 발현의 감소는 이후의 따뜻한 조건에서의 생장동안에도 유지된다. 이것은 춘화 상태가 '기억'되도록 한다. 춘화처리된 식물체의 번식체는 춘화처리 전의 FLC 발현 수준을 가지며 이는 매 세대에서 춘화처리 요구도가 재구성된다는 관찰과 일치한다.

춘화처리에 더하여, *FLC*의 발현은 자율적인 개화 촉진 경로(그림 8.11)에 의해 저해된다. 이는 개화를 조절하는 다양한 기작의 융합을 고찰하는 연구사례 9.3에서 자세하게 논의된다.

*FLC*의 하위 단계는 *AGAMOUS-LIKE20* 유전자(또한 *SOC1*으로 불리는, *AGL20*)과 아마도 *FLOWERING LOCUS T(FT)* 유전자를 포함할 것이다(그림 8.11). 이들 유전자는 개화를 촉진하고, 또한 광주기 반응 동안 CONSTANS 단백질에 의해 조절된다(연구사례 7.5를 보라). 구조적인 *FLC* 대립 유전자를 가진 식물체에서 *AGL20*의 전사는 초기에 낮고 춘화처리 후에 *FLC* 발현이 낮아지면서 증가한다. 이는 *FLC*가 아마도 *FLC* 전사 인자의 직접적인 작용을 통해 *AGL20*의 전사를 저해한다는 것을 나타낸다. 그러므로 감소하는 *FLC* 발현을 통해 춘화처리는 *AGL20* 전사의 증가를 유도하여 개화를 촉진한다. *FLC*에 의한 *FT* 발현의 조절

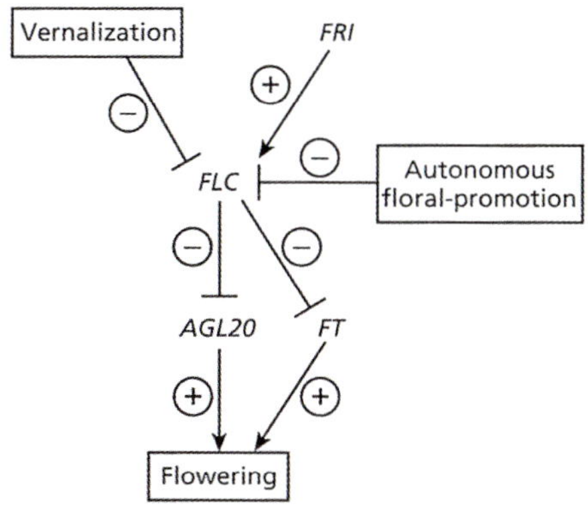

그림 8.11 춘화, *FLC*와 개화. *FLC*유전자의 발현은 *AGL20*과 FT같은 개화 촉진 유전자들의 억제를 통해 개화를 억제한다. *FLC* 발현은 FRI 유전자의 작용에 의해 촉진되고 이 발현은 춘화와 자발적인 개화 촉진 경로에 의해 억제된다. 개화의 조절에 관한 내용은 9장에서 더 심도 있게 다룰 것이다(그림 9.11 참조). ⊕ 기호와 동반된 화살표는 양성조절(positive regulation)을 나타내고, ⊖ 기호와 동반된 막대모양의 끝을 가진 선은 음성조절(negative regulation)을 나타낸다.

은 직접적으로 증명되지 않았다. 그러나, *FT* 발현은 자율적인 개화 촉진 경로에 의해 촉진되는데, 이는 *FT*의 발현이 *FLC*에 의해 저해되기 때문이라고 생각된다.

춘화처리에 둔감한 애기장대 생태형의 진화 발달 전개

(Evolution of vernalization-insensitive *Aravidopsis* ecotype)

애기장대는 북반구 각지에 광범위하게 분포하며 다른 장소에서 수집된 생태형들 간에 춘화처리 요구성이 매우 다양하다. 일반적으로, 서식지가 남쪽인 것과 춘화처리 요구성이 결여된 것은 매우 관련이 깊다. 춘화처리의 필요성이 겨울이 춥지 않은 지역에서 주요한 도태적인 불리조건이라는 것은 놀랍지 않다.

위에서 기술한 대로, 춘화처리 요구성의 결여는 보통 *FRI*와/혹은 *FLC*의 기능적인 대립유전자의 결여와 관련된다. 40개의 생태형 조사는 춘화처리에 독립적인 가장 일반적인 원인이 *FRI* 기능의 결여라는 것을 보여준다. 대부분의 춘화처리에 독립적인 생태형들은 FRI 대립유전자의 두 부분적인 결실중 하나를 갖는다. 따라서 이 생태형들은, 완전한 기능을 가진 *FRI* 유전자들을 수반하고, 춘화-민감성이라 추정할 수 있는 조상들로부터 발생한 독립적인 두 개의 집단을 대표한다. 그러므로 이들 생태형은 선조로부터 기인한 완전한, 기능적인 *FRI* 유전자와 아마도 춘화처리에 민감한 두 독립적인 그룹은 나타낸다. 이는 종이 북쪽에서 유래했음을 나타낸다. 흥미롭게도, 두 그룹 내의 춘화처리에 독립적인 생태형들은 매우 넓게 분포한다. 예를 들어, *FRI*에서 같은 376 염기의 결실은 프랑스와 일본에서 수집된 생태형에서 발견된다. 애기장대는 농업에서는 잡초이므로 이는 인간에 의한 분산을 반영할 것이다.

결 론

7장과 이번 장에서 논의 한 대로, 발달은 식물의 생존과/혹은 번식능력을 증가시키는 방식으로 다양한 환경 인자에 의해 조절된다. 보통, 환경정보는 기관 발달의 방향, 정도와/혹은 시기에 영향을 미친다. 예를 들어, 슈트와 뿌리의 생장 방향은 중력과 광에 의해 조절되고; 슈트 신장의 정도는 광과 기계적 자극의 강도에 의해 조절되고; 개화 시기는 광주기와 춘화처리에 의해 조절된다.

환경 반응은 환경정보와 내부정보의 복잡한 상호작용에 의존한다. 명백히, 환경적인 신호에 대한 반응은 내부 정보의 변형에 의존한다. 그러나 내부정보가 환경 인자에 의해 반응하여 조절된다는 것 또한 명백하다. 예를 들어 많은 식물에서 일번지의 생장은 위로향하는 반면 곁가지는 수평에 가깝게 출현한다. 그러므로 각 슈트의 중력굴성반응은 슈트의 위치에 대한 내부 정보에 의존한다.

환경의 한 측면의 대한 반응은 또한 종종 다른 종류의 환경정보에 의해 영향을 받는다. 광에 의한 중력굴성의 조절이 좋은 예이다. 연화된 유묘 슈트의 중력굴성에 대한 반응은 조명에 의해 변화하고 정단 훅의 출현을 야기한다. 유사하게, 그늘에서 자란 식물체의 곁가지는 보통 태양 하에서 자란 식물체의 곁가지 보다 수직에 가깝게 자란다.

다음 장은 조화로운 발달에 필요한 내부와 환경인자의 융합에 대해 논의한다.

Further reading

Case study 8.1: Gravitropism

Reviews

Chen, R., Rosen, E. & Masson, P.H. (1999) Gravitropism in higher plants. *Plant Physiology* **120**, 343–350.

Dolan, L. (1998) Pointing roots in the right direction: the role of auxin transport in response to gravity. *Genes and Development* **12**, 2091–2095.

Evans, M.L. (1991) Gravitropism: interaction of sensitivity modulation and effector redistribution. *Plant Physiology* **95**, 1–5.

Rosen, E., Chen, R. & Masson, P.H. (1999) Root gravitropism: a complex response to a simple stimulus? *Trends in Plant Science* **4**, 407–412.

Sack, F.D. (1991) Plant gravity sensing. *International Review of Cytology* **127**, 193–252.

Tasaka, M., Takehide, K. & Fukaki, H. (1999) The endodermis and shoot gravitropism. *Trends in Plant Science* **4**, 103–107.

Gravity perception

Sack, F.D. (1997) Plastids and gravitropic sensing. *Planta* **203**, S63–S68.

Effects of scr and shr on shoot gravitropism

Fukaki, H., Wysocka-Diller, J., Kato, T. *et al.* (1998) Genetic evidence that the endodermis is essential for shoot gravitropism in *Arabidopsis thaliana*. *Plant Journal* **14**, 425–430.

Tasaka, M., Takehide, K. & Fukaki, H. (1999) The endodermis and shoot gravitropism. *Trends in Plant Science* **4**, 103–107.

AUX1

Bennett, M.J., Marchant, A., Green, H.G. *et al.* (1996) *Arabidopsis AUX1* gene: a permease-like regulator of root gravitropism. *Science* **273**, 948–950.

Marchant, A., Kargul, J., May, S.T. *et al.* (1999) *AUX1* regulates root gravitropism in *Arabidopsis* by facilitating auxin uptake within root apical tissues. *EMBO Journal* **18**, 2066–2073.

EIR1 (PIN2, AGR1)

Chen, R., Hilson, P., Sedbrook, J. *et al.* (1998) The *Arabidopsis thaliana AGRAVITROPIC 1* gene encodes a component of the polar-auxin-transport efflux carrier. *Proceedings of the National Academy of Science, USA* **95**, 15112–15117.

Luschnig, C., Gaxiola, R.A., Grisafi, P. & Fink, G.R. (1998) EIR1, a root-specific protein involved in auxin transport, is required for gravitropism in *Arabidopsis thaliana*. *Genes and Development* **12**, 2175–2187.

Müller, A., Guan, C., Galweiler, L. *et al.* (1998) *AtPIN2* defines a locus of *Arabidopsis* for root gravitropism control. *EMBO Journal* **17**, 6903–6911.

Utsuno, K., Shikanai, T., Yamada, Y. & Hashimoto, T. (1998) *AGR*, an *Agravitropic* locus of *Arabidopsis thaliana*, encodes a novel membrane-protein family member. *Plant Cell Physiology* **39**, 1111–1118.

Interaction between light signals and gravitropism

Hangarter, R.P. (1997) Gravity, light and plant form. *Plant, Cell and Environment* **20**, 796–800.

Case study 8.2: Thigmomorphogenesis

General

Jaffe, M.J. (1973) Thigmomorphogenesis: the response of plant growth and development to mechanical stimulation. *Planta* **114**, 143–157.

Mechanical stimuli and cytosolic Ca^{2+} concentration

Haley, A., Russell, A.J., Wood, N. *et al.* (1995) Effects of mechanical signaling on plant cell cytosolic calcium. *Proceedings of the National Academy of Science, USA* **92**, 4124–4128.

The TCH genes

Antosiewicz, D.M., Polisensky, D.H. & Braam, J. (1995) Cellular localization of the Ca^{2+} binding TCH3 protein of *Arabidopsis*. *Plant Journal* **8**, 623–636.

Antosiewicz, D.M., Purugganan, M.M., Polisensky, D.H. & Braam, J. (1997) Cellular localization of *Arabidopsis* xyloglucan endotransglycosylase-related proteins during development and after wind stimulation. *Plant Physiology* **115**, 1319–1328.

Braam, J. & Davis, R.W. (1990) Rain-, wind-, and touch-induced expression of calmodulin and calmodulin-related genes in *Arabidopsis. Cell* **60**, 357–364.

Braam, J., Sistrunk, M.L., Polisensky, D.H. *et al.* (1997) Plant responses to environmental stress: regulation and functions of the *Arabidopsis TCH* genes. *Planta* **203**, S35–S41.

Ethylene signalling

Bleecker, A.B. (1999) Ethylene perception and signaling: an evolutionary perspective. *Trends in Plant Science* **4**, 269–274.

Case study 8.3: Effects of nutrient supply on root development

Reviews

Leyser, O. & Fitter, A. (1998) Roots are branching out in patches. *Trends in Plant Science* **3**, 203–204.

Robinson, D. (1994) The responses of plants to non-uniform supplies of nutrients. *New Phytologist* **127**, 635–674.

Zhang, H. & Forde, B.G. (2000) Regulation of *Arabidopsis* root development by nitrate availability. *Journal of Experimental Botany* **51**, 51–59.

ANR1

Zhang, H. & Forde, B.G. (1998) An *Arabidopsis* MADS box gene that controls nutrient-induced changes in root architecture. *Science* **279**, 407–409.

Further analysis of the Arabidopsis response to nitrate

Zhang, H., Jennings, A., Barlow, P.W. & Forde, B.G. (1999) Dual pathways for regulation of root branching by nitrate. *Proceedings of the National Academy of Science, USA* **96**, 6529–6534.

Nitrate and tobacco root development

Scheible, W.R., Lauerer, M., Schulze, E.D., Caboche, M. & Stitt, M. (1997) Accumulation of nitrate in the shoot acts as a signal to regulate shoot–root allocation in tobacco. *Plant Journal* **11**, 671–691.

Case study 8.4: Vernalization

Review

Michaels, S.D. & Amasino, R.M. (2000) Memories of winter: vernalization and the competence to flower. *Plant, Cell and Environment* **23**, 1145–1153.

Membrane fluidity

Örvar, B.L., Sangwan, V., Omann, F. & Dhindsa, R.S. (2000) Early steps in cold sensing by plant cells: the role of actin cytoskeleton and membrane fluidity. *Plant Journal* **23**, 785–794.

HOS1

Ishitani, M., Xiong, L., Lee, H., Stevenson, B. & Zhu, J-K. (1998) *HOS1*, a genetic locus involved in cold-responsive gene expression in *Arabidopsis. Plant Cell* **10**, 1151–1161.

Lee, H., Xiong, L., Gong, Z. *et al.* (2001) The *Arabidopsis HOS1* gene negatively regulates cold signal transduction and encodes a RING finger protein that displays cold-regulated nucleo-cytoplasmic partitioning. *Genes and Development* **15**, 912–925.

Localized chilling experiments

Metzger, J.D. (1988) Localization of the site of perception of thermoinductive temperatures in *Thlaspi arvense* L. *Plant Physiology* **88**, 424–428.

DNA methylation

Burn, J.E., Bagnall, D.J., Metzger, J.D., Dennis, E.S. & Peacock, W.J. (1993) DNA methylation, vernalization, and the initiation of flowering. *Proceedings of the National Academy of Science, USA* **90**, 287–291.

Finnegan, E.J., Genger, R.K., Kovac, K., Peacock, W.J. & Dennis, E.S. (1998) DNA methylation and the promotion of flowering by vernalization. *Proceedings of the National Academy of Science, USA* **95**, 5824–5829.

FLC and FRI

Johanson, U., West, J., Lister, C. *et al.* (2000) Molecular analysis of *FRIGIDA*, a major determinant of natural variation in *Arabidopsis* flowering time. *Science* **290**, 344–346.

Lee, H., Suh, S-S., Park, E. *et al.* (2000) The AGAMOUS-LIKE 20 MADS domain protein integrates floral inductive pathways in *Arabidopsis. Genes and Development* **14**, 2366–2376.

Sheldon, C.C., Rouse, D.T., Finnegan, E.J., Peacock, W.J. & Dennis, E.S. (2000) The molecular basis of vernalization: the central role of FLOWERING LOCUS C (FLC). *Proceedings of the National Academy of Science, USA* **97**, 3753–3758.

9 장

발달의 조화
(The coordination of development)

식물 발달은 지속적이고 규격화되어 있으며 이 두 가지 특징은 식물로 하여금 형태학적으로 엄청난 유연성을 지니게 한다. 지속적인 발달은 연속적인 모듈(module)을 생산하는 정단분열조직(apical 분열조직)에 의해 이루어진다(그림 9.1). 뿌리에서, 모듈은 정단분열조직이 되며, 그리고 그 뒤를 따라 첫 번째 측생 가지로 팽창해 뿌리가 되는 것으로 여겨진다. 슈트에서 모듈은 잎, 액생분열조직(axillary 분열조직), 마디사이(internode)로 생각되며, 이들은 총체적으로 **파이토머**(phytomer)라고 불린다. 연속적인 파이토머들은 형태학적으로 다양할 수 있다. 예를 들어, 각각의 슈트 발달 단계별로 생산된 파이토머는 다른 종류의 잎을 만들어 낼 수 있다. 더 나아가 액생 영양 분열조직(axillary vegetative meristems)은 곁가지로 자랄 잠재성을 지니는데 이 곁가지는 반복적으로 1차 슈트 축를 발달시키고, 액생 꽃 분열조직은 화기로 발달한다(1장). 꽃은 절간이 극히 밀집된 일종의 유한 슈트이며, 잎은 화기로 대체되며, 액생분열조직은 발달하지 않는다.

유연성은 각 모듈이 생산되는 양과 시간을 조절하는 다양한 소스들로부터 얻어지는 정보의 통합을 통해 이루어진다. 이번 장은 어떻게 슈트정단분열조직(SAM)이 연속적으로 발달을 하는지, 분열조직에서 생산된 모듈을 조절하기 위해 어떻게 정보들이 통합되는지를 논의할 것이다. 그리고 식물의 발생학적, 생리학적 단계, 그리고 환경과 관련있는 정보들을 다룰 것이다.

SAM의 형성, 그리고 SAM 크기와 구조의 유지에 관해서는 연구사례 9.1에서 논의 것이다. 연구사례 9.2와 9.3은 SAM 활성조절과 SAM이 생산하는 모듈 진행의 조절에 대해 다룰 것이다. 연구사례 9.2는 발아 과정 중에 일어나는 배발생에서 후배기발생(post-embryonic development)로의 전환에 대하여 검토한다. 연구사례 9.3은 발아 후 발생(post-germination development)에서 발생되는 모듈의 진행에 대해 논의하는데, 여기에서는 유묘에서 성체, 그리고 성체에서 생식생장발달(reproductive developmen)로의 전환을 검토할 것이다. 슈트계의 형태 또한 영양 액생 SAM에서의 발생 연장에 의존한다. 이는 연구사례 9.4에서 논의되는데, 여기에서는 슈트 분지의 조절을 다룰 것이다.

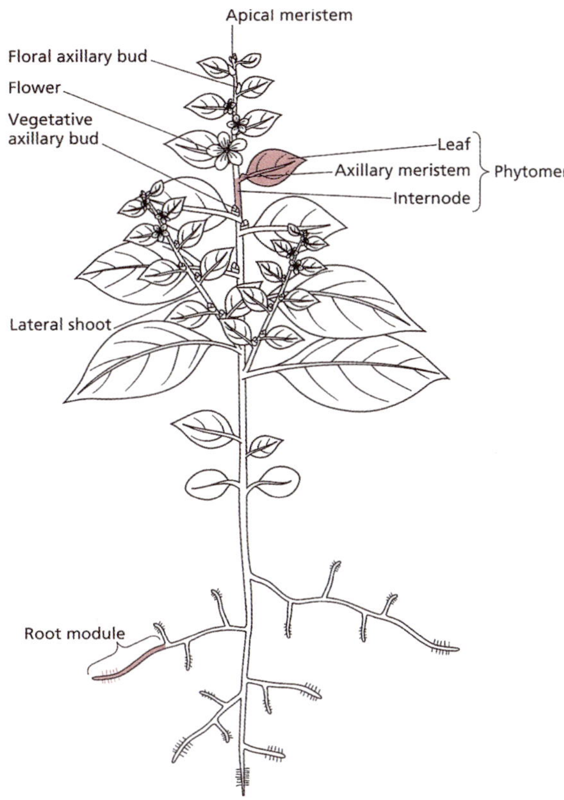

그림 9.1 이상적인 쌍떡잎식물(dicot). 현화식물의 발달은 반복적이고 규격화되어있다. 슈트정단분열조직은 각각 잎, 측생분열조직(axillary meristem), 마디사이(internode)로 구성되어 있고, 일련의 phytomers를 생산한다(분홍색). 측생 분열조직은 영양곁눈(vegetative axillary buds)으로 분화할 수 있는데 이것은 반복적으로 1기 슈트(primary shoot)을 발달시킨다. 또는 측생 분열조직은 화기 곁눈(floral axillary buds)으로 분화할 수도 있고, 이것은 화아형성으로 이어진다. 뿌리에서 모듈은 정단분열조직, 그리고 그 뒤를 따라 첫 번째 측근으로 신장하는 뿌리로 여겨진다.

연구사례 9.1: 슈트정단분열조직의 형성과 유지

(Case study 91: Initiation and maintenance of the shoot apical meristem)

위에서 언급했듯이, 연속적인 슈트의 발달은 정단분열조직에 의존한다. 배형성 동안의 슈트정단분열조직(SAM)의 형성는 1장에서 언급되었고, 4장(연구사례 4.2)에 더욱 자세하게 논의되었다. 1장에서는 SAM의 세로 방향의 구조와 방사상의 구조에 대해 기술하였다(그림 1.6참조). 세로방향으로 SAM은 외부에 **초층**(tunica)라고 불리는 층을 이루고 있는 부위가 있고 이것은 **내체**(corpus)라 불리는 SAM의 내부를 덮고 있다. 방사상으로 SAM은 천천히 분화하는 비교적 큰 세포들의 **중심부**(central zone)와, 그리고 엽원기(leaf primordia)가 시작되는 빠르게 분화하는 작은 세포들의 **주변부**(peripheral zone)로 나뉜다. 중심부는 아래로 슈트 수(stem pith)를 형성하는 **수분열조직**(pith meristem)이 자리 잡고 있다.

SAM의 클론 분석은 3장에서 논의하였다. 키메라 슈트정단분열조직(chimeric SAMs)에서 분화된 클론종은 중심부에서 '미분화된(undifferentiated)' 세포들의 풀(pool)을 유지하는 대신 주변부로 세포를 공급함으로써 중심부에 있는 세포들이 분열조직으로써 작용한다는 것을 나타낸다. 연속적인 슈트 발달을 위해서 SAM은 그 크기와 구조를 활력적으로 유지해야 하기 때문에 그 구성세포의 분화와 기관 원기는 SAM의 측면에 형성된다. 그러므로, 중심부에서 세포의 생장과 증식은 중심부로부터 주변구역 혹은 수분열조직으로 세포를 보냄으로써 균형을 유지할 것이다. 이와 유사하게, 주변부 혹은 수분열조직에서의 세포의 생장과 증식은 기관형성에 의한 세포의 소비로 균형을 유지할 것임이 분명하다(그림 9.2a).

직접적인 관찰과 조직학적 분석은 비록 각 잎의 형성이전에 예정 원기세포의 존재로 일시적으로 분열조직을 팽창시키지만, 활발한 SAM의 크기와 구조는 연속적으로 파이토머가 형성되는 동안에 대략적으로 안정적임을 알려준다. 하지만 성체의 슈트는 주로 유묘의 슈트보다 보다 더 큰 SAM들을 가지고 있고 또한 생식생장으로의 전환에 있어 SAM의 크기와 모양에 종종 변화가 있다.

일련의 발달기간 동안 크기와 구조의 유지에 덧붙여, SAM은 상당한 재생력을 가지고 있다(그림 9.2b). 예를 들어, 만약 SAM의 중심부가 파괴되면, 주변부의 몇몇 세포들은 중심

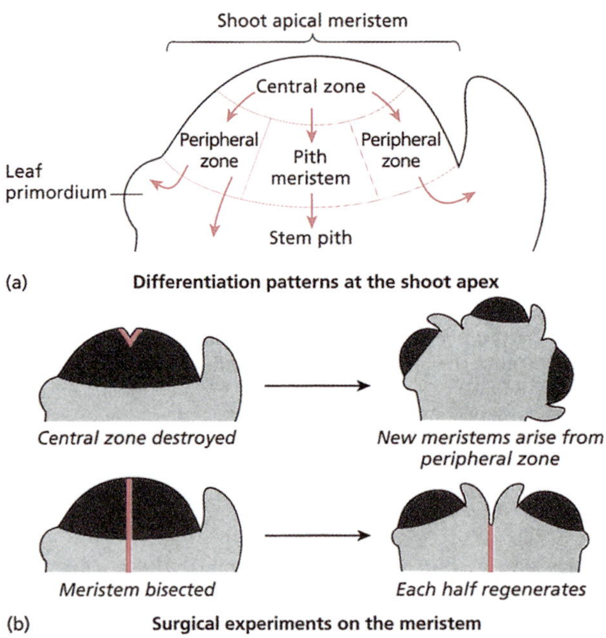

그림 9.2 슈트정단분열조직의 유지와 재생. 그림은 슈트 축를 따라 종단으로 절단한 모습이다. (a) 슈트 정단부서의 분화 패턴. 슈트 정단 분열조직의 중앙구역을 벗어난 세포들은 그 위치에 의해 주변구역 혹은 수 분열조직 동일성을 가진다. 주변구역에서 세포들은 잎으로 그리고 주변의 슈트 조직들로 자라고, 수 분열조직에서 세포들은 슈트 수로 자란다. (b) 분열조직에서의 해부학적 실험. 만약 분열조직의 중앙구역이 파괴되면 새로운 분열조직이 주변구역에서 재생 된다. 만약 분열조직이 양분되면, 각 절반은 완벽한 분열조직으로 재생된다.

부의 운명을 받아들여 하나 또는 그 이상의 기능을 가진 SAM들이 재생된다. 유사하게, 만약SAM이 이등분되면 이것은 두 개의 보통 크기의 분열조직으로 재생된다.

SAM형성과 유지의 유전적 조절
(Genetic regulation of SAM initiation and maintenance)

SAM의 활성이 붕괴된 애기장대 돌연변이체는 통상의 SAM의 기능에 관한 유전자를 동정하고, 이들의 야생형에서의 역할의 특성을 파악하기위해 사용되어왔다. 이들 중 주목을 끄는 것은 *SHOOTMERISTEMLESS(STM)*, *WUSCHEL(WUS)*, *CLAVATA1* 그리고 *CLAVATA3(CLV1*과 *CLV3)*으로 아래에서 논의될 것이다.

SHOOTMERISTEMLESS

*stm*의 기능을 완전히 상실한 유묘는 SAM이 없고 융합된 자엽을 가지고 있는데 이것은 *STM*이 배아에서 SAM 형성을 위해 필요하다는 것을 가리킨다(그림 9.3a). 결국 *stm* 유묘는 무질서한 패턴으로 소수의 잎들을 생산하게 되고, 이것은 이 돌연변이체들이 명이 짧은 부정(不正) SAM들을 형성함을 알려준다. 따라서 분열조직의 형성에 있어 *STM*이 절대적으로 요구되지 않음을 알려준다.

부분적으로 *stm* 대립형질 기능을 상실한 돌연변이체들은 슈트를 생산하지만, 결국 이들은 SAM의 세포들이 공동화(vacuolated)되고 분화를 중지하는 것으로 끝을 맺는다. 종종 종결된 분열조직의 중심에는 전위 엽원기나 일련의 융합원기그룹이 있다. 이와 유사하게, 돌연변이체 꽃분열조직은 빈번히 완전한 꽃으로 되기 전에 융합된 화기 다발로 끝맺는다. 1장에서 언급했듯이, 꽃분열조직은 분화된 영양 SAM을 대표한다. 따라서 전체적으로 약한 *stm* 표현형을 가지는 돌연변이체들은 낮은 *STM* 활성이 SAM의 유지를 절충해준다는 것을 알려준다.

*STM*은 *KNOX* 유전자이고, 즉, 이것은 옥수수의 KNOTTED1 단백질과 연관이 있는 호메오 도메인 전사인자를 암호화한다. 이것은 후기 구형기로부터 시작해 배의 슈트 축에서 발현되고 이 발현은 결국 SAM의 발달에 제한을 둔다. 후배기에 이르면(Post-embryonically), *STM*은 모든 영양 SAM에서, 화서분열조직에서, 그리고 꽃분열조직에서 발현된다. 다른 *KNOX* 유전자들과 함께 *STM* 발현은 원기(primordium)가 가시화되기 전에 잠깐 각각 엽원기의 선구세포(founder cells)에서 사라진다(그림 9.4). *STM* 발현은 꽃기관 원기에서 이와 비슷하게 없어진다. 결국, 꽃발달의 유한성과 부합하게 꽃분열조직에서 *STM* 발현은 심피(carpel)가 형성됨으로써 끝이 난다(배주 발달 위치에서 몇몇 국지적인 *STM* 전사를 제외하고). *KNAT1*그리고 *KNAT2*라고 불리는 두 개의 다른 *KNOX* 유전자들은 애기장대에 잘 연구되어져 왔고, *STM* 과 같이 이들은 SAM에서는 활동적이지만 엽원기에서는 그렇지 않다.

STM에 의한 SAM 발달의 유지는 *ASYMMETRIC LEAVES1(AS1)*이라고 불리는 유전자 발현의 억제에 의해 중재되는 것으로 보인다. 연구사례 5.3에서 언급된 바와 같이, 전개되는

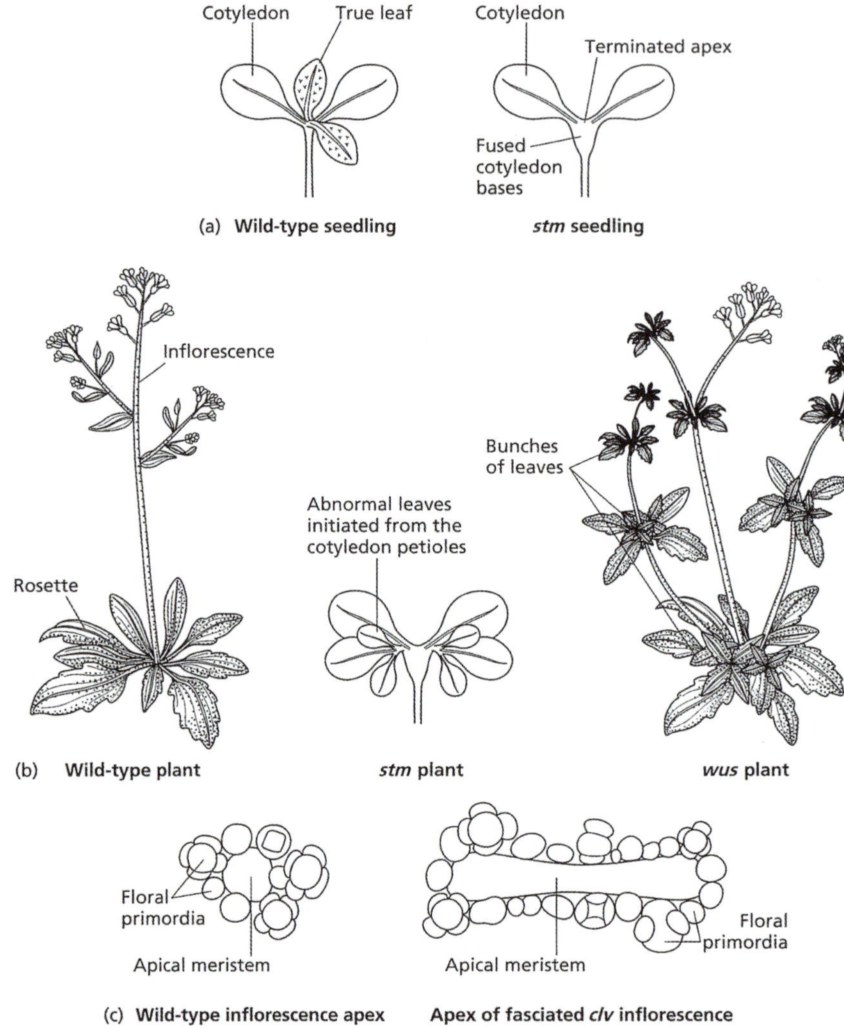

그림 9.3 파괴된 슈트정단분열조직 발달을 보이는 애기장대 돌연변이체. (a) 야생형 유묘와 강한 *stm* 대립유전자와 상동을 보이는 유묘. *stm* 돌연변이체는 슈트정단분열조직이 결핍되어 있고 부분적으로 혼합된 자엽을 가진다. (b) 야생형 식물과, 배축구역에서 발달한 잎을 가지는 강한 *stm* 돌연변이체, 그리고 *wus* 식물. *stm* 돌연변이체에 의한 잎의 최종 생산은 자엽의 엽병으로부터 혹은 그 주위에서 단생의 부정 슈트 정단분열조직이 형성됨을 보여준다. *wus* 표현형은 부정 분열조직 그리고/혹은 측생 분열조직에서 발달하는 생장의 stop-start 패턴을 가지는 슈트정단분열조직을 유지하는데 실패했기 때문에 나타난다. (c) 야생형과 *clv* 돌연변이체의 화서 정단부위. 이들은 정단분열조직과 가장 어린 꽃 원기를 보여준다. *clv* 돌연변이체의 정단분열조직은 슈트 발달 기간 중 커지고 리본 모양의로 변한다. (Barton & Poethig, 1993; Clark *et al.*, 1995; Laix *et al.*, 1996에서 일부 발췌함).

잎에서의 *KNOX* 발현의 억제는 금어초(*Antirrhinum*)의 *PHANTASTICA*(*PHAN*)유전자 호모로그를 필요로 한다. 이것은 MYB 유사 전사 인자들을 암호화하고, 다른 SAM 부분이 아

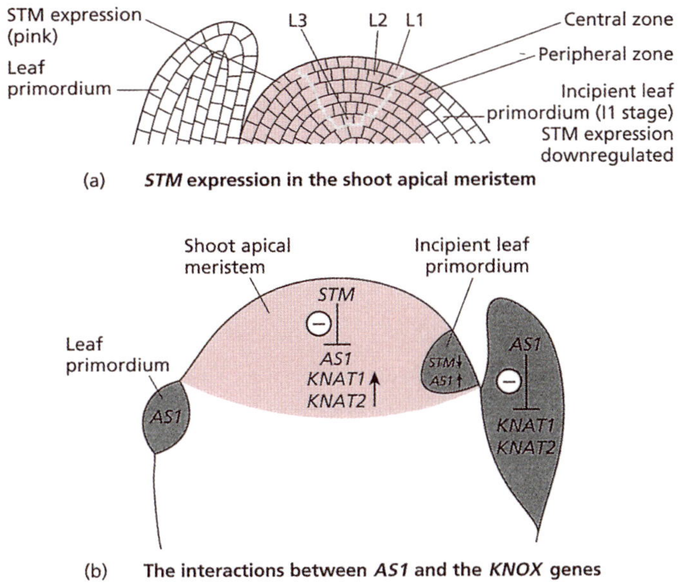

그림 9.4 apical 분열조직을 유지하는데 있어 *STM*의 역할. (a) 슈트정단분열조직에서의 *STM* 발현. *STM*은 분열조직 전반에 걸쳐 발현하지만 이 발현은 잎 전개 구역에서 내리막 조절된다(downregulated). *STM*은 엽원기에서 발현하지 않는다. (b) *AS1*과 *KNOX* 유전자들 간의 상호작용. *STM*은 *AS1*의 발현을 억제하고, *AS1*은 *KNAT1*과 *KNAT2*의 발현을 억제한다. 분열조직(분홍)에서 *STM* 발현은 *AS1* 발현 억제로 귀결되고 이에 따라 *KNAT1*과 *KNAT2*가 발현한다. 잎 전개구역에서 *STM* 발현의 내리막조절(downregulation)은 *AS1* 발현의 오르막조절(upregulation)을 하게끔 유도한다. 엽원기에서 *AS1*이 발현하고 *KNAT1*과 *KNAT2*의 발현을 억제한다. ⊖ 기호와 함께 동반된 막대모양의 끝을 가지고 있는 선은 음성조절(negative regulation)을 의미한다.

닌 잎 형성부위나 엽원기에서 *KNOX* 유전자들에 보충하는 패턴으로 발현한다. 애기장대에서 *AS1*은 *PHAN* 호모로그로써 알려져 왔다. *asl* 돌연변이체들은 때때로 슈트가 발생하는 깊게 열편된 잎을 만들고, 돌연변이체 엽원기는 이소(離所)적으로 *KNAT1*과 *KNAT2*를 발현시키지만 *STM*을 발현시키지 않는다. 이는 *AS1*이 특이적으로 *KNAT1*과 *KNAT2*의 발현을 억제한다는 것을 의미한다. 이와 대조적으로 야생형 배는 오직 자엽원기에서 *AS1*을 발현시키고, *stm*가 강한 돌연변이체들의 배는 또한 SAM 자리로 추정되는 곳에서 *AS1*을 발현시킨다. 이는 *STM*이 *AS1* 발현을 억제시킨다는 것을 의미한다.

stm 돌연변이체에서 이소(離所)적 *AS1* 발현의 중요성은 *stm asl* 이중돌연변이체에서 *stm* 표현형이 거의 완전 억제됨으로써 극적으로 증명되었다. *stm* 돌연변이체들이 SAM 없이 발아하는 반면, *stm asl* 이중돌연변이체는 기능적 SAM과함께 발아하고 거의 *asl* single 돌연변이체와 동일한 식물 표현형을 가진다. 이 정보는 *STM*이 *AS1*을 억제함으로써 SAM 활성을 유지한다는 모델을 제시한다(그림 9.4b). *stm*의 기능을 잃은 돌연변이체들에서 *AS1*은 SAM에서 이소적으로 발현한다. 이소적 *AS1*은 *KNAT1*과 *KNAT2*의 발현을 억제하고 이는 *KNOX*의 활성을 완전히 잃게한다. 따라서 SAM이 발달하지 않게 된다. 하지만 *stm as1* 이중

돌연변이체에서 *KNAT1*과 *KNAT2*의 발현은 SAM에서 계속되고, 이로써 SAM의 발달과 슈트의 생산이 이루어진다. 이 모델에서 야생형의 잎형성은 다음 일련의 이벤트로 이루어진다: SAM이 잎 형성 사이트에서 하향조절된다; 이것은 *AS1*을 상향조절 시키고, *AS1*은 예정잎(presumptive leaves)에서 *KNAT1*과 *KNAT2*를 하향조절 시킨다(그림 9.4b).

*STM*과 *AS1*간의 대립적인 관계는 잎의 발달로부터 SAM을 분리시킨다. 이것은 특히 SAM 활성과 엽원기 형성간의 상호 의존성에 대한 흥미로운 증거가 된다. 연구사례 5.1에서 언급된바와 같이, 잎의 향축조직의 발달은 SAM으로부터 극성을 지닌 신호를 필요로 하는 것으로 생각된다. 즉, 잎이 SAM 활성을 유지시키기 위한 신호를 생산할 수 있다는 것이다.

WUSCHEL

*STM*과 같이, *WUS*는 SAM 활성을 중재하기 위해 필요하다. *wus*의 기능을 잃은 돌연변이체들은 유식물 SAM이 커지고 평평해진 정단에서 종결되기 전에 두 개의 본엽을 형성한다. 결국 부정위(adventitious) SAM은 슈트정단에서 형성되고 액생 SAM은 자엽의 기저에서 형성된다. 다양한 발달 단계 이후, 이차 슈트 또한 종결되고, 3차 SAM이 올라오면서 start-stop 발달 패턴을 반복하게 된다(그림 9.3b). 유사하게, 돌연변이체들의 꽃은 전체적으로 보통의 꽃받침과 꽃잎의 윤생체를 만들어내지만 보통 단일 중심 수술(single central stamen)에서 조기 종결된다. 이 표현형은 *WUS*가 분열조직 유지를 위해 요구됨을 나타내고 있다.

*WUS*는 호메오도메인 전사인자를 암호화하지만 *KNOX* family의 일원은 아니다. *WUS*의 발현은 먼저 배형성의 16개 세포 단계, 즉 아주 초기의 구형기 배와 배의 정단분할세포의 조합에서 발견되었다. SAM을 형성하는 동안 *WUS* 발현은 전체 중앙구역에 있는 세포군집에 의해 점차적으로 제한을 받는다(그림 9.5). 이는 이 세포들이 위에 놓여있는 조직에서 중심부의 동일성을 부여하는 신호를 생산한다는 것을 말해준다. 이 이론에 따르면, *wus* 돌연변이체에서 신호는 없고, 중심부에 있는 세포들이 다른 동질성을 받아들여 분열조직을 종결시킨다고 한다. 흥미롭게도, 뿌리정단분열조직의 분열지연중심부가 분열조직 활성 유지에 있어 유사한 역할을 한다는 증거가 있다(Box 9.1 참조). *WUS*의 기능과 조절은 *CLV1*과 *CLV3*에 대한 실험에서 밝혀질 것이고, 아래에서 논의된다.

CLAVATA1 and *CLAVATA3*

*CLV1*과 *CLV3*는 중심부의 크기를 제한하는데 있어 요구된다. *clv1* 돌연변이체, *clv3* 돌연변이체, 그리고 *clv1 clv3* 이중돌연변이체는 같은 표현형을 가진다. 돌연변이체는 SAM확대와 더불어 발아하기 시작하고, SAM은 슈트 발달기간 동안 지속적으로 커진다. 실례로, 돌연변이체의 분열조직은 야생형의 그것보다 약 1,000배정도 큰 부피를 가질 수도 있다. 왜냐하면 *clv* SAM은 우선적으로 하나의 수평면에서 커지고 이것은 Mars Bar 형태를 지니게 된다. 그 아래에 있는 슈트는 리본모양으로 변하고 이 현상을 **대화현상(fasciation)**이라 부른다.

clv 돌연변이체의 꽃분열조직 또한 커지고 야생형보다 윤생당 더 많은 꽃 기관를 생산한

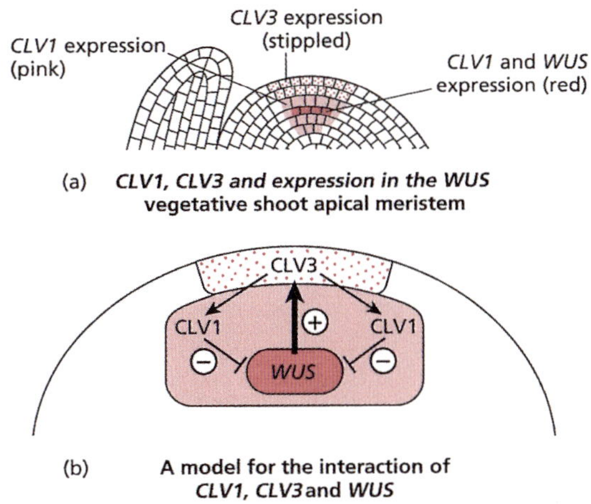

그림 9.5 *WUS/CLV3/CLV1* 회로. (a) 영양적 슈트정단분열조직에서의 *CLV1, CLV3, WUS*의 발현. *CLV3*은 중앙구역의 바깥쪽 두 개의 층(외체, tunica)에서 발현한다(붉은 점무늬). *CLV1*은 중앙구역의 더 안쪽 층(내체, corpus)에서 발현한다(분홍색). *CLV1*과 *WUS* 모두 내체 안의 작은 세포무리에 의해 발현한다(붉은색). (b) *CLV1, CLV3, WUS*의 상호작용을 나타낸 모델. 이 모델은 *WUS* 유전자를 발현시키는 세포들이 중앙구역의 동일성과 슈트 정단분열조직의 외체에서 *CLV3* 발현을 촉진하는 어떤 신호를 생산함을 제시해 준다. CLV3 단백질은 분열조직의 안쪽 층으로 향하는 어떤 신호로써 작용하고(화살표), 이것은 CLV1 단백질에 결합하여 *WUS* 발현의 억제로 이어진다. 이것은 중앙구역의 크기를 유지시키는 제어 회로를 성립시킨다. ⊕ 신호와 함께 동반된 화살표는 양성조절(positive regulation)을 의미한다. ⊖ 기호와 함께 동반된 막대모양의 끝으로 된 선은 음성조절(negative regulation)을 의미한다((a)는 Bowman & Eshed, 2000, (b)는 Schoof *et al.*, 2000).

Box 9.1: 슈트과 뿌리의 정단분열조직에서 시원세포군의 유지 [Maintenance of initial cell populations in the shoot and root apical meristems]

슈트정단분열조직(SAM)과 뿌리정단분열조직(RAM)의 정지 중심에서 *WUSCHEL*(*WUS*) 를 발현하는 세포들 간의 흥미로운 유사점이 있다. 연구사례 9.1에서 언급했듯이, SAM에서 WUS 발현 세포들은 세포들이 중심부에서 분화하는 것을 막고, 이에 따라 발달의 중간조정자로써 시원세포의 필요량을 유지한다. 애기장대 뿌리를 레이저로 절개한 실험에서 분열지연중심부가 RAM에서 유사한 기능을 하고 있음이 제시되었다.

애기장대 RAM은 단순하고 변화가 없는 구조이다: 네 개의 분화하지 않는 세포들의 분열지연중심부가 뿌리의 본체와 뿌리골무(root cap)가 기원한 시원세포로 둘러싸여져 있다(그림 1.5 참조). 전체적인 분열지연중심부의 절개는 근관을 향해 있는 죽은 정지 중심세포들의 대체와 RAM의 그 다음의 재생으로 이어진다(연구사례 3.1을 참조). 하지만 만약 정지중심에서 하나 혹은 두 개의 세포만이 절개되었다면 죽은 세포의 대체활동은 훨씬 느렸을 것이고 주변세포들에 대한 절개 효과가 발견되었을 수도 있다. 이런 환경에서, 절개된 정지중심부 세포에 접해있는 시원세포들은 그들의 특징을 잃고 분화한다. 이는 정지중심이 RAM에서 시원세포의 양을 유지하는 신호를 보낸다는 것을 의미하고, 이것은 마치 SAM의 중앙구역을 유지하기 위해 나타나는 *WUS* 발현세포들과 유사하다.

다. 가장 극적으로 영향을 받은 윤생체는 평균 기관수가 두 배 이상인 심피윤생으로써, 이는 이것이 가장 커진 꽃분열조직의 중심부이라는 것을 의미한다. 이와 유사하게, 커진 *clv* SAMs의 근연분석은 이들이 야생형과 너비는 대략 비슷하지만 그 둘레가 더 큰 주변주에 둘러싸여 상당히 커져있는 중심부을 구성하고 있는 것을 보여준다.

*CLV1*은 수용체 키나아제(receptor kinase)를 암호화한다: 막투과성 단백질은 세포내 키나아제 활성에 의해 세포외부의 리간드에 결합함으로써 반응한다. 이와 같이, CLV1 단백질은 세포 외부 신호를 세포내 신호망으로 전달한다. *CLV3*은 CLV1의 리간드인 작은 세포외 단백질을 암호화한다. 이 두 유전자는 먼저 배형성의 초기 심장형기에 발생중인 SAM에서 발현한다. 후배기SAM에서 *CLV1*의 발현은 중심부의 내체로 크게 제한되는 반면 *CLV3*은 주로 중심부의 초층에서 발현한다(그림 9.5). 따라서, CLV3 은 마치 중심부의 초층으로부터 중심부 내초의 *CLV1* 발현 세포로 보내는 아포플라스트 신호와도 같다. 앞으로 나오게 될 CLV3가 유동적인 신호로써 작용한다는 이론은 *CLV3-clv3-clv3* 키메라를 분석하면서 얻게 되었는데, 이 키메라 안, 즉 최외각 초층에 있는 L1 세포만이 기능적인 *CLV3* 유전자를 가진다. 이 키메라 식물체는 표현형적으로 야생형이고, 이는 L1에서 만들어지는 CLV3가 분열조직의 심층에 있는 중심부의 크기를 제한할 수 있다는 것을 나타낸다.

WUS, *CLV* 유전자 그리고 *STM* 간의 상호작용

(Interactions between *WUS*, the *CLV* genes and *STM*)

*clv1*과 *clv3* 돌연변이체에서 중심부의 거대화는 *WUS* 전사 부위의 거대화에 의해 수반된다. *WUS* 발현 도메인의 확장은 *clv* 돌연변이체에서 커진 SAM의 발달에 필요해 보이는데, 이는 *clv1 wus*와 *clv3 wus* 이중 돌연변이체가 작고, 유한분열조직을 가진 *wus*의 표현형을 가지기 때문이다. 이 데이터는 *CLV* 유전자의 일차적 역할이 *WUS* 발현의 도메인을 한정시킨다는 것을 말해준다. 야생형 분열조직에서 *CLV1* 발현 부위가 *WUS* 발현 부위(그림 9.5)를 아우르고 있다는 발견은 이 생각을 뒷받침 해 주고 있다.

CLV 유전자 발현에 대한 *WUS* 활성의 영향을 테스트하기 위해, 발달하는 엽원기에서 *WUS* 발현이 활성화되는 형질전환 식물체를 만들었다. 그 결과 잎 형성이 중지되고 *CLV3*이 이소적으로 발현하였다. 이것은 위에서 언급했던 *WUS* 발현이 중심부의 동일성를 부여하는 신호 생산을 한다는 이론과 일치하며, 이 신호의 결과중 하나로 *CLV3*의 발현이 유도된다.

따라서 *WUS*, *CLV3* 그리고 *CLV1*는 중심부의 크기를 유지하는 피드백 고리의 구성요소를 형성한다(그림 9.5b). 중심부의 내체에서 *WUS* 발현은 중복 초층에서 *CLV3* 발현을 유도한다. 그 결과로 생산된 CLV3 단백질은 내체에서 CLV1 신호화를 활성화한다. 그 뒤를 이어 CLV1의 활성은 *WUS* 발현 부위를 제한한다.

그렇다면 WUS/CLV3/CLV1 고리와 STM은 어떤 관계를 맺고 있을까? 위에서 설명했듯이, WUS는 아주 초기 구형배의 정단세포에서 처음으로 발현된다; *STM*은 후기 구형배의 정단부분에서 처음으로 발현된다; 그리고 *CLV1*과 *CLV3*는 배형성의 심장형기의 초기에 발달하는 SAM에서 처음으로 발현한다. 흥미롭게도, *stm* 배가 조직적으로 뚜렷한 SAM을 형성하지 않음에도 불구하고, *CLV1* 발현은 *stm* 돌연변이체의 예정 SAM 부위에서 어뢰형기까지 지속되며 *WUS* 발현은 후배형성까지 지속된다. 이와 유사하게, *wus* 돌연변이체에서 *STM*은 일반적으로 그 발현이 배형성의 후기까지 지속된다. 이 데이터는 *WUS/CLV3/CLV1* 고리의 형성과 STM 발현이 배에서 독립적으로 일어나고 있음을 제시해준다. 이와 대조적으로 *WUS, CLV3*, 그리고 *CLV1*은 *stm* 유묘의 정단끝에서 발현하지 않는다. 비슷하게 *STM*은 wus 유묘의 정단 끝에서 발현하지 않으며 *STM* 발현은 *clv* 돌연변이체의 확대된 SAM을 아우르기 위해 확장된다. 이것은 후배기 발달동안 *WUS/CLV3/CLV1* 고리와 *STM* 발현간의 적어도 어떤 대화교환이 있음을 알려준다. 하지만 *WUS/CLV3/CLV1* 고리가 일차적으로 중심부 세포 수를 유지시키는데 관여하는 반면, SAM의 유지 뿐 아니라 잎 특성화의 조절에도 긴밀히 작용을 한다.

stm, wus, clv 돌연변이체들은 그 유전자 단독으로 SAM 발달을 저해한다고 볼 수 없다. 다른 주목할만한 예로써 애기장대의 *mgoun1*(*mgo1*)와 *mgoun2*(*mgo2*) 돌연변이체들이 있는데, 이들은 확대된 SAMs을 가지고 있고, 야생형보다 잎과 측생기관을 더 적게 생산한다. *clv* 돌연변이체에서 SAM이 확대되는 것과 달리, *mgo* 돌연변이체의 SAM는 전체적으로 보통 크기의 중심부와 확대된 주변부을 가지고 있다. 이것은 *MGO* 유전자들이 주변부의 세포들이 잎으로 전환을 하는데 필요하다는 것을 나타낸다.

자가 영속구조로서의 SAM
(The SAM as a self-perpetuating structure)

SAM의 활성을 유지시키는 메카니즘의 독특한 특징은 이들이 자가 영속적이라는 점이다. 예를 들어, 한 번 *WUS/CLV3/CLV1* 고리가 형성되면 이것은 독립적으로 운영되고, 중심부의 크기 조절을 지속한다. 이와 유사하게, 한번 잎 형성이 시작되면, 엽원기로부터의 신호에 의해 나온 잎 형성과 SAM 활성 유지 간의 피트백고리는 자가 유지를 한다.

SAM을 유지시키는 메카니즘은 또한 상당한 과잉현상을 보인다. 예를 들어, STM과 AS1 기능 모두의 부재 속에서 SAM 발달은 *KNAT1 KNOX*와 *KNAT2 KNOX*유전자에 의해 유지되는 것으로 나타난다. 이와 유사하게, *wus* 돌연변이체에서 단생(短生) 슈트의 발달은 중심부 동질화를 촉진하기 위해 다른 유전자들이 과다하게 *WUS*와 반응하는 것으로써 설명될 수 있다. 이것에 부합하는 것은, *CLV3*이 여전히 *wus* 돌연변이체에서 낮은 수준으로 발현한다는 점이다. 따라서 SAM 활성의 지속성은 이중 안전장치적 접근으로 얻어지는데, 슈트에서 연속적인 모듈이 개시되면, 여러 가지 자가 관련 메카니즘은 SAM의 크기와 구조를 유지한다.

SAM 유지 시스템의 명백한 자율성에도 불구하고, 외부 요인들은 확실히 분열조직에 영향을 줄 것이다. SAM의 활성, 크기, 모양의 극적인 변화는 식물 생활사 전체에 걸쳐 발생하는 것이다. 이 외부 요인들과 SAM 유지시스템간의 관계는 분자 수준에서 잘 정의되지 않지만 이들은 환경적으로 민감한 발생상의 유연성을 달성하는데 중심이 된다.

연구사례 9.2: 배기에서 후배기발달로의 전환
(Case study 9.2: Transition from embryonic to post-embryonic development)

슈트의 발달은 각 단계 별로 나눌 수 있고, 이들은 슈트정단분열조직(SAM)에 의한 각각의 모듈 생산으로 특징지을 수 있다. 많은 종에서 배기단계의 SAM, 자엽과 배축형성 그리고 배기 엽은 SAM에 의해 시작된다. 후기배 단계에서는 유식물이 발아하고, SAM이 유생체, 성체, 생식생장 모듈을 생산한다. 이번 연구사례와 다음 연구사례에서는 슈트 발달 단계간의 전환 시기에 관해 논의할 것이다. 이번 연구사례에서는 배에서 유생 발달로의 전환 조절을, 연구사례 9.3에서는 유생체에서 성체로, 성체에서 생식생장 발달로의 전환조절을 논의할 것이다.

종자의 성숙과 발아
(Seed maturaion and germination)

대다수의 피자식물에서 종자 형성과 발아 사이에 휴지기가 있다. 종자 발달의 마지막을 향해서, 배 및/또는 배유는 단백질, 지질, 전분 등의 저장 산물(종마다 그 성분비나 양은 다르다)을 축적시키고 이후 종자는 건조하게 된다. 이것을 **종자 성숙**(seed maturation)이라고 부른다.

종자 성숙이 앱시스산(ABA)에 의해 유도된다는 확실한 증거가 있다. 종자 안에서 ABA 농도는 배형성말기에서 올라가고 저장산물의 축적기간 중 최대치를 나타내고 건조기간동안 감소한다. 발달중의 종자에 ABA를 처리하면, 저장산물의 축적이 촉진되고, 건조 내성을 취득할 수있었다.

이와 반대로, ABA 생합성이나 ABA 반응이 없는 돌연변이체의 배는 종종 저장산물의 합성 감소, 건조에 대한 비내성, 그리고 **모체발아**(vivipary), 즉 종자가 아직 모식물체에 있을 때 발아를 하는 모습을 보인다.

발아의 조절은 식물종마다 굉장히 다양하다. 이것은 광이나, 온도, 수분능력과 같은 환경적 요인에 의한 것을 수도 있고, 종자가 수분을 흡수한 이후 경과한 시간에 따른 종자나 배 상태와 연관되어 있을 수도 있다. 많은 종에서 이러한 요인들은 지베렐린(gibberellins)에 의해 중재되는 모습을 보인다. 예를 들어, 애기장대의 *gebberellins acid1*(*ga1*) 돌연변이체는 지베렐린을 합성할 수 없고, 지베렐린을 처리하지 않으면 발아하지 않는다. 더 나아가 애기장대에서 광에 의한 발아유도는 지베렐린의 합성과 민감도 모두의 증가와 연관이 있다(연구사례 7.1 참조).

발아에서, 슈트발달 패턴은 슈트가 유생기로 접어들면 극적으로 변화한다. 애기장대의 *LEAF COT LEDON1*(*LEC1*) 와 *PICKLE*(*PKL*) 유전자들의 연구는 지베렐린이 발아를 촉진하는 것과 덧붙여, 배발생 프로그램을 불활성 시켜 유생기로 들어가도록 한다는 것을 제시한다.

LEAFY COT LEDON1

애기장대의 *lec1* 돌연변이체의 배는 야행형 보다 종자저장 단백질을 적게 축적하고 건조에 견디지 못한다. 이것은 *LEC1* 유전자가 정상적인 종자 성숙에 관여하고 있다는 것을 알려준다. 더 나아가, 만약 *lec1* 배를 건조 이전에 절개하여 배양을 시켜보면, 발육된 유묘는 자엽에 모용(trichome)을 가진다(그림 9.6b). 야생형 애기장대에서 잎에는 모용(trichome)이 발생하

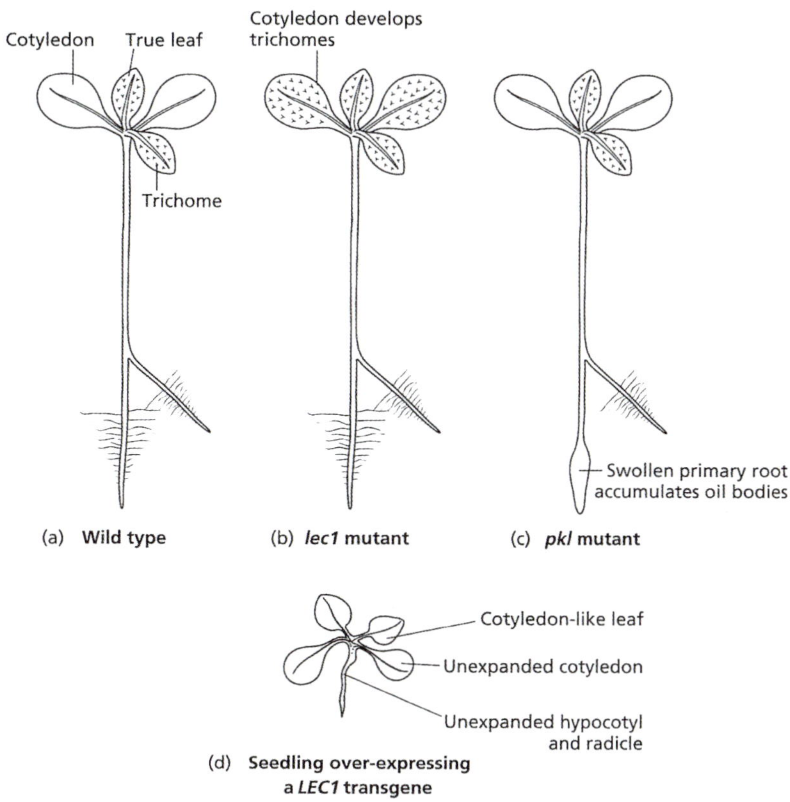

그림 9.6 애기장대의 돌연변이 개체와 유전자 변형 개체로부터 알아낸 *LEC1*과 *PKL* 유전자의 기능. (a) 야생형 식물에서 trichome은 true 잎을 만들어내지만 cotyledon을 형성하지는 못한다. (b) *lec1* 돌연변이체에서 cotyledon이 trichome과 같은 역할로 발달한다. 이와 반대로 *LEC1* transgene을 과발현시킨 유묘는 cotyledon 모양의 잎(d)과 같은 embryonic 특징을 가진다. 이 결과는 LEC1이 embryonic 발달을 촉진한다는 것을 보여준다. (c) *pkl* 돌연변이체의 유묘는 oil body의 축적과 같은 embryonic 특징을 가진다. 이 결과는 *PKL*이 유묘에서 embryonic적 특징을 억제함을 보여준다. ((b)는 Meinke, 1992에서 (c)는 Ogas *et al.*, 1997에서 (d)는 Lotan *et al.*, 1998에서 발췌).

지만 자엽에는 털이 없으며, 이것은 또한 *LEC1*이 잎 동질화보다는 자엽을 촉진시키는데 관여한다는 것을 보여준다.

*LEC1*은 전사활성복합체의 일부의 기능을 담당하는 진핵생물의 CCAAT-box 결합인자들과 상동하는 전사인자를 암호화한다. 그리고 *LEC1*은 배형성 동안에만 배와 배유 양쪽 모두에서 발현된다. 따라서 아마 *LEC1* 전사인자는 종자 성숙과 잎보다는 자엽을 증진시키기 위한 배 특이적 유전자의 전사를 활성화시키는 전사인자일 것이다. 전형적인 *LEC1* 발현과 부합하여, *lec1* 돌연변이체는 유묘기 이후 야생형의 표현형을 가진다.

*LEC1*의 기능은 이후에도 배와 후배기 발달 기간동안 *LEC1*이 발현하는 형질전환 식물을 가지고 더 연구되어 오고 있다. 어떤 식물들은 발아 후에도 배의 특성을 가지고 있다(그림 9.6d). 유식물은 야생형보다 작고, 종자 저장단백질 유전자를 발현시킨다. 이들의 자엽은 빛이 있을 때는 신장하지 않고, 때때로 발생하는 이소적 배로부터 자엽모양의 잎을 생산한다. 따라서, *LEC1* 전사는 일반적인 배형성에 필요한 것 뿐 아니라 후배기 발달에서의 배 특성(형질)을 유도하는데도 필수적이다. 이는 배에서 후배기 발달로의 전환은 *LEC1*의 불활성이 요구된다는 것을 의미한다. 유식물에서 *LEC1* 발현의 방지는 아래에서 언급할 *PKL* 유전자에 달려있다.

PICKLE

pkl 돌연변이 유묘는 저장 지질 합성과 종자 저장 단백질 유전자의 발현과 같은 배 특성을 보인다. *pk1* 돌연변이체의 적은 부분에서 1차 뿌리는 부풀면서 많은 수의 녹색을 띤 유체를 축적시키고, 이를 '피클(pickle)'이라고 부른다(그림 9.6c). 그런 뿌리로부터 얻은 세포들은 야생형 뿌리 세포가 휴면하는 조건에서 배양했을 때 캘러스나 체세포 배를 형성한다.

*pkl*유묘에서 관찰된 배 특성들은 아마도 *LEC1* 발현의 결과일 것이다. *pkl* 돌연변이체에서 *LEC1* 전사는 배발달의 마지막에 정상적으로 멈춘다. 하지만 야생형 유묘와는 달리 pkl 유묘는 발아하는 동안 *LEC1* 전사를 재 개시한다. 따라서 *PKL*은 유묘에서 *LEC1* 전사 억제를 유지하는데 관여한다. *PKL*은 CHD3 단백질 family의 한 멤버를 암호화한다. 이러한 단백질들은 전사 억제 패턴의 유지에 요구되는 염색질의 재편성을 수반한다고 알려져 있다. 따라서, 유묘에서 PKL 단백질은 아마 직접적으로 *LEC1* 전사억제를 중재할 것이다.

그렇다면 무엇이 *PKL* 활성 패턴을 확립하는가? *PKL* 유전자는 지속적으로 발현되고, 이것은 유묘에서 *LEC1* 억제의 유지에 있어 *PKL* 단백질 수준에서의 조절이 요구됨을 알려준다. *pkl* 돌연변이체는 짧은 엽병을 가진 암녹색 잎을 만들어내고, 이들은 더 늦게 꽃을 피운다. 또한 *pkl* 돌연변이체는 야생형보다 길이가 짧고 지베릴린을 축적시킨다. 이들은 모두 감소한 지베렐린 반응과 연관된 표현형을 갖고 있고, 이는 *PKL* 단백질이 지베렐린 신호를 중재한다는 것을 알려준다. 지베렐린 합성 유전자 혹은 지베렐린 반응 유전자로 알려진 돌연변이와 결합한 *pkl*은 표현형이 상호적으로 상승하는 효과를 가지고 있고 이것은 이 유전자들이 중복경로에서 활성화된다는 것을 알려준다. 다음 연구사례에서 언급하겠지만, 한 예로 지베렐린은 개화를 촉진시킨다. 지속적인 광 환경 하에서 *pkl* 돌연변이체는 야생형보다 하루 정도 늦게 꽃을 피우고 지베렐린-둔감성 *gai* 돌연변이체는 3일 정도 늦게 꽃을 피운다.

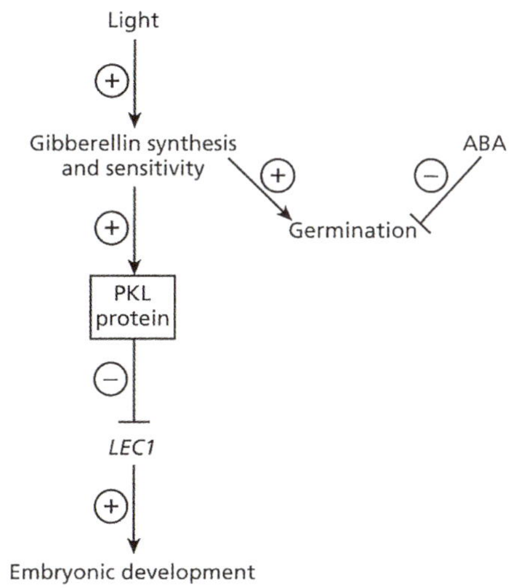

그림 9.7 애기장대에서 배 발달 억제와 발아간의 상호작용. 빛은 종자의 지베렐린 합성을 촉진하고, 지베렐린의 민감성을 높여준다. 지베렐린은 발아와 PKL 단백질의 활성을 촉진한다. PKL은 *LEC1* 유전자의 전사를 억제하고 이에 따라서 유묘의 embryonic 특징이 나타나지 않게 된다. ⊕ 신호와 함께 동반된 화살표는 양성조절(positive regulation)을 의미한다. ⊖ 기호와 함께 동반된 막대모양의 끝으로 된 선은 음성조절(negative regulation)을 의미한다

하지만 *pkl agi* 이중 돌연변이체는 33일 늦게 꽃을 피운다.

이 결과는 배에서 유생 발생으로의 전환에 대한 모델을 제시하였으며, 이 모델은 지베렐린이 PKL 활성을 촉진하고, 이 활성은 차례로 *LEC1* 전사를 계속 억제시켜, 배 발달 프로그램을 불활성 시킨다는 것이다(그림 9.7).

연구사례 9.3: 발아후 발달에서의 상전환
(Case study 9.3: Phase transitions in post-germination development)

이 장 시작에서 언급했듯이, 슈트정단분열조직(SAM)은 각각 잎과 액생 SAM 그리고 절간으로 이루어져 있는 일련의 파이토머를 생산한다. 파이토머의 형태는 슈트가 유년상, 성년상, 그리고 생식상을 걸쳐 진행되면서 변한다. 애기장대에서, 유년기 발달과 성년기 발달 동안 생산된 절간은 신장하지 않고, 결과적으로 슈트는 매우 밀집된 슈트를 가진 로제트 형태의 잎으로 자라난다(그림 9.8). 로제트형의 잎들은 긴 엽병으로 슈트에 붙어있고 유년기에서 성년기 발달로 가면서 그 형태가 점진적으로 변화한다. 초기에 잎들은 보통 작고 원형의 엽신을 가지는 반면, 나중에는 크고 타원형의 엽신을 가진다. 또한 유년기에서 성년기로의 전환은, 단지 향축면(상부)만 모용을 가지고 있는 잎에서 향축면과 배축면(하부) 모두 모용을 발달시키는 잎으로의 전환으로 특징지어진다. 생식생장의 시작은 슈트 신장의 극적인

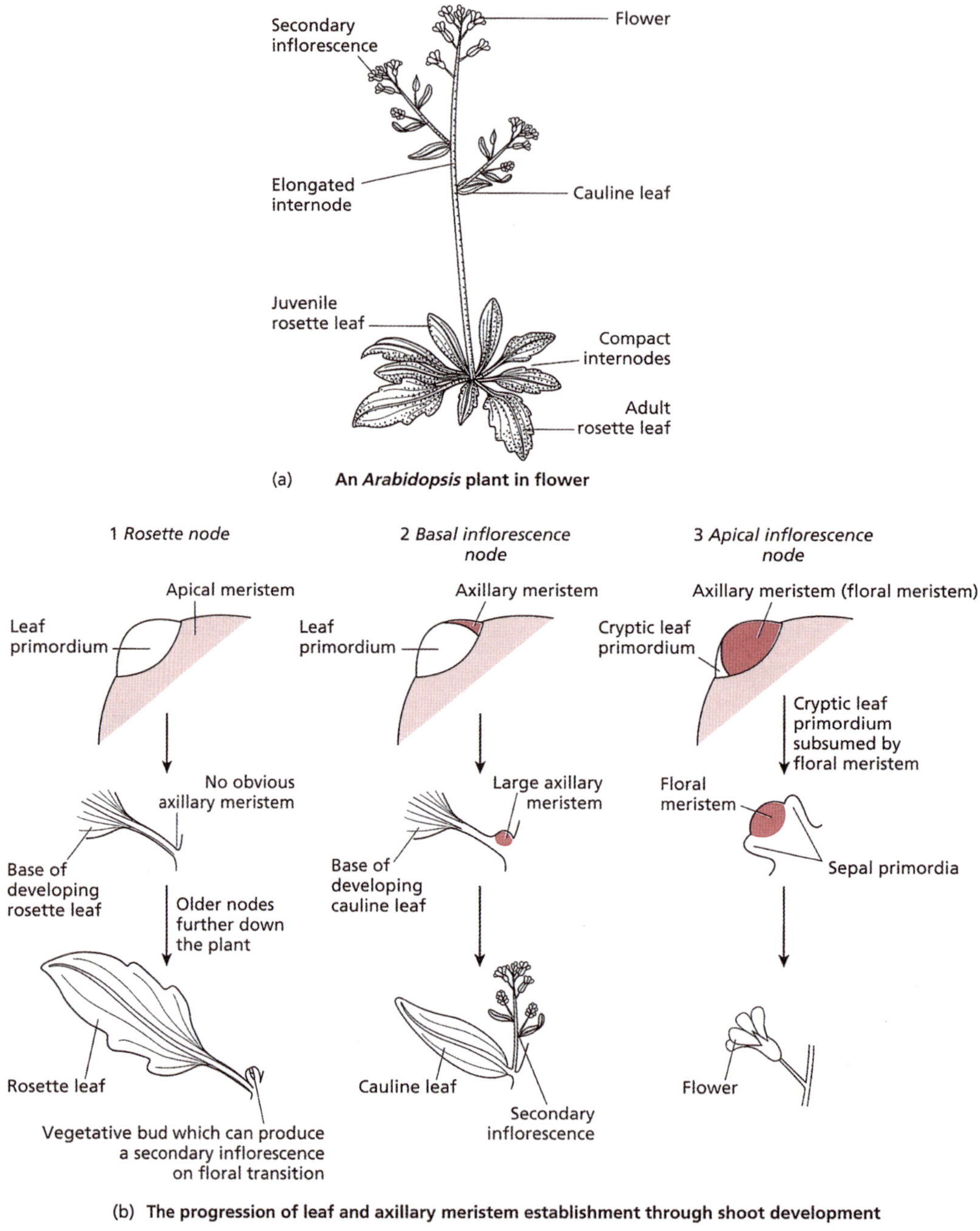

그림 9.8 애기장대 슈트에서 생산되는 일련의 phytomer들. (a)애기장대의 RHc. 영양생장기간 동안 애기장대는 아주 짧은 마디사이로 분리되는 로제트형의 잎들을 생산한다. 개화기로의 전환에서, 마디사이의 신장은 급속하게 증가하고 화서가 발달하게 된다. (b) 슈트발달에서 잎과 측생분열조직 확립 과정. 1, 로제트형 잎들이 명확하지 않은 측생 분열조직과 함께 전개된다. 슈트정단에서 떨어져 있는 오래된 마디에서는 측생 분열조직이 발달하고 영양적 눈을 전개한다. 이 눈은 개화기로의 전환에서 이차 화서를 형성시킬 수 있다. 2. 화서에서 기저부의 마디는 큰 측생 분열조직과 연관된 슈트에서 나오는 잎을 전개한다. 이들은 측면 화서를 생산하기 위해 자라나게 된다. 3, 화서에서 정단의 마디는 꽃 분열조직을 전개하고, 각각의 꽃 분열조직은 불명확한 엽원기와 큰 측생 분열조직으로 구성된다. 불명확한 엽원기는 화기 발달 이전에 꽃 분열조직의 규칙이 적용된다.

증가로 특징지어지며, 화서를 만들어내고 혹은 슈트가 추대한다(그림 9.8). 이 추대 슈트의 기부마디는 엽병이 없는 경생(cauline)엽을 만든다. 자세히 관찰한 결과 일부의 혹은 종종 모든 경생엽은 화기 전환 이전에 존재하던 엽원기로부터 발달한다. 추대한 슈트의 정단 마디에서는 단일꽃이 생성된다.

애기장대에서 상전환을 수반하는 파이토머의 형태적인 변화에 있어 특이할 만한 중요한 변화는 액생 SAM 발달에서의 변화이다(그림 9.8). 영양생장기의 파이토머에서, 가시적인 액생 SAM은 대생 잎의 형성 이후에 발달한다. 이들이 새롭게 발생될지 아니면 잎의 발달을 통해서 분열조직의 동일성을 유지하는 세포의 작은 군집으로부터 발생하는지는 명확하지 않다. 가시적 액생 SAM는 1차 SAM으로부터 멀리 떨어진 가장 오래된 잎의 엽액 안에서 제일 먼저 출현한 SAM과 함께 향축상승으로 발달한다. 성엽의 액생 SAM은 작은 영양눈을 생산한다. 이와 대조적으로, 육안으로 보이는 눈은 유년기 엽의 엽액에서 거의 생산되지 않는다. 화기 생장으로의 전환과 관련하여 가시적 SAM은 모든 잎의 엽액에서 지속적으로 발달하고 향기부 하강, 즉 가장 최우선으로 2차 화서를 생산하기 위해 발달한다. 이것은 성엽과는 다르게, 경생엽은 그들의 출현 이후 즉시 크고 활성을 가진 액생 SAM을 가진다는 것을 의미한다.

더 나아가, 꽃 발달은 대생 잎이 신장하는 가운데 액생 SAM 크기의 증가를 포함한다. 애기장대 꽃에서 대생 잎의 결여는 비교적 희귀한 편이다. 대부분의 종에서, 화서의 측재위치에서 꽃은 잎이나 포(포엽)의 액생분열조직으로부터 발달한다. 애기장대에서 각 각의 꽃원기는 엽원기와 그것의 액생분열조직으로 대표된다(그림 9.8). 액생분열조직은 꽃분열조직이 되고, 그것이 발달하는 동안 예정 잎 세포를 포함시킨다. 이 아이디어에 부합하여 잎의 발달과 연관되어 있는 *AS1* 유전자(연구사례 9.1 참조)는 꽃의 발달기간동안 잠재적 '잎'의 부위에서 일시적으로 발현한다. 무한 슈트로서 발달하는 유년기 혹은 성년기 잎의 액생 SAM와 대조적으로, 이 잠재 잎의 액생 SAM은 하나의 정단 꽃으로써 발달한다.

이런 파이토머의 극적인 형태학적 변화는 애기장대 슈트에서 상 전환이라는 특징을 보여준다. 이번 연구사례는 유년기에서 성년기로, 성년기에서 생식기로의 전환 조절에 대해 논의할 것이다. 이 두 종류의 전환 중 꽃의 전환이 더 많이 알려져 있고, 이에 따라 먼저 다루기로 한다.

꽃의 동일성 (Floral identity)

애기장대의 돌연변이 연구는 세 개의 꽃 분열조직 동일성(floral meristem identity: FMI) 유전자들이 직접적으로 꽃으로 발달하기 위한 원기를 제어한는데 주로 필요하다는 것을 알려주었다. 이 유전자들은 *LEAFY*(*LFY*), *APETELA1*(*AP1*), *CAULIFLOWER*(*CAL*) 이다. *lfy*와 *ap1* 돌연변이체에서 꽃은 영양기적 슈트에 의해 대체되거나, 영양기적 특성을 가진다(그림 9.9). 초기의 화서 마디와 관련하여, *lfy* 돌연변이체는 비정상적인 슈트 형태를 지닌 꽃을 생산하고 *ap1* 돌연변이체는 가끔씩 꽃이 나타나는 자리에 슈트를 생산한다. 이 두 돌연변이체에서 표현형은 높은 위치의 마디에서 덜 심하게 나타난다. 화서의 끝으로 향하면서 *lfy* 돌연변이체는 더욱 꽃의 모양을 띄는 구조를 만들어내고 *ap1* 돌연변이체는 분지된 꽃을 생산하는데, 이 꽃안에서 2차 꽃이 잎처럼 생긴 꽃받침의 엽액에서 생산된 SAM으로부터 자라난다.

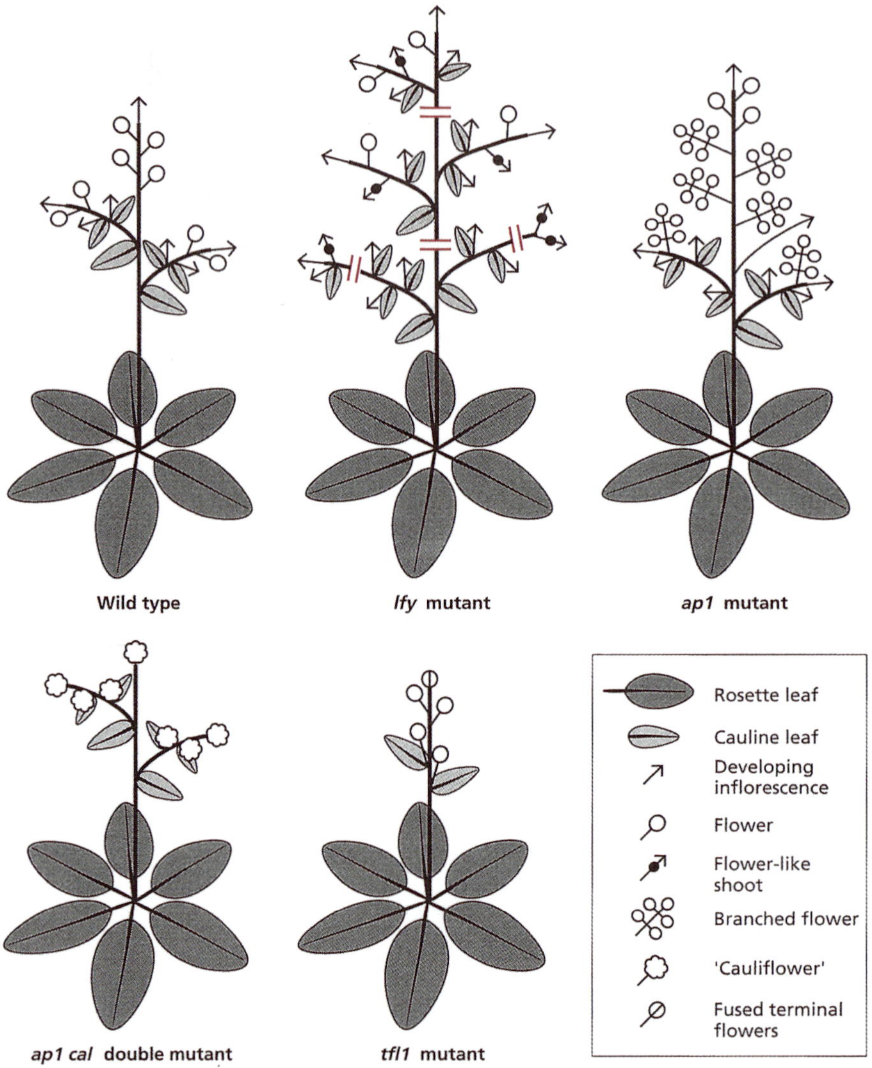

그림 9.9 꽃 동일성과/혹은 화서 구조가 변형된 애기장대 돌연변이체. 그림은 각각 야생형 개화 표현형과 *lfy* 돌연변이체, *ap1* 돌연변이체, *ap1 cal* 이중 돌연변이체, *tfl1* 돌연변이체의 개화 표현형을 보여준다. *lfy* 돌연변이체에서 꽃들은 슈트나 꽃 모양의 슈트로 대체되었다(구형의 엽서보다 오히려 더 흰 슈트를 가진다). *ap1* 돌연변이체는 꽃이 때때로 슈트로 대체되고 꽃의 발달이 비정상적이다: 포 같이 생긴 기관이 꽃받침을 대신하고 그 포의 엽액의 분열조직은 분지된 꽃을 생산하는 이차 화기로 발달한다. *lfy*와 *ap1* 돌연변이체의 표현형은 더 높은 화서 마디에서 덜 심하게 나타난다. *ap1 cal* 이중 돌연변이체에서는 꽃이 화서 분열조직으로 대체되고, 이 화서 분열조직은 소형의 꽃양배추(cauliflower)형 꽃을 생산하기 위해 증식한다. *tfl1* 돌연변이체에서 일차 화서는 정생 꽃에서 혹은 혼합된 꽃 덩어리에서 종결되고, 이차 화서가 단꽃으로 대체된다. (Haughn *et al.*, 1995; Liljegren *et al.*, 1999.)

cal 단독 돌연변이체는 야생형의 표현형을 가지지만 *ap1 cal* 이중 돌연변이체는 꽃을 만들지 못한다. 대신, 생식상으로의 전환 이후, 이중돌연변이체의 슈트정단은 콜리플라워(cauliflower)형태의 분열조직 덩어리를 형성한다(그림 9.9). 소형 '콜리플라워(cauliflowers)'는 화서분열조직, 즉 화서의 정단에서 나타나는 분열조직이 꽃이 발현하는 자리에 2차 화서분열조직을 형성하기 때문에 발생한다(1장 참조). 2차분열조직은 3차분열조직을 개시하고, 이 과정은 근접한 분열조직이 막대한 양이 생길 때까지 반복해서 일어난다. 콜리플라워의 *CAL* 호모로그에서 돌연변이의 일부로써 유사한 과정에 의해 재배된 콜리플라워가 나타난다.

기능적인 *AP1*유전자가 존재하면 *cal* 돌연변이체는 표현형을 가지지 못하기 때문에, *AP1*은 *CAL*의 손실을 전적으로 보상할 수 있다. 유사하게 *ap1* 돌연변이체의 표현형은 *ap1 cal* 이중 돌연변이체의 그것보다 덜 심하게 나타나며, 이는 *CAL*이 *AP1*의 손실의 일부를 보상하고 있음을 알려준다. 기능적인 과잉 또한 *AP1*과 *LFY* 모두에서 존재한다. 위에서 설명했듯이, *ap1*과 *lfy* 돌연변이체는 결국 꽃 모양의 구조를 생산한다. 이와 반대로, *lfy ap1* 이중돌연변이체는 꽃에서 슈트로의 거의 완전한 전환을 보인다. 따라서 단일돌연변이체에서 *AP1*은 부분적으로 *LFY*의 손실을 보상하거나 혹은 그 반대로 *LFY*가 *AP1*의 손실을 보상한다.

LFY, *AP1* 그리고 *CAL*의 발현과 작용

(Expression and action of *LFY*, *AP1* and *CAL*)

FMI 유전자는 모두 전사인자들을 암호화한다: *AP1*과 *CAL*은 *MADS* 도메인 단백질과 아주 유사한 단백질을 암호화하는 반면, *LFY*는 관련이 없는 전사 조절인자를 암호화한다. 이 세 개의 유전자 중에서 오직 *LFY* 만이 영양 슈트정단에서 전사되며, 엽원기에서 낮은 수준으로 발현한다. 애기장대의 장일 노출에 의해 약 24시간 이후에는 개화가 유도되었으며, 꽃원기가 출현하는 SAM 부위에서 *LFY* 전사가 개시되었고, 그 뒤를 이어 *LFY*가 꽃분열조직에서 높은 수준으로 발현된다(그림 9.10). 따라서 개화 유도는 슈트정단의 원기에서 *LFY*의 발현 증가를 가속화시킨다. *AP1*와 *CAL*은 화기 전환 72시간 이후 가시 꽃원기의 세포에서 발현한다(그림 9.10). *AP1*은 먼저 꽃 원기의 향축면에서 발현하고 이 발현은 후에 전체 원기로 퍼져나간다. 이것은 꽃원기가 제일 먼저 액생꽃분열조직을 마주보는 엽원기를 대표한다는 가설을 지지해준다.

*AP1*의 발현은 *lfy* 돌연변이체에서 지연되고 굉장히 감소한다. 이와 반대로, *LFY* 도입유전자의 구성성 발현은 개화때 극적으로 증가하고, 꽃원기에서 *AP1*의 발현을 강화시키며, 엽원기에서 이소적 *AP1* 발현을 촉진시킨다. 이 결과는 *LFY*가 야생형 꽃원기에서 *AP1* 전사를 유도한다는 것을 가리킨다. 이와 부합하게, *LFY*전사 인자는 직접적으로 *AP1* 프로모터와 결합해있다. *LFY* 는 또한 *CAL* 발현을 촉진시킬 것이라고 생각되어진다. 흥미롭게도, *LFY* 발현은 *ap1 cal* 이중돌연변이체에서 아주 낮게 나타나고, 반면 *AP1* 도입유전자의 구성성 발현은 *LFY* 발현을 강화하고, 매우 이른 개화를 조장한다. 이 결과는 *AP1*과 *CAL*이 *LFY* 전사를 촉진시키기 위해 작용하고, 꽃 원기에서 이 세 가지 유전자 모두 높은 수준의 발현을 발생시키는 양의 피드백 고리를 형성한다는 것을 나타낸다(그림 9.10).

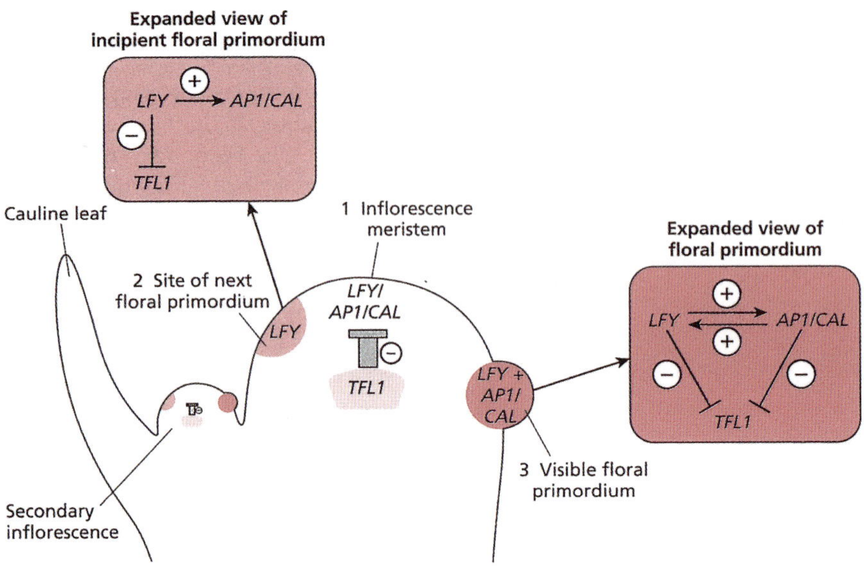

그림 9.10 화서 발달 기간 중 나타나는 *LFY, AP1, CAL* 그리고 *TFL1* 간의 상호작용. 1, TFL1은 화서 분열조직(연분홍) 바로 아래에서 발현하여 분열조직에서 *LFY, AP1, CAL*의 발현을 억제하고, 이 효과는 아마도 어떤 억제 신호(막대모양의 끝을 가지고 있는 선)의 생산에 의해 조절될 것이다. 2, *LFY*는 *AP1*과 *CAL* 발현을 촉진한 후 꽃 원기(분홍색) 부위에서 오르막조절(upregulate) 되고, *TFL1* 발현을 억제한다(확대시킨 그림을 보아라). 3, *LFY, AP1,* 그리고 *CAL*은 가시적인 꽃 원기(빨강)에서 발현되고, 여기에서 이들은 상호보완적으로 각각의 발현을 촉진시키고, *TLF1*의 억제를 지속시킨다(확대시킨 그림을 보아라). ⊕ 신호와 함께 동반된 화살표는 양성조절(positive regulation)을 의미한다. ⊖ 기호와 함께 동반된 막대모양의 끝으로 된 선은 음성조절(negative regulation)을 의미한다. (Hempel *et al.*, 2000.)

연구사례 5.4에서 언급했듯이 FMI 유전자의 주요기능 중 하나는 ABC 유전자의 전사를 개시하는 것이다. ABC 유전자란 화기를 조절하는 유전자로써 이것이 없으면 꽃은 화기 대신에 잎을 생산한다. 이런 맥락에서 *AP1*이 꽃받침과 꽃잎의 동일성를 특질화시키는 역할을 한다는 것도 주목할 만한 흥미로운 사실이다(class A 기능).

화서의 구조 (Inflorescence architecture)

야생형 애기장대의 꽃은 오직 화서의 측생부위에서만 발생되며, 화서의 발달은 유한하다. 이와 반대로 *terminal flower1*(*tfl1*) 돌연변이체의 화서 분열조직에서는 분열조직이 정단화로 발달하고 화서를 종결시키기 때문에 *LFY, AP1, CAL*이 이소적으로 전사된다(그림 9.9). 이와 유사하게, *tfl* 돌연변이체의 측생화서는 단일화로 대체된다. 이 결과는 화서 분열조직에서 *TFL1*이 FMI 유전자 발현을 막기 위해 요구되는 것을 보여준다.

*TFL1*은 SAM 바로 밑의 세포에서 발현하고 영양생장 중에는 낮은 수준으로, 화서 발달 기간 중에는 높은 수준으로 발현한다. 따라서 이것은 아마도 *TFL1*이 과도분열조직에서

FMI 유전자 발현을 억제하는 아직 밝혀지지 않은 어떤 신호를 생산하는데 작용하기 때문일 것이다(그림 9.10). *TFL1*은 RAF 키나아제 억제 단백질(RKIP)과 유사한 단백질을 암호화하는데, 이는 RAF 세포 내 키나아제 신호의 단계적 흐름(cascade)에 대한 활동을 조절하는 것이다.

흥미롭게도, *lfy* 돌연변이체와 *apl cal* 이중돌연변이체에서 *TFL1*은 화서 분열조직으로 개시되는 원기에서 이소적으로 전사하고, 이것은 *LFY, AP1, CAL*이 꽃원기에서 *TFL1* 발현을 억제한다는 것을 말한다(그림 9.10). 이와 유사하게, *LFY*나 *AP1* 둘 중의 하나를 지속적으로 발현하게끔 유전자를 조작한 애기장대는 *TFL1* 발현이 감소하였으며, 화서의 표현형은 *tfl* 돌연변이체와 매우 유사하다. 일차 화서는 정단화에서 끝을 맺고 단일화는 측생화서로 대체된다. 이 결과는 화서의 구조가 *TFL1*와 *FMI* 유전자의 상호 억제에 의해 조절되고 있음을 알려준다. *TFL1*는 화서 분열조직의 동일성을 구체화시키는 반면, *LFY, AP1, CAL*은 꽃 분열조직의 동일성를 구체화시킨다. 이와 같은 시스템에서 최종 산물은 시작 조건을 조정하면서 단순하게 구분될 수 있다. 각 부분마다의 분열조직의 운명은 *TFL1*이나 *FMI* 유전자 등의 일련의 길항자가 얼마나 더 높은 초기 활성을 가지느냐에 의해 결정된다.

*TFL1*에 의한 *FMI* 유전자의 억제는 부가적으로 화기 전환를 지연시키는 효과를 가진다. *tfl* 돌연변이체에서 다수의 성엽과 경생 잎들이 모두 감소되었고 이것은 *TFL1* 의존적 신호가 연속적인 슈트 발달 단계를 통해 일반적인 발달 억제자로써 작용한다는 것을 보여준다. 위 모델과 부합하게, 구성성의 *TFL1* 발현을 하는 형질전환식물은 큰 로제트를 가지고, 야생형보다 훨씬 더 많은 경생엽들을 생산하고, 측생 화서에서 꽃의 동일성으로 좀 더 완만한 전환을 보이며, 1차 화서의 중간마디에서 슈트와 같은 일련의 꽃를 생산한다. 만약 *tfl* 돌연변이체의 정단화가 생식 발달에서 꽃 발달로 진행되는 마지막 단계가 된다면, *TFL1*의 두 가지 역할, 파이토머 발달의 억제와 정단화발달의 억제는 단일화 될 수 있다. 이러한 맥락에서, 많은 피자식물의 화서가 정단화로 종결되는 것은 주목할 만한 흥밋거리이며, 이것은 화서 구조의 원시 형태라고 생각되어진다(Box 9.2 참조).

Box 9.2: 화서의 진화(Inflorescence evolution)

애기장대와 금어초는 모두 주목할 만한 무한 화서를 가지고 있다. 하지만, 분류학적 연구는 이들의 가장 최근 공통의 조상의 화서가 정단화(apical flower)라고 제시하고 있고, 이는 무한화서가 독립적으로 이 두 종에 존재한다는 것을 암시해준다. 이럼에도 불구하고 금어초의 경우 무한화서의 발달은 *CENTRORADIALS*(*CEN*)이라고 불리는 *TERMICAL FLOWER1*(*TFL1*) 상동체에 의해 결정된다. *TFL1*과 같이 *CEN*은 화서 분열조직에서 꽃 분열조직 동일성 유전자의 발현을 억제하고, *cen* 돌연변이체를 시킨 금어초의 화서는 비정상적인 화기 형성으로 끝을 맺는다(그림 5.17 참조). 따라서, *CEN*이나 *TFL1*과 같은 상동 유전자들은 독립적으로 무한 화서가 진화하는 동안 같은 기능으로 독립적으로 채택되었다. 하지만 *TFL1*과 *CEN*은 동일한 기능을 하는 것은 아니다. *TFL1*과 달리 *CEN*은 영양적 발달 기간 동안은 발현하지 않고, 금어초 꽃의 *cen* 돌연변이체는 정상적인 시기에 개화한다.

화기 전환에서 신호통합
(Signal integration in floral transition)

화기 전환의 중심은 FMI 유전자의 상향조절이다. *LFY*는 엽원기에서 낮은 수준으로 전사되고, 꽃원기에서 높은 수준으로 전사하며, 이 발현은 애기장대가 단일에서 장일조건, 즉 화기 유도 조건에 놓였을 때 갑자기 증가한다. 식물을 장일조건만 혹은 단일 조건에만 노출시켰을 때 *LFY* 발현이 좀 더 점진적으로 증가한다. 이 증가율은 장일 조건에서 더 높고, 이것은 조기 개화와 상호작용을 한다. 이 결과는 화기 전환이 *LFY* 발현이 역치에 다다랐을 때 발생한다는 것을 보여준다. 이것과 부합하게, *lfy* 돌연변이체는 야생형 식물보다 더 많은 경생엽를 생산하는 영양상를 연장시킨다.

위에서 언급했듯이, *LFY* 또는 *AP1* 도입유전자의 구성성 발현은 매우 이른 개화를 야기시킨다. *CAL* 도입유전자의 구성성 발현은 유사하지만 극적 효과는 덜하다. *LFY* 구성성 발현에 의한 개화의 가속화는 *ap1* 돌연변이체 배경에서 무효화되는 반면 *AP1* 구성성 발현에 의한 조기개화는 *lfy* 돌연변이체 배경에서 유지된다. 더 나아가, 위에서 언급했던 것과 같이, *LFY* 단백질은 직접적으로 *AP1* 전사를 촉진시킨다. 따라서 *LFY*에 의한 개화의 유도는 크게 *AP1*과 아마 *CAL* 발현의 유도 촉진에 의한 것이다. 이 발견은 FMI 유전자 발현의 직·간접적인 조절을 통해 개화시기를 조정하는 메카니즘의 하나의 모델을 보여준다(그림 9.11). 이

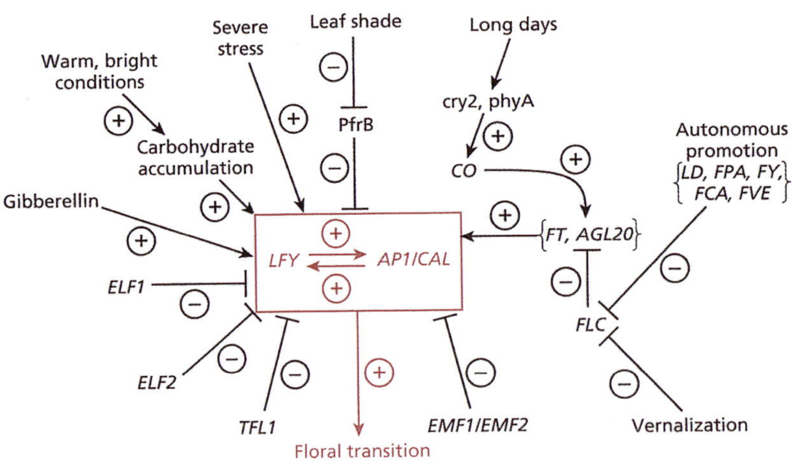

그림 9.11 애기장대에서 개화기 전환 조절의 한 모델. 개화기 전환은 다양한 내생적, 환경적 인자들에 의해 조절된다. 이런 자극들을 통합하는 기작은 슈트 정단(붉은색)의 원기에서 *LFY, AP1, CAL* 발현의 조절을 하나로 모으는 것으로 생각되어진다. *LFY, AP1, CAL*은 개화기 전환을 촉진시키기 위해 활성화된다. ⊕ 신호와 함께 동반된 화살표는 양성조절(positive regulation)을 의미한다. ⊖ 기호와 함께 동반된 막대모양의 끝으로 된 선은 음성조절(negative regulation)을 의미한다.

모델이 화기 전환의 모든 면들을 설명해 줄 수 없다. 예를 들어 FMI 유전자가 *TFL1* 전사(위에서 언급하였음)를 억제하기 때문에 다른 메카니즘이 개화가 유도될 때 SAM 아래에서의 *TFL1* 발현의 증가를 책임져야 것이다.

개화 환경 조절 (Environmental regulation of flowering)

개화에 대한 환경 정보의 효과는 이전의 두 장에서 다루었다. 애기장대에서 잎 그늘(연구사례 7.3), 장일(연구사례 7.5), 춘화처리(연구사례 8.4)는 개화를 촉진한다(그림 9.11). 또한 개화는 따뜻하고 밝은 조건에서 빨리 이루어지고 이것은 아마도 광합성의 증가에 의해서 일 것이다. 하지만 많은 식물에서와 같이 애기장대는 가뭄, 고온, 과밀조건, 혹은 영양 결핍 등과 같은 극심한 환경스트레스에 놓이면 조기개화를 한다.

개화의 자율촉진 (Autonomous promotion of flowering)

꽃을 개화를 촉진시키는 환경적 자극의 부재에도 불구하고 알려진 모든 애기장대의 생태형들은 결국 꽃을 피운다. 이것은 화기 전환이 식물 내생적 인자들에 의해 유도됨을 알려준다. 이들은 위치적인, 수적인, 혹은 시간적인 정보들, 예를 들어, 슈트정단와 뿌리 사이의 마디의 숫자 혹은 거리 또는 발아 이후의 시간과 연관이 있을 수 있다.

개화의 자율촉진에 요구되는 유전자들은 개화의 환경적 조절을 차단시키지 않았지만 개화가 지연된 기능 상실 돌연변이들에 의해 동정되었다. 이러한 유전자들의 예로는 (단축형으로) *LD, EPA, FY, FCA, FVE* 등이 있다. 이 특정 유전자 그룹의 유전자들 간의 이중 돌연변이체는 단독돌연변이체와 유사한 표현형을 가지고, 이것은 이들이 화기전환의 촉진을 위한 단일 메카니즘의 일부를 구성하는 것을 의미한다(그림 9.11). *FCA*와 *LD*는 시퀀스가 된 상태이다: *FCA*는 단백질-단백질 상호작용 도메인을 가진 RNA-결합단백질을 암호화하며, *LD*는 전사 추정 인자를 암호화한다. 하지만 아마도 자율촉진 경로가 전체로써 개화를 억제하는(아래를 참조하라) *FLC* 유전자 조절을 통해 활동할 것이다. 대부분의 프로모션 유전자들에 의한 돌연변이는 *FLC* 전사를 증가시키는 결과를 가져오고, 이는 이 유전자들이 *FLC* 발현을 억제함으로써 활동한다는 것을 알려준다(그림 9.11). 이러한 돌연변이는 *flc* null 돌연변이체를 지연시키지 않는다고 한다.

내인성 신호와 환경적 신호의 통합 (Integration of endogenous and environmental signals)

FLC 유전자는 개화의 자율 촉진과 춘화에 의한 개화 촉진 사이의 교차점에 있는 유전자다(그림 9.11). 자율적 메카니즘(위)과 춘화(연구사례 8.4 참조) 모두는 *FLC* 발현을 억제시킴으로써 활동한다. *FLC*는 MADS 도메인 전사 인자를 암호화하고 *AGAMOUS-LIKE 20* 유전자(*AGL20, SOC1* 라고도 불린다.)의 발현을 억제하고, 아마도 *FLOWERING LOCUST*(*FT*) 유전자의 발현도 억제할 것이다. 이 유전자 모두 개화를 촉진시키는 것들이다. 연구사례 7.5에서 논의했듯이, CONSTANS 단백질은 직접적으로 장일 개화 유도의 일부분을 담당하는

*AGL20*과 *FT*의 전사를 촉진시킨다. 따라서 *AGL20*과 *FT*는 개화의 광주기 조절, 춘화, 그리고 자율 촉진 메카니즘 사이의 교차점을 대표하는 것들이다(그림 9.11). FLC과 같이 *AGL20*은 MADS 도메닌 전사인자를 암호화한다. *FT*는 *TFL1*의 호모로그이고 RKIP와 유사한 단백질을 암호화한다.

화기전환을 조절하는 다른 요인들

(Other factors that regulate floral transition)

위에서 언급했던 메카니즘에 덧붙여, 화기 전환은 지베렐린과 하나 혹은 그 이상의 내인성 억제 메카니즘에 의해 조절된다.

지베렐린(Gibberellins). 애기장대의 *ga1* 돌연변이체는 지베렐린 생합성이 극심하게 손상되어 있는데 이것은 단일에서는 개화가 안되고 장일 조건하에 두었을때 늦게 개화를 한다. 이것은 지베렐린이 비유도성 광주기에서는 개화를 하는데 필요하지만, 광주기성 반응에는 필요로 하지 않음을 보여준다. 이와 유사하게, *ga1* 돌연변이체는 춘화반응을 억제하는데, 이는 지베렐린이 춘화에 의한 개화 촉진에 있어 요구되지 않음을 보여준다. 애기장대 식물에 지베렐린을 분사해주면 개화를 촉진하고, 지베렐린 반응 경로가 구성성 활동적인 *spindly(spy)* 돌연변이체는 조기개화 한다(그림 9.11). 따라서 이것은 슈트발달동안 지레렐린 수준이나 반응성 증가가 내인성 개화 촉진과 일부 관련될 것이다. 지베렐린은 또한 배에서 후배기 발달로의 전환(연구사례 9.2), 유년기에서 성년기 발달로의 전환(아래 참조)을 촉진하는데, 이는 지베렐린 중재 메카니즘이 슈트의 모든 상전환을 촉진시킨다는 것을 보여준다.

개화의 자율 억제(Autonomous inhibition of flowering). 개화를 억제하는 유전자들은 조기 개화를 야기하는 기능을 없앤 돌연변이를 통해 동정되었다. 이들 돌연변이들 중 일부는 화기전환의 환경적 조절 방지가 없이 개화를 가속화시키며 이는 이 대응 유전자들이 하나 혹은 그 이상의 자율 억제 메카니즘에서 활동한다는 것을 알려준다(그림 9.11). 애기장대에서 가장 극적인 조기 개화 돌연변이체는 *embryonic flower1*과 *2(emf1, emf2)*이다. 단일 *emf1* 혹은 단일 *emf2* 돌연변이체는 발아 이후 영양생장을 완전히 건너 뛰어 화서를 생산한다. 이 돌연변이체의 화서는 종종 소수의 경생엽을 생산하고, 돌연변이체는 매우 비정상적인 꽃은 가진다. *emf1 emf2* 이중돌연변이체는 모든 유기적인 후배기 슈트 생장을 잃어버린다. 자율 개화 억제에 포함되어 있는 유전자들은 *EARLY FLOWERING1*과 *2(ELF1, ELF2)*, 그리고 *TFL1*이 있는데, TFL1 같은 경우, 또한 화서 형성을 조절한다(위를 참조하라). *elf1, elf2, tfl1* 돌연변이체는 이르지만 일정 영양 생장이후 개화한다.

영양상의 조절과 개화조절의 관계

(Relationship between the regulation of vegetative phase change and the regulation of flowering)

화기 전환을 조절하는 포괄적이고 복잡한 조절 네트워크를 설명하기 위해 급속하게 출현하는 모델과 대조적으로, 영양상 전환이라고 불리는 유년기에서 성년기로 전환하는 조절과 관련해서는 거의 알려진 바가 없다. 유년상과 성년상은 슈트가 꽃이 되기에 충분한지에 따라서 결정되며, SAM에 의한 다른 모듈의 생산에 의해 특징지어진다. 대부분의 일년생 식물에서 영양상의 변화는 발아 후 몇 주 혹은 심지어 며칠 이내에서 발생하는 반면, 일부 목본 수종에서는 십년 혹은 수십 년 동안 유년기 상태로 머물러 있다.

화기 전환을 조절하는 많은 인자들은 또한 영양상의 전환을 조절한다. 예를 들어, 애기장대에서 영양상의 전환은 밝은 광, 지베렐린, 장일 조건, 잎 그늘에서 촉진된다. 더 나아가 화기 전환의 타이밍을 변화시킨 몇몇 돌연변이체들에서는 영양상의 전환 타이밍에 있어도 유사한 변화를 보였다. 예를 들어 *constans* 돌연변이체는 장일 조건에서 영양상과 생식상 모두에서 전환의 촉진는 없었다. 이와 같이, 영양상의 전환은 *fca* 돌연변이체에서 지연되는데, 이 돌연변이체는 자율 개화 촉진현상의 감소를 보여준다. 영양상의 전환은 아마도 시간적인 메카니즘에 의해서도 조절이 될 것이다(연구사례 3.4).

이러한 유사성에도 불구하고 영양상의 전환의 조절과 화기 전환의 조절은 아직 분명하지 않다. 전형적인 실험실 조건에서, 애기장대는 그 생태형에 따라 두 개에서 여섯 개의 유년기 잎들을 생산한다. 이 숫자를 *LFY*, *AP1*, *CAL*을 구성성으로 발현을 시켜서 대략적으로 동일하게 만들수 있지만, 어떤 식물들은 거의 성엽을 만들어내지 않고 결과적으로 아주 이른 개화를 하게 된다. 이것은 FMI 유전자가 영양상의 전환을 촉진하는 것이 아니라는 것을 알려주며 유년상에서의 슈트가 꽃으로 되기 충분치 않다는 사실과도 부합한다. 흥미롭게도 *HASTY*(*HST*) 유전자의 돌연변이는 FMI 유전자의 과잉발현에 대해 상호적인 표현형을 유발하고, hst 돌연변이체는 야생형에 비해 거의 유엽을 생산하지 않지만 대략 같은 수의 성엽은 생산해낸다. 이는 *HST*가 영양상 전환은 억제하지만 생식상 전환는 억제하지 않는다는 사실을 알려준다. *LFY*를 발현시킨 *hst* 돌연변이체에서 유년기의 잎수와 성년기의 잎수는 모두 감소하고, 이는 FMI 유전자와 *HST* 가 독립적으로 활동한다는 가설에 부합한다.

연구사례 9.4: 슈트 분지 (Case study 9.4: Shoot branching)

이 장에서는 지금까지 슈트정단분열조직(SAM)의 형성과 유지에 대한 내용과 SAM이 생산하는 모듈의 시퀀스를 조절하는 메카니즘에 대한 내용을 다루었다. 모듈의 종류에 있어 주요 차이점 중 하나는 액생SAM의 존재와 그 운명이다(연구사례 9.3을 참조). 영양액생분열조직은 이차 슈트로 발달할 가능성을 가지고 있으며, 그것은 일차 슈트의 발달패턴을 되풀이 할 것이다. 이번 연구사례에서는 영양 액상 분열조직의 활성을 조절하고 이에 따라 슈트 분지의 정도와 패턴을 조절하는 일련의 정보들을 알아보도록 한다.

슈트 분지를 조절하는 요인들 (Factors that regulate shoot branching)

대부분의 식물에서 각각의 액상 SAM은 눈을 형성하기 위해 잎을 개시하고, 이후 눈의 발달은 멈춘다. 발육정지 이전의 발달의 정도는 종간에 다양하고, 일부 식물들에서는 몇 번에 걸쳐 눈의 발달이 정지와 진행을 반복할 수 있다.

액아에서 활력있는 곁가지의 생장은 내인성 요인과 환경요인들에 의해 조절된다. 눈의 생장은 일차 슈트정단이 퇴화되면 강하게 촉진되며, 이는 건전한 슈트정단이 분지를 억제한다는 것을 가리킨다(그림 9.12). 이 현상은 **정단우세**(apical dominance)라고 불린다. 눈의 생장 또한 일차 슈트축를 따라 bud 위치에 의해 조절되고 이것은 생장습성을 결정하는데 중요하다. 수목과 관목 간 슈트구조의 차이가 발생하는데, 예로 들면 활력이 있는 가지들이 보통 어린 나무들에서는 일차 슈트정단 가까이에서 자라나지만, 관목에서는 일차 슈트의 기부 가까이에서 자라난다. 애기장대와 같은 몇몇 종에서는 눈의 위치에 따라 슈트가 영양상인지 생식상인지 결정된다. 영양상에서는 액아 생장이 일차 슈트정단에서 떨어진 기저 마디에서만 발생한다. 이와 대조적으로 생식상에서 액아 생장은 정단 마디에서 우선적으로 발생한다(연구사례 9.3을 참조).

광질, 중력 벡터 그리고 영양 공급을 포함하는 환경적 자극은 슈트분지를 조절한다. 상층의 잎들에 의해 그늘이 지면서 야기되는 광질의 변화는 많은 식물에서 분지를 억제하는(연구사례 7.3을 참조) 반면, 식물을 경사지게하거나 뒤집어 놓으면, 종종 액아의 분지를 촉진한다. 더 나아가, 눈은 일반적으로 수평으로 위치한 슈트의 위쪽 면에서 가장 강하게 자라나는 것으로 알려져 있다. 충분한 양분은 슈트 분지를 촉진하고, 이는 뿌리에서 충분한 양분이 측근 생장을 억제하는 영향과 대조적이다. 양분이용도에 의한 슈트와 뿌리 분지의 대조적인 조절은 슈트계의 광합성 능력과 뿌리계의 양분 흡수 능력의 균형을 이루려는 것이라고 생각 된다 (연구사례 8.3).

옥신의 역할 (The role of auxin)

옥신은 슈트정단에서 합성되고, 기부를 향해 슈트 아래로 수송된다(연구사례 4.2를 참조). 따라서 옥신은 슈트 정단의 존재와 건전상태를 잘 나타낸다. 이와 부합하게, 정단끝에서 유래된 옥신의 기부를 향한 수동은 정단우세에 요구된다는 실험적인 증거가 있다(그림 9.12). 제일 먼저, 일차 슈트의 절단에 의한 눈생장의 촉진은 절단면에 옥신을 처리하면 나타나지 않는다. 두 번째로, 본래(intact) 슈트의 슈트에 옥신 수송 억제제들을 적용시켰을 때, 액아생장은 자주 적용 지점 바로 아래의 마디에서 유도된다. 눈생장 조절에 있어 옥신의 기능은 또한 본래의 식물체 안의 내생적 옥신 수준의 변화에 의해 달라진다. 예를 들어, 옥신의 수준을 증가시킨 유전자 변형 담배와 페튜니아는 분지가 감소했지만, 옥신 수준을 감소시킨 유전자 변형 담배에서는 분지가 증가하였다. 이와 유사하게, 옥신에 대한 반응을 감소시킨 애기장대의 *auxin resistant1*(*axr1*) 돌연변이체는 야생형보다 더 많은 가지를 생산한다.

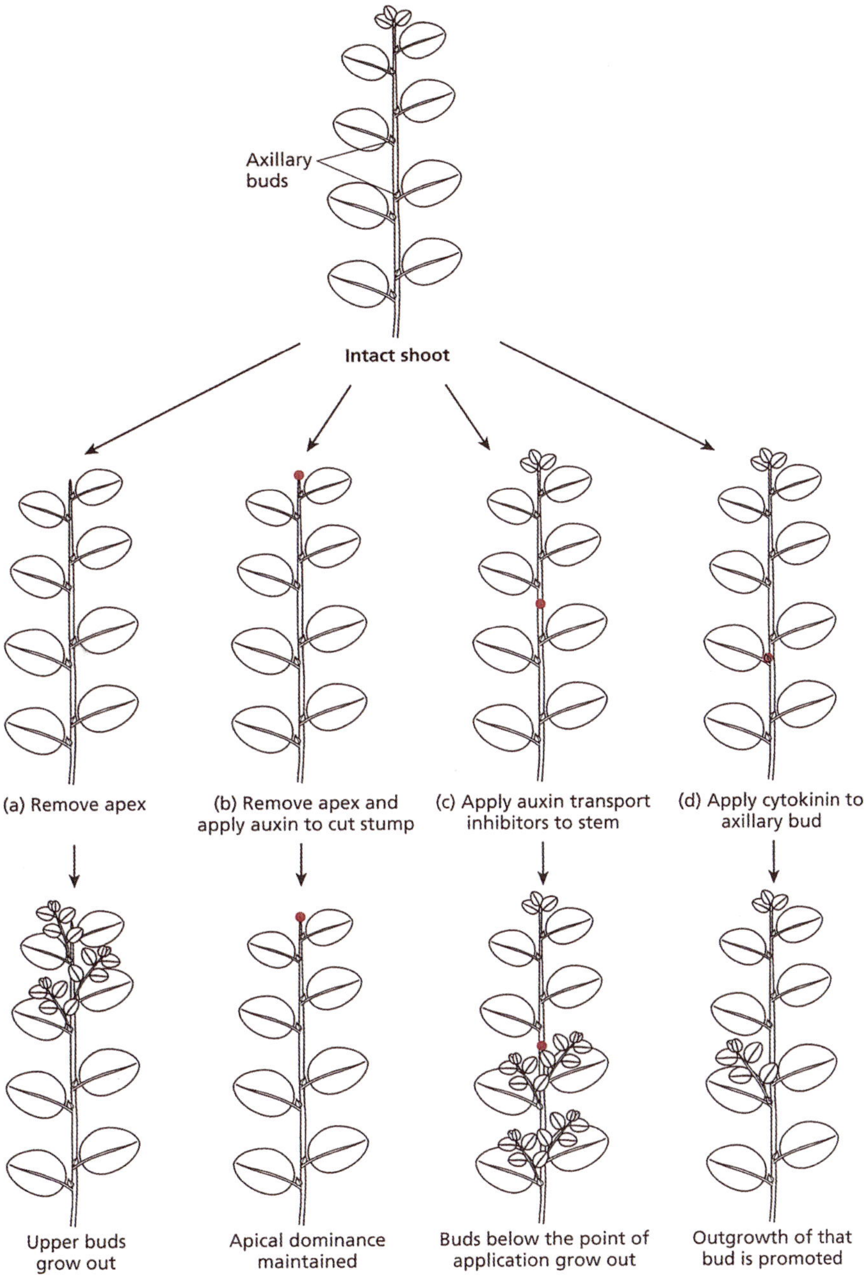

그림 9.12 눈(bud)의 분지 조절에 관한 실험. 몇 개의 다른 종을 대상으로 한 결과를 종합한 것이다. (a) 만약 슈트정단을 제거하면, 가장 위쪽에 있는 하나 또는 그 이상의 측아가 분지한다. (b) 적심(decapitation of shoot)에 따른 눈의 분지는 옥신을 그 부위에 처리하면 억제될 수 있다. 직접적으로 측아에 옥신을 살포하는 것은 분지를 막지 못한다(그림 없음). (c) 상처없는 건전한 슈트의 슈트에 옥신 극성수송 억제제를 처리하면 그 지점 아래 액아의 분지가 촉진된다. (d) 측아에 사이토키닌을 처리하면 그 눈의 분지가 촉진된다.

슈트 정단에서 생산된 옥신이 액아로 이동하여 직접적으로 이들의 생장을 억제하는 것은 분명 아닐 것이다. 눈에서 옥신 농도와 눈의 저해간의 상호성은 없고, 슈트 절단 이후에 액아에 옥신을 직접적으로 처리해도 눈생장을 막지 못한다. 대신, 몇몇 종에서는 액아의 옥신농도가 눈이 점차 활성을 뜨면서 증가하는데, 이는 눈에서 증가한 옥신 합성 때문일 것으로 추정된다. 이후의 증거들은 방사선동위원소 표지 옥신을 이용해 밝혀진 것이다. 만약 절단된 슈트의 정단에 이 옥신을 처리하면, 방사선동위원소 표지는 눈 억제가 계속되어도 액아에 축적되지 않는다. 이러한 축적은 자라나는 슈트에서의 옥신의 흐름과 반대 방향인 억제된 눈으로의 향축적(base-to-tip)인 옥신 흐름이 필요할 것이다. 따라서 이것은 정단유래의 옥신이 어떤 이차 메신저의 활동을 통해서 간접적으로 눈 생장을 억제하는 것으로 추정된다.

사이토키닌의 역할 (The role of cytokinins)

액아생장은 사이토키닌을 눈에 직접 처리함으로써 자극된다(그림 9.12). 이와 유사하게, 사이토키닌의 수준을 증가시킨 형질전환 담배식물은 야생형 보다 더 많은 가지를 생산한다. 이 결과는 사이토키닌이 슈트 분지를 촉진한다는 것을 보여준다.

사이토키닌의 생합성은 주로 뿌리에서 일어난다. 따라서 사이토키닌에 의한 눈생장의 촉진은 슈트 분지의 정도와 뿌리계의 크기, 건강과 조화를 이룰 것이다. 게다가 사이토키닌의 생산은 질산염이나 암모늄 형태의 풍부한 토양질소에 의해 자극된다. 이것은 아마도 충분한 양분에 의한 슈트 분지의 촉진에 대한 부분적인 결과일 것이다(위 참조). 슈트와 뿌리의 생장 균형을 고려할 때, 큰 슈트계가 뿌리의 분지를 촉진한다는 기작을 제공하면서, 슈트로부터 수송된 옥신이 측근의 형성을 촉진한다는 것은 주목할 만한 가치가 있다.

따라서 옥신과 사이토키닌은 액아생장에 서로 반대적인 영향을 끼친다. 흥미롭게도 완두콩이나 콩과 식물의 슈트정단을 제거하면, 뿌리에서 슈트로의 사이토키닌의 이동이 급속히 증가하고, 이 증가는 절단된 슈트의 정단에 옥신을 처리했을 때 나타나지 않았다. 따라서 슈트정단에 의한 눈생장의 억제는 슈트에 사이토키닌의 공급을 억제했을 때 부분적으로 중재될 수 있다(그림 9.13). 하지만 정단에서 적용된 옥신이 분리한 슈트 부분에서의 세포생장을 억제할 수 있으며, 이것은 뿌리 유래의 사이토키닌은 옥신 신호를 눈으로 공급하는 이차 메신저만은 아닐 것이다.

완두의 *romosus* 돌연변이체 (The *romosus* mutants of pea)

옥신-눈의 경로(auxin-to-bud pathway)의 추가적인 구성요소들은 완두의 *ramosus*(*rms*) 돌연변이체에 의해 규정될 수 있을 것이다. 여기에는 다섯 개의 *rms* 돌연변이체(*rms1*-*rms5*)가 있는데, 이 모두는 슈트 분지의 증가한다. 가장 특징적인 것은 *rms1*이다.

위에서 설명했듯이, 슈트정단의 제거에 따른 눈 생장은 만일 옥신이 절단된 슈트의 끝에 처리되면 중지될 수 있다. 이 옥신처리에 대한 반응은 야생형 완두에서는 발견되지만, *rms1* 돌연변이체에서는 발견되지 않는다. *rms1* 돌연변이체는 야생형의 옥신 수송을 가지므로,

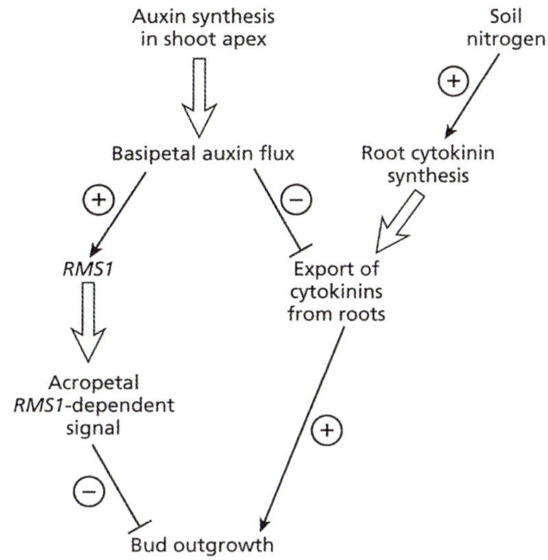

그림 9.13 정단에서 기원한 옥신에 의한 눈 분지의 억제를 나타낸 모델. 슈트정단에서 합성된 옥신은 슈트 아래로 향기적(basipetal)으로 이동한다. 향기적인 옥신 이동은 *RMS1* 유전자의 활성을 촉진하고, 이 유전자는 눈의 분지를 억제하는 향정적(acropetally)으로 이동하는 특정 신호를 생산하게 된다. 또한 향기적 옥신의 이동은 뿌리로부터 싸이토기닌의 root로부터의 사이토키닌의 전파를 억제한다. 사이토키닌이 슈트로 이동하면 눈의 분지를 촉진한다. 토양 내 질소는 뿌리에서 사이토키닌 합성을 촉진하여 옥신에 대해 대립적으로 작용한다. ⊕ 신호와 함께 동반된 화살표는 양성조절(positive regulation)을 의미한다. ⊖ 기호와 함께 동반된 막대모양의 끝으로 된 선은 음성조절(negative regulation)을 의미한다.

이는 *RMS1* 유전자가 정단 유래 옥신의 하류에서 액아생장을 억제시키는 것을 보여준다(그림 9.13).

일련의 정교한 접목 실험들을 통해 *RMS1*이 축을 향해 움직이는 유동성 신호를 생산하는데 요구됨이 밝혀졌다(그림 9.14). 만약 *rms1* 접수(接穗)를 야생형 대목에 접목시키면 접수에서의 분지는 대략적으로 야생형 수준까지 떨어진다. 이것은 야생형 대목이 *rms1* 접수에서 야생형 분지를 갖도록하는 어떤 신호를 보낸다는 것을 의미한다. *rms1* 대목위에 접목시킨 야생형의 접수는 야생형의 분지 패턴을 보인다. 따라서 *RMS1* 유전자는 *RMS1* 유전자가 단지 슈트에서만 활성을 보일시에 야생형 분지를 갖도록 할 수 있다. 만약 야생형 슈트의 작은 조각이 *rms1* 돌연변이체 슈트 위에 접목이 된다면, 야생형 분지는 접목된 부분의 위쪽 마디에서만 나타날 뿐이다. 이 결과는 *RMS1*이 1차 슈트를 지원하고 엽액에서 옥신 시그널을 공급하는 어떤 2차 메신저의 합성과 이동을 중재한다는 것을 보여준다(그림 9.13).

위에서 설명했듯이 사이토키닌은 눈 생장을 촉진한다. *rsm1* 돌연변이체에서 만약 *RMS1*이 사이토키닌 합성이나 전류의 억제를 통해 활성이 나타났다면, 뿌리에서부터 슈트로의 사이토키닌 이동은 야생형에 비해 증가했을 것이다. 대신 *rms1* 돌연변이체의 뿌리 분비물에서의 사이토키닌 농도가 야생형 보다 15배 정도 낮았는데, 이는 *RMS1* 활성이 사이토키

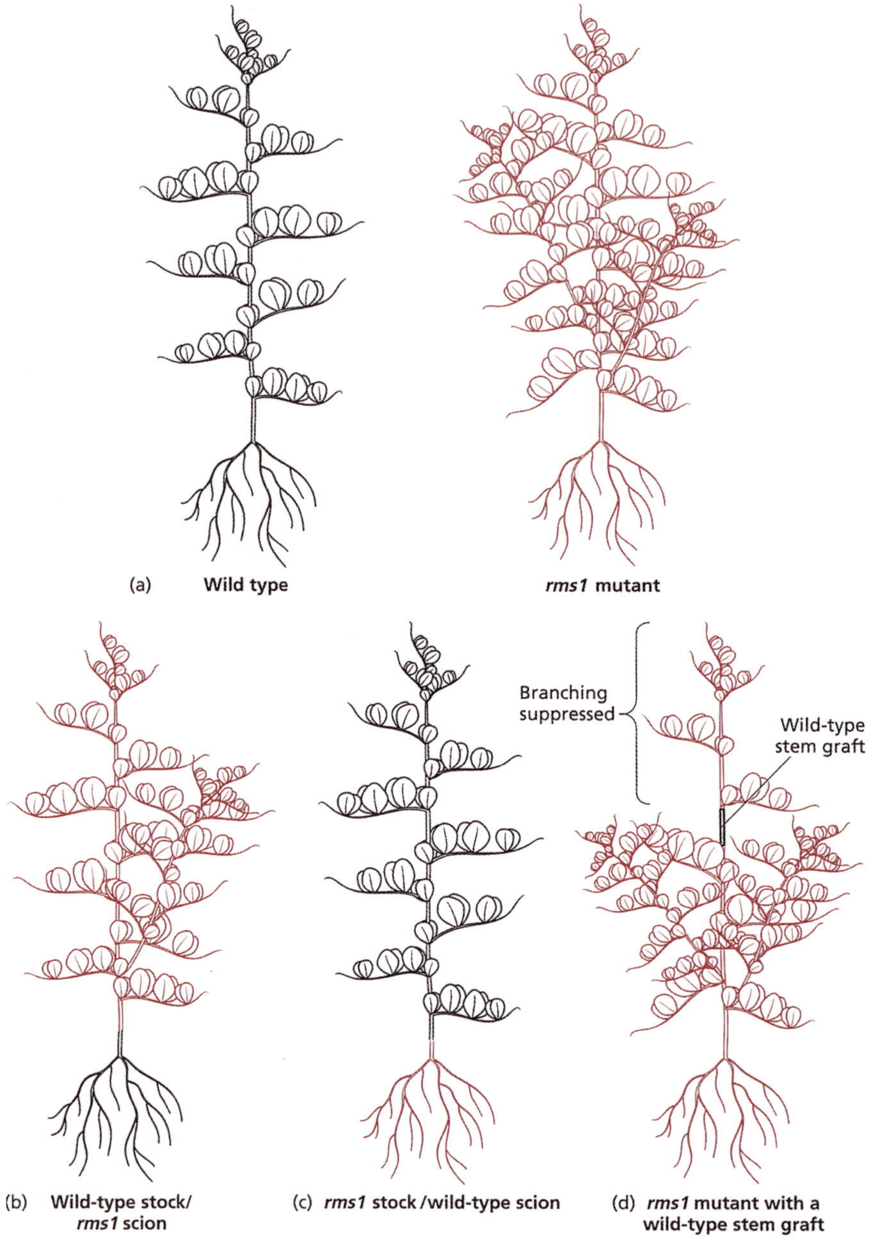

그림 9.14 완두에서 *rms1*과 야생형의 접목(graft). (a) *rms1* 돌연변이체(붉은색)는 야생형보다 더 많이 분지한다. (b) *rms1* 접수(붉은색)가 야생형의 대목에 접목되면, *rms1* 접수의 분지는 대략 야생형 수준까지 떨어질 것이다. (c) 야생형 접수가 *rms1* 대목에 접목되면, 야생형 접수의 분지는 야생형처럼 될 것이다. (d) 야생형 슈트의 작은 조각(회색) 접수를 *rms1* 슈트에 접목하면, 야생형 접목 위쪽에서의 분지는 억제될 것이다. 이 결과는 *RMS1* 유전자가 슈트와 뿌리에서 작용하고, 향정적으로 수송되어 눈의 분지를 억제하는 특정 신호를 생산하는데 필요하다는 것을 나타낸다.

닌에 의해서 중재되지 않음을 뜻한다. *rmsl* 뿌리로부터 보내지는 사이토키닌의 감소는 예상한 바와 같이, 옥신의 증가와 상호연관이 있다. 손상된 옥신 반응을 가진 돌연변이에서 옥신 농도의 증가는 일반적이며, 이것은 호르몬 반응과 호르몬 수준간의 부의 피드백을 반영한다.

분지 조절에서 신호 통합
(Signal integration in the regulation of branching)

위에서 언급한 눈 생장이 이차 메신저를 통한 정단 유래의 옥신에 의해 조절된다는 메카니즘은 분지의 조절에 있어서 내인성 요인과 환경적 요인의 통합을 어느 정도 설명하는 것이 가능하다. 옥신-눈의 경로(auxin-to-bud pathway, 그림 9.13)는 슈트 정단의 상태, 슈트계와 뿌리계의 상대적 크기, 그리고 토양 양분의 풍부도와 같은 정보들을 통합할 수 있다. 그러나 슈트의 단계, 광질, 중력과 같은 분지의 다른 조절자들이 메카니즘을 따라 작용하는지는 아직 명확하지 않다.

결 론

1차 슈트 발달은 슈트정단분열조직(SAM)에 의한 일련의 연속적인 파이토머의 생산을 통해 이뤄진다. SAM에서의 발달이 무한하기 때문에, 지속적인 파이토머의 생산이 가능하다. 이것은 SAM의 중심부에서의 세포의 증식을 주변부와 수 분열조직으로 세포를 보냄으로써 균형을 유지하고, 또한 이 구역에서의 세포 증식을 기관을 형성으로써 균형을 조절하는 메카니즘에 의해서 달성된다. 이런 메카니즘의 작용을 통해서, SAM은 파이토머 생산을 위해 원종세포들을 공급하는 동안에 상대적으로 일정한 크기와 구조를 유지한다.

파이토머는 잎, 액상 SAM 그리고 절간을 구성된다. 파이토머의 구조는 슈트 발달기간 동안 다양하게 나타난다. 예를 들어, 유년기 잎과 성년기 잎은 종종 다른 모양을 지니고, 액상 분열조직은 무한 슈트나 정생화로 발달할 수 있다. 파이토머 형의 지속적인 발달 계승은 형태학적인 유연성을 허락한다. 발생학적, 생리학적, 환경적 정보들은 어느 정도의 파이토머 형이 발달해야 하는지, 그리고 파이토머 형간의 전환이 언제 일어나는지를 조절하기 위해 통합된다. 1차 SAM에 의한 파이토머 생산의 반복뿐만 아니라, 슈트 전체는 액생 SAM의 활동을 통해 반복될 수 있다. 다수의 요인들이 액생 SAM 발달을 조절하기 위해 통합된다. 뿌리계에서 지속적이고 반복적인 발달을 조정하는 것과 유사하게 이 메카니즘들은 형태의 눈부신 유연성을 보여주기 위해 존재하는 것들이다.

Further reading

Case study 9.1: Initiation and maintenance of the shoot apical meristem

Reviews

Barton, M.K. (1998) Cell type specification and self-renewal in the vegetative shoot apical meristem. *Current Opinion in Plant Biology* **1**, 37–42.

Bowman, J.L. & Eshed, Y. (2000) Formation and maintenance of the shoot apical meristem. *Trends in Plant Science* **5**, 110–115.

Evans, M.M.S. & Barton, M.K. (1997) Genetics of angiosperm shoot apical meristem development. *Annual Review of Plant Physiology and Plant Molecular Biology* **48**, 673–701.

Lenhard, M. & Laux, T. (1999) Shoot meristem formation and maintenance. *Current Opinion in Plant Biology* **2**, 44–50.

Surgical experiments on the SAM

For an excellent review see:

Steeves, T.A. & Sussex, I.M. (1989) Experimental investigations on the shoot apex. In: *Patterns in Plant Development*, 2nd edn, pp. 86–99. Cambridge University Press, Cambridge.

SHOOTMERISTEMLESS

Barton, M.K. & Poethig, R.S. (1993) Formation of the shoot apical meristem in *Arabidopsis thaliana*: an analysis of development in the wild type and in the *shoot meristemless* mutant. *Development* **119**, 823–831.

Long, J.A. & Barton, M.K. (1998) The development of apical embryonic pattern in *Arabidopsis. Development* **125**, 3027–3035.

Long, J.A., Moan, E.I., Medford, J.I. & Barton, M.K. (1996) A member of the KNOTTED class of homeodomain proteins encoded by the *STM* gene of *Arabidopsis. Nature* **379**, 66–69.

ASYMMETRIC LEAVES1

Byrne, M.E., Barley, R., Curtis, M. *et al.* (2000) *Asymmetric leaves1* mediates leaf patterning and stem cell function in *Arabidopsis. Nature* **408**, 967–971.

WUSCHEL

Laux, T., Mayer, K.F.X., Berger, J. & Jürgens, G. (1996) The *WUSCHEL* gene is required for shoot and floral meristem integrity in *Arabidopsis. Development* **122**, 87–96.

Mayer, K.F.X., Schoof, H., Haeker, A. *et al.* (1998) Role of *WUSCHEL* in regulating stem cell fate in the *Arabidopsis* shoot meristem. *Cell* **95**, 805–815.

Schoof, H., Lenhard, M., Haecker, A. *et al.* (2000) The stem cell population of *Arabidopsis* shoot meristems is maintained by a regulatory loop between the *CLAVATA* and *WUSCHEL* genes. *Cell* **100**, 635–644.

Partial ablation of the quiescent centre in the root apical meristem

Van den Berg, C., Willemsen, V., Hendriks, G., Weisbeek, P. & Scheres, B. (1997) Short-range control of cell differentiation in the *Arabidopsis* root meristem. *Nature* **390**, 287–289.

CLAVATA1 and CLAVATA3

Brand, U., Fletcher, J.C., Hobe, M., Meyerowitz, E.M. & Simon, R. (2000) Dependence of stem cell fate in *Arabidopsis* on a feedback loop regulated by *CLV3* activity. *Science* **289**, 617–619.

Clark, S.E., Jacobsen, S.E., Levin, J.Z. & Meyerowitz, E.M. (1996) The *CLAVATA* and *SHOOT MERISTEMLESS* loci competitively regulate meristem activity in *Arabidopsis*. *Development* **122**, 1567–1575.

Clark, S.E., Williams, R.W. & Meyerowitz, E.M. (1997) The *CLAVATA1* gene encodes a putative receptor kinase that controls shoot and meristem size in *Arabidopsis*. *Cell* **89**, 575–585.

Fletcher, J.C., Brand, U., Running, M.P., Simon, R. & Meyerowitz, E.M. (1999) Signaling of cell fate decisions by *CLAVATA3* in *Arabidopsis* shoot meristems. *Science* **283**, 1911–1914.

Leyser, H.M.O. & Furner, I.J. (1992) Characterisation of three shoot apical meristem mutants of *Arabidopsis thaliana*. *Development* **116**, 397–403.

Schoof, H., Lenhard, M., Haecker, A. *et al.* (2000) The stem cell population of *Arabidopsis* shoot meristems is maintained by a regulatory loop between the *CLAVATA* and *WUSCHEL* genes. *Cell* **100**, 635–644.

Trotochaud, A.E., Jeong, S. & Clark, S.E. (2000) CLAVATA3, a multimeric ligand for the CLAVATA1 receptor-kinase. *Science* **289**, 613–617.

The MGOUN genes

Laufs, P., Grandjean, O., Jonak, C., Kiêu, K. & Traas, J. (1998) Cellular parameters of the shoot apical meristem of *Arabidopsis*. *Plant Cell* **10**, 1375–1389.

Case study 9.2: Transition from embryonic to post-embryonic development

LEC1

Lotan, T., Ohto, M., Yee, K.M. *et al.* (1998) *Arabidopsis* LEAFY COTYLEDON1 is sufficient to induce embryo development in vegetative cells. *Cell* **93**, 1195–1205.

Meinke, D.W. (1992) A homoeotic mutant of *Arabidopsis thaliana* with leafy cotyledons. *Science* **258**, 1647–1650.

West, M.A.L, Yee, K.M., Danao, J. *et al.* (1994) *LEAFY COTYLEDON1* is an essential regulator of late embryogenesis and cotyledon identity in *Arabidopsis*. *Plant Cell* **6**, 1731–1745.

PICKLE

Ogas, J., Cheng, J-C., Sung, Z.R. & Somerville, C. (1997) Cellular differentiation regulated by gibberellin in the *Arabidopsis thaliana pickle* mutant. *Science* **277**, 91–94.

Ogas, J., Kaufmann, S., Henderson, J. & Somerville, C. (1999) PICKLE is a CHD3 chromatin-remodeling factor that regulates the transition from embryonic to vegetative development in *Arabidopsis*. *Proceedings of the National Academy of Science, USA* **96**, 13839–13844.

Case study 9.3: Phase transitions in post-embryonic development

Flowering reviews

Hempel, F.D., Welch, D.R. & Feldman, L.J. (2000) Floral induction and determination: where is flowering controlled? *Trends in Plant Science* **5**, 17–21.

Koornneef, M., Alonso-Blanco, C., Peeters, A.J.M. & Soppe, W. (1998) Genetic control of flowering time in *Arabidopsis*. *Annual Review of Plant Physiology and Plant Molecular Biology* **49**, 345–370.

Levy, Y.Y. & Dean, C. (1998) The transition to flowering. *Plant Cell* **10**, 1973–1989.

Piñeiro, M. & Coupland, G. (1998) The control of flowering time and floral identity in *Arabidopsis*. *Plant Physiology* **117**, 1–8.

Floral meristem identity genes

Ma, H. (1998) To be, or not to be a flower—control of floral meristem identity. *Trends in Genetics* **14**, 26–32.

Mandel, M.A. & Yanofsky, M.F. (1995) A gene triggering flower formation in *Arabidopsis. Nature* **377**, 522–524.

Weigel, D. & Nilsson, O. (1995) A developmental switch sufficient for flower initiation in diverse plants. *Nature* **377**, 495–500.

Inflorescence architecture

Bradley, D., Carpenter, C., Copsey, L. *et al.* (1996) Control of inflorescence architecture in *Antirrhinum. Nature* **379**, 791–797.

Bradley, D., Ratcliffe, O., Vincent, C., Carpenter, R. & Coen, E. (1997) Inflorescence commitment and architecture in *Arabidopsis. Science* **275**, 80–83.

Liljegren, S.J., Gustafson-Brown, C., Pinyopich, A., Ditta, G.S. & Yanofsky, M.F. (1999) Interactions among *APETALA1*, *LEAFY*, and *TERMINAL FLOWER1* specify meristem fate. *Plant Cell* **11**, 1007–1018.

Ratcliffe, O.J., Amaya, I., Vincent, C.A. *et al.* (1998) A common mechanism controls the life cycle and architecture of plants. *Development* **125**, 1609–1615.

Ratcliffe, O.J., Bradley, D.J. & Coen, E.S. (1999) Separation of shoot and floral identity in *Arabidopsis. Development* **126**, 1109–1120.

Late flowering mutants

Koornneef, M., Hanhart, C.J. & van der Veen, J.H. (1991) A genetic and physiological analysis of late flowering mutants in *Arabidopsis thaliana. Molecular and General Genetics* **229**, 57–66.

FLOWERING LOCUS T

Kardailsky, I., Shukla, V.K., Ahn, J.H. *et al.* (1999) Activation tagging of the floral inducer *FT. Science* **286**, 1962–1965.

Kobayashi, Y., Kaya, H., Goto, K., Iwabuchi, M. & Araki, T. (1999) A pair of related genes with antagonistic roles in mediating flowering signals. *Science* **286**, 1960–1962.

AGAMOUS-LIKE 20

Lee, H., Suh, S-S., Park, E. *et al.* (2000) The AGAMOUS-LIKE 20 MADS domain protein integrates floral inductive pathways in *Arabidopsis. Genes and Development* **14**, 2366–2376.

The EMF genes

Sung, Z.R., Belachew, A., Shunong, B. & Bertrand-Garcia, R. (1992) *EMF*, an *Arabidopsis* gene required for vegetative shoot development. *Science* **258**, 1645–1647.

Yang, C-H., Chen, L-J. & Sung, Z.R. (1995) Genetic regulation of shoot development in *Arabidopsis*: role of the *EMF* genes. *Developmental Biology* **169**, 421–435.

Vegetative phase change reviews

Kerstetter, R.A. & Poethig, R.S. (1998) The specification of leaf identity during shoot development. *Annual Review of Cell and Developmental Biology* **14**, 373–398.

Lawson, E.J.R. & Poethig, R.S. (1995) Shoot development in plants: time for a change. *Trends in Genetics* **11**, 263–268.

Poethig, R.S. (1990) Phase change and the regulation of shoot morphogenesis in plants. *Science* **259**, 923–930.

HASTY

Telfer, A. & Poethig, R.S. (1998) *HASTY*: a gene that regulates the timing of shoot maturation in *Arabidopsis thaliana*. *Development* **125**, 1889–1898.

Case study 9.4: Shoot branching

Reviews

Cline, M.G. (1991) Apical dominance. *Botanical Review* **57**, 318–358.

Cline, M.G. (1994) The role of hormones in apical dominance. New approaches to an old problem in plant development. *Physiologia Plantarum* **90**, 230–237.

Hobbie, L. & Estelle, M. (1994) Genetic approaches to auxin action. *Plant, Cell and Environment* **17**, 525–540.

The ramosus mutants

Beveridge, C.A., Ross, J.J. & Murfet, I.C. (1996) Branching in pea. *Plant Physiology* **110**, 859–865.

Beveridge, C.A., Symons, G.M., Murfet, I.C., Ross, J.J. & Rameau, C. (1997) The *rms1* mutant of pea has elevated indole-3-acetic acid levels and reduced root-sap zeatin riboside content but increased branching controlled by graft-transmissible signal(s). *Plant Physiology* **115**, 1251–1258.

Beveridge, C.A., Symons, G.M. & Turnbull, C.G.N. (2000) Auxin inhibition of decapitation-induced branching is dependent on graft-transmissible signals regulated by genes *Rms1* and *Rms2*. *Plant Physiology* **123**, 689–697.

Foo, E., Turnbull, C.G.N. & Beveridge, C.A. (2001) Long-distance signaling and the control of branching in the *rms1* mutant of pea. *Plant Physiology* **126**, 203–209.

10 장

식물발달과 동물발달의 비교 (A comparison of plant and animal development)

고등식물과 고등동물들은 발달 양식과 패턴에서의 명확한 차이에 연관되어 형태에서의 특징적인 차이로 인해 바로 구별될 수 있다. 그러한 차이점들은 다세포성이 식물과 동물에서 독립적으로 그리고 그들의 단세포 조상으로부터 매우 다른 제약 하에서 진화되었기 때문에 별로 놀랍지 않다. 이번 장에서는 어떻게 식물과 동물세포의 생태가 발달 기작의 유사점과 차이를 유도하는 발달의 진화에 영향을 받아 왔는지를 논의한다. 터무니없는(*post hoc*) 논리적인 오류가 있는 진화의 이야기들은 구성되기 쉽지만, 식물과 동물 발달의 패턴을 이끌었던 실제의 진화적인 제약들과 관계성이 적거나 없을지도 모른다. 게다가, 현존하는 식물과 동물들은 결코 이러한 제약들에 대한 오직 실행가 능한 해석만을 나타내진 않을 것이다. 가설은 주의 깊게 처리되어 제시되어야 한다.

식물과 동물의 가장 최근의 공통 조상은 10억년을 넘게 생존했으며 아마도 단세포였을 것이다. 조상을 정확하게 설명하는 것은 불가능 하지만 많은 특징들이 현존하는 식물과 동물들의 세포를 비교함으로써 추론되어왔다. 공통 조상은 미토콘트리아와 호기적 대사를 갖는 진핵생물이었다. 진핵생물의 세포막 내의 수용체 단백질들은 그것이 결국 유전자 발현의 변화를 유도하는 세포내 신호전달 네트워크의 조절을 통해 환경신호에 반응할 수 있게 한다. 조상은 골지체를 포함하고, 구획된 세포질을 만드는 세포막 함입(endocytosis)와 세포외 방출(exocytosis)이 가능한 내막시스템을 가졌다. 직접적인 세포내의 운반과 세포 형태의 조절을 가능케하는 적어도 액틴(actin)과 튜뷸린(tublin)으로 구성된 세포골격(cytoskeleton)이 있다. 또한, 조상의 세포는 유사분열과 감수분열 능력을 가졌다.

모든 이러한 특징들은 식물과 동물계의 원종에 의해 유전되었다. 그러나 다세포성의 식물과 동물이 진화되기 전에, 두 계의 특징들은 분기되었다. 매우 중요하게도, 식물 계통은 엽록체, 자가영양의 대사를 획득했고 세포벽을 가졌다. 대조적으로, 다세포성 동물의 원종(조상)은 타가영양적이고 세포벽이 없었다.

세포운명의 조절 (Control of cell fate)

다세포성의 식물 또는 동물로의 접합자의 발달은 세포 운명의 정확한 조절을 갖는 세포 증식의 조정을 요구한다. 세포들은 자라고, 분화하고, 분열하고, 이동하고(동물에서) 또는 정확한 시기와 위치에 죽어야만 한다. 식물과 동물 모두에서 세포 운명의 조절은 그들 세포의 세포내와 세포외의 정보를 유전자 활동에서의 변화로 변환하는 능력에 기초한다. 식물과 동물 세포들은 진화적으로 관계된 전사를 조절하는 신호전달 네트워크; RNA 처리 ; mRNA 운반과 안정화 ; 그리고 단백질 수정, 운반 그리고 파괴를 갖는다. 단세포성의 조상에서, 이들 신호전달 네트워크는 환경에 대한 반응을 조정하고 세포의 항상성을 유지하는 기능을 했다. 다세포성의 식물과 동물들의 진화동안, 체계는 적응되었고 발달동안에 세포 운명을 조절하기 위해 정교해졌다. 다세포성의 생물에서, 세포의 환경은 이웃하는 세포들의 활동에 의해서 크게 결정되어졌기 때문에 커다란 개념의 변화는 아니다.

많은 수준에서 유전자 활동이 조절되었음에도 불구하고 식물과 동물 모두에서 발달은 종종 전사의 조절에 의존한다. 게다가, 이것은 차례로 많은 수의 하류 유전자들의 발현을 조절하는 전자인자를 encode하는 몇몇 유전자의 전사에 의해 세포 운명이 결정되는 전사단계에 의해 종종 일어난다. 예를 들면, 동물 배의 anterioposterior(head-to-tail) axis를 따라 위치적인 정보는 ***HOX* gene** 발현의 위치 의존적 패턴으로 변환되었다. *HOX* 유전자들은 호메오도메인 전사 인자들을 암호화하고 있고, 각 세포에서 발현된 *HOX* 유전자들의 조합은 복제된 하류 유전자들의 조합을 조절한다. *HOX* 유전자 발현의 패턴에 영향을 미치는 돌연변이들은 기관 동일성에 호메오유전자와 관련된 변화를 발생시킨다. 예를 들면, 기능의 획득에서 초파리의 *antenapedia* 돌연변이인 *HOX* 유전자 *ANTENAPEDIA*는 머리지역에서 발현되는데, 촉각에서 다리로 호메오유전자와 관련된 전환을 발생시키는 것이다.

꽃 기관의 형성을 조절하는 ABC 유전자들은, 식물의 발달로부터 유사한 예를 보여준다. 연구사례 5.4에서 논의된 대로, AP2를 제외한 모든 ABC 유전자들은 MADS 도메인 전사 인자들(*AP2*는 관련되지 않은 전사 인자를 암호화함)을 암호화하고 꽃의 방사형 축을 따라 지역 특이적 조합으로 발현된다. 화기의 원기에서 ABC 유전자들의 결합은 화기의 원기의 기관형성을 특화하고 ABC 유전자 돌연변이는 화기의 형태에서 호메오 유전자와 관련된 변화를 일으킨다. 예를 들면, class B *ap3* 돌연변이에서, 꽃잎은 꽃받침으로 대체되고 수술은 암술로 대체된다.

식물과 동물은 또한 전사 인자 유전자들의 발현 패턴을 유지하기 위해 일찍이 성립된 상동의 기작을 공유한다. 예를 들어, *HOX* 유전자 전사 패턴이 동물의 각 부위에서 한번 설정되면, 두 세트의 조절 단백질의 활동을 통하여 유지된다. POLYCOMB 그룹 단백질들은 전사적 억제를 유지시킨다, 즉, 스위치 'off'인 비활동적인 *HOX* 유전자들을 유지한다, 반면

TRITHORAX 그룹은 전사적으로 활동적으로 유지시키는데, 즉, 스위치를 'on'으로 돌리는 활동적인 유전자들을 유지한다. 흥미롭게도, POLYCOMB 그룹에 homology(상동성)을 가지는 단백질들은 식물체에서 전자의 억제를 성립시킨다. 그러한 억제의 한 가지 목표는 *AGAMOUS*(*AG*) 인데, 애기장대에서 class C 꽃 기관 동일성 유전자이다. *AG*는 수술과 암술의 발달에 요구되는 꽃의 두 개의 윤생체 안에서만 발현된다. 꽃의 밖의 윤생체에서 그리고 영양적 슈트에서 *AG* 비활성의 유지는 POLYCOMB 그룹의 구성으로 상동의 단백질을 암호화하는 *CURLY LEAF*(*CLF*) 유전자를 필요로 한다.

그러므로, 다세포성의 진화동안, 식물과 동물들은 모두 세포 운명을 결정하기 위한 주요한 기작으로서 transcriptional cascade를 선택했다. 전사의 활성 또는 비활성을 유지하는 기작은 세포 운명을 안정화시키는 수단을 제공하였다. 동물에서, 세포 세대 간에 전사의 안정적 전달은 세포운명에서 계통 제약과 연관되어있다. 예를 들면, 초파리(*Drosophila*) 더듬이에 속하는 세포들의 동일성은 배양에서 많은 세포 세대를 통해서 유지될 수 있다. 대조적으로, 식물 세포들은 개개의 운명을 위한 그들의 계통에 의해 제약되지 않고 만일 발달하는 기관에서 그들의 위치가 변한다면 운명을 변화시킬 것이다(3장). 식물 세포에서 전사의 활동의 패턴을 유지시키는 기작은 세포-외부의 정보에서의 변화로 인해 무효화될 수 있다(아래에서 논의됨).

발달형식 (Development of pattern)

발달동안, 세포운명은 세포, 조직, 그리고 기관의 패턴을 이루기 위해 조절되었다. 식물과 동물에서 패턴을 만드는 기작은 몇 가지 유사점을 가진다. 난자 그리고/또는 접합자에서 불균형은 종종 하나 또는 그 이상의 주 body 축을 적응시키고 양극화하는 정보를 제공한다. 예를 들면, 애기장대 난세포의 세로축은 배의 슈트에서 뿌리로의 축으로 다듬어지는데, 반면 초파리 애벌레의 전후 방향의 축은 부모에 의한 난자에 놓인 중축성의 정보로부터 다듬어진다.

하나의 세포내의 패턴에서 많은 세포를 가로지르는 패턴으로의 전환은 두 가지 방법으로 이루어질 수 있다. 첫째로, 원시의 세포는 다른 운명을 가진 딸세포들로 불균형적으로 분열할지도 모른다 ; 예를 들면, 말단 그리고 기저 세포로의 애기장대 접합자의 분열(1장), 또는 앞쪽 또는 뒤쪽의 세포로 선충 접합자의 분열이 있다. 불균형적인 분열은 단세포 진핵생물에 있어 예를 들면 포자의 세대에서 일반적이고 개개의 세포내에서 패턴이 만들어지는 이러한 기작은 아마도 전형적인 다세포성의 진화에 선행하는 것 같다.

패턴을 만드는 두 번째 방법은 세포내의 신호전달을 통해서다. 아마도 비슷한 이론상의 제약들 때문에, 관련된 기작들은(분자가 아니지만) 식물과 동물에서 비슷하다. 일반적으로, 이러한 종류의 패턴 발생은 그들 사이의 정교한 변화를 유발하기 위한 세포 범위내의 분리된 부위 사이의 작은 차이를 확대시키는 피드백 기작을 수반한다. 애기장대 잎의 모용(trichome) 패턴과 곤충의 표피에서 강모의 패턴은 단순한 예를 보여준다. 이러한 정황에서, '모용이 없는' 운명 대 '모용이 있는' 운명의 초기 선택은 이웃한 세포가 선례를 따르는 것이 저지되는 동안 모용을 형성하는 그룹 내의 한 세포의 경향을 확대하는 음성적인 피드백 기작에 의해 성립된다. 잎/표피의 이후 생장동안, 첫 번째 모용(trichome)의 위치는 다음 모용 발달의 위치를 결정한다.

세포 이동성 대 세포의 부동성

(Cell immobility versus cell mobility)

식물과 동물의 패턴형성 기작의 이론적인 유사성에도 불구하고, 유의한 차이점들이 있다. 식물 세포는 벽으로 둘러싸여 있고 그러므로 움직일 수 없다는 사실로부터 시작하는 이러한 중요성에 반해 동물세포들은 벽이 거의 없고 가동성이다. 세포 이동은 동물 발달의 일반적인 특징이고 패턴이 발생되는 추가적인 수준을 제공한다. 가장 극적인 예는 배 형성일 텐데, 동물의 포배는 세 개 층으로 된 원장배를 만들기 위해 일부분을 안으로 집어넣는다. 동물세포의 이동성은 부적절한 세포 이동과 이 때문에 생기는 패턴의 붕괴를 방지하는 기작을 필요로 한다. 이러한 기작은 종종 세포와 세포의 이웃한 것들 그리고 세포와 세포 외부의 기질간에 흡착력의 조절에 의존한다. 예를 들면, 초파리의 날개는 유충의 시아(imaginal disc)에서 발달한다. 날개 면은 앞쪽과 뒤쪽을 겹치면서 나누어졌고 등 쪽과 복부의 구획(칸)에서 세포들은 이동하지 않을 것이다(그림 10.1). 각 구획의 원세포들은 위치적인 단서를 기초로 특화되고 구획 membership은 그 결과로서 세포 계통를 통하여 옮겨진다. 구획간에 세포 이동은 방지되는데 왜냐하면 세포속의 흡착력이 다른 구획의 세포간에서 보다 같은 구획의 세포들 간에 더 크기 때문이다.

흥미롭게도, 구획간의 경계는 주요한 신호전달 중심으로서 활동한다. 예를 들면, 초파리 날개에서 세포형태의 전후의 패턴은 DECAPENTAPLEGIC(DPP) 단백질의 농도구배로 조절되는데 이 단백질은 앞쪽-뒤쪽 구획의 경계의 안쪽면 세포들에 의해서 생산된다(그림 10.1). 마찬가지로, 날개에서 세포형태 방식은 WINGLESS(WG) 단백질의 농도구배로 조절되는데, 이 단백질은 등-복부 경계에서 생산된다. 날개의 끝 부분의 세포들은, 즉 근원축의 끝에서, 등-복부쪽 그리고 전후경계를 DPP와 WG의 생산으로 규정되어진다(그림 10.1). 구획의 경계의 중요성은 날개의 뒤쪽 구획에서 앞쪽 세포 밖의 clone을 창출함으로써 설명될 수 있다. 그러한 클론들은 DPP가 생산되는 새로운 'anterior-posterior' 경계에 의해 둘러싸이게 된다. 그리고 만약 등의-복부의 경계를 가로지르면, 새로운 날개 끝은 기관 외 날개의 발달로 특화된다(그림 10.1).

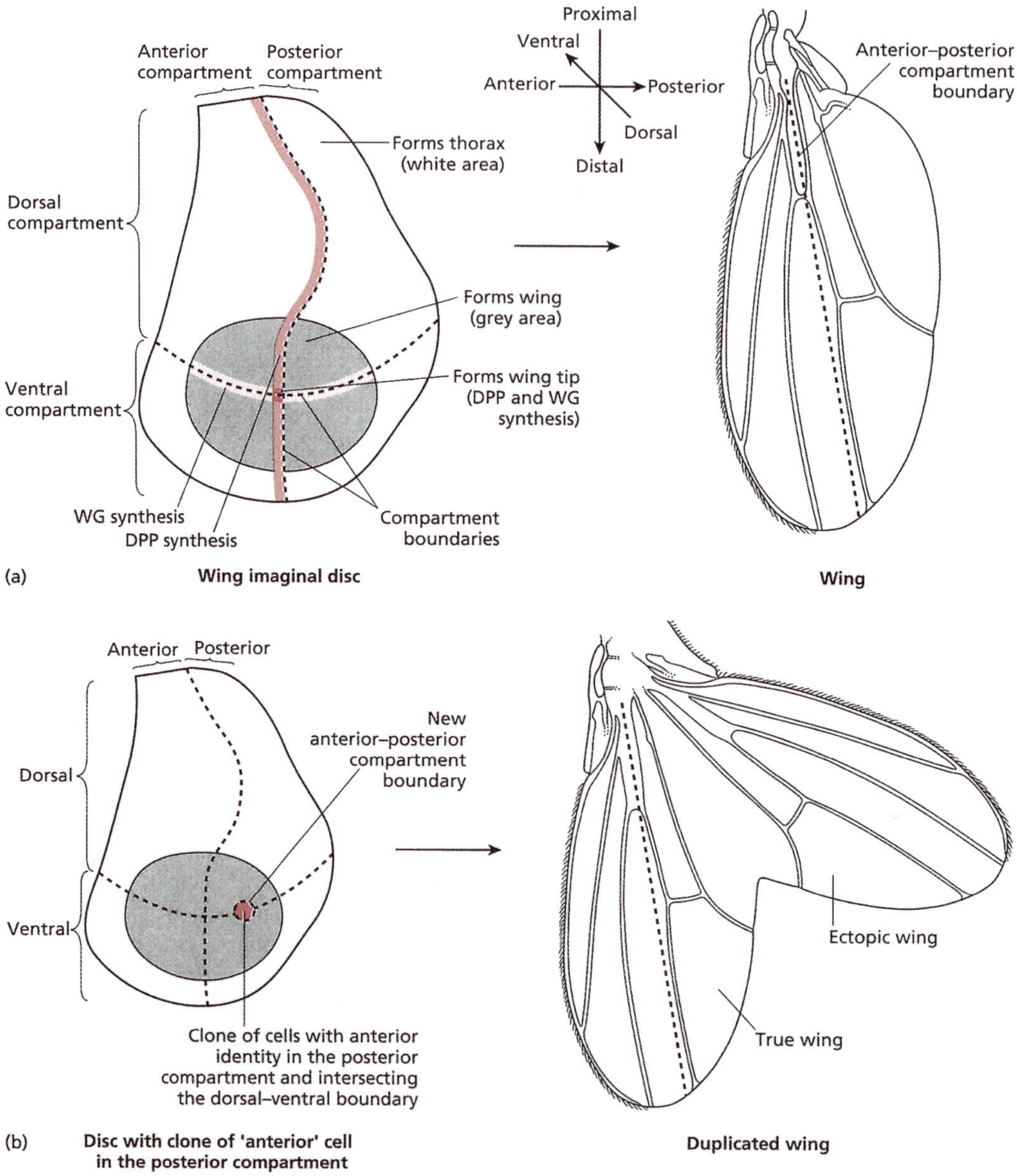

그림 10.1 초파리 날개의 발달. (a) 초파리의 날개는 유충의 시아(imaginal disc)에서 발생한다. 날개반은 전면과 후면, 그리고 배후와 배복의 구역으로 나누어진다. 전후 경계의 전면의 세포는 모르포겐 DPP를 합성하는 반면에(분홍색), 등-복부 경계에 있는 세포들은 WG를 생합성한다(옅은 분홍색). 반(disc)을 가로지르는 DPP와 WG 농도 구배는 패터닝을 통제하고, 두 경계의 교차점에서 DPP와 WG 합성의 교차는 날개 끝(wing tip)을 결정한다(붉은색). (b) '전면' 동일성을 갖는 세포들의 클론이 날개의 후면 구역에서 생성되면(붉은색), 새로운 전-후면 구역 경계가 형성되어 '전면' 클론에서 DPP의 합성을 통제한다. 클론이 존재하는 배후-배복 경계를 가로지르면, DPP와 WG 모두가 합성되는 두 번 째 구역이 생성된다. 이 구역은 전위적 날개 끝을 결정하여, 다른 하나의 복제된 날개가 발달하게 된다(Tabata *et al.*, 1995; Serrano & O'Farrell, 1997).

비록 세포 이동의 경계들이 관계가 없더라도, 세포 형태간에 가장자리가 식물에서 신호를 보내는 중심으로서 활동한다는 강력한 증거가 있다. 예를 들어, 엽층의 돌기는 향축과 배축 조직의 병렬배치에 의해서 유도되는 것으로 보인다(연구사례 5.1 참조).

세포운명에 대한 단속 (Policing cell fate)

세포 타입의 패턴을 만드는데, 다세포성의 생물들은 패턴을 유지하기 위해 세포 운명을 단속해야 한다. 식물과 동물들은 두드러지게 다른 기작을 통하여 이를 이루어낸다. 동물세포이 필요로 하는 배양 조건의 분석은 포배내의 세포를 제외하고 모든 동물 세포들은 이웃 세포로부터 살아남기 위해 생존인자(survival factors)를 요구한다는 것을 나타낸다. 생존인자의 부재하에서, 동물 세포들은 프로그램된 세포의 죽음 또는 세포자살(apoptosis)을 겪는다. 특정 세포에 의해 요구된 생존인자의 특성은 세포 양식에 의존하고, 그리고 전형적으로, 인자들의 정확한 조합은 생물에서 적절한 위치에만 존재한다. 그러므로 이것은 세포들이 동물에서 정확한 정황 없이 살아남을 수 없는 강력한 수단을 제공하고, 그것은 암 세포에서 무력해지는 보호수단의 하나이다.

생존인자의 부족에 기인하는 세포자살은 동물발달의 주요한 특징이다. 예를 들어, 중앙의 신경시스템 내 뉴런의 신경돌기 주위의 수초(myelin sheaths)는 희돌기세포(핍지교세포; oligodendrocyte)에 의해 발생된다. 그러나 생산되는 많은 희돌기세포(핍지교세포; oligodendrocyte)의 약 두 배가 모든 축색돌기의 수초화(myelinate)에 요구된다. 이러한 불균형은 축색돌기에 의해 생산된 생존인자의 경쟁을 통한 약 절반의 희돌기세포(핍지교세포; oligodendrocyte)의 죽음으로 교정되어진다.

비록 식물 세포들은 세포자살에 완충력을 가지고 있다. 식물의 전형성능은 전체적인 식물을 재생할 수 있게 한다. 식물세포 운명이 보호되는 기작의 반증이다. 위에서 설명한 대로, 정상적인 위치 밖에 있는 식물 세포는 새로운 위치에 적절한 운명을 개시할 것이다. 이러한 기작은 식물 기관 발달에 걸쳐 세포-외부의 위치적 정보의 유지에 의존한다.

자가영양 대 타가영양의 가치
(Consequences of autotrophy versus heterotrophy)

자가영양과 타가영양에 의해 부과된 다른 제한들은 가시적인 식물과 동물의 형태의 범위를 결정한다. 광자가영양 생물의 경우, 에너지와 영양은 다른 근원에서 얻어진다. 식물의 경우, 에너지의 동화(즉 빛)와 양수분의 형성은 가장 효과적인 독립 장소에서 형성되는데, 대부분, 잎과 뿌리에서 형성된다. 잎 또한 이산화탄소를 만드는 장소이다. 그러나 타가영양의 경우, 에너지와 양분은 같은 근원(음식)에서 얻어진다. 동물과 식물의 이러한 형태는 매우 다른 차이가 있다. 고등동물의 경우, 입은 식량과 물을 먹는데 관여한다; 반드시 소화와 배설이 반드시 함께 한다.

식물의 경우, 더 많은 잎을 만드는 것은 더 많은 태양빛과 이산화탄소를 흡수할 수 있다는 것이다. 또 추가적으로 뿌리를 발생시키는 것은 양수분을 더 많이 흡수할 수 있다. 일정한 환경이 계속된다면, 그 결과 식물에게 있어서는 그것들의 표면적을 최대한 넓힐 수 있는 장점이 있다. 그러나 실제는 일정하지 않고 종종 풍부하지도 않다. 양분이 결핍된 토양 부위에 생성된 뿌리나 매우 밀생된 수관 아래에 생성된 잎은 생장에 있어 사용한 에너지와 영양을 되돌려 받지 못할 것이다. 식물은 이득과 표면적을 증가시키는데 사용한 비용의 균형을 형태를 조절하기 위한 내생적 요인과 환경적 정보를 융합한 정형화되지 않은 생장을 통해 균형을 맞춘다.

식물과는 현저히 다르게, 새로운 기관의 계속적인 발달은 영양이 충분한 조건에서 조차도 고등동물의 영양공급능력을 향상시키는 않는다. 동물에서의 비정형화된 생장은 무척추동물로 크게 제한된다: 머리 셋 달린 개는 저승에나 있다. 대부분 동물의 경우, 형태발생은 짧은 배발생 시기 초기 동안에 우선적으로 일어난다. 그러나 그 이후 내적, 환경적 정보(예를 들면, 배고픔과 식량이 보이는 것)는 행동의 변화를 유도한다. 이런 정황으로 보면, 흥미있는 것은 성체에서 대부분의 형태학상의 변동 가능한 기관은 뇌라는 것이다.

결 론

분리된 진화에도 불구하고, 식물과 동물 형성을 조절하는 기작은 매우 비슷하다. 이는 세포운명의 조절에 있어서는 분자 수준에서, 그리고 패턴의 발생에서는 이론적인 수준에서 일어난다. 또한 물론, 식물과 동물 발달의 방식에는 근본적인 차이가 있다. 이는 세포 이동성 대 세포 부동성, 자가영양 대 타가 영양에 의해 주어진 다른 제약의 결과로써 일어난 것이라고 그럴듯하게 논의될 수 있다. 이런 가장 중요한 차이들은, 아마도 동물발달의 한정된 특성에 비교한 식물발달의 끊임없는 특성일 것이다. 발달이 계속되는 것은 식물에 있어 동물에서 보이는 것보다 더 많은 형태의 유연성을 유도하는 식물의 형태 조절에 대한 내생과 환경적인 정보의 융합을 가능하게 할 것이다.

Further reading

For discussions of animal development the reader is referred to:

Lawrence, P.A. (1992) *The Making of a Fly.* Blackwell Scientific Publications, Oxford.

Slack, J. (2000) *Essential Developmental Biology.* Blackwell Science, Oxford.

Wolpert, L., Beddington, R., Brockes, J. *et al.* (1998) *Principles of Development.* Current Biology Ltd, New York and Oxford University Press, Oxford.

For a comparison of intracellular aspects of developmental regulation, we recommend:

Meyerowitz, E.M. (1999) Plants, animals and the logic of development. *Trends in Genetics* **15**, M65–M68.

INDEX